U0211780

生物矿化与组织修复

李　红　著

科　学　出　版　社

北　京

内 容 简 介

本书从生物矿化的基本原理出发，介绍了人体生物矿化产物的组成和结构特征、体外模拟生物矿化的方法，讨论了体外胶原纤维矿化的机制、非胶原蛋白及其他生物分子对胶原纤维矿化的作用机理，阐述了细胞参与的体外矿化研究体系，特别是培养基质对细胞矿化产物的调控。在应用方面，介绍了基于生物矿化的组织修复材料的研制以及生物矿化在硬组织骨和牙修复中应用的最新成果。

本书可供生物医学工程、生物材料、化学、临床医学等领域的研究者参阅，也可供高校相关专业的研究生和高年级本科生使用。

图书在版编目（CIP）数据

生物矿化与组织修复 / 李红著. —北京：科学出版社，2023.6

ISBN 978-7-03-075139-3

Ⅰ. ①生… Ⅱ. ①李… Ⅲ. ①生物成矿 Ⅳ. ①P611

中国国家版本馆 CIP 数据核字（2023）第 044603 号

责任编辑：郭勇斌 彭婧煜 / 责任校对：郝甜甜
责任印制：吴兆东 / 封面设计：众轩企划

科 学 出 版 社 出版
北京东黄城根北街 16 号
邮政编码：100717
http://www.sciencep.com
北京凌奇印刷有限责任公司印刷
科学出版社发行 各地新华书店经销
*
2023 年 6 月第 一 版 开本：720 × 1000 1/16
2024 年 3 月第二次印刷 印张：18 插页：2
字数：353 000

定价：128.00 元

（如有印装质量问题，我社负责调换）

序

生物矿化是自然界最常见的现象之一，人体的生物矿化产物骨和牙硬组织是我们人体赖以生存的主要器官，而病理性矿化产物又是危害人类健康的“杀手”。因此，从分子层次、细胞层次乃至组织或器官层次探讨生物矿化的机制，并将其应用于组织修复和疾病治疗具有重要意义。李红教授撰写的《生物矿化与组织修复》一书即将出版，托我写一篇序言，我从生物材料在组织修复的应用角度表述一下我的观点，和大家共同讨论。

从材料学的角度，生物矿化是一个非均匀成核，然后受控生长形成无机矿物的过程。S. Mann 指出，生物矿化可分 4 个阶段：大分子组装、界面分子识别、生长调制和细胞加工。基于 S. Mann 的经典描述，生物矿化的机理研究围绕以各种小分子和大分子，如蛋白质和人工合成多肽为基质的成核—生长—相变的研究，探索了分子调控下生物矿化产物羟基磷灰石、碳酸钙等晶型，结晶取向和晶体形貌等的规律，极大地促进了硬组织修复材料的合成和制备。与此同时，临床中对硬组织修复材料的性能要求也不断提高，简单的功能替代难以满足现代组织修复的需求。现代的组织修复以实现组成、结构和功能的多级修复为目标。针对硬组织修复材料，仅仅通过分子调控矿化产物的形成是难以达成这一目标的。为此，我们可以再次回到生物矿化的经典理论中，向大自然学习。我们可以看到“细胞加工”这一过程，在我们的研究中难以模拟，但它是生物矿化中不可分割的阶段。认识细胞-分子-基质-矿物之间的互动关系，将生物矿化的体外研究上升到细胞层次，需要在研究中加以阐明。这也是该书的一个特色之处。该书不仅介绍了小分子功能基团、大分子如蛋白质或其类似物体外模拟矿化的研究，还系统介绍了与矿化相关的细胞及研究体系，并融合了大分子胶原蛋白组装与细胞矿化的体系，有了一些初步的研究结果。但在相关的基因表达、信号通路等方面，还需进一步的深入研究。

生物材料，特别是硬组织修复材料的多组织修复目标，主要体现在材料的生物适配上，包括力学适配、降解适配和组织适配。因此，从理论上讲，基于生物矿化构建类骨或类齿，实现组成和结构的仿生，能够使细胞较好发挥其功能，或募集细胞，实现最终的生物适配。这也是目前硬组织修复尤其是再生阶段的发展方向。我认为，硬组织修复与材料和组织共同构建的生物力学微环境也密切相关。对应地，生物矿化不仅受化学因素（参与矿化的离子浓度、分子结构、pH）等调控，还会受到力学刺激、压电效应及细胞外基质的黏弹性作用。这一方面，还有大量的工作需要开展。

这本书主要从分子、分子组装、细胞的层面，重点介绍了磷灰石类的生物矿化及相关机理，并对其在人体硬组织骨和口腔系统的应用进行了探讨，能为相关科研人员和技术人员、研究生及本科生提供有益的介绍和参考。

王迎军

王迎军

中国工程院院士

2022 年 7 月 1 日

前　言

生物矿化是自然界亘古的现象，有生命的时候，就有生物矿化。由于与人体相关的生物矿物主要是磷酸钙类，深入研究磷酸钙类生物矿物的形成机理和特征，不仅有助于新型材料的合成和制备，而且有助于人体组织的再生和修复以及相关疾病的治疗。

以生物矿化为题的专著中，个人认为比较经典的著作是 S. Mann 的 *Biomineralization*（2001 年），该书确定了生物矿化的定义、过程和基本机理。在我国，清华大学的崔福斋教授的《生物矿化》（2006 年第一版，2012 年第二版）全面地介绍了生物（牙、骨和贝壳）中的矿物及这些生物矿物的形成原理。近 20 年来，分子生物学、细胞生物学与材料学的交叉融合，对生物矿化的细胞调控、信号通路及体外模拟，以及材料对细胞及细胞外基质的调控等有了新的认识。从 20 世纪末开始，我就涉足硬组织修复材料，特别是口腔修复材料的研究。在博士就读期间，与四川大学华西口腔医学院合作开展口腔修复体的研制。从那时开始，我便一直探索如何获得组成和结构与自然硬组织一致的修复体，从而获得自然骨和牙的强度和韧性。来到暨南大学后，得益于周长忍教授提供的平台，从小分子功能基团、大分子、大分子组装至细胞层面开展了生物矿化相关的研究，并开展与此相关的组织修复领域的探讨。利用界面设计、分子自组装和细胞的接触引导，开展了对生物矿物的组成和结构的仿生研究，为基于再生医学的组织修复提供支持。

上述研究工作得到了国家自然科学基金项目（30870612，31571008，31070852）的资助。《生物矿化与组织修复》即是上述 3 个项目的研究成果，也是对国内外生物矿化研究的新概括。科研孤苦，幸有良师益友，感谢以周长忍教授为核心的暨南大学生物材料研究室的各位同仁 20 年来的支持和帮助！感谢我的研究生郭振招、罗学仕、张舒昀、符青云、郭闯、黄珂、李燕谊等在本书撰写过程中协助了相关工作。同时，本课题组成员也提供了相关的文献资料，在此一并致谢！除本课题组的研究成果外，本书参考的文献图片均已获得版权许可，在此对这些文献的作者表示谢意。

希望本书能为开展生物矿化研究以及应用生物矿化原理开展组织修复的读者提供参考。作为抛砖引玉之作，本书如果能激起广大读者的兴趣并有所收获，我将倍感欣慰。但限于水平，且生物矿化领域发展迅速，书中难免存在疏漏之处，敬请读者批评指正。

李　红

2022 年 7 月 5 日于暨南园

目　　录

第1章　生 物 矿 化

生命起源于矿物。在漫长的无生命时期，由于风、水和热的作用，形成了矿物质含量丰富的地表环境。始太古代时期，一些简单的单细胞生物的出现进一步改变了地表环境，随之而来的是具有矿化结构的硬体动物，也就是有了生物矿化这一自然行为。在生物进化中，大自然已经造就了各式各样奇特的无机结构，每种无机结构都带有它们物种特色的基因信息。这些生物矿化过程是生物从基因到蛋白质再到分子水平控制的最精巧的行为。因此，了解和掌握其中可能的物理化学机理，为进行生物硬组织（骨骼、牙齿等）修复和病理性矿化的预防治疗提供思路和方法。本章主要介绍生物矿化及其产物——生物矿物，重点介绍了碳酸钙和磷酸钙以及二氧化硅，然后简单阐述生物矿化的形式和调控方式。

1.1　生物矿化和生物矿物

1.1.1　生物矿化简介

生物矿化是自然界最常见的现象，从空间尺度上可以说是全球范围的，从时间尺度上可以追溯到生命的起源。地球有着 45 亿年左右的历史；化石记录的 5 亿年前的寒武纪就有了生物体内的矿化结构。从这一时期开始，生物体内的无机离子已开始参与到新陈代谢和结构的形成中。生物矿化的前缀“生物”表明无机离子在特定的物理化学环境中，由生物体中的生物大分子干预或调控，通过新的结晶途径形成矿化物。因此，矿物离子是以离子或其他结构形式参与生物体的形成、发育、生长，最后以死亡的形式又回到自然环境中。有证据表明[1]，一种名为 *Ralstonia metallidurans* 的微生物能将矿山中可溶性氯化金废液矿化形成金晶体颗粒。通过生物矿化这一过程，来源于地球的矿物元素转为生物本身新陈代谢所需的离子并成为支持、保护和维持生命运动结构的成分。但这一过程，仍然存在很多未解之谜。生物矿化不仅涉及生物体内生物矿物形成的时间和空间调控性及协调性，还与生物体结构的特殊性和稳定性及功能相关。

简单地讲，生物矿化是生物体生成无机矿物的过程。从物理化学角度，即使是在非常简单的无机盐溶液中，晶体的形成也至少分为成核和长大两个过程。

首先，离子要克服表面能聚集成晶胚，即要具备足够高的反应能以阻止离子间相互离散。根据晶体成核理论，晶胚的大小尤为重要，它决定晶体能否继续长大成为稳定的晶核。而晶胚的大小受晶体的体系自由能、晶体与溶液之间的表面能以及整个体系的其他因素（如外来物质、温度和压力）影响。其次，大多数晶体各晶面的结构有差异，因此受界面能的影响，每个晶面的生长速度不同，从而导致晶体具有特定的结晶习性和晶体学特征。生物体内的环境相对复杂，细胞、细胞基质以及其他生理因素对矿化物的形成和结构都影响巨大。晶核的生长过程与其所处的物理化学环境相关，环境因素确保其成为发育良好的晶体的生长轨迹，包括晶体形貌、定向、晶胞常数和尺寸等方面。比如，人体中的羟基磷灰石（hydroxyapatite，HAP）在骨中是纳米片状，而在牙釉质中则是纳米棒状的。因此，具体地说，生物矿化是指生物体通过生物大分子的调控作用生成无机矿物的过程，与一般晶体矿化最大的不同在于它是生物在特定的部位，在一定的物理化学条件下，在生物有机物质（如细胞、有机基质）的参与、控制或影响下，将生物体内的无机离子转变为固相矿物的过程。这一过程中，时间和空间的控制以及晶体成核生长过程的精确调控，是人工合成无机矿物无法达到的。无论在任何情况下，生物体都具备一整套调控机制，通过蛋白质、激素和基因之间的信号传递和转录，以控制生物矿物的生成微环境，确保矿物在特定的部位形成特定形态和结构。

S. Mann 把生物矿化过程分为 4 个阶段[2]，分别是：①生物体中大分子的组装，构建一个有组织的环境，以确定无机物的成核位点。②界面分子的识别，以控制晶体的成核和生长。分子的识别可以通过晶格几何特征、静电作用、立体构型和对称性以及基质形貌等各种途径调控无机物的晶型、取向和形貌。③通过生长调制，晶体初步组装形成亚单元；同时其形态、大小、取向和结构受有机分子组装体的控制。④细胞加工，在细胞参与下实现亚单元矿物组装体，构成多级有序的生物矿物。也有人提出了一个基于生物学中胚胎与生物矿化过程平行的假设，如图 1.1 所示。初始阶段，阳离子和阴离子结合形成晶核，进一步长大成无机矿物晶体；如同人体内精子和卵子结合产生胚胎，细胞分化增殖发育演变为器官。

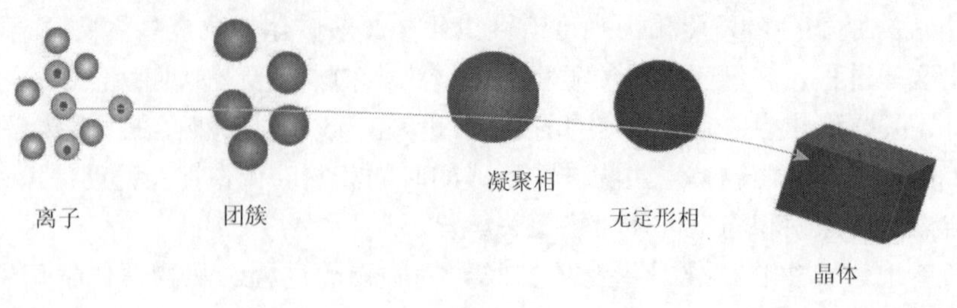

(a)

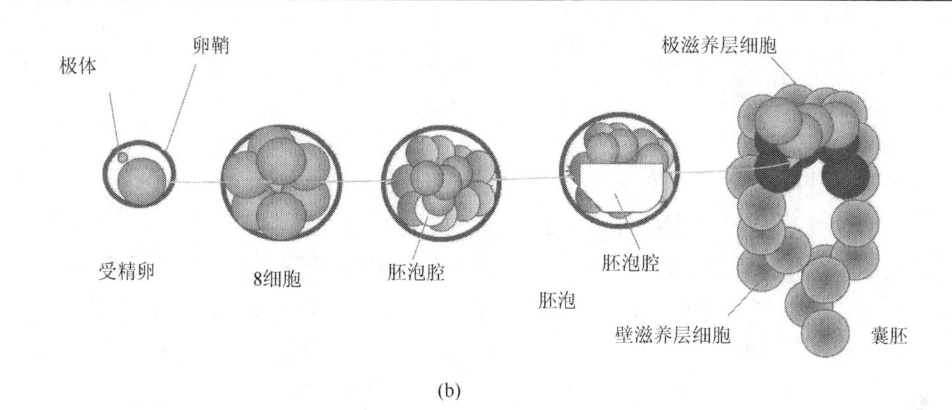

图 1.1 生物矿化结晶过程和胚胎发育过程的对比

(a) 离子成键结合形成晶核，然后长大为晶体；(b) 精子和卵子结合形成受精卵，经过不同的发育阶段形成胚胎。基于文献[3, 4]绘制。

从生物矿化的定义可以看出，其矿化过程也有别于非生物矿化；后者是地球科学家们的关注点。在大自然中，生物体在特殊地质环境中形成矿物的过程，被称为生物成矿[5]。尽管都是形成生物来源的矿物，但生物矿化是有生物体参与的，是生命过程中的一部分；而生物成矿是在地质环境中生物体形成矿物的过程。本书所讲的生物矿化是指前者，即生物矿化过程受到基因、细胞及生理环境的物理化学因素调控。该过程的特点是：①生物矿化的调控有三个层次，分别是基因调控、基质调控和细胞调控。②生物矿化过程是一个动态的过程。参与此过程的所有因素都可动态调控生物矿化产物的形成或者分解。③生物矿化过程是一个有机的整体。在生物体中，通过信号通路的作用，实现从分子到组织，从组织到分子的双向调控。

1.1.2 生物矿物

生物矿物（biomineral），不仅指生物体形成的矿化物，还指矿化形成的包含有机质和无机质的复合材料。在一定的条件下，生物矿物的物理化学性能如晶体形貌、尺寸、结晶度等与其对应的无机物不同。如骨中的 HAP，一般由碳酸根取代，结晶度较低，而且是纳米尺度的。因此，生物体中的 HAP 与无机晶体中的 HAP，在组成、结晶形态、结晶度和存在形式上差距很大。

由于生物矿化过程的物理化学条件不同，所以尽管生物矿物的基本组成相近，但种类颇多。目前已知的生物体内矿物有 60 多种。最为广泛的是碳酸盐和磷酸盐，以钙盐为主。碳酸钙主要构成无脊椎动物的外骨骼；磷酸钙主要构成脊椎动物的骨骼和牙齿。此外，人体内的很多病理性矿化也是以磷酸钙盐为主，比如动脉粥样硬化中的无机物，也有其他形式的盐存在，比如草酸盐。硅氧化物主要存在于植物中；而一些动物的大脑中，还存在一定量的含铁矿物。本节介绍碳酸钙、磷酸钙和二氧化硅。

1. 碳酸钙

生物矿化得到的碳酸盐如表 1.1 所示[6]。无论从产量还是分布来看，碳酸钙矿物是目前认为最丰富和最广泛的生物矿物。在已知的碳酸钙八种晶型中，有七种是结晶的，一种是无定形（非晶态）的。三种纯碳酸钙晶体分别是方解石晶型（六方晶系）、文石晶型（正交晶系）和球霰石晶型（六方晶系）。热力学最稳定的是方解石和文石，而且镁和锶离子易掺杂在方解石晶体结构中，一些生物矿化的方解石中镁的含量可高达 30%（摩尔百分数）[7]。碳酸钙有两种含水分子的晶型：单水方解石和白铅矿，每个碳酸钙含有一个水分子。无定形碳酸钙至少有五种形式[8]，一般含有结晶水。但无定形碳酸钙的瞬态形式中也有不含水的结构[8]。这也和生物矿化的特性相关，不同生物或者同一生物的不同部位能选择性地矿化形成特定的矿化物。生物矿化领域的主要挑战之一就是了解生物系统选择性晶型形成的机制。无论采用何种方式矿化，生物矿物的成核和生长均由一种或者多种生物大分子调控，生物大分子存在于生物矿物形成的全过程。从本质上讲，这是基因控制的，几乎 100%地保留了生物体的特征。

表 1.1　生物矿化碳酸盐及其化学式

名称	英文名称	主要成分化学式
方解石	calcite	$CaCO_3$
镁方解石	Mg-calcite	$(Mg_xCa_{1-x})CO_3$
文石	aragonite	$CaCO_3$
球霰石	vaterite	$CaCO_3$
单水方解石	monohydrocalcite	$CaCO_3 \cdot H_2O$
白云石	protodolomite	$CaMg(CO_3)_2$
白铅矿	hydrocerussite	$CaCO_3 \cdot H_2O$ 或 $CaCO_3$（与 $PbCO_3$ 共生）
无定形碳酸钙	amorphous calcium carbonate	$CaCO_3$

生物矿化碳酸钙可存在于不同类型动物的不同部位，其功能也具有多样性，如表 1.2 所示[2]。由表 1.2 可以看出，生物矿化碳酸钙普遍存在于水生动物，特别是海洋动物中。生物通过水中溶解的 CO_2 及由此转化的 CO_3^{2-} 和 HCO_3^- 合成自身所需的生命物质。在生物体调节下，自然界丰富的钙离子和碳酸钙的热力学稳定性使得碳酸盐相互转化并沉积。同时也发现，即使是同种生物体，碳酸钙也有不同类型，如软体动物，其外壳有方解石和文石两种晶体。一般最外层是大的方解石

晶体，内层是片状文石如“砖砌般”构成的有序珍珠层，如图 1.2 所示[10]。关于文石和珍珠层的形成，有多种推测，但一直没有定论。但在一种 *Astrangia danae* 珊瑚中，人们发现文石晶体由表皮细胞胞质中的囊泡包裹，囊内是 0.7 μm×0.1 μm×0.3 μm 片状晶体和有机大分子[11]。囊泡通过胞吐分泌将胞内物质分泌至胞外空间并组装形成外骨骼。由此也可知，生物矿化晶体生长的部位可能不一定在其成核的原始位置上，而是有特定的晶体生长调控部位，这取决于晶核在传递过程中的生物调控。这些因素使得对生物矿化碳酸钙形成机理的探讨更显复杂。

表 1.2 生物矿化碳酸钙的分布及功能

矿物名称	化学式	物种	部位	功能
方解石	$CaCO_3$	钙板藻	细胞壁分级	外骨骼
		有孔虫	壳	外骨骼
		三叶虫	晶状体	光学器官
		软体动物	壳	外骨骼
		甲壳动物	外角质层	提高机械强度
		鸟类	蛋壳	保护层
		哺乳类	内耳	重力平衡
碳酸钙（镁）	$(Mg, Ca)CO_3$	章鱼	骨针	提高机械强度
		棘皮动物	壳/脊柱	提高机械强度/保护层
文石	$CaCO_3$	石珊瑚	细胞壁	外骨骼
		腹足类	生殖器	繁殖
		软体动物	壳	外骨骼
		头足类	壳	浮力装置
		鱼	头	重力接收器
球霰石	$CaCO_3$	腹足类	壳	外骨骼
无定形	$CaCO_3{\cdot}nH_2O$	甲壳动物	外角质层	提高机械强度
		植物	叶子	钙库

大多数生物矿化碳酸钙都具有一些独特的结构。比如海洋藻类矿化的外壳具有一个长号角形的外形，海绵骨针则具有三个放射性的针，它们与其矿物组成方解石形态结构完全不同。软体动物外壳从外向内依次为未矿化的壳皮层（periostracum）、矿化的棱柱层和珍珠层，如图 1.2（a）所示[9]。壳皮层是指覆盖于贝壳外表面的极薄的不溶性有机层，主要由外套膜中褶和外褶之间的壳皮沟分泌的蛋白质等有机质构成[12, 13]。棱柱层通常是由大量平行排列的柱状方解石晶体构成，其横截面呈多边形，每个多边形的柱状晶体都被一层有机基质包围[10]。一

般认为这些周围的有机基质是由于晶体逐渐长大被“挤压”形成的，其对晶体的生长具有重要的调控作用，如图 1.3 所示[14]。珍珠层的结构又有所不同，电镜下可以看到珍珠层由文石晶体板块（tablet）按层状紧密排列，单个的文石晶体板块厚 0.4～0.5 μm、宽 5～10 μm，呈近六方体形[10]。板块结构间由有机基质填充，使得文石片层的排列非常紧密[15, 16]。日本科学家 Oaki 和 Imai 分析了日本珍珠牡蛎（*Pinctada fucata*）的珍珠层[14]，认为珍珠层具有至少三级的多级有序结构，两种定向排列方式。层状文石结构中的文石晶体宽 1～5 mm、厚 200～700 nm；进一步放大可以看到文石晶面上有些小物质存在。从图 1.2（b）中还可以看到，纳米级文石晶体具有类六方的结构，高分辨率扫描电子显微镜（HRSEM）显示，其晶胞参数为 0.423 nm，与文石的（110）面一致。文石晶体在第一层次的层状结构（微米尺度组装）是文石晶体（纳米尺度组装）沿 *c* 轴垂直排列，第二层次是垂直排列的文石晶体有序堆砌，而且 *a* 轴和 *b* 轴也必须在第一层次定向排列。尽管有研究表明，*a* 轴和 *b* 轴在这一层次中并不完全定向排列，但 X 射线衍射（X-ray diffraction，XRD）则证实文石层是垂直于 *c* 轴的。第三层次的纳米单元（晶面组装）也是定向排列的。故珍珠层具有文石晶体两种定向排列方式的三级有序结构。文石晶体的这种“密缝式砌砖结构”与有机基质相配合，使得珍珠层抗断裂能力较单纯的文石晶体高出 3 个数量级，也使得珍珠层成为材料学研究的仿生构建的范例。

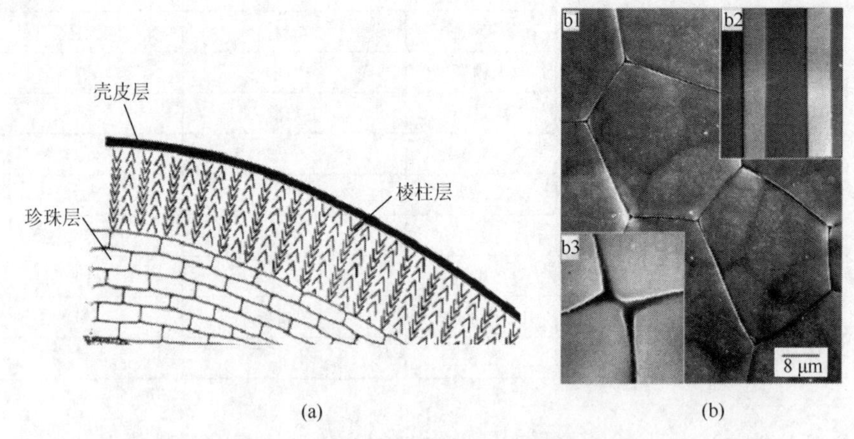

图 1.2　软体动物外壳结构示意图（a）和棱柱层结构（b）[10]

b1：横截面；b2：晶界；b3：侧面。

2. 磷酸钙

磷酸钙是生物体内最重要的无机盐，也是生物矿化最重要的产物。生物体内硬组织牙和骨的形成、再矿化和溶解过程不仅与复杂的各种生物组分有关，也与形成的磷酸钙的种类及结构有关。在生物医学领域，由于其良好的生物相容性，被广泛应用于组织的再生修复和药物载体中；特别是在硬组织修复领域，磷酸钙具有骨传导和骨诱导特性，它们有助于间充质干细胞的成骨分化，因此，磷酸钙类材料广泛用于骨再生修复[17]。磷酸钙的组成、功能和应用与其结构、溶解性和稳定性密切相关。本节阐述磷酸钙的主要类型及其组成、结构和性能特点，重点介绍 HAP 的相关性质。

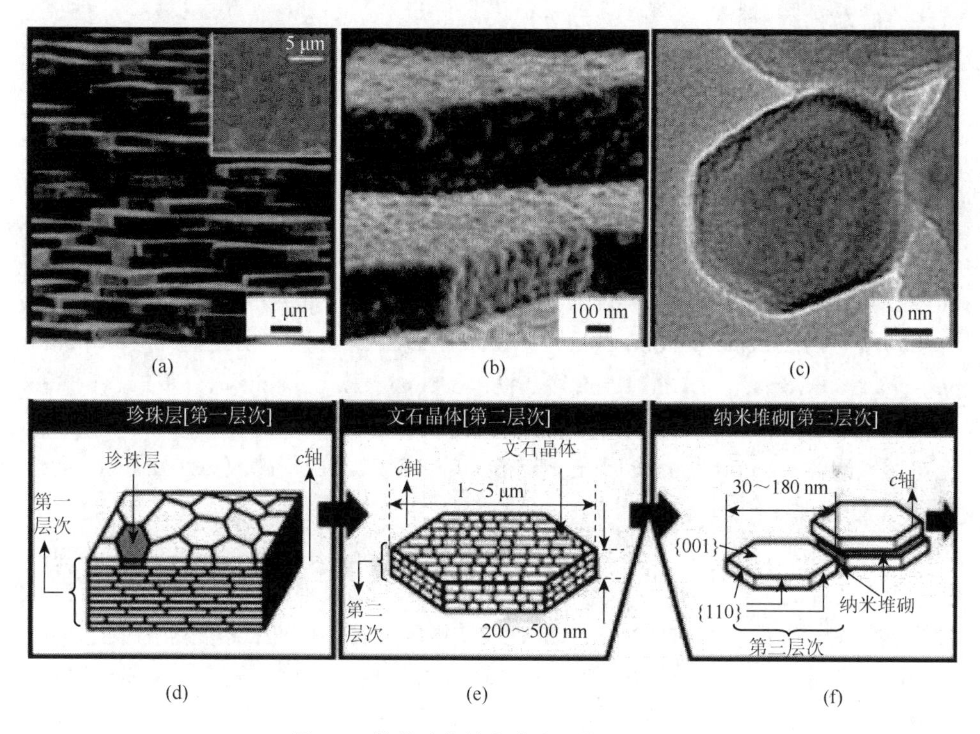

图 1.3 软体动物外壳珍珠层的三级结构

（a）～（c）图是不同放大倍数的场发射 SEM 图；（d）～（f）是其示意图[14]。

1）磷酸钙的研究简史

磷酸钙在自然界广泛存在，故早在 18 世纪末就有科学家关注它的存在。18 世纪，法国化学家 Joseph-Louis Proust（1754—1826）和德国化学家 Martin Klaproth（1743—1817）都认为磷酸钙是骨的主要成分。到 19 世纪中期，磷酸钙和其他正磷酸钙盐的化学成分才得到证实[18, 19]。1873 年，完美的透明自然晶体氟磷灰石（fluorapatite，FAP）的化学式被确定[20]，其晶体学结构也随后被解析[21]。但人们在食肉动物体内的微生物中发现了一种组成和结构不清晰的磷酸钙盐。随后正磷酸钙盐和其他磷酸钙的组成和结构分析一直在研究之中。后续在冶金炉渣中也发现了多种磷酸钙盐。磷酸钙在骨修复中的应用的最早的文字记载是在 1892 年[22]。到 20

世纪，Cameron 和 Bassett 开展了系统的磷酸钙盐的各种化学反应的研究，Cameron 于 1904 年、1905 年、1906 年和 1910 年在美国化学学会杂志（*Journal of the American Chemical Society*）上发表了 5 篇经典文献[23-27]，确定了各种磷酸钙盐的基本数据。1906 年，Bassett 又进一步确定了水相存在的情况下磷酸钙盐的各种反应[28]。这些研究工作奠定了各种磷酸钙化合物及相关材料研究的基础。

2）磷酸钙的种类

通常，磷酸钙家族包含 3 个重要化学组分：钙（氧化态，+2 价）、磷（氧化态，+5 价）和氧（还原态，–2 价）。此外，大多数磷酸钙盐中包含有 H，如酸性的磷酸根，HPO_4^{2-} 或 $H_2PO_4^-$；或者包含有 OH^-如 $Ca_{10}(PO_4)_6(OH)_2$，以及非结构性的水分子如 $CaHPO_4·2H_2O$。

在三元相图 $Ca(OH)_2$-H_3PO_4-H_2O 或者 CaO-P_2O_5-H_2O 中，一共有 10 种磷酸钙盐，Ca/P（钙磷摩尔比）从 0.5 到 2，分别是：一水磷酸一钙（monocalcium phosphate monohydrate，MCPM），无水磷酸一钙（monocalcium phosphate anhydrous，MCPA），二水磷酸氢钙（dicalcium phosphate dhydratei，DCPD），无水磷酸氢钙（dicalcium phosphate anhydrous，DCPA），磷酸八钙（octacalcium phosphate，OCP），β-磷酸三钙（β-tricalcium phosphate，β-TCP），α-磷酸三钙（α-tricalcium phosphate，α-TCP），无定形磷酸钙（amorphous calcium phosphate，ACP），羟基磷灰石（HAP），磷酸四钙（tetracalcium phosphate，TTCP）。

当卤族元素替代羟基后，就形成氟磷灰石（FAP）和氯磷灰石（chlorapatite，ClAP）。氟磷灰石是牙体组织最重要的组分，而在骨中则存在氯磷灰石。在自然条件下，空气中或者生物体内，总是有碳酸根的存在，因此在碳酸盐存在的情况下，就会形成碳酸取代磷灰石。碳酸取代的磷灰石也是生物矿化产物的重要特征。碳酸根可以取代 HAP 中的羟基和磷酸根基团，分别形成 A 型取代和 B 型取代两种类型，如表 1.3 所示。镁金属离子存在的时候，就形成白磷钙石。表 1.3 列出了各类磷酸钙盐的缩写、名称、化学式、钙磷摩尔比、晶体数据和溶度积。

表 1.3 各类磷酸钙盐的缩写、名称、化学式、钙磷摩尔比、晶体数据和溶度积[29-34]

缩写、名称、化学式	Ca/P（钙磷摩尔比）	空间群及晶胞参数[轴长/Å 及轴角/(°)]	$-\log K_{sp}$（25℃）
MCPM：一水磷酸一钙 $Ca(H_2PO_4)_2·H_2O$	0.50	三斜晶系：$P\bar{1}$ $a = 5.6261$（5）$\alpha = 98.633$（6） $b = 11.889$（2）$\beta = 118.262$（6） $c = 6.4731$（8）$\gamma = 83.344$（6）	高度可溶
MCPA：无水磷酸一钙 $Ca(H_2PO_4)_2$	0.50	三斜晶系：$P\bar{1}$ $a = 7.5577$（5）$\alpha = 109.87$（1） $b = 8.2531$（6）$\beta = 93.68$（1） $c = 5.5504$（3）$\gamma = 109.15$（1）	高度可溶

续表

缩写、名称、化学式	Ca/P（钙磷摩尔比）	空间群及晶胞参数[轴长/Å 及轴角/(°)]	$-\log K_{sp}$（25℃）
DCPD：二水磷酸氢钙 $CaHPO_4 \cdot 2H_2O$	1.00	单斜晶系；*I*a $a = 5.812$（2）$\beta = 116.42$（2） $b = 15.180$（3） $c = 6.239$（2）	6.59
DCPA：无水磷酸氢钙 $CaHPO_4$	1.00	三斜晶系；$P\bar{1}$ $a = 6.910$（1）$\alpha = 96.34$（2） $b = 6.627$（2）$\beta = 103.82$（2） $c = 6.998$（2）$\gamma = 88.32$（2）	6.90
OCP：磷酸八钙 $Ca_8H_2(PO_4)_6 \cdot 5H_2O$	1.33	三斜晶系；$P\bar{1}$ $a = 19.692$（4）$\alpha = 90.15$（2） $b = 9.523$（2）$\beta = 92.54$（2） $c = 6.835$（2）$\gamma = 108.65$（2）	96.6
α-TCP：α-磷酸三钙 $\alpha\text{-}Ca_3(PO_4)_2$	1.50	单斜晶系；$P2_1$/a $a = 12.887$（2）$\beta = 126.20$（1） $b = 27.280$（4） $c = 15.219$（2）	25.5
β-TCP：β-磷酸三钙 $\beta\text{-}Ca_3(PO_4)_2$	1.50	三方晶系；*R*3c （六方相） $a = b = 10.439$（1） $c = 37.375$（6）	28.9
白磷钙石（矿物） $Ca_{18}(Mg, Fe)_2H_2(PO_4)_{14}$ $Ca_{18}(Mg, Fe)_2(Ca)(PO_4)_{14}$	1.29 1.36	三方晶系；*R*3c （六方相） $a = b = 10.350$（5） $c = 37.085$（11）	—
HAP：羟基磷灰石 $Ca_{10}(PO_4)_6OH_2$	1.67	六方晶系；$P6_3$/m $a = b = 9.4206$（10） $c = 6.8844$（9）	58.4
FAP：氟磷灰石 $Ca_{10}(PO_4)_6F_2$	1.67	六方晶系；$P6_3$/m $a = b = 9.367$（1） $c = 6.884$（1）	60.5
ClAP：氯磷灰石 $Ca_5(PO_4)_3Cl$	1.67	单斜晶系；$P2_1$/b $a = 9.628$（5）$\gamma = 120$ $b = 2a$ $c = 6.764$（5）	—
CO_3AP：碳酸磷灰石 A-CO_3AP： $Ca_{10}(PO_4)_6(CO_3)$ B-CO_3AP： $Ca_{10}(PO_4)_{6-x}(CO_3)_{3x/2}(OH)_2$	—	A-CO_3Ap 单斜晶系；*P*6 $a = 9.557$（3） $b = 2a$ $c = 6.87$ $\gamma = 120.36$（4）	—
TTCP：磷酸四钙 $Ca_4(PO_4)_2O$	2.00	单斜晶系；$P2_1$ $a = 7.023$（1）$\beta = 90.90$（1） $b = 11.986$（4） $c = 9.473$（2）	38

注：括号中数字为每单位晶胞中的分子数；六方晶系每个晶胞为一个分子。

CaO 和 P_2O_5 在水溶液中或者无水情况下的各种反应，导致磷酸盐种类繁多。按磷酸根的特点，磷酸盐又可分为：正磷酸盐（orth-，PO_4^{3-}）、偏磷酸盐（meta-，PO_3^-）、焦磷酸盐（pyro-，$P_2O_7^{4-}$）和聚磷酸盐（poly-$[(PO_3)_n^{n-}]$）。在有多个阴离子的情况下，磷酸盐还可以按阴离子携带 H 的数目分类，如 mono-$[Ca(H_2PO_4)_2]$、di-($CaHPO_4$)、tri-$[Ca_3(PO_4)_2]$和 tetra-($Ca_2P_2O_7$)，在此，前缀"mono（单）"、"di（双）"、"tri（三）"和"tetra（四）"与氢离子取代 Ca 的数目相关。

3）基本特征

磷酸钙盐的原子排列是以"PO_4"为基本结构单元，构成各种网络结构的；故晶体结构稳定。磷酸钙盐溶解性与 Ca/P 相关，通常钙磷摩尔比越大，溶解度越低，如表 1.4 所示。但它们基本溶于酸性溶液，而不溶于碱性溶液，如图 1.4[33, 34]所示。Ca/P 越低，在酸性溶液中溶解度越大；而 HAP 在酸性和中性条件下，是最稳定的。pH 在 4.0 以上时，HAP 是最稳定的；pH 低于 4.0，DCPD 是比 HAP 稳定的相。溶解度随 pH 变化这种现象表明在酸性条件下，材料表面可能被一种以上的酸性磷酸盐覆盖[35]。表观溶解度与原物相的溶解度差异明显，从而导致实测的溶液中的离子浓度低于计算值[36-38]。因此，在饱和溶液中，可预测其可能的析出相。动力学也是影响析出相的重要因素。从动力学角度分析，HAP 的形成比 OCP 和 DCPD 慢，多数情况下，动力学反应快的 OCP 和 DCPD 在 HAP 的形成过程中会被观察到。因此，磷酸钙体系相形成的热力学和动力学平衡都会影响最终的形成相结构。

表 1.4　部分磷酸钙盐的溶解度[33-35]

名称	DCPD	DCPA	OCP	α-TCP	β-TCP	HAP	FAP
$-\log K_{sp}$（37℃）	6.73	6.04	98.6	28.5	29.6	117.2	122.5
溶解度/(mg/L)	87	48	0.025	0.97	0.20	0.0010	—

自然界骨和牙中的 HAP 晶体结构存在各种取代和空位[33, 39, 40]，这种取代赋予自然 HAP 优良的生物学性能。如在牙釉质中，理想 HAP 晶格中的 OH^-被 F^-取代[41, 42]，从稳定性看，氟磷灰石稳定性最好[33, 43]。大多数的研究证实，由于氟离子强的电负性，使得离子间相互作用加强，晶胞参数变小，特别是 a、b 轴（表 1.3），原子结构稳定性提高，溶解度减小，使其具有良好的化学稳定性。F^-取代利于形成形态完整的棒状 HAP 晶体，赋予牙釉质优越的力学性能。

纯的磷酸钙一般是白色的，中等硬度。但自然界的地理环境中的磷酸钙，由于存在多种离子取代，呈现出各种颜色。常见的取代离子是铁离子、锰离子和稀土离子。磷酸钙是人体中最重要的生物矿化产物，是人体硬组织最重要的组成。

生理磷酸钙主要是 ACP、TCP、DCPD、OCP 和 HAP（包括 FAP），它们的相互转化就是人体硬组织的形成过程。

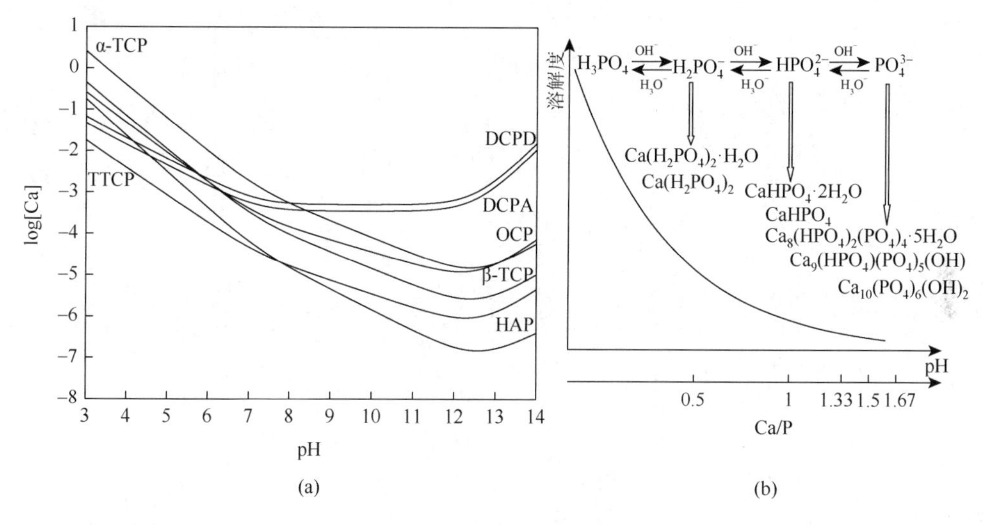

图 1.4 各类磷酸钙盐溶解度相图

（a）随 pH 变化；（b）随 Ca/P 变化。

4）磷灰石结构

（1）HAP 和 OCP

HAP 和 OCP 有非常相似的 XRD 图谱和晶体结构[44-46]，如图 1.5 所示。从图中可知，HAP 在（002）和（211）晶面有特征峰，OCP 同样有明显的衍射峰。但在衍射角比较小（4.7°左右）时，二者区别较明显，OCP 有较明显的衍射峰。从 c 轴投影向下观察它们的晶体结构，如图 1.5 所示。图 1.5 展示了 HAP 的两个晶胞结构和一个 OCP 晶胞结构，沿着 a 轴−0.5～+0.5 范围内。OCP 晶胞（100）晶面间距为 1.864 nm，HAP 为 0.816 nm；因此，一个 OCP 晶胞近似等于两个 HAP 晶胞。从图中我们也可以看出，沿[010]方向，二者的原子排列几乎是相同的，晶胞参数相差不超过 10%。

纯的化学计量 HAP 的单位晶胞包含 10 个 Ca^{2+}、6 个 PO_4^{3-} 和 2 个 OH^-，晶体结构如图 1.6 和图 1.7 所示。PO_4^{3-} 基团以四面体存在，其中 P^{5+}为中心，4 个氧原子为四面体的顶端。结合图，我们可以知道，4 个 Ca^{2+}占据 Ca Ⅰ 位置：2 个在 $z=0$ 水平，2 个在 $z=0.5$ 位置，它们与 6 个 PO_4^{3-} 基团的 O 配位，形成多面体。其他的 6 个 Ca^{2+}配位数为 7，表示为 CaⅡ位置。一组 3 个钙离子组成三角形占据 $z=0.25$，另一组 3 个钙离子占据 $z=0.75$，这 6 个 Ca^{2+}被 6 个 PO_4^{3-} 基团的 O 和 1 个 OH^-包围。这两种 Ca Ⅰ和 CaⅡ通过与 PO_4^{3-} 四面体共顶或共面连接，从而使 HAP 结构有较好的稳定性能。

同时，HAP 还可以通过特定的环境改变两种不同的钙位点，所以 HAP 也是一种高度非化学计量的磷酸钙盐化合物，Ca/P 为 1.50～1.67。

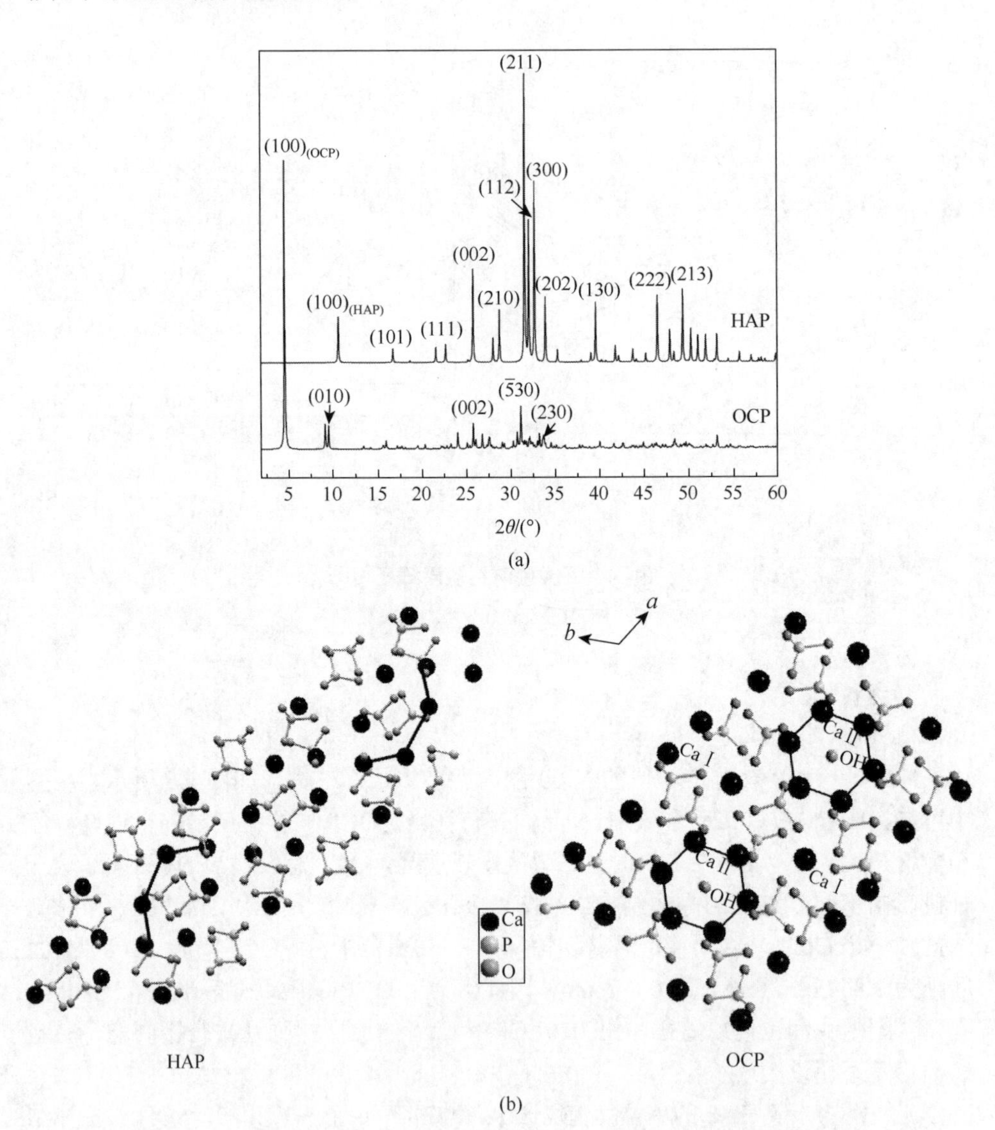

图 1.5　HAP 和 OCP 的 XRD 图谱（a）和（001）面原子的排列结构（b）

在 HAP 结构中，构成六边形的两个三角形，如图 1.6 所示，即一个三角形位于单位晶胞 c 轴的 1/4 处，另外一个三角形位于 3/4 处。这两个三角形中各自的 3 个钙离子在 OCP 中也同样保持着相似的位置。TTCP 中也有大量的这种结构层。我们把这种结构称为磷灰石层（apatitic layer，AL），而且认为其具有良好的稳定性。因此，OCP、HAP 和 TTCP 均可被称为磷灰石（apatite）。在 OCP 和 HAP 的过渡结构中，它们之间有 1～2 个晶胞中间层，Ca/P 为 1.5，通常认为这种结构恰好和具有磷灰石结构的水合 TCP 一样，被称为“倍半磷灰石”。

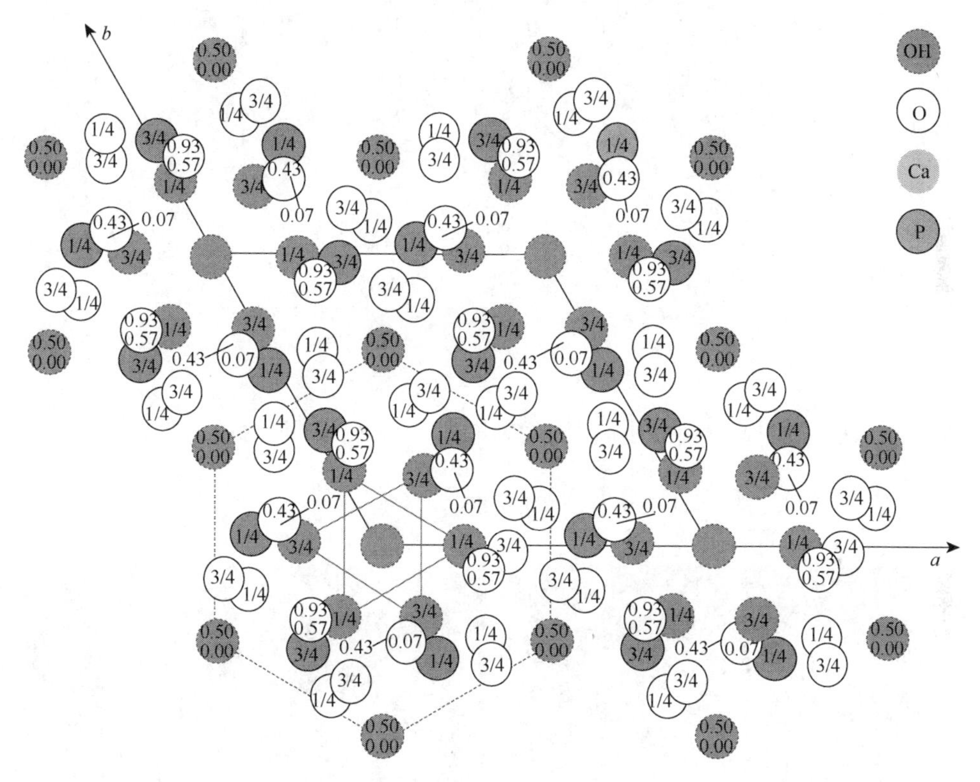

图 1.6 HAP 晶体沿[0001]方向的投影图

图中数字为 c 轴坐标高度。

HAP 有六方和单斜 2 种晶系，空间群分别为 $P6_3/m$ 和 $P2_1/b$。单斜晶系中，磷酸根离子沿 a 轴排列，羟基排列在钙离子三角形的上下；同一羟基列的羟基，其氧-氢键都指向同一方向，与之相邻的另一羟基列，指向则完全相反，如图 1.8（c）所示。而在六方 HAP 晶体中，同一列相邻的羟基，其氧-氢键指向相反，相邻列也是同一指向，如图 1.8（d）所示。这种结构的羟基列没有交错排列的羟基列结构稳定，从而引起晶格内部的应力不平衡，需要离子取代或者空位来补偿。因此，六方 HAP 很难有严格化学计量的相存在，大多数都存在掺杂，特别是生理 HAP。而单斜 HAP 因其晶体结构稳定，化学计量严格、杂质较少的和高度有序的羟基排列而具有很好的化学稳定性和抗腐蚀性。通常情况下，单斜 HAP 只能在高温条件下合成。

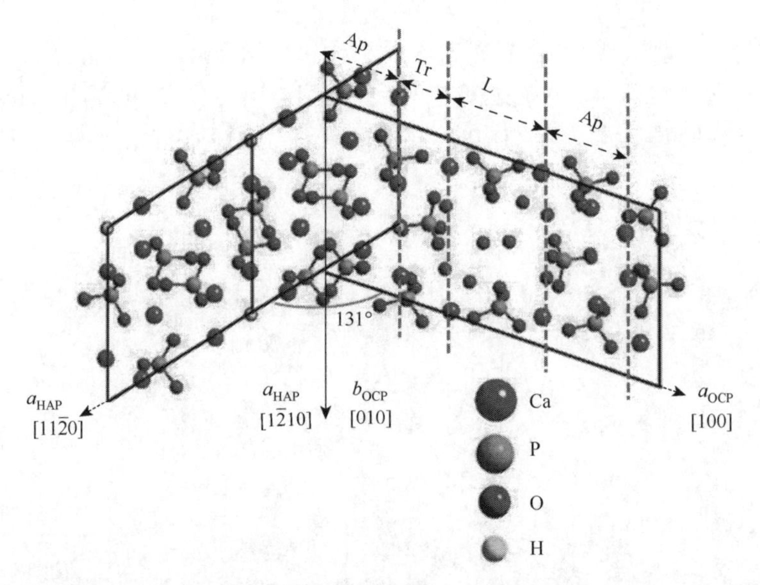

图 1.7　HAP 和 OCP 晶体在[010]方向原子排列相同；OCP 沿[100]方向按 Ap-Tr-L 的结构层次序列排布（后附彩图）

Ap：类 HAP 层，Tr：过渡层，L：HPO_4-OH 层。

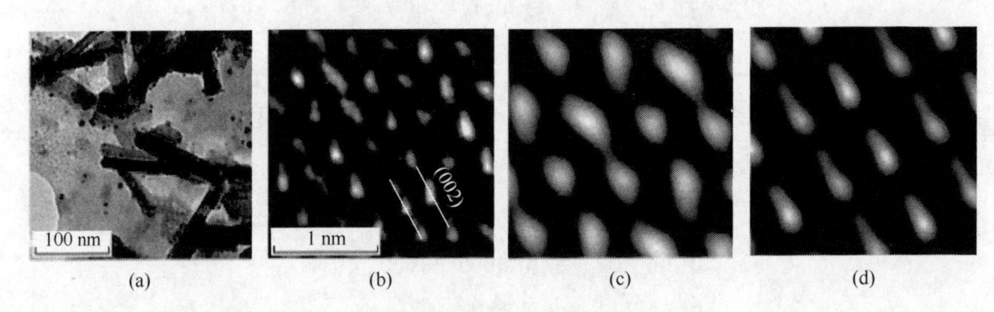

图 1.8　纳米片状单斜 HAP

（a）（b）为降噪处理后的高分辨率透射电镜（HRTEM），（c）（d）分别为单斜 HAP 的模拟 HRTEM[47]。

OCP 是磷酸钙的一种亚稳态，被认为是 HAP 的前驱体，通过固-固相变 OCP 可原位转化为 HAP。在弱酸性 pH 为 5.0～7.0 时，OCP 会在溶液中优先形成。理想的 OCP 分子式是 $Ca_8(HPO_4)_2(PO_4)_4·5H_2O$（Ca/P 为 1.33，Ca∶$PO_4$ = 8∶6），空间群为三斜晶系 $P1$。从晶体结构上，OCP 结构沿 a 轴可分为三层，类 HAP 层（Ap），Ca/P 为 2.00，中间为过渡层（Tr），Ca/P = 1.33，然后是 HPO_4-OH 层（L），Ca/P = 0。OCP 晶体沿 a 轴 Ap-Tr-L-Ap-Tr-L-Ap-Tr-L 堆垛，如图 1.7 所示，从而使 a 轴方向上的晶胞参数 a 比 c 和 b 大很多。

（2）取代磷灰石

磷灰石结构中的三种离子（Ca^{2+}、PO_4^{3-} 和 OH^-）都能被其他离子取代[48]，而且取代度多变。Ca^{2+}可以被一价离子 Na^+、K^+和 Li^+，二价离子 Sr^{2+}、Ba^{2+}、Pb^{2+}、Mn^{2+}、Sn^{2+}、Zn^{2+}和高价离子 Al^{3+}取代。PO_4^{3-} 可以被 HPO_4^{3-}、CO_3^{2-}、SO_4^{2-}、MnO_4^-、VO_4^{2-} 和 BO_3^{3-} 取代。OH^-可以被 F^-，Cl^-和 CO_3^{2-} 取代。

在生理环境下，最常见的阴离子取代是 F^-和 Cl^-取代，即 FAP 和 ClAP，以及碳酸根取代的 CO_3AP。碳酸根取代有两种情况，CO_3^{2-} 取代 OH^-位置为 A 型，取代 PO_4^{3-} 的位置为 B 型，自然骨中 A 型和 B 型取代都存在。通过红外光谱可以分析其取代类型[40]，结合 XRD 可以确定取代的晶胞参数的变化。在 CO_3AP 红外光谱中，B 型取代通常在 1400～1600 cm^{-1} 和 870～880 cm^{-1} 有明显的吸收峰；而 1505 cm^{-1} 左右的吸收峰一般为 A 型取代[49]。碳酸根取代会抑制 HAP 的生长，降低其结晶度，从而使其溶解度提高。在 B 型取代中，CO_3^{2-} 取代 PO_4^{3-}，由于电价的不平衡，Na^+或部分取代 Ca^{2+}，进一步导致晶胞不稳定，溶解度提高[50]。

在 FAP、ClAP 和 A 型取代 CO_3AP（A-CO_3AP）中，OH^-的位置被取代；取代度可以达到 100%。由于取代而导致晶胞参数的变化如表 1.3 所示。从表中可以看出，FAP 的晶胞参数比 HAP 小，因此它的化学稳定性更好，溶解度更低。F^-通常位于钙离子三角形的中心，而 Cl^-和 CO_3^{2-} 位于钙离子三角形之间。全取代的 ClAP 或 A-CO_3AP 在 200℃左右会经历单斜至六方的相变，即在室温下可稳定存在[51, 52]。

在生理环境中，最常见的阳离子取代是：Na^+、K^+和 Mg^{2+}。它们一般部分取代 Ca^{2+}所在位点。Na 是生命体中最重要的元素之一，在人体中具有调节体液平衡，传递神经、肌肉信号，维持骨正常代谢等功能。如前所述，Na 进入 HAP 的晶格，会促进 CO_3AP 的形成，促进矿化。大鼠颅骨缺损修复实验表明，材料植入 4 周后，相比于纯 HAP，Na-HAP 的修复效果更好[53]。K 有利于磷灰石的成核和生物矿化，掺入 HAP 中后，会提升其热稳定性[54]。

Mg^{2+}是人体必需的阳离子，其含量在各类金属阳离子中排第 4 位。在骨修复的早期阶段，Mg^{2+}刺激成骨细胞分化，促进骨形成。新西兰兔的股骨缺损修复实验表明，相比于商用 HAP 材料，Mg-HAP［掺杂量 15%（原子分数）］明显促进骨传导[55]。但高含量的 Mg 会导致 HAP 溶解从而影响细胞的增殖和整体的毒性。另外，Mg 的掺杂会导致 HAP 在 650～1000℃转化为 β-TCP。Mg-HAP 在 Mg 掺杂量一定的时候，对革兰氏阴性和阳性细菌的增殖有明显的抑制作用[56]。

5）磷酸三钙和白磷钙石

磷酸三钙（tricalcium phosphate，TCP）钙磷摩尔比为 1.5，与正常骨组织的钙磷摩尔比很接近，具有较好的生物相容性，与骨结合好，无排异反应。它有三种晶相结构：①β-TCP 是低温相，属单斜晶系，稳定存在于室温至 1120℃下；②α-TCP 是高温相，菱方晶系，在 1120～1470℃范围内稳定存在，可以在无水的室温下亚稳定存在；③α′-TCP 于 1470～1756℃下存在，室温下无法存在。

TCP 具有与 HAP 不同的生物性能，最大的区别就是可以发生生物降解，植入体内可以被生物吸收。一般来说 α-TCP 的溶解速率大于 β-TCP，而且很容易发生水解转变为磷灰石相。理论化学计量比的 β-TCP 中常含有阳离子空位，但该空位的尺寸又太小，Ca^{2+}进不去，其他尺寸较小的离子，特别是 Mg^{2+}就进入空位中，形成 $\beta\text{-}(Ca, Mg)_3(PO_4)_2$。

白磷钙石（whitlockite）是生理性和病理性的矿化产物，在牙结石、肾结石和关节软骨等软组织部位，在骨、牙本质和牙釉质中未发现；月球和流星上也有此类矿物。其化学式可参考表 1.3。在 Mg^{2+}、Fe^{2+}和 Mn^{2+}存在的情况下，在溶液体系中可以人工合成。白磷钙石的 XRD 图谱很容易和 β-TCP 混淆，所以这两个名称经常相互混用。在精细结构上，这两者是有差异的。白磷钙石或者其人工合成产物中，Mg^{2+}和 HPO_4^{2-} 离子构建基本结构，而 β-TCP 中，$Ca_3(PO_4)_2$ 多面体是其基本结构，Mg^{2+}并不出现在结构中，一般是填隙离子。

3. 二氧化硅

二氧化硅主要以沙石或者岩石形式存在于地球上，只有少部分二氧化硅是生物源的，主要存在于植物和海洋微生物。生物源 SiO_2 包括各种形态，从有序的蛋白石团聚体到连续的凝胶材料，这些结构中纳米尺度矿化体以水合共价键无机高分子形式$[Si_{n/2}(OH)_{4-n}]_m$（$n = 0, 1, 2, 3, 4$；m 可无限大）存在[57]。SiO_2 结构和组分的多样性证明生物源 SiO_2 不是化学计量矿物，它的性质包括密度、硬度、溶解度、黏度和结构组分等都直接或间接受到物种、环境等众多因素的影响。

1）植物源二氧化硅

陆生植物储存大量的生物硅，主要储存于树叶、树干以及青草中，使植物结构坚挺。通常人们认为，植物以硅酸的形式吸收二氧化硅。在 pH 中性条件和 4～40℃的温度下，水中的硅可溶解生成原硅酸 H_4SiO_4；原硅酸通过水解，缩聚反应形成以 O-Si-O 为骨架的线性或者网状聚合物。但聚合度达到一定程度后，就以纳米二氧化硅颗粒的形式析出。研究表明，几种水孔蛋白负责原硅酸的传输，特异性地输入和输出植物体中的 Si 元素[58]。在大多数情况下，二氧化硅可以认为是细胞壁的一部分或者是植物体的一部分，存在于植物体内或者外延生长在植物体上[59]。在青草中，这种机理也普遍存在，比如马尾巴草中的毫米级的二氧化硅颗粒，是植物从土壤中吸收硅酸转化形成的[60]。

2）硅蛋白酶源二氧化硅

海洋中的微生物如放射虫和硅藻，虽然都是单细胞生物，但其组织结构复杂且多级有序，反映出其生物矿化的高度有序调控。其外部和内部结构中均由硅质骨架组织而成，每个硅结构单位都由一层鞘蛋白包裹，因此蛋白质对二氧化硅的形成和结构构建起着极为重要的作用。硅蛋白酶是一种能够结合可溶性硅酸盐，组装和析出二氧化硅，构成生物矿化组织的酶蛋白，它能将二氧化硅整合入微生物的生理系统中。

与具有细胞壁的植物不同，微生物通常将高浓度的 Si 元素与敏感的细胞隔离开来，以确保能够通过一个长的凝聚过程形成二氧化硅聚合体。在动物体内，这一生物矿化过程一般在特定的空间如囊泡中完成，因此需要一个激活步骤去聚集和组装无机矿物，即硅蛋白酶家族的蛋白质介导二氧化硅单体形成生物二氧化硅。

硅蛋白酶家族的蛋白质都是生物体高度调控构成的，经过转录后磷酸化和糖基化修饰，确定了不同区域的不同功能；从而维持矿化过程中的有机大分子反应，或确保在特定的环境条件下生物矿化过程的进行[61, 62]。硅蛋白酶有三种形式：α、β 和 γ，每种都有与组织蛋白酶相似的氨基酸序列[61]。序列中大多是羟基化的氨基酸，如丝氨酸、苏氨酸和酪氨酸，聚氨基酸和羟基基团等与硅元素结合的活性区域。特定地，硅蛋白酶中的氢键结合的丝氨酸-组氨酸，经过亲核反应攻击 Si 元素的活性位点。通过一个双分子亲核取代反应（S_N2），侧链氧与 Si 原子形成共价结合，同时释放羟基[63]。在 Si-硅蛋白酶的水解作用下，丝氨酸-组氨酸重新结合同时将 Si-O 基团释放[63, 64]。这个反应过程是可逆的，而且永久持续，确保体系中硅矿化物的形成。

1.2 生物矿化形式

根据生物对矿化过程调控的程度，生物矿化主要分为生物控制矿化和生物诱导矿化[2, 6]。生物控制矿化是指在生物体内生物或者生物大分子和细胞的共同作用下，生物有机体通过各种物理化学作用将体液内的阳离子和一些阴离子反应结合，从而得到具有特殊组装形式和多级结构的生物矿物的过程[6]。在此过程中，生物体内的可溶性有机大分子和不可溶性有机大分子都发挥着各自的功能。大多数情况下，不可溶性有机大分子构成了生物矿物的刚性构架（即大分子的预组装），为晶体的成核提供位点和空间；可溶性有机大分子准确地控制生物矿物的种类和形貌，形成特定结构的矿物[2]。生物体内可溶性有机大分子和不可溶性有机大分子的协同作用合成了具有独特性能的生物矿物。这种生物矿化形式普遍存在于原生生物、维管植物、无脊椎动物和脊椎动物中。比如脊椎动物中骨的形成，一般认为胶原蛋白自组装形成矿化模板，非胶原蛋白（non-collagen protein，NCP）控制磷酸钙的成核生长，形成矿化胶原，进而组装形成多级有序的骨组织。根据矿化位置的不同，生物控制矿化还可以分为胞外控制矿化、胞间控制矿化和胞内控制矿化[6]。

生物诱导矿化则是生物体通过代谢活动引起局部微环境的改变，创造出有利于矿物沉淀的物理化学条件，从而引起生物矿物沉淀的过程。产物往往不具有特定的生物学功能，大多数微生物矿化属于生物诱导矿化[65-67]。尽管生物对生成矿物的种类和习性缺乏调控作用，但生物代谢作用能够调节溶液环境的 pH、P_{CO_2} 和代谢物组成等物理化学条件，进而影响特定矿物的形成[2, 68]。生物诱导作用形成的矿物具有显著的不均一性。这种不均一性体现在多变的外部形态、含水量、微量元素组成、晶体结构和颗粒尺寸等方面。人体中常见的病理性矿化，通常是由局部环境的改变引起的，比如肾结石、牙结石等；往往呈现出形态的多样性和组成的复杂性。

1.3 生物矿化的调控

1.3.1 细胞调控

从细胞角度，生物矿化过程通常有 2 种形式：一种是胞内矿化，生物体代谢产物直接与细胞内、外阳离子形成矿物质，如某些藻类的细胞间文石；另一种是胞外矿化，代谢产物在胞外基质的指导下形成生物矿物，如牙齿、骨骼中 HAP 的形成。无论哪种形式，都与细胞的活动密切相关。每个细胞或者细胞聚集体通过控制与之密切联系的微环境创造出适宜矿化的化学环境，形成生物矿物。

在海胆胚胎期，初级间充质细胞（primary mesenchyme cell，PMC）分裂形成分裂球。在 Okazaki 的实验中[69]，将从胚胎中分离的分裂球放入 2%马血清的海水中，最终形成碳酸钙骨针。在胚胎晚期，PMC 迁入囊胚中，进一步融合围成一个特殊囊泡空间。在此空间，一些构成骨针的物质聚居，从而构成骨针。因而，在整个海胆幼虫发育期间，PMC 始终处于囊泡中，合成和调控骨针。

在脊椎动物中，成骨细胞的生物矿化作用在骨骼的形成、损伤后再生过程中起决定性作用。成骨细胞在骨形成过程中要经历细胞增殖、细胞外基质成熟、矿化和细胞凋亡四个阶段。在增殖早期成骨细胞数量明显增加，以形成多层细胞，并合成、分泌 I 型胶原蛋白以便最终形成骨结节。在细胞增殖晚期，与细胞周期和细胞增殖相关的基因表达下降，而编码细胞外基质成熟的基因开始表达。在细胞外基质成熟期，胶原蛋白继续合成并相互交联、成熟。当细胞进入矿化期，细胞内的碱性磷酸酶（alkaline phosphatase，ALP）活性下降，而与细胞外基质中 HAP 沉积有关的基因表达达到高峰。体外培养的成骨细胞在矿化期骨钙素含量显著增加，此后骨钙素含量逐渐降低。与此同时可观察到胶原酶增加，成骨细胞开始进入凋亡期，并出现代偿性细胞增殖和胶原蛋白合成。

脊椎动物中牙釉质的形成受成釉细胞的调控。前成釉细胞与前成牙本质细胞一样为上皮细胞，两细胞层间紧密相连。首先是前成釉细胞分泌细胞外基质形成基底膜将两者分开；随后，前成牙本质细胞分泌胶原蛋白等细胞外基质，进一步矿化形成牙本质。与此同时，前成釉细胞拉长，细胞核移至细胞膜的一端，在另一端形成成牙本质细胞突（odontoblastic process，又称托姆斯纤维）。托姆斯纤维和牙本质紧密相连。由于拉长的成釉细胞紧密排列，几乎没有缝隙，因此，一旦托姆斯纤维将矿物离子、水及蛋白质等物质泵出胞外，这些物质只能进入牙本质和托姆斯纤维间的狭窄空间定向排列。这个排列过程由成釉细胞分泌的釉原蛋白调控。当釉层达到一定厚度后，成釉细胞的活动停止，托姆斯纤维也随之退化。蛋白酶进而将牙釉质表面的蛋白质分解，成釉细胞也由此消亡。故牙釉质一旦破坏，自身无法修复。

从上述不同生物源的生物矿化过程可以看出，细胞不仅通过细胞外基质的分泌，形成和矿化形成矿化产物，还调控矿化空间区域，从而在生物体内构建具有功能的组织或者器官。

1.3.2 基质调控

组织内的矿物成核、晶体取向、晶型及形貌都是由细胞分泌的蛋白质直接调控的。近年来，蛋白质提取技术的进步为蛋白质调控生物矿化奠定了基础。天然蛋白质及有机合成或者组装的分子均可模拟生物矿化过程。研究也表明，一些蛋白质具有控制晶体成核位点及晶体取向的作用[70]。如脊椎动物骨骼中的胶原纤维自组装成周期性纤维束，在分子水平调控磷灰石的初始晶核位点及其取向；同时这一过程还受其他非胶原蛋白的调控[71]。骨形态发生蛋白-2（bone morphogenetic protein-2，BMP-2）是诱导成骨的重要因子，成骨后仍保留在骨组织。分子模拟研究表明，BMP-2 与 HAP 存在羧基、羟基、氨基等多位点作用，但极性基团是通过界面水桥连的氢键作用模式连接的，其相互作用力不如富亮氨酸釉原蛋白（leucine-rich amelogenin protein，LRAP）-HAP 强烈[72]。因而，HAP 在骨和牙釉质中的形态是有明显的不同的。具体内容将在第 5 章中阐述。

在贝壳的珍珠层研究中，形貌相同的片状文石嵌入预先形成的有机基质中。透射电镜（TEM）下，可观察到不溶性有机质构成“三明治”层状结构。“三明治”中间是 β-壳聚糖，两侧是富天冬氨酸的丝状蛋白。早期的研究认为，这些可溶性的酸性蛋白（天冬氨酸）分布于 β-壳聚糖片层上，与其排列一致。它们与矿物离子结合，构成定向排列的文石晶体。冷冻透射电镜（Cryo-TEM）发明后，对去除丝状蛋白的 β-壳聚糖进行分析发现，丝状蛋白更多地分布于矿化物间，而非 β-壳聚糖片层间[73]。原位的观察发现，矿化区间富含丝状蛋白[73]。这些蛋白质形成凝胶，而矿化就在凝胶体系中进行。这一结果证实，有机大分子壳聚糖、丝状蛋白和可溶性酸性蛋白共同出现在文石晶体成核生长的空间内，并最终调控晶体的形成。

1.3.3 基因调控

分子生物学技术特别是 DNA 克隆技术的出现和发展，可以从分子水平上解释生物大分子对矿物晶体成核和生长的作用、基质蛋白等大分子对矿化结构和性能的影响。

釉原蛋白是牙釉质中最主要的一种蛋白质，占釉基质蛋白（enamel matrix protein，EMP）的 90%以上。釉原蛋白由 180 个氨基酸残基组成，由成釉细胞分泌。在成熟的牙体中，由于酶的催化分解，釉原蛋白分解为一系列小分子多肽，故检测不到釉原蛋白。釉原蛋白中的 X 染色体副本与遗传性疾病的釉生成缺陷有关。来自 X 和 Y 染色体上的基因表达于釉原蛋白上，其中大约 90%的 RNA 转录来自 X 染色体。在小鼠胚胎臼齿的组织培养中，将组织暴露于釉原蛋白 mRNA 翻译起始点的 DNA 反义寡核酸环境中，发现由于釉原蛋白的减少，磷灰石晶体的沉积受到严重破坏，晶体严重变形，无法形成釉柱结构[73]。釉原蛋白上基因定点嵌入或敲除，与牙釉质发育不全的临床症状一致[74]。为探讨基因、细胞和蛋白质变化对矿化过程的影响，对两种骨、牙基因变异模型中矿物结构和性能进行了分析[75]。col1-caPPR 型（PTH/PTHrP 受体激活）鼠牙釉质中，出现了片状晶体等异常形态；其排列方式紊乱；结晶度和成熟度明显下降；釉柱组装散乱；力学性能明显下降。这些变化表明，釉原蛋白等的紊乱表达影响了晶体的成核、生长及组装，成釉细胞的分化削弱、排列紊乱破坏了釉柱、釉间质紧密结构。Axin2 KO 型（Axin2 基因敲除）鼠的骨发育过程中，成骨细胞数量增加，活性提高；胶原纤维分泌旺盛，排列组装更加有序；新生骨小梁中胶原纤维更易于形成板层结构；皮质骨变厚，板层结构变薄，板层数量增加，结构更加密实；矿物结晶度和成熟度都有所提高。

三角帆蚌的贝壳和珍珠都是碳酸钙生物矿化的产物。形成碳酸钙结晶产物的生物矿化过程是在一系列基质蛋白的指导和调控下进行的；鉴定基质蛋白以及探究它们的生物矿化功能对理解贝壳和珍珠的形成机理具有重要的意义。有研究从三角帆蚌外套膜中鉴定出两个新的贝壳基质蛋白基因：*hic31* 和 *hic52*[76]。*hic31* 基因的 cDNA 序列全长为 1432 bp，开放阅读框为 957 bp，共编码 318 个氨基酸，其中 1～18 个氨基酸为信号肽，去除信号肽后理论分子质量为 28.82 kDa，等电点为 7.00，为一中性基质蛋白。hic31 蛋白的氨基酸序列富含甘氨酸（Gly），占氨基酸总数的 26.67%，且 Gly 在 N 端常聚集在一起，以$(Gly)_n$($n = 3$～7)的形式，形成 4 个甘氨酸聚集簇。甲硫氨酸/丝氨酸（Met/Ser）常伴随甘氨酸聚集簇，在序列中形成$(Gly)_mX(Gly)_n(m>1, n>1$，X 指的是 Met/Ser)重复片段。hic31 蛋白的二级结构主要以 α 螺旋为主，其高级结构预测为一细丝状的蛋白质，并与 I 型胶原蛋白的 α1 和 α2 螺旋链具有结构相似性。同时，通过荧光定量和原位杂交发现，*hic31* 基因特异性地表达于三角帆蚌外套膜，且在外套膜边缘膜中的表达量明显高于缘膜部和中央膜，而且原位杂交检测时仅在外套膜边缘膜外上皮细胞中检测到强烈信号，表明 hic31 蛋白是一个棱柱层基质蛋白，很可能是作为一个框架蛋白参与棱柱层的矿化。三角帆蚌 *hic52* 基因的全长序列为 2053 bp，共编码 543 个氨基酸，其中信号肽为前 18 个氨基酸。除去信号肽，预测理论分子质量为 52.2 kDa；等电点为 10.37，是一个碱性蛋白。二级结构预测，hic52 蛋白的 C 端由 29 个氨基酸构成 α 螺旋序列，且其高级结构与 I 型胶原蛋白的 α1 和 α2 螺旋链的结构有一定的相似性[77]。克隆和表达分析发现，*hic52* 基因在外套膜中央区表达最高，并且在外套膜背部中央的外上皮细胞中强烈表达。因此，*hic52* 是一个与珍珠层形成相关的主要基因。

1.4 小 结

生物矿化是生物体制造生物矿物的过程。在自然界中，生物矿物是在有机基质控制下可控有序组装而成的，这就决定了它不同于实验室中化学合成的普通矿物。本章节重点介绍了下列内容：①生物矿化的概念，重点阐述了生物体中矿化物形成所涉及的基本过程，特别指出，生物矿物是在生物大分子调控下形成的，其必然带有生物体的基因，从而表现出形态、晶型、组成等多方面的多样性。②重要的生物矿物：碳酸钙、磷酸钙和二氧化硅，重点介绍了 HAP、OCP 的组成和结构特点。③进一步介绍了生物矿化的调控，从基因、有机大分子到细胞，不同层次的调控说明了生物矿化过程的复杂性。从已有的证据看，要基于生物矿化的机理，开展人体组织的再生修复，一方面可以借助已有的物理化学知识，全面系统地了解生物矿物形成过程的热力学和动力学因素；另一方面，随着生物技术的发展，基因工程为生物大分子的组成和组装形态的研究打开了新的视角，也为生物矿化的分子调控机制的研究奠定了基础。

参 考 文 献

[1] Reith F，Rogers S L，McPhail D C，et al. Biomineralization of gold：Biofilms on bacterioform gold[J]. Science，2006，313（5784）：233-236.

[2] Mann S. Biomineralization：Principles and Concepts in Bioinorganic Materials Chemistry[M]. New York：Oxford University Press，2001.

[3] Colfen H，Antonietti M. Mesocrystals and Nonclassical Crystallization：Colour Plates[M]. Hoboken：Wiley，2008.

[4] Beddington R S P，Robertson E J. Axis development and early asymmetry in mammals[J]. Cell，1999，96（2）：195-209.

[5] Sigel A. Biomineralization：From Nature to Application，Volume 4[M]. Hoboken：John Wiley & Sons，2008.

[6] Weiner S，Dove P M. An overview of biomineralization processes and the problem of the vital effect[J]. Reviews in Mineralogy and Geochemistry，2003，54（1）：1-29.

[7] Novoselov A A，Konstantinov A O，Lim A G，et al. Mg-rich authigenic carbonates in coastal facies of the Vtoroe Zasechnoe Lake（Southwest Siberia）：First assessment and possible mechanisms of formation[J]. Minerals，2019，9（12）：763.

[8] Addadi L，Raz S，Weiner S. Taking advantage of disorder：Amorphous calcium carbonate and its roles in biomineralization[J]. Advanced Materials，2003，15（12）：959-970.

[9] Evans J S. "Tuning in" to mollusk shell nacre-and prismatic-associated protein terminal sequences. Implications for biomineralization and the construction of high performance inorganic-organic composites[J]. Chemical Reviews，2008，108（11）：4455-4462.

[10] Tong H，Hu J，Ma W，et al. *In situ* analysis of the organic framework in the prismatic layer of mollusc shell[J]. Biomaterials，2002，23（12）：2593-2598.

[11] Hayes R L，Goreau N I. Intracellular crystal-bearing vesicles in the epidermis of scleractinian corals，Astrangia danae（Agassiz）and Porites porites（Pallas）[J]. The Biological Bulletin，1977，152（1）：26-40.

[12] Rahman R，Safe S，Taylor A. Sporidesmins. Part Ⅸ. Isolation and structure of sporidesmin E[J]. Journal of the Chemical Society C：Organic，1969（12）：1665-1668.

[13] Marin F，Amons R，Guichard N，et al. Caspartin and calprismin，two proteins of the shell calcitic prisms of the Mediterranean fan mussel *Pinna nobilis*[J]. Journal of Biological Chemistry，2005，280（40）：33895-33908.

[14] Oaki Y，Imai H. The hierarchical architecture of nacre and its mimetic material[J]. Angewandte Chemie International Edition，2005，44（40）：6571-6575.

[15] Sarikaya M，Aksay I A. Nacre of abalone shell：A natural multifunctional nanolaminated ceramic-polymer composite material[J]. Structure，Cellular Synthesis and Assembly of Biopolymers，1992：1-26.

[16] Li X，Chang W C，Chao Y J，et al. Nanoscale structural and mechanical characterization of a natural nanocomposite material：The shell of red abalone[J]. Nano Letters，2004，4（4）：613-617.

[17] Dorozhkin S V. Calcium orthophosphates：Occurrence，properties，biomineralization，pathological calcification and biomimetic applications[J]. Biomatter，2011，1（2）：121-164.

[18] Berzelius J. Ueber basische phosphorsaure kalkerde[J]. Justus Liebigs Annalen der Chemie，1845，53（2）：286-288.

[19] Warington R. ⅩⅩⅦ. —Researches on the phosphates of calcium，and upon the solubility of tricalcic phosphate[J]. Journal of the Chemical Society，1866，19：296-318.

[20] Church A H. Ⅵ. —New analyses of certain mineral arseniates and phosphates[J]. Journal of the Chemical Society，1873，26：101-111.

[21] WJ L. On a fine specimen of apatite from Tyrol，lately in the possession of Mr. Samuel Henson[J]. Nature，1883，27（704）：608-609.

[22] Dreesmann H. Ueber knochenplombierung[J]. Beitr Klin Chir，1892，9：804-810.

[23] Cameron F K，Seidell A. The action of water upon the phosphates of calcium[J]. Journal of the American Chemical Society，1904，26（11）：1454-1463.

[24] Cameron F K，Seidell A. The phosphates of calcium. Ⅰ[J]. Journal of the American Chemical Society，1905，27（12）：1503-1512.

[25] Cameron F K，Bell J M. The phosphates of calcium. Ⅱ[J]. Journal of the American Chemical Society，1905，27（12）：1512-1514.

[26] Cameron F K，Bell J M. The phosphates of calcium. Ⅲ：Superphosphate[J]. Journal of the American Chemical Society，1906，28（9）：1222-1229.

[27] Cameron F K，Bell J M. The phosphates of calcium. Ⅳ[J]. Journal of the American Chemical Society，1910，32（7）：869-873.

[28] Bassett H. LVI. —The phosphates of calcium. Part Ⅳ. The basic phosphates[J]. Journal of the Chemical Society，Transactions，1917，111：620-642.

[29] Elliott J C. Structure and chemistry of the apatites and other calcium orthophosphates[J]. Studies in Inorganic Chemistry，1994，18：213-234.

[30] White T J，Dong Z L. Structural derivation and crystal chemistry of apatites[J]. Acta Crystallographica Section B：Structural Science，2003，59（1）：1-16.

[31] Mathew M，Takagi S. Structures of biological minerals in dental research[J]. Journal of Research of the National Institute of Standards and Technology，2001，106（6）：1035.

[32] Dilrukshi R A N，Kawasaki S. Effective use of plant-derived urease in the field of geoenvironmental/geotechnical engineering[J]. Journal of Civil & Environmental Engineering，2016，6（207）：2.

[33] Wang L，Nancollas G H. Calcium orthophosphates：Crystallization and dissolution[J]. Chemical Reviews，2008，108（11）：4628-4669.

[34] Chow L C，Eanes E D. Solubility of calcium phosphates[J]. Monographs in Oral Science，2001，18：94-111.

[35] Yuan H，Groot K. Calcium phosphate biomaterials：An overview[M]//Reis R L，Weiner S. Learning from Nature How to Design New Implantable Biomaterialsis：From Biomineralization Fundamentals to Biomimetic Materials and Processing Routes. Dordrecht：Kluwer Academic Publisher，2004：37-57.

[36] McDowell H，Gregory T M，Brown W E. Solubility of $Ca_5(PO_4)_3OH$ in the system $Ca(OH)_2$-H_3PO_4-H_2O at 5，15，25，and 37℃[J]. Journal of Research of the National Bureau of Standards. Section A，Physics and Chemistry，1977，81（2-3）：273.

[37] Tung M S. Calcium phosphates：Structure，composition，solubility，and stability[M]//Amjad Z. Calcium Phosphates in Biological and Industrial Systems. Boston：Springer，1998：1-19.

[38] Pan H B，Darvell B W. Calcium phosphate solubility：The need for re-evaluation[J]. Crystal Growth and Design，2009，9（2）：639-645.

[39] Astala R，Stott M J. First principles investigation of mineral component of bone：CO_3 substitutions in hydroxyapatite[J]. Chemistry of Materials，2005，17（16）：4125-4133.

[40] Vallet-Regi M，González-Calbet J M. Calcium phosphates as substitution of bone tissues[J]. Progress in Solid State Chemistry，2004，32（1-2）：1-31.

[41] Le Geros R Z. Variations in the crystalline components of human dental calculus：I. Crystallographic and spectroscopic methods of analysis[J]. Journal of Dental Research，1974，53（1）：45-50.

[42] Eanes E D. Enamel apatite：Chemistry，structure and properties[J]. Journal of Dental Research，1979，58（2suppl）：829-836.

[43] Larsen M J，Thorsen A. Fluoride and enamel solubility[J]. European Journal of Oral Sciences，1974，82（6）：455-461.

[44] Brown W E，Smith J P，Lehr J R，et al. Octacalcium phosphate and hydroxyapatite：Crystallographic and chemical relations between octacalcium phosphate and hydroxyapatite[J]. Nature，1962，196（4859）：1050-1055.

[45] Suzuki O. Octacalcium phosphate：Osteoconductivity and crystal chemistry[J]. Acta Biomaterialia，2010，6（9）：3379-3387.

[46] Burke E M. Kinetic studies involving octacalcium phosphate and hydroxyapatite：Model crystals for biomineralization[D]. Buffalo：State University of New York at Buffalo，1996.

[47] 薛博，施云峰，何淑梅，等. 常温环境下壳聚糖诱导合成单斜羟基磷灰石纳米晶体及其结构表征[J]. 高等学校化学学报，2010，31（12）：2339-2343.

[48] Nongkynrih P，Rao Y S T，Gupta S K，et al. Crystal structure of the substituted apatites—deviation from Vegard's Law[J]. Journal of Materials Science，1988，23（9）：3243-3247.

[49] Huang Z L，Wang D W，Liu Y，et al. FTIR investigation on crystal chemistry of CO_3^{2-} substituted apatite solid solutions prepared through different methods[J]. Spectroscopy and Spectral Analysis，2002，22（6）：949-953.

[50] Sumathi S，Gopal B. *In vitro* degradation of multisubstituted hydroxyapatite and fluorapatite in the physiological condition[J]. Journal of Crystal Growth，2015，422：36-43.

[51] Maiti G C，Freund F. Incorporation of chlorine into hydroxy-apatite[J]. Journal of Inorganic and Nuclear Chemistry，1981，43（11）：2633-2637.

[52] Tonegawa T，Ikoma T，Suetsugu Y，et al. Thermal expansion of type A carbonate apatite[J]. Materials Science and Engineering：B，2010，173（1-3）：171-175.

[53] Sang Cho J，Um S H，Su Yoo D，et al. Enhanced osteoconductivity of sodium-substituted hydroxyapatite by system instability[J]. Journal of Biomedical Materials Research Part B：Applied Biomaterials，2014，102（5）：1046-1062.

[54] Kannan S，Ventura J M G，Ferreira J M F. Synthesis and thermal stability of potassium substituted hydroxyapatites and hydroxyapatite/β-tricalciumphosphate mixtures[J]. Ceramics International，2007，33（8）：1489-1494.

[55] Landi E，Logroscino G，Proietti L，et al. Biomimetic Mg-substituted hydroxyapatite：From synthesis to *in vivo* behaviour[J]. Journal of Materials Science：Materials in Medicine，2008，19（1）：239-247.

[56] Andrés N C，Sieben J M，Baldini M，et al. Electroactive Mg^{2+}-hydroxyapatite nanostructured networks against drug-resistant bone infection strains[J]. ACS Applied Materials & Interfaces，2018，10（23）：19534-19544.

[57] Belton D J，Deschaume O，Perry C C. An overview of the fundamentals of the chemistry of silica with relevance to biosilicification and technological advances[J]. The FEBS Journal，2012，279（10）：1710-1720.

[58] Ma J F，Tamai K，Yamaji N，et al. A silicon transporter in rice[J]. Nature，2006，440（7084）：688-691.

[59] Ma J F，Yamaji N. Silicon uptake and accumulation in higher plants[J]. Trends in Plant Science，2006，11（8）：392-397.

[60] Currie H A，Perry C C. Silica in plants：Biological，biochemical and chemical studies[J]. Annals of Botany，2007，100（7）：1383-1389.

[61] Weaver J C，Morse D E. Molecular biology of demosponge axial filaments and their roles in biosilicification[J]. Microscopy Research and Technique，2003，62（4）：356-367.

[62] Müller W E G，Boreiko A，Wang X，et al. Silicateins，the major biosilica forming enzymes present in demosponges：Protein analysis and phylogenetic relationship[J]. Gene，2007，395（1-2）：62-71.

[63] Müller W E G，Schloßmacher U，Wang X，et al. Poly (silicate)-metabolizing silicatein in siliceous spicules and silicasomes of demosponges comprises dual enzymatic activities（silica polymerase and silica esterase）[J]. The FEBS Journal，2008，275（2）：362-370.

[64] Wang X，Schloßmacher U，Wiens M，et al. Silicateins，silicatein interactors and cellular interplay in sponge skeletogenesis：Formation of glass fiber-like spicules[J]. The FEBS Journal，2018，285（7）：1373.

[65] Lian B，Hu Q，Chen J，et al. Carbonate biomineralization induced by soil bacterium *Bacillus megaterium*[J].

Geochimica et Cosmochimica Acta，2006，70（22）：5522-5535.

[66] Dupraz C，Reid R P，Braissant O，et al. Processes of carbonate precipitation in modern microbial mats[J]. Earth-Science Reviews，2009，96（3）：141-162.

[67] Ronholm J，Schumann D，Sapers H M，et al. A mineralogical characterization of biogenic calcium carbonates precipitated by heterotrophic bacteria isolated from cryophilic polar regions[J]. Geobiology，2014，12（6）：542-556.

[68] 周立祥. 生物矿化：构建酸性矿山废水新型被动处理系统的新方法[J]. 化学学报，2017，75（6）：552-559.

[69] Okazaki K. Spicule formation by isolated micromeres of the sea urchin embryo[J]. American Zoologist，1975，15（3）：567-581.

[70] Kerschnitzki M，Wagermaier W，Roschger P，et al. The organization of the osteocyte network mirrors the extracellular matrix orientation in bone[J]. Journal of Structural Biology，2011，173（2）：303-311.

[71] Nudelman F，Pieterse K，George A，et al. The role of collagen in bone apatite formation in the presence of hydroxyapatite nucleation inhibitors[J]. Nature Materials，2010，9（12）：1004-1009.

[72] Huang B，Lou Y，Li T，et al. Molecular dynamics simulations of adsorption and desorption of bone morphogenetic protein-2 on textured hydroxyapatite surfaces[J]. Acta Biomaterialia，2018，80：121-130.

[73] Paine M L，Zhu D H，Luo W，et al. Enamel biomineralization defects result from alterations to amelogenin self-assembly[J]. Journal of Structural Biology，2000，132（3）：191-200.

[74] Lyngstadaas S P，Risnes S，Sproat B S，et al. A synthetic，chemically modified ribozyme eliminates amelogenin，the major translation product in developing mouse enamel *in vivo*[J]. The EMBO Journal，1995，14（21）：5224-5229.

[75] 曾仕梅. 三角帆蚌贝壳基质蛋白基因 *hic31* 和 *hic52* 的鉴定及其生物矿化功能研究[D]. 上海：上海海洋大学，2016.

[76] Liu X，Pu J，Zeng S，et al. Hyriopsis cumingii hic52：A novel nacreous layer matrix protein with a collagen-like structure[J]. International Journal of Biological Macromolecules，2017，102：667-673.

第 2 章　硬组织中的生物矿物

微生物、植物、动物的体内都会形成一些矿物，生物体内由生命系统参与并形成生物矿物至少已有 35 亿年的历史，不同的生物体系中的矿物形成不同的晶体形貌，在生物体系中起着不同的作用[1, 2]。目前已经发现的矿物就有 60 多种且存在于生物的体内，其中包括无定形矿物、无机晶体和有机晶体，含钙矿物在生物矿物中约占有一半的比例，其中碳酸盐是最为广泛利用的无机成分，磷酸盐次之[3]。人体中通过正常矿化形成的骨和牙齿，以磷酸钙盐为主，这些矿物可以作为支撑结构或者具有特定功能的硬组织。人体中的矿物也是通过蛋白质、多糖等各种细胞外基质指导矿物晶体的成核生长和组装，使得骨和牙具有特殊的高级结构和组装方式，从而具有特殊的理化性质和生物功能，比如较高的强度和硬度、良好的塑性和韧性、较好的表面光洁度和减震性能等[4]。

本章通过对人体中形成的自然骨组织和自然牙釉质的组成、结构和性能的介绍，来研究生物体中的矿物及其矿化的过程，希望可以为人工合成具有特定功能晶体材料、生物智能材料和新型复合材料提供一种新的思路和参考。

2.1　自然骨组织的组成、结构与力学性能

自然骨作为最复杂的生物矿化系统之一，由骨质（含密质骨和松质骨）、骨膜、骨髓、血液和神经组成。从组织学角度，在自然骨中骨组织通常以密质骨和松质骨的形式出现，密质骨存在于长骨骨干及其他类型骨的表层，质地坚硬致密。松质骨存在于长骨骨骺内部及其他类型骨的内部，由许多片状、针状骨小梁相互连接构成网状结构，呈现海绵状。从材料学角度，骨是由有机物和无机物组成的，有机物主要是 I 型胶原纤维，而无机物主要是羟基磷灰石和碳酸羟基磷灰石（carbonated hydroxyapatite，CHA）构成的天然复合材料。自然骨将跟粉笔一样脆的矿物质晶体和跟人的皮肤一样柔软的胶原蛋白复合在一起，构成的自然骨组织却有较高的比强度和比刚度等优良力学性能，这些与自然骨内部的微结构有着密切的关系[5]。从结构上分析，自然骨从微观到宏观分成了七级结构，从原胶原分子和磷灰石纳米晶体、矿化胶原原纤维、矿化胶原纤维、矿化胶原纤维组装成不同亚单元、纤维束单元同心排布呈圆筒结构的骨单元，再到毫米级的由骨单元组成的各种松质骨和密质骨和骨的宏观结构。这种自然骨所具有的天然生物矿物的分级结构，使

其具有强度高、硬度高、韧性好、质轻的特点，在动物体中具有支撑动物躯体的功能，同时在保护器官等方面起着重要作用[6]。除此之外，借助成骨细胞和破骨细胞的协调作用，自然骨还具有自愈合和再生的功能[7]。

本节介绍生物体内以磷酸钙盐为主的自然骨组成、结构和性能，以帮助读者了解自然骨组织的钙磷组成、高级有序结构和天然生物矿物所具有的一些性能，以及它们三者之间关系的研究，为人工合成仿骨材料的设计和制备提供一些参考。

2.1.1　自然骨组织的组成

简单地，我们可以将自然骨看作是以无机矿物质晶体为增强相，以胶原蛋白为主要成分的有机基质以及水组成的天然复合材料，人骨中各元素的含量见表2.1。随着年龄、物种和在生物体内所处位置的不同，各种骨组成成分的占比存在着差别，这些成分与骨骼的机械性能和代谢功能相关[6]。

表2.1　原子探针断层扫描（atom probe tomography，APT）分析的人骨化学成分[8]

元素	APT测得原子分数/%
O	38.81±4.18
Ca	27.44±3.30
C	17.97±6.19
P	12.28±1.02
N	2.86±0.35
Na	2.52±0.80
Mg	0.15±0.04

1. 化学组成

自然骨的化学组成中有机部分主要为I型胶原蛋白，约占20%（质量分数），它是人体骨以及其他哺乳类动物骨的主要有机成分，被称为结构蛋白。其他的有机成分有：特定于骨骼的蛋白聚糖[9]以及非胶原蛋白；其中非胶原蛋白有骨钙素（osteocalcin，OCN）、骨涎蛋白（bone sialoprotein，BSP）、骨粘连蛋白（osteonectin，ON）、血小板应答蛋白（thrombospondin）、骨桥蛋白（osteopontin，OPN）等。此外还有少量的生长因子和小分子的柠檬酸。由于年龄和物种的不同，有机质的含量会有所变化。一般而言，胚胎或者年幼的个体中，有机物的含量稍高于成年组。在牛骨中，有机基质质量分数约为16.67%～24.85%，其中胶原蛋白含量5.81～

8.24 mg/g，约占总蛋白质含量的 29.34%～44.58%，是牛骨骼有机基质的主要组成部分；同时，其含有丰富的必需氨基酸和易吸收的小肽类物质[10]。鲨鱼骨的蛋白质约占 31.97%，其中胶原蛋白约占 24.09%[11]。有机物的存在使骨具有一定的弹性与韧性，同时有机基质的存在对于无机矿物的成核和生长起着一定的作用，对于无机矿物质点的空间排列、形态大小和晶体取向具有重要的影响[9]。

自然骨的主要无机成分，其化学式表示为$[Ca_9(H_3O)_2(PO_4)_6]$-[Ca, $Mg_{0.3}$, $Na_{0.3}$, $Na_{0.3}$, CO_3, $citrate_{0.3}$]，一般认为归属于 HAP[5]。由于离子取代、地理环境等多方面的因素，骨中还含有 F、Cl 和 K 等。骨中的 HAP 并不是严格的化学计量的，一般钙磷摩尔比都小于 1.67。同时，在骨形成的不同阶段，或者是骨折后的愈合过程中，还可能存在有磷酸八钙、碳酸钙或者磷酸氢钙等。在生物体内，pH 为中性的条件下，晶体结构形状规则，与胶原蛋白构成多级有序的骨结构。无机质在人体中有两个基本的功能，即离子库和维持骨的刚度和强度。物种年龄不同，其钙磷盐的组成和含量均不同。在牛骨中钙磷等矿物元素主要以 HAP 的形式存在，并且通过胶原蛋白固定，构成了一个天然的纳米复合材料，但牛骨中 HAP 的 Ca/P 最高为 1.89±0.037[12]。在鲨鱼骨中，经过高温 120℃和 60 min 的热处理后，通过分析可得出鲨鱼骨的蛋白质、粗脂肪、胶原蛋白、灰分、钙和磷的含量，灰分含量较低，说明有机质含量高，但在鲨鱼骨中的 Ca/P 可高达 2.18[11]。随着年龄的增长，人类自然骨中的钙磷摩尔比提高，碳酸根取代磷酸根程度提高，晶粒尺寸变大，HAP 的结晶度提高；因而老年人骨质脆，易发生骨折。

在自然骨中水约占 9%，水存在于骨的各层次的分级结构中，主要存在于多孔区域内，如血管通道内、层间及胶原纤维的间隙内，与胶原纤维作用结合矿化晶体，故水在生物矿化过程和提高骨的力学性质方面起着重要的作用[13, 14]。

2. 自然骨中的相

（1）骨中的无机相

骨具有一个复杂的磷酸钙系统，它的无机相具有多晶型性。目前在骨中发现的最主要无机相是与无机晶体 HAP 结构高度相似的纳米晶体，它们与胶原纤维排列一致，形成生物矿物。该矿物质的功能是增强胶原复合物的力学性能，为组织提供更好的力学支撑，同时为调节矿物质平衡提供钙离子、磷酸盐、镁离子等[15, 16]。早在 1790 年，Werner 用希腊文字将这种材料命名为磷灰石。一直到 1926 年，Bassett 用 X 射线衍射方法才证实人的骨和牙齿的无机矿物成分与磷灰石相似，见图 2.1（a）。骨中纳米片状的晶体是非化学计量的 HAP，其 Ca/P 一般为 1.5～1.67，含 CO_3^{2-} 、F^-及少量 Na^+、Mg^{2+}等物质，其中 CO_3^{2-} 的含量较高，含量可达 4%～8%，随年龄增长而提高。在图 2.1（b）的红外光谱中，

1072 cm^{-1}左右的吸收峰证实了这种碳酸根的存在。理论上，CO_3^{2-} 可以取代 OH^- 位置为 A 型 HAP，取代 PO_4^{3-} 的位置为 B 型 HAP；自然骨中 A 型和 B 型取代都存在。另外还在骨中发现了无定形磷酸钙（ACP）、磷酸八钙（OCP）、二水磷酸氢钙（DCPD）、磷酸氢钙（DCP）和六方碳酸钙等多种矿物相，它们被认为是作为磷灰石的前驱体相而存在的[17]。

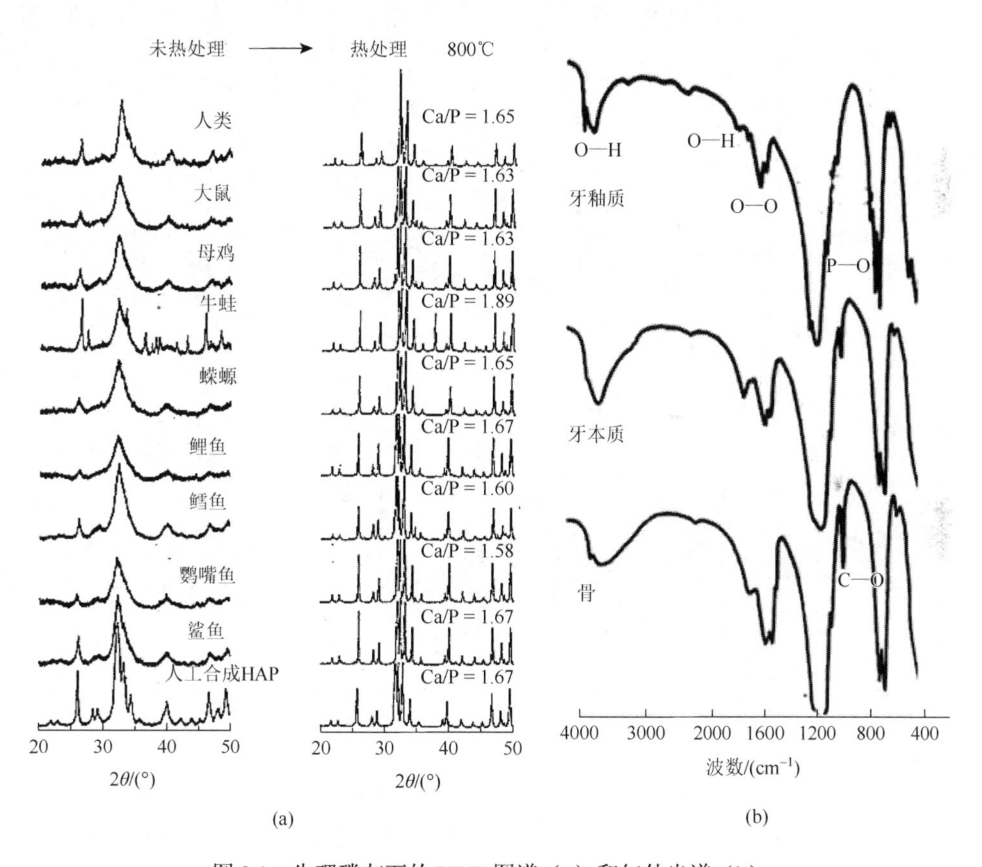

图 2.1　生理磷灰石的 XRD 图谱（a）和红外光谱（b）

不同物种的骨组织中无机相中的 HAP 结晶情况和钙磷摩尔比是多变的，见图 2.1（a）。大多数自然骨 HAP 在特征晶面（211）、（112）和（300）表现出较宽的衍射峰，表明其晶体为弱结晶。Ca/P 为 1.50～1.89，变化范围宽，说明存在多种离子的取代，当然离子取代也只是弱结晶的原因之一。同物种不同部位，矿化物在组成上也不同，表 2.2 给出了骨、牙釉质和理想晶体 HAP 在组成上的区别。从表中可以看出，除钙磷含量不同，离子取代不同外，结晶度的差异也很大。牙釉质中磷灰石结晶良好，而骨中磷灰石结晶较弱。

表 2.2　成人矿化组织的成分和结构参数

	项目	牙釉质	牙本质	牙骨质	骨	HAP
成分	Ca[a]/%	36.5	35.1	[c]	34.8	39.6
	P[a]/%	17.7	16.9	[c]	15.2	18.5
	Ca/P[a]	1.63	1.61	[c]	1.71	1.67
	Na[a]/%	0.5	0.6	[c]	0.9	—
	Mg[a]/%	0.44	1.23	[c]	0.72	—
	K[a]/%	0.08	0.05	[c]	0.03	—
	CO_3^{2-} [b]/%	3.5	5.60	[c]	7.4	—
	F^-[a]/%	0.01	5.60	[c]	0.03	—
	Cl^-[a]/%	0.30	0.01	[c]	0.13	—
	多聚磷酸盐（以 $P_2O_7^{4-}$ 计）[b]/%	0.022	0.100	[c]	0.070	—
	无机物总量[b]/%	97	70	60	65	100
	有机物总量[b]/%	1.5	20	25	25	—
	水[b]/%	1.5	10	15	10	—
晶体相的结构参数和性能	*a* 轴长/Å	9.441	9.421	[c]	9.41	9.43
	c 轴长/Å	6.880	6.887	[c]	6.89	6.891
	结晶度/%	70～75	33～37	[c]	33～37	100
	晶体尺寸(长×宽×厚)/nm	10^5×50×50	35×25×4	[c]	35×25×4	200～600
	弹性模量/GPa	80	15	[c]	0.34～13.8	10
	弯曲强度/MPa	10	100	[c]	150	100

注：样品来源、处理方式不同，结果会有差异。[a]灰分样品；[b]非灰分样品；[c]数据和牙本质相近。

有关骨中磷灰石晶体的形成，研究者们[18, 22]提出了三种机理，一是先形成 DCPD，然后转化成 HAP 晶体；二是先形成 ACP，然后转化为 OCP，最后变成 HAP 晶体；三是先形成不稳定的 HAP 晶体，逐渐成熟。在矿化过程中有机基质对晶体生长具有调控作用，也有研究认为骨的生长是分步进行的，首先是无机离子吸附到有机基质（蛋白质、磷脂、胶原）上成核生成 CHA 纳米颗粒，并发生细胞外基质与界面分子的重组以及有机配体和无机晶体间的分子附着[23]，随后，HAP 晶体纳米微粒在两个空间方向生长形成片状晶体。有关骨中矿化物形成的机理至今尚无定论。但有机基质在无机矿物成核生长中，对无机矿物质点的空间排列、形态大小和晶体取向有重要的影响。

（2）骨中的有机相

骨中的有机相主要是细胞外基质。细胞包括成骨细胞、破骨细胞和骨质细胞。

在此重点介绍细胞外基质。在成熟的骨中，最重要的有机相是胶原蛋白和非胶原蛋白。在自然界的生物矿化过程中，有机基质在矿化过程对 HAP 晶体的成核、结晶和生长起着调控作用。胶原蛋白是哺乳动物体内结缔组织的主要成分，构成人体约 30%的蛋白质，其中 I 型胶原蛋白最为丰富，主要存在于人体的皮肤、骨和牙本质中。I 型胶原蛋白在骨的矿化过程中起了功能支架的作用，被称为结构蛋白。胶原蛋白最基本的单位为原胶原（tropocollagen），是由三条多肽链所组成的，而此三条多肽链则以平行及链间的氢键紧密地结合在一起，形成稳定的三股螺旋结构[24]。胶原蛋白氨基酸序列由重复的甘氨酸-x-y 组成，两端分别为 C 端和 N 端。I 型胶原蛋白的分子质量约为 283 kDa，长约 300 nm；两条 α_1 链和一条 α_2 链形成三股右手螺旋分子结构，组装后直径为 1.5 nm。胶原蛋白分子本身经过自组装形成严格的分级有序结构，通过分子间的相互作用，几个胶原蛋白分子自组装为微原纤维（直径 8 nm），继而组装成原纤维（30～500 nm）、基础纤维（50～250 μm）和纤维束。胶原蛋白分子的氨基酸侧链通常是羟基化和糖基化的，这就产生了一些胶原蛋白独特的交联能力，反过来，使胶原蛋白组装结构更适合其功能。这些功能包括：为组织提供弹性、稳定细胞外基质、支持或模板化初始矿物质沉积以及结合其他大分子。

在天然胶原中，原胶原分子的组装不是齐头齐尾的排列，而是错开一定距离；在轴向上，分子间头尾并未相连，而是相隔一定距离；在侧向上，则上下错开 1/4 原胶原分子长度（$D\approx 67$ nm）。若干原胶原分子平行排列并组装成胶原微原纤维，并以相互错开 1/4 的阵列规则排列构成胶原微原纤维，形成了间隙区与重叠区相互交替的周期性结构，其周期大约为 67 nm。为了形成更加稳定的结构，原胶原分子平行排列并通过分子 N 端与相邻分子 C 端的赖氨酸或羟赖氨酸间形成共价键[25]。周期性结构中与其他纤维重叠的部分称为重叠区（overlap zone），大约 27 nm；与其他纤维不重叠的部分称为间隙区（gap zone），大约 40 nm，如图 2.2 所示。

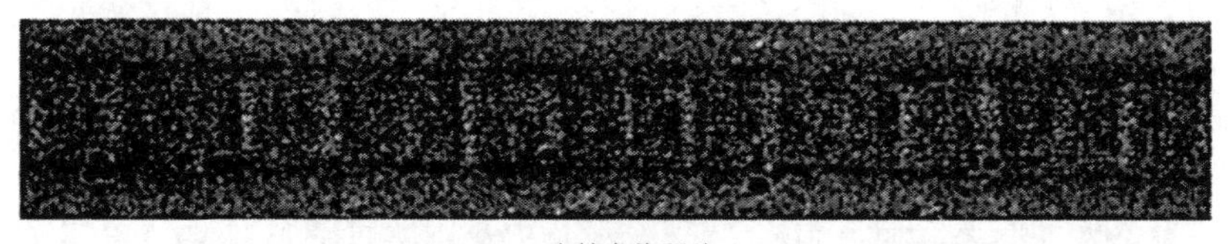

(a) 电镜负染照片

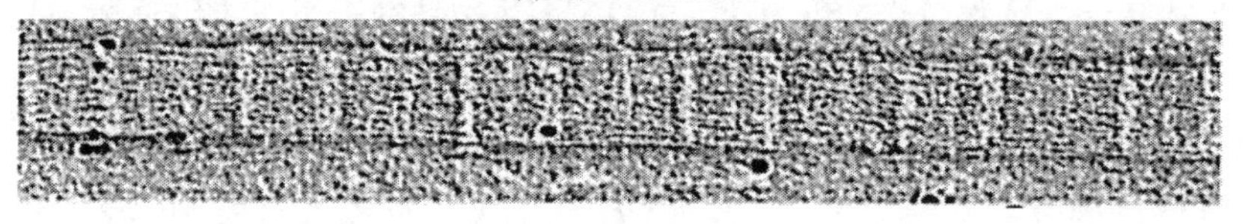

(b) 电镜正染照片[40]

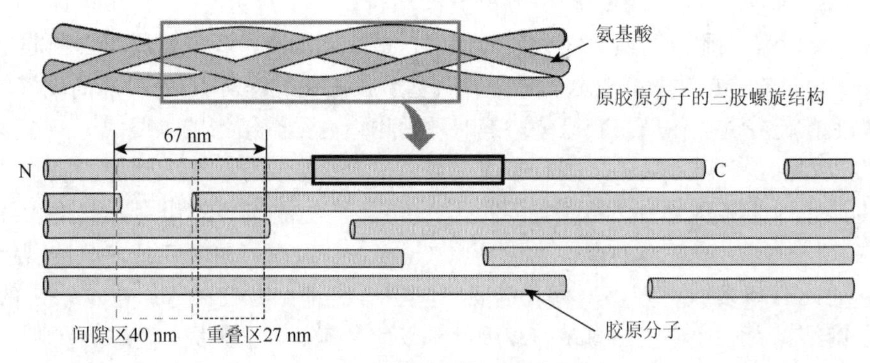

(c) 模拟胶原的周期性结构模型

图 2.2　胶原蛋白的结构

组装好的胶原纤维是人体生物矿化的模板。由于间隙区的尺寸与钙离子半径相近，一度认为是钙离子最先进入的位置。但更多的研究认为胶原蛋白中所含的多种带电基团，会成为矿化过程中生物大分子和无机矿物相互作用的活性位点[26-28]。胶原蛋白上某些特定的基团（如羧基或羰基）能与钙离子发生作用，从而使磷酸钙晶体能够在胶原蛋白模板上有序地结晶。在溶液中负电性基团如羧基、羟基对钙离子有很好的亲和力，从而可以使 ACP 粒子均匀地分布在胶原蛋白表面[29, 30]。Rhee 等[31]证实了胶原蛋白与羟基磷灰石晶体之间存在—COO⋯Ca 的配位作用。红外光谱的分析认为胶原蛋白分子中约占 11.7%的游离羧基是 HAP 晶体生物矿化的第一类成核位点，此外羰基是 HAP 晶体的第二类成核位点。而最新的研究又认为，胶原蛋白在生物矿化过程中仅起着模板作用，非胶原蛋白起着诱导磷灰石晶体形成的作用[32-35]。

在有机基质中，非胶原蛋白占骨中总有机相组成的 10%～15%（质量分数）。非胶原蛋白的主要成分按结构特点可分为 SIBLING（结合 N-糖基化的小整合素）、SLRP（富含亮氨酸的小蛋白多糖）、Gla 蛋白（γ-羧基谷氨酸蛋白）和 CCN 蛋白（富含分泌半胱氨酸的小蛋白）家族。如今，利用蛋白质组学和基因表达谱分析，已知骨基质中存在数千种蛋白质，但大多数尚待鉴定和确定其功能。因为非胶原蛋白的组成与胶原蛋白相比多是无序的，并且可以与多种物质结合，所以具有多功能性，可以协调细胞基质和矿物基质之间的相互作用、调节矿化过程等[36]。骨钙素（OCN）是含量最高的非胶原蛋白，由 49 个氨基酸构成，由成骨细胞分泌，与 ALP 一样，是骨形成过程中生物矿化过程的标识，还可调控破骨细胞的增殖和迁移。骨涎蛋白(BSP)是一种酸性的磷酸化糖蛋白，分子质量大约 80 kDa，核心蛋白质大约 30 kDa；由成骨细胞或类成骨细胞分泌。体外研究证实，BSP 可促进 HAP 的形成，通过整合素介导细胞与细胞间的相互作用。ON 是一个单链分子质量 40 kDa 左右的糖蛋白，最初在未成熟的骨中发现，后来发现在牙周组织中也广泛存在，证实其与胶原蛋白的分泌相关。非胶原蛋白的组成中大部分为血清衍生的蛋白质，例如白蛋白、α_2-HS-糖蛋白等，它们可以直接或间接通过结合磷灰石，作用于骨基质的矿化和骨细胞的增殖[37]。除此之外，非胶原蛋白组成还包含糖胺聚糖大分子、糖基化蛋白、糖蛋白、基质谷氨酸蛋白（MGP）、ALP 等，这些蛋白质的存在对骨细胞的增殖和分化、矿化沉积的形成、基质稳态的调节和骨再生修复起着十分重要的作用[38, 39]。

（3）水

水是骨中第三个组成相，水在提高骨的力学性质和生物矿化过程方面起着不可替代的作用。水存在于骨的各个层次的分级结构中，主要存在于多孔区域内，如血管通道内、层间及胶原纤维的间隙内。胶原纤维离不开水，如水将胶原蛋白分子隔离开来，通过一层 0.7 nm 厚的水层将相邻的胶原蛋白分子隔开，同时保证原纤维的轴向结构不受到影响。原纤维的这种横向流动性允许高达 10 个磷灰石晶体分子分散在纤维内[41]。在矿化过程中，水被原纤维内的矿物质取代，使胶原蛋白分子无法自由移动[13]。因此，水有助于定义骨的结构特点和胶原的物理性质。水的含量可以通过核磁共振（NMR）定量测定，其含量与松质骨的密度相关。临床上，骨中水的含量与分布与骨质疏松症相关，表现为水含量的提高和分布不均。

（4）其他

骨中不到 3%的骨基质是脂质（lipid）。脂质对细胞功能非常重要，它包围着细胞体，调节离子和信号分子，调控进出细胞的流量。

纤连蛋白（fibronectin）也是骨基质的一种成分，含量很少，但是是最早由成骨细胞产生的蛋白质之一，并调控胶原原纤维的初始沉积。纤连蛋白持续存在可以维持胶原基质的完整性。对基因敲除动物的研究表明，虽然所有的成骨细胞都会产生纤连蛋白，骨细胞外基质中的纤连蛋白并不来源成骨细胞；相反，骨基质中纤连蛋白来源于肝循环中的纤连蛋白。在原发性胆汁性肝硬化中，骨质疏松症的发病率显著升高。这种较高的发病率是由于纤连蛋白亚型的产生增加，从而减少成骨细胞骨形成。

骨中有大约 1.5%的柠檬酸（citrate acid），吸附在磷灰石晶体的表面。骨基质中的柠檬酸是三羧酸循环的副产物，人体中 80%～90%的柠檬酸存在于骨和牙中。柠檬酸的代谢会影响 HAP 中碳酸根的取代，但也有一种观点认为，由于柠檬酸羧酸基团与钙离子的相互作用，使得磷灰石晶体的晶面吸附有一定密度的柠檬酸根，从而防止了纳米片状磷灰石的厚化[42]。

2.1.2　自然骨组织的结构

骨的多级结构层次包括宏观尺度、微米尺度和纳米尺度的结构。宏观尺度包括骨骼的整体结构。骨组织作为骨的主要构成部分，构成了骨的基本形态，骨组织在骨内以密质骨和松质骨的形式存在。密质骨几乎都是固态的，只有 3%～5%的空间供骨细胞、骨小管、血管等部分存在。而松质骨却有很多的空隙，松质骨的孔结构都充满了骨髓，孔隙率在 50%～90%不等[7]。在微米尺度上，密质骨是由尺寸在 10～500 μm 不等的骨单元构成的，而松质骨是由多孔网状的骨小梁组成的。在纳米尺度上，纳米片状的 HAP 晶体附着在 I 型胶原纤维上形成矿化胶原纤维。生物矿化后的胶原纤维是密质骨和松质骨的最基本组成[6]。自然骨的分级结构如图 2.3 所示。

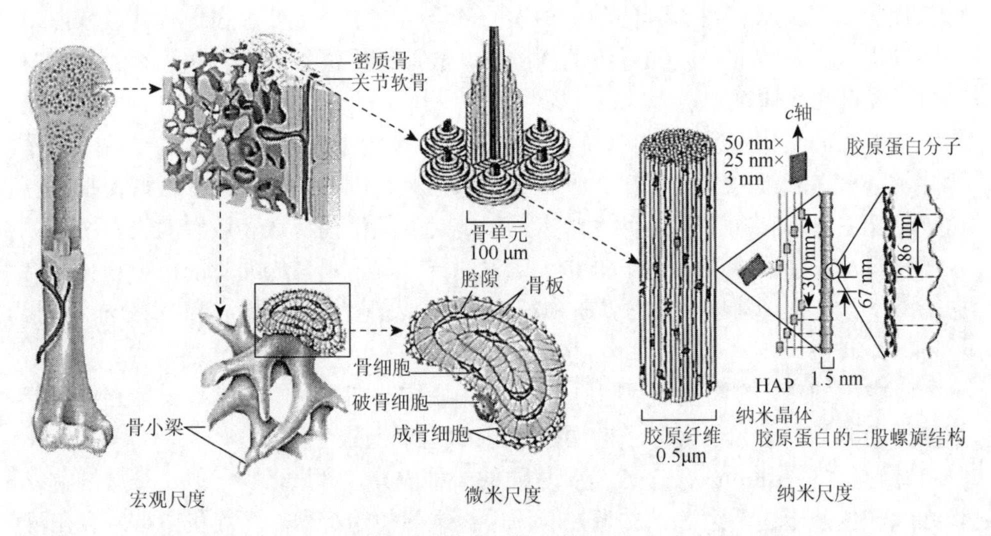

图 2.3　自然骨的分级结构

根据参考文献[43]绘制。

1. 骨组织的晶体结构

骨中 HAP 晶体属于六方晶系，其理想结晶形态见图 2.4（c），呈六方棒状。生理 HAP 的形态一般有两种，牙釉质中是棒状，骨中为片状的。这两种晶体形貌的形成与其所处的时间和空间及生理环境相关，后续会有介绍。HAP 单位晶胞含有 10 个 Ca^{2+}、6 个 PO_4^{3-}、2 个 OH^-。Ca^{2+}在 HAP 晶体结构中有 2 个不同的位置，从图 2.4（b）中可看出每个晶胞的角上有一个 OH^-，4 个 Ca^{2+}占据 Ca I 位置，即 $z = 0$ 和 $z = 1/2$ 位置各 2 个，该位置处于 6 个 O 组成的 Ca-O 八面体的中心；6 个 Ca^{2+}处于 Ca II 位置，即 $z = 1/4$ 和 $z = 3/4$ 位置各有 3 个，位置处于 3 个 O 组成的三配位体中心；6 个 PO_4^{3-} 四配位体分别位于 $z = 1/4$ 和 $z = 3/4$ 的平面上（见图 1.6），这些 PO_4^{3-} 四面体的网络使得 HAP 晶体结构具有良好的稳定性[44]，即 HAP 晶体微晶表面结构决定了其对大部分人体蛋白质具有亲和性，在水溶液和液体环境中能够保持稳定。Kawasaki[45]提出 HAP 晶体表面主要存在两种吸附位置，一种是当 OH^-位于晶体表面时，OH^-与 2 个 CaⅡ位置的离子相连，在水溶液中有 HAP 晶体时，晶体表面的 OH^-位置至少在某一瞬间空缺，由于 CaⅡ位置的离子带正电，此时形成一个吸附层，即 C 位置，C 位置能吸附生物大分子中 PO_4^{3-} 或 COO^-。另一种是当 Ca 位于晶体表面时，由于 CaⅠ位置与 6 个磷氧基团中 O 原子相连，当 HAP 晶体在水溶液中时，此时 CaⅠ位置的离子能吸附 PO_4^{3-}，与 K^+ 和 Sr^{2+}等阳离子以及蛋白质大分子上的羧基或氨基，形成较强的吸附位置，而在 CaⅡ位置则形成一个较弱的吸附位置。

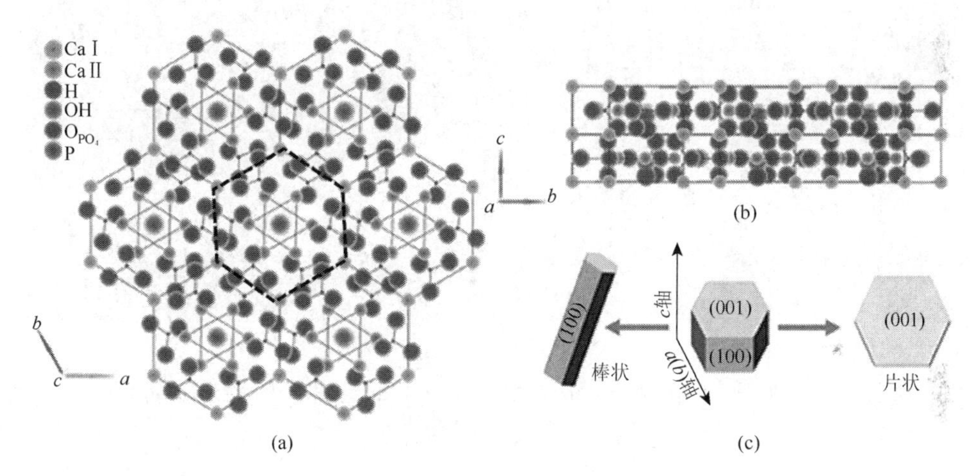

图 2.4　HAP 晶体结构（a）和晶粒的形态（b）以及 HAP 理想结晶形态（c）[50]（后附彩图）

由图 2.1 XRD 图谱可知骨中的磷灰石晶体在高温煅烧后才呈现出特征的 XRD 峰，而自然状态下，特征峰并不明显，说明骨中的 HAP 晶体呈弱结晶状态[46]，且晶体尺寸很小。Weiner 等从材料学的角度分析了骨的结构，他将骨的结构从宏观到微观分成了七级结构，图 2.5 是骨的一级结构，即最微小的结构[18]。从照片上可以看到骨中的 HAP 晶体呈片状，长度和宽度在 50～100 nm，厚度约为 4 nm。根据原子力显微镜（AFM）研究发现，磷灰石晶体的长度要比用 TEM 观察的结果长，宽度和长度范围 30～200 nm[47]。TEM 样品在制备过程中弱结晶的 HAP 纳米晶体可能被破坏，从而导致 TEM 和 AFM 观察到的尺寸差异。矿化物的 TEM 图像和扫描电子显微镜（SEM）图像如图 2.5 所示[48, 49]。自然骨中矿化胶原纤维的 SEM 图像显示磷灰石晶体形成约 70 nm 的小球状聚集体，与胶原纤维组装在一起。

2. 类骨质结构

骨是一种有生命的生物材料，在整个生命过程中都会经历不断的重塑，具有自修复功能[51]。骨折后或者小尺寸的骨缺损，骨组织能够在成骨细胞等的相互作用下自愈合而不留“瘢痕”。骨形成是与骨吸收并行的骨内部重建行为，主要是通过成骨细胞（osteoblast）、破骨细胞（osteoclast）和骨细胞（osteocyte）等多种骨相关细胞的生物学行为来调节参与重建过程，正是由于这些细胞的协调一致工作，才使得骨组织具有良好的自修复功能[52, 53]。通过修复来调节骨组织的组成、形状和功能，以不断满足骨组织在生命活动所需要的力学和生理活动的要求。

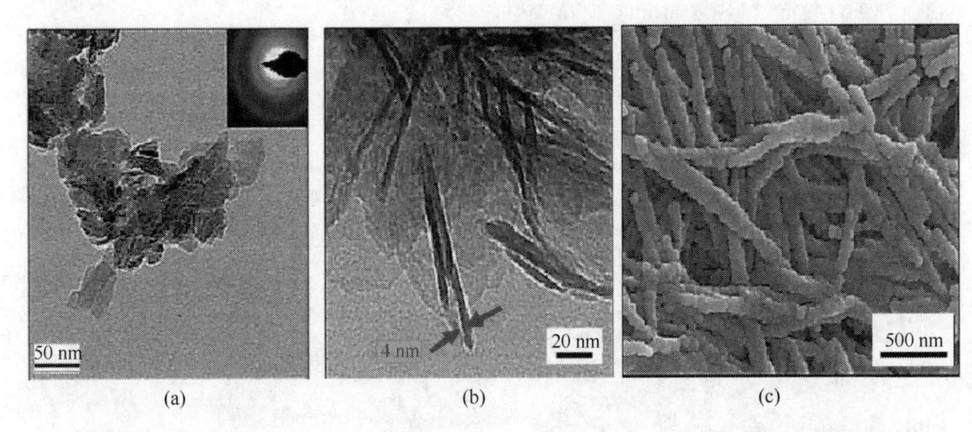

图 2.5　牛股骨密质骨的 HAP 的 TEM［（a）和（b）］[48]以及牛股骨密质骨的矿化胶原纤维 SEM 图（c）[49]

大多数骨形成发生在骨表层部分尤其是骨内膜表面。在骨形成过程中，膜内的某一处间充质干细胞增殖分化为骨原细胞，其中的部分骨原细胞分化为成骨细胞，这就是首先形成骨组织的部位，称为骨化中心（ossification center），骨组织的形成主要包括两个过程，如图 2.6（a）所示。第一步是骨化中心内的成骨细胞分泌细胞外基质（主要为 I 型胶原蛋白）形成类骨质（osteoid）结构，即未矿化的骨基质；第二步是类骨质矿化为骨组织。最初形成的类骨质中胶原蛋白自组装为有序化的胶原纤维结构，呈液晶型。类骨质结构是骨中间部位成熟骨组织与骨膜间的薄膜，成骨细胞等细胞负载在类骨质薄膜上调控骨组织形成[54]。类骨质上有序化的胶原纤维提供了矿物沉积的模板，矿化后的类骨质即为成熟骨组织，同时，这种有序化生物环境是调控后续的成骨细胞的成骨活动的模板。成骨细胞整齐地排列在类骨质模板上，在类骨质调控下，成骨细胞形成新的骨组织，直至骨缺损部位重建完成[54, 55]。重建的骨组织具有完美取向的分级结构，这种完美结构源于类骨质模板对细胞的调控作用及成骨细胞的成骨功能。

成骨细胞是骨组织形成过程中最活跃的细胞，具有合成分泌骨胶纤维和基质的功能。在骨组织形成过程中，成骨细胞先合成的胶原纤维和有机骨基质，内

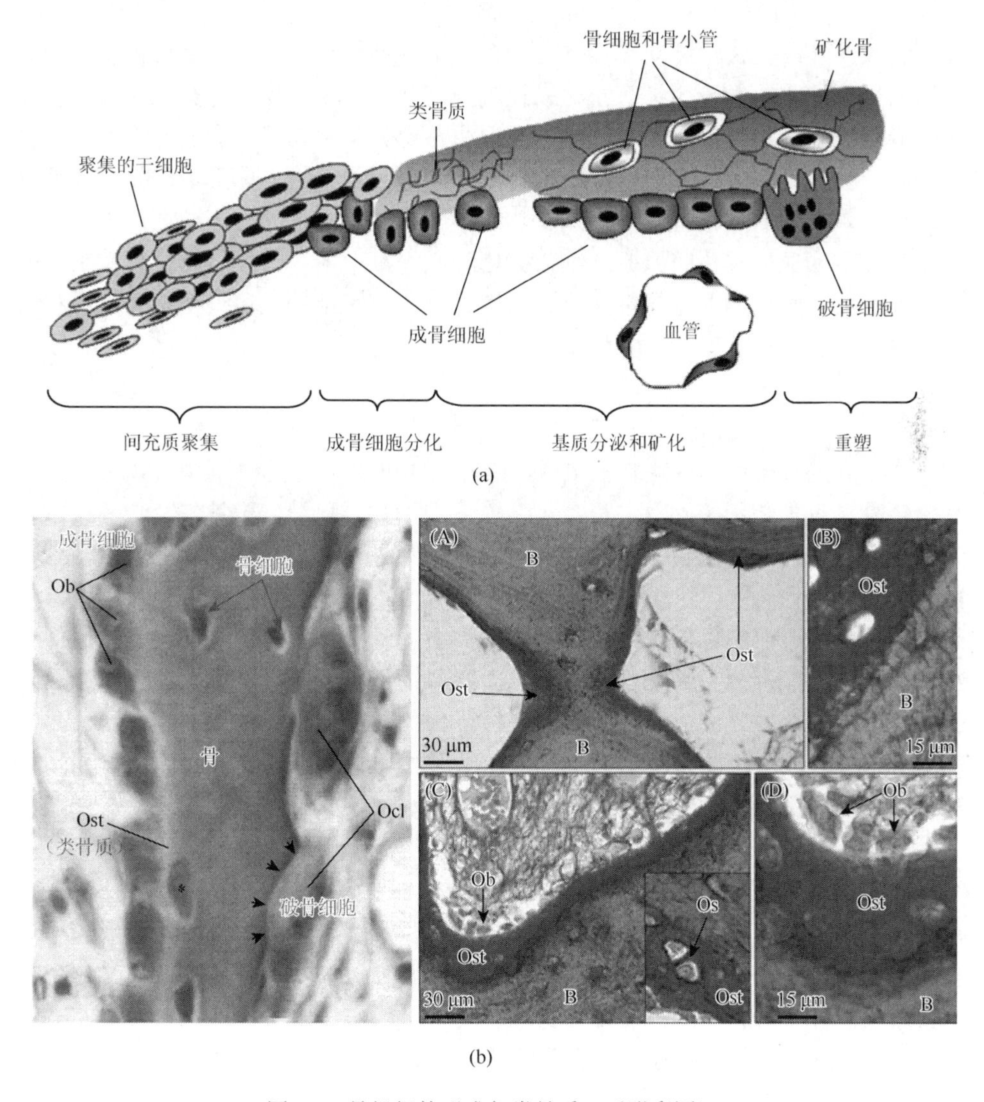

图 2.6　骨组织的形成与类骨质（后附彩图）

（a）骨形成的过程[60]；（b）HE 染色观察到的类骨质（Ost），位于成骨细胞（Ob）和新生骨（B）之间；（A）、（B）、（C）和（D）为 RGB-trichrome 染色，红色为类骨质层[61]；Ocl：osteoclast，破骨细胞；Os：osteocyte，骨细胞。

含唾液蛋白、硫酸软骨素、类脂等，由于尚无骨盐沉积，故呈类骨质[56]。类骨质结构中的胶原蛋白通过自组装和分子重排及后续加工修饰形成有序化分级的液晶相[57]。有序化的类骨质结构逐渐将成骨细胞包埋，镶嵌包埋在类骨质中的成骨细胞则转化成为骨细胞，如图 2.6（b）所示。在细胞外基质环境中，类骨质形成后不久即有钙磷盐沉积[58]。钙磷盐在类骨质中的沉积称为类骨质的钙化。钙化的钙磷盐主要由钙、磷酸根和羟基结合而成，形成 HAP。其结晶体呈片状，沿着骨胶原纤维的长轴方向平行排列[18, 59]。类骨质结构一经钙化便成为骨组织。随后新形成的骨组织表明又有新的成骨细胞继续形成类骨质，并有钙磷盐沉积钙化不断形成骨组织，使骨组织不断生长形成特定结构和功能的骨骼。因此，类骨质结构的钙化过程中，就是成骨细胞合成分泌的胶原纤维矿化形成矿化胶原纤维的过程。骨形成的过程就是生物体内连续不断的生物矿化和相关调控过程。生物矿化过程中形成的矿化胶原原纤维和矿化胶原纤维束通过自组装和排列重组等方式相互连接、结合形成骨的不同分级结构，不同分级结构又通过复杂的组合和修饰形成不同骨组织，如图 2.6 所示。

3. 骨组织的构造

成年人的骨架由 206 块骨头组成，约占总体重的 1/5，这些骨头大致可分为长骨、短骨、扁骨和不规则骨。长骨包括锁骨、肱骨、尺骨、股骨、胫骨等：短骨包括腕骨、跗骨等；扁骨包括头骨、肩胛骨、胸骨和肋骨；不规则骨包括椎骨、骶骨、尾骨和舌骨[7]。骨的构造是指骨作为器官由它组成的立体结构，包括骨组织的结构形式、血管的分布形式等。不同类型的骨都具有自身结构特点。根据骨组织发生的早晚，以及骨细胞和细胞间质的特征及组合形式，骨组织分为未成熟的骨组织即非板层骨和成熟的骨组织即板层骨。骨组织在骨内以密质骨和松质骨的形式存在。成年人的骨骼由 80%的密质骨和 20%的松质骨组成，不同类型的骨骼含有不同比例的密质骨和松质骨[62]。

密质骨或称皮质骨，位于骨的表层，其结构致密，是构成骨皮质的主要结构，在密质骨内分布有血管和神经的通道，其组织构成是板层骨沿着骨长轴致密排列，在长骨干则由环状骨板形成内环骨板和外环骨板及位于其间的哈弗斯骨板和间骨板构成[7]。密质骨在长骨干会很厚，在脊椎骨很薄。密质骨作为承担骨的载荷的主要组成部分，具有高的强度、刚度及密度。

松质骨又称海绵骨、小梁骨，松质骨位于密质骨的内部，结构疏松多孔，孔内含有骨髓，其结构为骨小梁。按照一定方式连接成网状立体结构。成熟骨小梁也是由板层骨沿骨小梁长轴排列构成。骨小梁形态不规则，其骨板的层次多少及长短也不同。松质骨具有相对低的强度、刚度、密度和高的抗冲击性能，长骨两端的松质骨可起到分散载荷的作用。

密质骨进一步分为骨单元、骨间质和丛状骨。骨单元为支持骨重生提供了所需的营养同时也是构成密质骨的主要组织。在密质骨的内部分布着重复的骨单元，在每个骨单元中，由胶原纤维形成的 20～30 层的同心圆结构，称为哈弗斯系统（Haversian system）或哈氏系统。骨单元的直径为 100～500 μm，且骨单元的轴线与骨的长轴平行构成了骨板，在骨板之间的间隙中分布着血管和神经。每层骨板中的胶原纤维呈平行排列，相邻骨板中的胶原纤维相互保持一定的角度，如图 2.7 所示。因为胶原纤维交替形成规则的高强度纤维，所以骨板具有很高的力学强度。胶原纤维的直径在 100～2000 nm，由胶原原纤维组成。胶原蛋白的三级结构呈现明暗相间的约 67 nm 的周期性横纹，且在胶原纤维间存在约 40 nm 的间隙，如图 2.2 所示。HAP 晶体就嵌入在这些间隙中，进一步增强了骨的硬度[25, 39]。健康成年人的密质骨中大约 2100 万个骨单元，哈弗斯系统的总面积约为 3.5 m^2[63]。

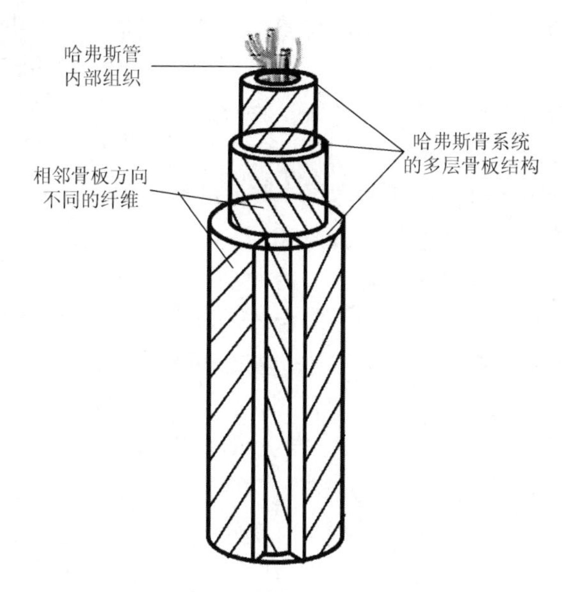

图 2.7　骨单元的结构

无论是密质骨还是松质骨，它们的基本组成均为骨单元。骨单元根据生理状态又可以分为发育中的骨单元、成熟的骨单元和被重吸收的骨单元三种类型。发育中的骨单元，其骨板正在进行沉积和矿化，此时的哈弗斯管内表面存在活跃的成骨细胞并不断地发育成新骨，尚未矿化。成熟的骨单元有多层的骨板，哈弗斯管内有突起的梭形细胞，这种细胞与最内层的哈弗斯骨板的骨小管和来自骨细胞的突起相连接，是静止的成骨细胞；被重吸收的骨单元，其哈弗斯管因骨板被侵蚀而逐渐扩大，并在管壁可以看到破骨细胞。

骨间质填充在骨单元的周围，是骨重建后的残余物，呈现为片状晶体。丛状骨存在于一些生长速度快的动物的骨中[6]。丛状骨（plexiform bone）又称层性骨或平行纤维骨，多存在于大型哺乳动物的密质骨中，中间均匀分布着骨陷窝、骨小管和血管系统。许多哺乳动物密质骨中广泛存在丛状骨，并水平排列成规则的长方形结构，但这种骨结构在人类中几乎不存在，因此可以作为人骨与非人骨的一项重要鉴别依据。

4. 骨组织的分级结构

通过对人类的密质骨的观察，从毫米到纳米尺度，骨组织的每一级结构都是由更微观、有序的下一级结构组成的，共存在七级分级结构。以密质骨为例，哈弗斯系统为骨在微米尺度上的单元，其直径约为 150～250 μm。骨中交错贯通的骨陷窝、骨小管及福尔克曼管（Volkmann's canal，又称福氏管、伏氏管）都属于微米尺度，它们通过与骨髓相连来输运骨中的代谢物质[5]。矿化胶原纤维构成层状骨板，每层骨板中的胶原纤维相互平行排列，相邻骨板中的胶原纤维取向互成一定角度。对于密质骨中的哈弗斯系统，骨板的结构更加精细，它由厚薄两层相叠而成。厚层中胶原纤维取向与骨的长轴方向呈一定角度，相邻骨板中厚层胶原纤维的取向互成一定角度；而所有薄层中胶原纤维及矿物晶体 c 轴均垂直于骨的长轴方向[64]，胶原纤维包含胶原原纤维和磷灰石；呈三股螺旋结构的原胶原分子平行排列组装成胶原微原纤维。骨就是由细小的胶原原纤维连接成的网状骨架，并沉积了片状或针状矿物晶体构成的复合体。对斑马鱼脊椎骨的微观结构进行观察，发现在鱼的脊椎骨中也存在类似的分级结构特征[65]。

正是骨中这些复杂的分级结构的存在[5]，使骨具有优良力学特性。根据骨组织的尺度水平，可从七个尺度水平来描述骨的多级结构，即从纳米级到宏观尺度水平。

（1）第一级：磷灰石纳米晶体和原胶原分子

主要为纳米片状的磷灰石晶体［如图 2.5（a）］和三股螺旋结构的原胶原分子。第一级结构中定义胶原蛋白一般处于由三螺旋的原胶原分子组成状态，长约 300 nm，直径约 1.5 nm[66]。大多数文献定义无机相为片状 HAP 或者 CHA 纳米晶体。但由于矿化机理的不明确，我们只能是确定其组成为 HAP 或者 CHA，但不能确定其初始相是否为磷灰石。另外，基于非胶原蛋白在骨形成中的作用，第一级结构中也应该包括非胶原蛋白，如 OCN、OPN、ALP 等。水在不同分级结构中占有重要的地位，在第一级结构中，水分子吸附在片状晶体的表面；特别是无定形磷酸钙存在时，水分子在其晶体结构中。水分子同时填充在三螺旋的原胶原分子结构中，占据矿化物可能填充的位置，为矿化物的形成占位。但矿化后，水分仍然会在胶原纤维中[67]。

（2）第二级：矿化胶原原纤维

三股螺旋结构的原胶原分子与磷灰石晶体自组装成矿化胶原原纤维，直径大约为 80～120 nm。构成晶体的离子聚集在原纤维组装的间隙区成核，长大延伸到纤维重叠区域，最后形成跨越胶原纤维的磷灰石片状晶体，如图 2.8 所示。因此，原纤维不是径向对称的，而是一种正交各向异性的结晶的结构。

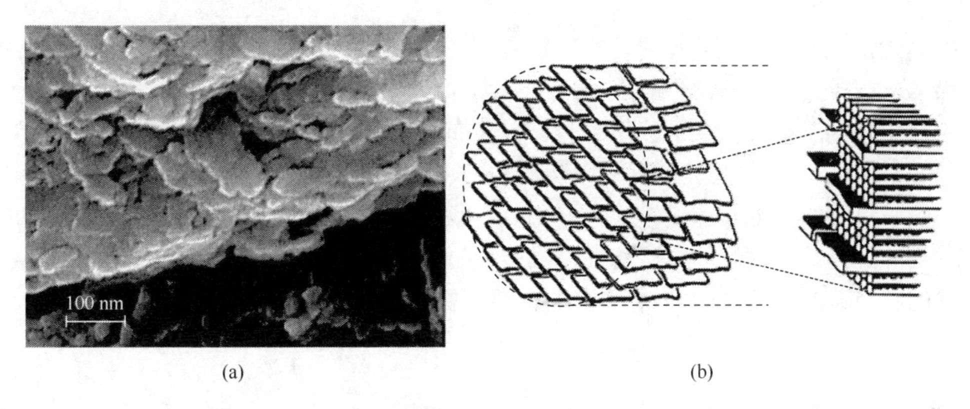

(a)　(b)

图 2.8　狒狒板层骨断口形貌（a）和片状晶体的层状排列（b）[68]

Weiner 和 Traub 于 1986 年首先发现了这种结构，片状结构和胶原纤维的位向关系见示意图[26]。

矿化胶原原纤维是多级有序材料的基本构成单元。磷灰石晶体的 c 轴与胶原原纤维轴一致；大多数晶体与胶原原纤维密切相关，胶原纤维内和胶原纤维外晶体矿化是所有板层骨的特点之一。

（3）第三级：矿化胶原纤维

Ⅰ型胶原原纤维具有很强的自组装成阵列的倾向，至少在体外研究是如此，并且组装后原纤维长轴取向一致，形成胶原纤维素[69]。体内的组装过程要复杂一些。从成骨细胞的内质网开始，在细胞质外的隔室中继续，最后延伸到细胞外空间[70, 71]。这些组装阵列的直径可以在小于 1 μm 到几微米之间变化。组装的矿化胶原纤维可能是阵列有序的，也可能是以单个原纤维的形式出现，如图 2.9 所示。

(a)　(b)

图 2.9　人类板层骨中的矿化胶原纤维组装形态

平行有序阵列（a）和单个原纤维的无序排列（b）[72]。

（4）第四级：矿化胶原纤维组装类型

胶原原纤维阵列可以以多种方式组织形成不同的堆垛图案。图 2.10 为板层骨中最为常见的纤维组装阵列，有平行有序、层板有序、无序编织和放射状（或木垛）。也有将这几种结构分为一维有序、扇形分布和无序分布三种类型[5]。平行有序模式常见于板层骨、平行纤维骨、矿化肌腱等其他骨类型。放射状结构或木垛模式，常见于板层骨。无序编织排布常出现在胚胎骨或骨折愈合的早期，这种结构的骨组织虽然生成速度较快，但不具有承重的功能。层板状结构也是一维有序排列阵列，是板层骨的典型特征，具有由一系列骨板构成的层状结构，每个骨板中的胶原纤维相互平行排列，相邻骨板中的胶原纤维取向互成一定角度。

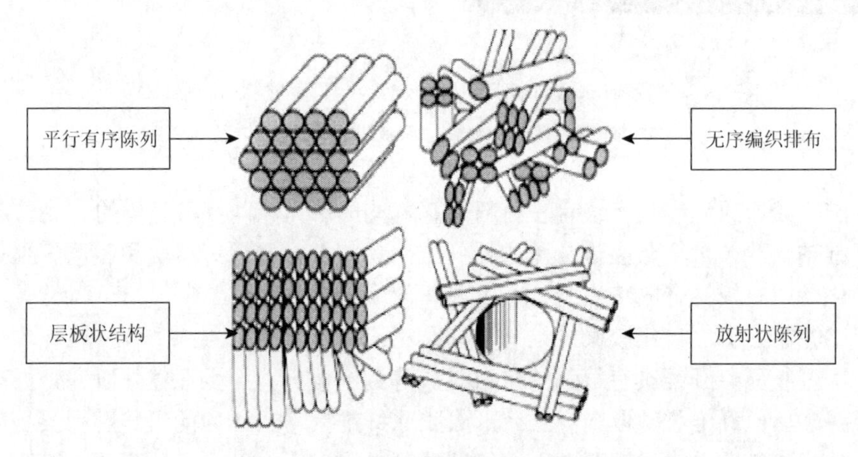

图 2.10　骨中发现的四种纤维排列模型

（5）第五级：骨单元与骨单元组成的各种显微结构

骨单元尺度大小从十到几百微米，由不同方向的骨板堆叠而成，并且每一层骨板中的纤维堆垛方向与其相邻层中的纤维方向存在一定的角度，如图 2.11 所示[73]。在密质骨中，数层骨板以同心环的形式布置在血管通道周围，从而形成骨单元或者哈弗斯系统，而骨板层间老化的骨单位形成骨间质。

①环骨板：指环绕骨干内外表面排列的骨板，分别成为外环骨板和内环骨板，如图 2.11（b）所示。外环骨板较厚，由数层到十多层骨板组成，比较整齐地环绕骨干平行排列，表面覆盖骨外膜，骨板上有小孔道斜穿各层，称为福尔克曼管。内环骨板居于骨髓腔表面，结构与外环骨板相似，仅由少数几层骨板组成，不如外环骨板平整，髓腔内面凹凸不平，此层的福尔克曼管与骨长轴成一定角度穿入髓腔中。

②间骨板：位于骨单位之间或者骨单位和环骨板之间，是形状不规则的平行骨板，是骨生长和改建过程中未被吸收的残留部分。

③哈弗斯骨板：位于内外环骨板之间，是骨干密质骨的主要部分，它们以哈弗斯管为中心成同心圆排列，并与哈弗斯管共同组成哈弗斯系统。哈弗斯管内有血管神经和少量疏松结缔组织。

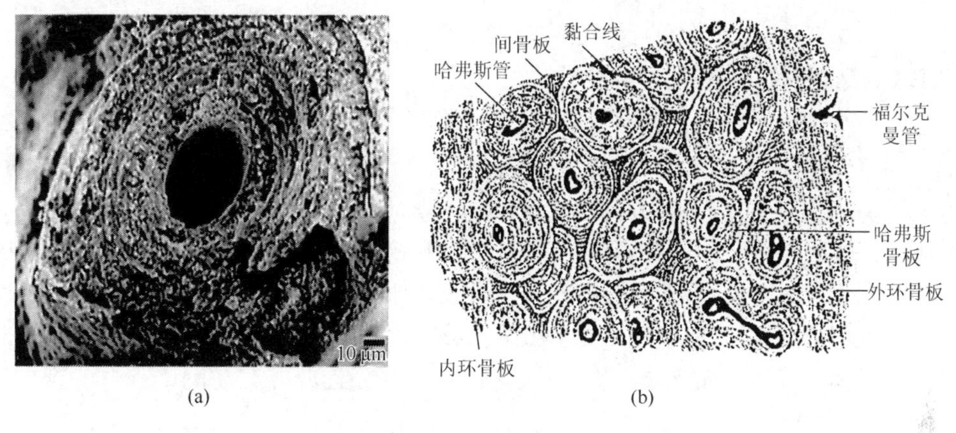

图2.11　人骨中单个骨单位的SEM微观照片[5]（a）及密质骨结构示意图（b）

（6）第六级：松质骨与密质骨

所有骨组织都包含密质骨的外表面，但即使在单个骨骼内，其厚度也会有很大差异。松质骨可填充某些骨骼的整个内部体积，如椎骨、肋骨和颅骨，或仅存在于骨骼的部分，如长骨的骨骺。密质骨尺寸为几百微米到几毫米或更大，这取决于生物体种类。松质骨有多孔的框架结构，而密质骨有一个比较紧密的结构，每种结构都具有相似的基本组成，但是根据骨中特定的结构、功能关系而具有不同的空间组织方式。

结构上密质骨和松质骨均由板层单位组成，其中一个差异是，在人类股骨密质骨中，重复排列的单向纤维束组显示出各种交替方向，而在松质骨片中，两个单向纤维束组中的一个或多或少平行于单个骨小梁的长轴。另一个区别是，平均而言，松质骨材料所含矿物质少于密质骨。

（7）第七级：骨的宏观结构

从宏观毫米级的尺度来看，每块骨都有特定的形貌和结构，因此骨骼可以作为一个整体发挥功能。骨的内部组织情况也显示骨是一个合理的承力结构。根据对骨骼综合受力情况的分析，凡是骨骼中应力大的区域，也正好是其强度高的区域。密质骨结构紧密，通常作为人体主要的支撑部件。松质骨也反映了整个骨承受的主要应力方向，有研究认为外加应力场与骨小梁结构之间存在关系，外加应力场的模式发生了变化，骨小梁的方向也相应地发生了变化[74]。如下肢骨骨小梁的排列与应力分布十分相近。骨小梁在长骨的两端分布比较密集，其优点有二：一是当长骨承受压力时，骨小梁可以在提供足够强度的条件下使用比密质骨较少的材料。二是由于骨小梁相当柔软，当牵涉大作用力时，例如步行、跑步及跳跃情况下，骨小梁能够吸收较多的能量[75]。故多级结构中松质骨与密质骨的结构分布对力学性能也影响显著。

2.1.3 自然骨组织的力学性能

骨的弹性模量和强度具有各向异性的特点[43]。当沿着骨干方向受力时，密质骨展现出比垂直横截面受力时更强更硬的力学性能，如人胫骨沿纵轴的张应力和压应力可以分别到 110 MPa 和 200 MPa，但垂直于纵轴的强度可降低至 50 MPa 左右。松质骨是一种多孔的各向异性复合物，跟许多生物材料一样，松质骨在循环受力时表现出时间依赖性和受损敏感性。松质骨的力学性能不仅与孔隙率有关，还取决于单个骨小梁的结构[76, 77]。人体骨的力学性能如表 2.3 所示。

表 2.3 人体骨的力学性能

	孔隙率/%	弹性模量/GPa		强度/MPa		泊松比
密质骨	3～5	纵向	17.9±3.9	拉伸	135±15.6	0.4±0.16
				压缩	205±17.3	
		横向	10.1±2.4	拉伸	53±10.7	0.62±0.26
				压缩	131±20.7	
		剪切	3.3±0.4	剪切	65±4.0	
骨小梁	高达 90	椎骨	0.067±0.045	2.4±1.6		—
		胫骨	0.445±0.257	5.3±2.9		—
		股骨	0.441±0.271	6.8±4.8		—

由于骨的分级结构比大多数工程材料复杂，因此，即使是在静态时，骨的弹性模量的模拟也比较复杂。在对骨进行弹性模量模拟中，通常是把胶原蛋白作为基体，HAP 晶体作为增强相。由于骨中 HAP 晶体的尺寸较小，因此，其弹性模量目前还没有精确测量的报道。通过声速测得 HAP 晶体的弹性模量为 114 GPa[78]。密质骨的弹性模量从 7 GPa 至 24 GPa 变化，高于胶原蛋白的弹性模量，但低于 HAP 单晶的弹性模量[48]。

因为大多数骨折发生在动态载荷下，所以对骨在动态载荷下的力学行为研究更有意义。然而，目前大多数对骨力学性质的研究是在静态或准静态条件下进行的，对骨的动态力学行为的研究非常有限[6]。同时，由于胶原蛋白的含量较高，因此骨也可看作黏弹性材料，其力学行为对应变率较敏感。

2.2 自然牙釉质的组成、结构与性能

牙齿由牙釉质、牙本质、牙骨质以及牙髓和牙周组织组成，其中牙釉质是覆

盖在牙齿最外层的硬组织。其是分布在牙冠表面的高度矿化系统，呈乳白色，其中 HAP 占 96%～97%，水和有机物占 3%～4%[79]。牙釉质中的纳米级棒状 HAP 晶体集结成束，形成细长的釉束跨越整个釉层，束与束之间相互平行交叉，且呈定向排列，故很致密[64]。牙釉质作为独特的天然矿化生物材料，也是生物体重要的功能器官，具有高强度和超强的抗压能力[80]。牙釉质独特的性能体现在作为帮助咬合和咀嚼食物的部分，承担着主要的剪切载荷，也是生物体中最硬的组织，其硬度仅次于金刚石。同时牙釉质也具有很好的抗磨损能力，以及在口腔环境中长期稳定的能力。

本节主要对牙釉质的组成、结构、性能特点进行描述，并通过了解牙釉质的力学特性，以及这些特性与其化学和微观结构之间的关系，为牙齿磨损的研究、牙膏开发改进、口腔治疗和牙齿修复提供有价值的见解。

2.2.1　自然牙釉质的组成

牙釉质的组成中无机相作为主要成分约占 96%～97%，其他的成分还包括不到 1%的有机物和少量水[81]。虽然牙釉质中的所有空间几乎被紧密排列的 HAP 晶体全部占据，但是一些有机物形成的网络也存在于晶体间，通过对发育中局部矿化的牙釉质进行脱矿切片，就可以观察到有机物构成的网络。这些有机物包括与 HAP 晶体紧密连接的富酪氨酸釉原蛋白（TRAP）和一些非胶原蛋白[64]。

1. 无机相

牙釉质的无机相约占 96%～97%，其基本组成是高度结晶的 HAP 晶体，如表 2.2 和图 2.12 所示。由 XRD 图可以看出，牙釉质 HAP 高度结晶，晶体特征峰明显且尖锐，表明各晶面发育良好。在牙釉质中，自然的牙釉质并非由纯的化学计量的 HAP 晶体组成，它含 CO_3^{2-}、F^-、Cl^-及少量 Na^+、Mg^{2+}、K^+等物质[82]。牙釉质 HAP 晶体中 3%～4%的碳酸根取代磷酸根的位置，这一取代总会引入第二轮阳离子的取代，即钠离子或钾离子取代钙离子的位置。一般地，碳酸根的取代会导致晶体溶解度的提高，结晶性变差。但氟离子的取代使晶格更加稳定。从表 2.2 可以看出，牙釉质中 HAP 晶体，由于 F^-取代羟基，晶胞尺寸更小，因而结构更稳定，所以在口腔复杂的生理条件下，牙釉质保持良好的化学稳定性。碳酸根的含量从釉质表面（1%～2.25%）到牙本质-牙釉质结合处（3.9%～4.0%）逐渐增加，而氟离子的含量则相反，因此牙釉质表面的化学稳定性更好。

表 2.2 是人体中不同部位的硬组织无机相的成分[83, 84]。由表可看出，不同的部位其成分相差很大。钙磷摩尔比、离子取代、晶体形貌、晶胞参数在牙釉质、牙本质、牙骨质及骨中都不同。

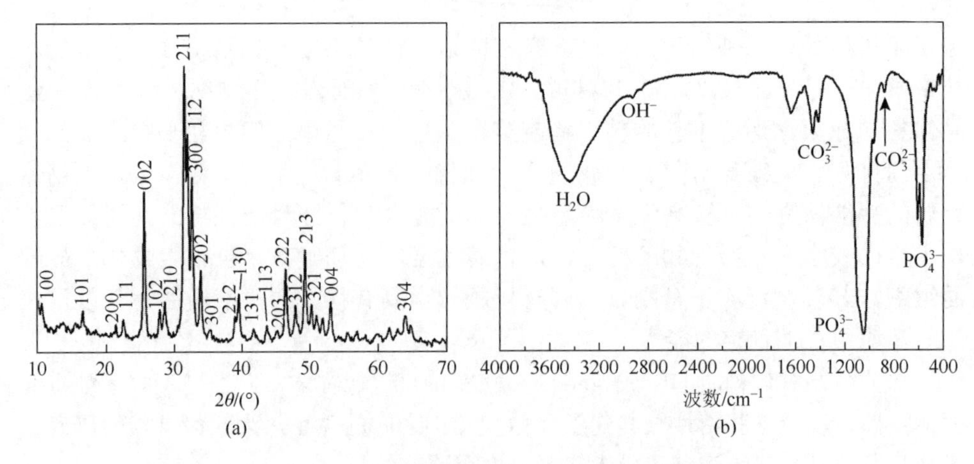

图 2.12　牙釉质的 XRD 图（a）和红外图谱（b）

XRD 显示其高度结晶；红外图谱中 850 cm^{-1} 处显示碳酸根取代[82]。

2. 有机相

Piez[85]第一次提取了人类发育中的第三臼齿的牙釉质，并对其基质蛋白进行了完整的氨基酸分析。通过实验结果发现，这种蛋白质跟其他任何已知蛋白质都不同，蛋白质几乎完全溶解于脱钙溶液，并且不含羟脯氨酸和羟赖氨酸。Eastoe[86]进行了更细化的分析，指出早期牙釉质中的蛋白质成分非常特殊。这些特殊成分主要包括高含量的脯氨酸、组氨酸和亮氨酸片段，这种蛋白质被称作“成釉相关蛋白”，是早期分泌阶段牙釉质基质中的主要成分[64]。

随着技术的进步、分离方法的不断改进和经验积累，科学家们对发育的牙釉质中的“成釉相关蛋白”的成分有了更进一步了解。作为牙釉质的有机相，釉质中存在两种类型的蛋白质，第一种是酸性釉蛋白，与多糖以共价键的方式结合，它们趋于形成 β 片的结构，并控制釉质晶体形状；第二种蛋白质是疏水性的釉原蛋白。下面介绍一下牙釉质中的蛋白质及其他有机相。

（1）釉原蛋白（amelogenin）

釉原蛋白的分子质量约为 23 kDa，由 180 个氨基酸组成，是一种从发育的釉质基质中分离得到的釉基质，是疏水性的不可溶酸性蛋白[87]。釉原蛋白是牙釉质组成中的主要基质蛋白，由成釉细胞分泌，并分布于釉柱周围的柱鞘中，对正常牙釉质形成起到了关键作用。釉原蛋白分子序列的特点是由两个不同区域形成两极化，C 端的肽被高度电荷化，等电点约为 4.2，N 端等电点为 10.8；而整个分子的等电点为 8.0。在调制矿化过程中，釉原蛋白自组装成为直径为 15～40 nm“纳米球”结构，亲水的 C 端朝外排列在“纳米球”表面，以致整个“纳米球”结构负电化，从而使带负电的纳米球与牙釉质早期形成的 HAP 微晶特定晶面发生相互作用[88]，阻止了纳米晶体由于表面能的作用而长成大的晶粒。因此，牙釉质中的纳米 HAP 能够以纳米纤维形式聚集成束，进而组装为釉柱。然而作为正在矿化的组织的牙釉质细胞外基质是否需要“主要酸性大分子”控制晶体成核和生长，或者釉原蛋白是否会在同一分子中提供独特的酸性和疏水性结构，现在仍然是一个有待实验解答的问题。

目前，科学家已经完成了对猪、牛、人类[89-93]、鸭嘴兽等哺乳类动物，仓鼠等啮齿类动物以及凯门鳄、蟾蜍等两栖动物[94]的釉原蛋白的蛋白质测序工作。这些已报道的结果表明，不同物种的釉原蛋白，特别是在蛋白质的 N 端和 C 端区域，有显著的序列同源性[95]。对已知釉原蛋白序列的比较可知，尽管在分子的中心区域存在序列变化，但在分子 C 端和 N 端的主要结构几乎是完全一致的，这也表明不同种生物的釉原蛋白分子间存在特定功能模块的一致性。

釉原蛋白自组装“纳米球”过程高度依赖温度、pH 和蛋白质浓度。体外通过成釉细胞外基质 pH 的局部控制可在一定程度上实现釉原蛋白的组装。不同溶液中釉原蛋白的组装动态光散射实验证实，溶液中不仅存在单体，还存在一些离散的二聚体、三聚体和六聚体，它们可组装成半径 12～27 nm 的“纳米球”。在该体系中，可获得与牙釉质形态相似的纳米 HAP 束[96]。在单扩散凝胶体系中，采用大鼠未萌出牙胚提取的牙釉基质蛋白，也可获得组装的纳米 HAP 束[97]，如图 2.13 所示。

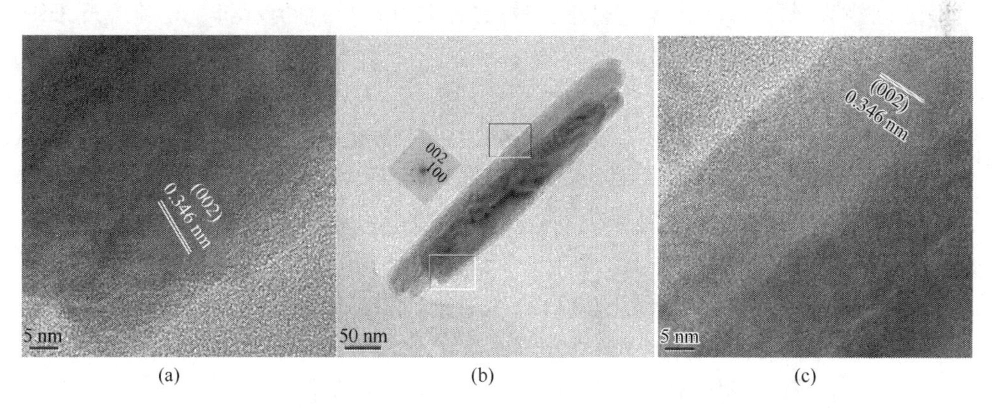

图 2.13　牙釉基质蛋白调控的 HAP 束；纳米 HAP 棒聚集成束[97]

作为成釉细胞在釉质形成过程中分泌的一种主要的蛋白质，釉原蛋白对釉质的形成至关重要。釉原蛋白基因表达在分泌性成釉细胞中最高，在分泌后期成釉细胞中表达逐渐下降，分泌完成以后表达消失。釉原蛋白表达在成釉细胞整个分泌阶段逐渐升高，在成釉细胞成熟阶段的早期达到高峰，然后快速下降。釉质成熟以后，釉原蛋白分解消失。

釉原蛋白对磷灰石和胶原蛋白有高度亲和力，可以诱导骨组织形成，促进牙周组织再生。釉原蛋白及其蛋白酶解衍生物可以上调成骨样细胞的骨涎蛋白的转录水平，并通过不同的信号通路进行调控[98]。在 C 端富亮氨酸釉原蛋白（LRAP）对鼠胚胎干细胞向成骨方向分化的影响方面，LRAP 可以诱导成骨分化，而这一过程可能通过激活经典 Wnt 信号通路来实现[99]；而 N 端富酪氨酸釉原蛋白（TRAP）可能参与釉基质糖蛋白（釉原蛋白、鞘蛋白或釉蛋白）的相互作用，以保持基质结构的稳定性。研究显示，釉原蛋白与釉蛋白合作，共同促进羟基磷灰石晶体结晶。另外，釉原蛋白还可能发挥釉质形成之外的其他作用，例如作为细胞信号分子调控细胞的增殖分化等一系列细胞生物学行为。

重组人釉原蛋白（recombinant human amelogenin，rhAm/rh174）通过与溶酶体关联膜蛋白（lysosomal-associated membrane protein，LAMP）相互作用，激活促丝裂原蛋白激酶-细胞外信号调节激酶信号通路，从而提高人间充质干细胞的增殖活性。rhAm 还可与 CD63 相互作用激活细胞外信号调节激酶 1 和 2 信号通路，从而增强人成牙骨质细胞和人牙周膜成纤维细胞（periodontal ligament fibroblast，PDLF）的增殖活性。分子量为 2.5×10^4 的重组猪釉原蛋白（recombinant pig amelogenin，rpAm/rP173）对 PDLF、牙龈成纤维细胞和牙龈上皮细胞的增殖、黏附和迁移有不同的影响[100]。经 rpAm 处理后，牙龈成纤维细胞的增殖和黏附显著增强，迁移则受到极大抑制；牙龈上皮细胞的生长速度、细胞黏附和迁移则受到抑制。这些数据表明，rpAm 可能通过激活牙周膜成纤维细胞和抑制牙龈上皮细胞在牙周再生中发挥重要作用。

（2）釉蛋白（enamelin）

釉蛋白是一种非釉原蛋白，是釉质基质中分子量最大，含量最少的蛋白质，只占牙釉基质蛋白的 1%～5%。釉蛋白是一种磷酸化的釉质特异性糖蛋白，具有糖基化和磷酸化位点，可与钙离子结合。虽然釉蛋白质量小，但其在釉质的矿化形成过程中发挥着重要的作用。釉蛋白基因位于染色体 4q21 位置，包含 9 个外显子。釉蛋白基因突变可严重影响釉质晶体的排列和釉柱的结构，引起釉质晶体沿双轴限制性生长的丧失，导致釉质发育不全[101]。

发育中的牙釉质基质的免疫染色结果显示，牙釉蛋白定位于从釉牙本质界到牙表面的分泌阶段釉质中，并在成熟早期迅速消失。基于氨基酸成分分析的结果，发现牙釉蛋白在成熟早期完全降解了。分泌阶段牙釉质的免疫染色结果为反转的蜂巢图案，这表明牙釉蛋白被限制在釉柱和釉间质中，在釉质鞘中不存在牙釉蛋白。这样的免疫染色结果表明这些牙釉蛋白裂解产物与牙釉质晶体发生了原位结合作用。

（3）成釉蛋白（ameloblastin）

成釉蛋白又称为鞘蛋白，由釉上皮内部的一些细胞分泌，是一种牙特异性蛋白。各种鞘蛋白的 C 端和 N 端从生物化学的角度看是不同的，在对猪的釉质蛋白进行研究的过程发现：鞘蛋白的 C 端通常是表观分子质量为 27 kDa 和 29 kDa 的两种多肽，它们是从起到束缚 Ca^{2+}作用的蛋白质中分离出来的。鞘蛋白的 N 端则是在寻找非成釉蛋白的过程中被发现的。在釉质基质中，鞘蛋白的 N 端为一系列分子质量在 13～17 kDa 范围内的低分子质量裂解产物，且有团聚的趋势[102]。鞘蛋白的氨基酸成分与釉质基质中的其他蛋白质相比是完全不同的。通过免疫组化实验得到，鞘蛋白免疫定位在整个牙釉质的发育层，但在釉质最表层，成釉细胞以下约 30 μm 处没有发现蛋白质分布。鞘蛋白裂解产物主要集中在釉质鞘区域，呈现蜂巢状的染色图案。这些蛋白质吸附于牙釉质晶体上，直到晶体被溶解，它们才会从基质中释放出来。

成釉蛋白的表达与釉原蛋白相似，在前成釉细胞中即有表达，随着成釉细胞的分化成熟，其表达逐渐增强，之后逐渐分解消失。成釉蛋白含有磷酸化和钙结合位点，可能与釉质矿化有关，参与调控晶体的生长速度，控制晶体的生长方向，决定釉柱的结构，但其具体的作用机制尚不清楚。

成釉蛋白与釉原蛋白可以相互作用，参与晶体结晶和生长。成釉蛋白被成釉细胞分泌出胞体后，迅速水解成不同产物。由于不同的转录剪切模式和翻译后修饰，成釉蛋白具有多样性。除了釉质以外，成釉蛋白在成牙本质细胞分化成熟阶段和尚未矿化的牙本质基质中也有表达，表明其与牙本质形成也有关系。成釉蛋白可以促进牙髓修复和修复性牙本质形成。比较重组成釉蛋白与氢氧化钙的盖髓效果，二者表现出相似的牙本质涎磷蛋白和胶原蛋白表达分布模式。成釉蛋白既可促进 PDLF 的增殖和黏附，上调骨形态发生蛋白（bone morphogenetic protein，BMP）、Ⅰ型胶原蛋白和骨钙素的表达，还可增强成骨细胞黏附于钛支架材料表面[103]，即成釉蛋白在牙周组织再生过程中同样可以发挥着重要的作用。

（4）蛋白酶

牙釉质矿化过程中的一个特别之处就是蛋白酶的水解。首先，釉质基质的结构和物理化学性质在水解的作用下发生了变化，例如成釉蛋白的亲水 C 端的裂解，导致“纳米球”结构的解离；其次，成熟阶段的快速晶体生长使釉质硬化的过程也与细胞外基质的完全降解有关[104, 105]。将重组基质金属蛋白酶-20（matrix metalloproteinase-20，MMP-20）与重组成釉蛋白共孵育的实验结果显示，这种金属蛋白酶不仅在 C 端 6 个不同切入点对全长成釉蛋白有作用，而且可以裂解 TRAP 多肽[106]。体外实验证明，丝氨酸蛋白酶（KLK4，也称牙釉质丝氨酸蛋白酶）可以使重组成釉蛋白完全裂解为 147 kDa 的多肽片段[107]。而且这两种蛋白酶（MMP-20 和 KLK4）对其他各种釉质蛋白，例如牙釉蛋白、成釉蛋白等也有裂解作用。这两种蛋白酶可以与成釉蛋白的 C 端作用，进而引起牙釉质细胞外基质的关键性结构变化，并产生对釉质发育起重要作用的 TRAP 分子。在丝氨酸蛋白酶的消化作用下，TRAP 使 HAP 晶体在成熟阶段迅速生长[108]。

2.2.2　自然牙釉质的结构

牙釉质作为人体内矿化程度最高的组织，其特殊的分级结构，赋予了它超高的硬度和耐磨性能。在牙釉质中，纳米纤维状 HAP 晶体按照一定排列规律构成了釉柱，这些晶体纤维沿其长轴方向互相平行排列，并可能形成团聚，进而构成釉柱和釉柱间质。釉柱和釉柱间质的组成相同，晶体取向的差别是釉柱和釉柱间质唯一的不同点。在牙釉质的微结构上，细长的釉柱构成牙釉质，釉柱来自于牙本质中的釉质，在釉质内层有 2/3 组成取向相互交叉的釉柱层，称为绞釉，而在表层 1/3 范围内，它们相互平行，呈放射状排列，并垂直于表面，称为直釉[109]。釉柱内靠近中轴线的纤维，其长轴大部分平行于釉柱长轴方向排列，但随着纤维远离中轴线，长轴取向开始偏转，而釉柱间质内的晶体取向垂直于雷丘斯线（Retzius line）[110]。晶体排列取向的差异使它们的交接处的结构不连续，釉质发育成熟后残余的有机基质降解物和唾液中的有机物在间隙处存留下来，形成釉质鞘。

1. *牙釉质微观结构*

（1）无机相结构

牙釉质中的无机晶体 HAP 的形貌有着显著的特点，呈现出细长的纳米棒，有着大的长径比，长度达 1000 nm，而界面直径又很小，仅为 20～40 nm[82]；纳米 HAP 棒集结成釉柱而且相互交错，构成釉丛结构，如图 2.14 所示[81]。

图 2.14　（a）成人牙釉质结构的 SEM（30%磷酸溶液腐蚀），呈现出明显釉丛结构；（b）SEM 下高度组织有序的针状 HAP 晶体阵列的釉质图像，以及交织成错综复杂的结构[113, 114]（c）

牙釉质是通过一个复杂的生物矿化过程所形成的。其中牙釉质的细胞外基质蛋白发挥了非常重要的作用。Fincham 等[111]的研究总结了牙釉质的矿化过程主要分为 5 个步骤：①由成釉细胞合成的釉原蛋白在细胞外分泌；②釉原蛋白单体组装成为 20 nm 球状结构；③带负电的纳米球与平行 c 轴的微晶面发生静电相互作用，阻止了晶体与晶体的融合生长；通过蛋白酶-1不断处理暴露在釉原蛋白末端的羧基，减少其所带的负电荷；疏水性的纳米粒子进一步组装，稳定产生含有釉质晶体的基质，然后通过在暴露的（001）晶面增加离子，使釉质晶体继续生长；④蛋白酶-2使疏水性的纳米釉原蛋白降解，降解产生了小片段和其他没有确定的产物，并由成釉细胞再吸收；⑤失去了成釉细胞纳米球的保护，晶体增厚，并聚合形成完整的牙釉质。牙釉质不具备自身再生修复能力，因为一旦牙体发育成熟，成釉细胞就不存在了，这一点与骨组织不同。

不同物种之间的晶体生长速度差异很大。长时间使用牙齿的动物，其釉质在发育早期生长出的矿物较多，晶体较大，而水和蛋白质的含量较少，这样能使组织更快变硬。有研究表明，HAP纳米纤维中晶体的 c 轴择优平行于纤维长轴，而形成的纤维在显微范围内近似相互平行排列[112]。此外，这些HAP晶体的六方形横截面的长轴也相互平行排列。

（2）釉柱及其晶体排列方式

牙釉质的基本构成单位是釉柱。釉柱为细长的柱状结构，起于釉牙本质界。构成人类磨牙牙冠表层釉质的釉柱相互平行呈放射状排列，并与牙齿咬合面垂直。在釉质内层2/3处釉柱取向出现明显变化，形成取向相互交叉的釉柱层，这些交叉的排列方式有助于增强釉质强度。施雷格釉柱带（Hunter-Schreger band）是人类内层牙釉质的典型特征，内层牙釉质中排列相同的釉柱组成釉柱层，而相邻釉柱层包含的釉柱的取向几乎相互垂直，形成“交叉”结构。一层釉柱取向垂直于切面，另一层釉柱几乎平行于切面。此时，交叉釉柱呈现出类似正弦曲线的波浪状排列特点[115]。人类的牙釉质其釉柱横截面为匙片状［图2.15（b）］，釉层1/4周长的釉柱间质内的晶体纤维取向与远离釉柱中轴（处于釉柱的颈部）和釉柱长轴方向有较大偏转的釉柱内纳米纤维的取向是连续的，形成一侧开放的釉柱边界，釉柱与釉柱间质的晶体纤维存在取向，并且在釉柱和釉柱间质会形成互锁状的结构[116]。

将成人恒牙中的软垢、牙石和软组织去除后，经过淬断得到了恒牙的块状样品，用3%氢氟酸刻蚀样品，清洗并干燥，得到如图2.15所示牙釉质断面的几种不同形貌的SEM照片。图2.15（a）显示的是牙釉质中釉柱互相平行并且交叉的基本结构，层与层之间可见釉柱间质，这种结构在很大程度上提高了牙釉质的抗裂能力。图2.15（b）显示了是牙釉质近外表面处釉柱横截面形貌，呈匙片状的釉柱层层紧密排列。图2.15（c）是牙釉质中的断层状形貌，医学上称为釉板[117]。图2.15（d）是排列规则的平行釉柱，相邻的釉柱之间间隙很小，没有与之互相交叉的釉柱，而是填充了基质，这种紧密的有序排列很大程度上提高了牙齿的硬度和抗咀嚼力。图2.15（e）和图2.15（f）显示的是呈草丛状的釉柱，称为釉丛[118]。釉丛是分枝状结构，涉及多个釉柱，富含有机物质，具有较高的可渗透性。由此证实了牙釉质中不同部位存在釉柱的不同排列方式。

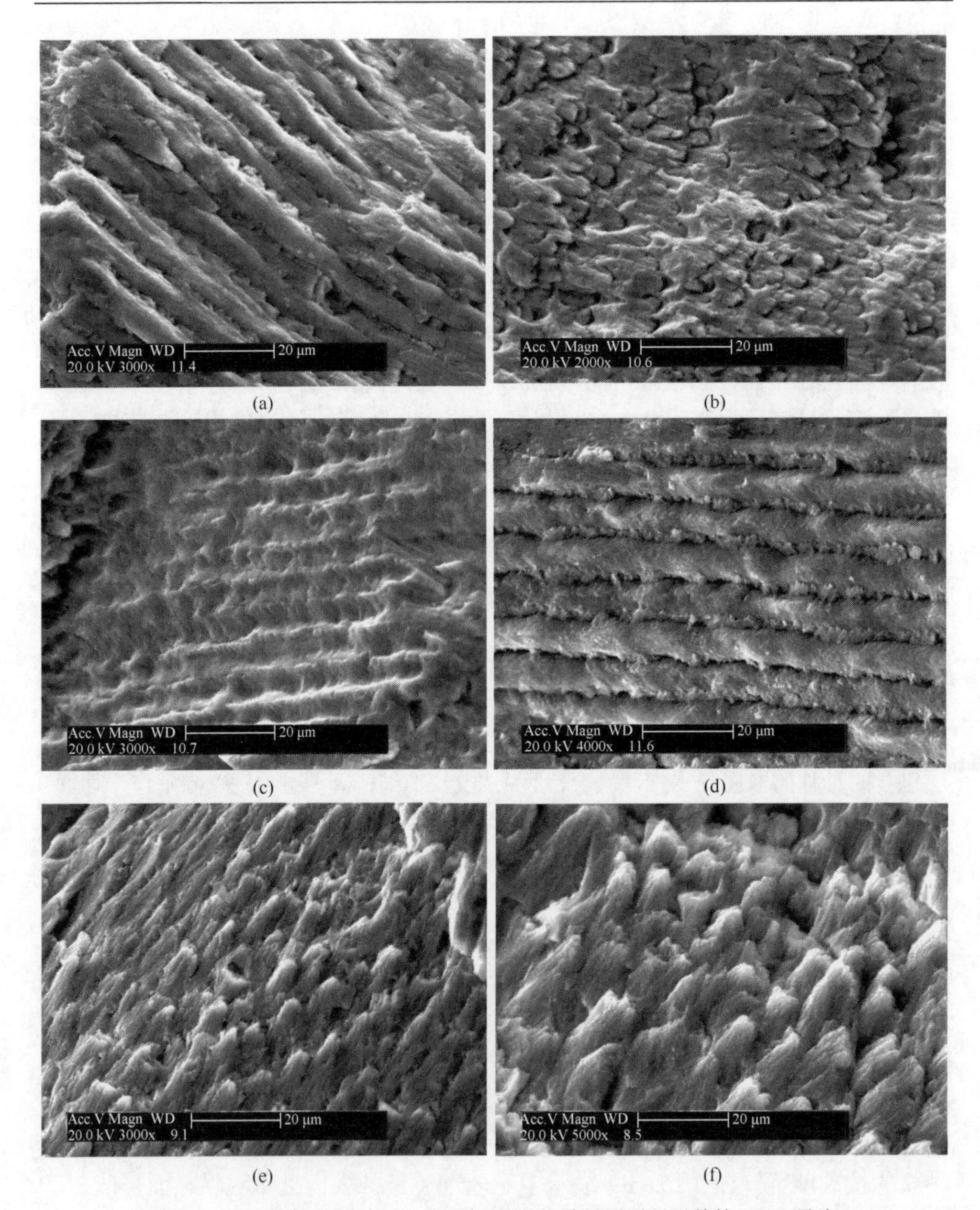

图 2.15　3%氢氟酸刻蚀后，成人恒牙牙釉质断面不同形貌的 SEM 照片

（a）牙釉质中釉柱互相平行并且交叉的基本结构；（b）牙釉质近外表面处釉柱横截面形貌；（c）牙釉质中的地质断层状形貌；（d）排列规则的平行釉柱；（e）和（f）显示的是釉丛[82]。

2. 牙釉质的分级结构

人类的牙齿有着明显分级结构特征的天然生物材料。牙齿的表层为坚硬的牙釉质层，在牙釉质层下方较软的多孔材料是牙本质，连接牙釉质和牙本质之间的过渡区域为釉质牙本质界[117]。

牙釉质拥有分级结构，其独特的性能和生物功能与分级结构有着密切的联系。从材料学角度看，通常认为牙釉质有 3 个尺度上的层级：第一层由 HAP 纳米棒团簇聚集形成了微米尺度的釉柱，第二层为牙釉柱，牙釉柱以一定的形式在不同厚度上排列成不同的釉质层结构构成了第三层[119, 120]。

目前一些学者利用先进的设备，将牙釉质层级的定义扩展到更加微观的尺度，如清华大学的崔福斋教授课题组用先进的 SEM、高分辨率透射电镜（HRTEM）和 AFM 提出了牙釉质层从微米尺度到纳米尺度上的七级微观分层结构[121]：第一级为 HAP 纳米晶体，沿 c 轴定向生长；第二级为 HAP 纳米棒，是由晶体的定向生长形成的取向晶体结构和形貌；第三级为 HAP 沿 c 轴纵向排列聚集成的纳米束；第四级为纳米束进一步组装构成更厚的釉柱；第五级是釉柱形成釉柱层和釉柱鞘组织；第六级为微米尺度上的釉柱带结构；第七级为整个牙釉质层。图 2.16 为牙釉质分级结构形貌。结合图 2.14 和图 2.15，表 2.4 列出了各级的特征结构的尺寸分布[64]。

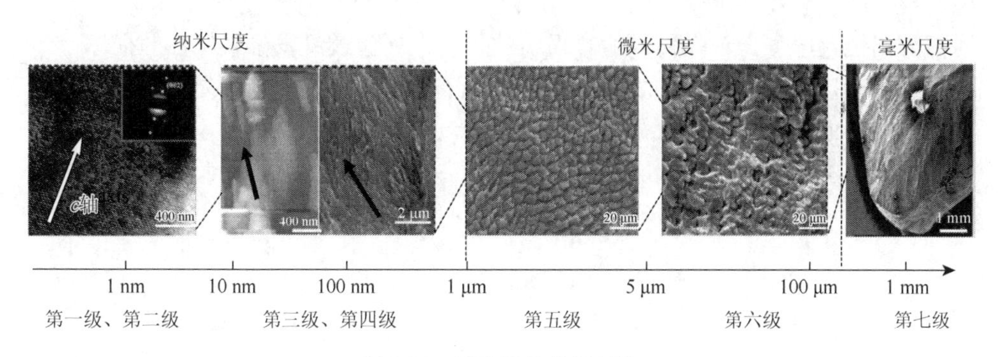

图 2.16　牙釉质的分级结构

表 2.4　牙釉质各分级的特征结构及尺度

分级	1	2	3	4	5	6	7
特征结构	羟基磷灰石	晶体纳米纤维	晶体微纤维	晶体纤维束	釉柱/釉柱间质	釉柱交叉结构	釉柱层
尺度	＜5 nm	20～40 nm	80～120 nm	600～1000 nm	6～8 μm	约 100 μm	2～4 mm

2.2.3　自然牙釉质的性能

生物分层结构由于具有独特的结构与性能关系，是当前机械仿生、材料、力学领域的热点之一。近年来，很多学者利用微纳米压痕、划痕技术等来探索牙釉质的力学性能、摩擦性能以及对比不同发育阶段牙釉质的化学稳定性。对牙釉质组成、分层结构和微观力学性能的研究，对于机械仿生和仿生材料有着重要意义[122]。

1. 力学性能

（1）耐磨性

健康成年人的口腔中一般存在 28～32 颗牙齿，分别是门牙、尖牙、前磨牙、磨牙，这些不同的牙齿发挥着不同的功能。牙釉质内部的釉柱是最主要的硬组织微观结构单元，排列规则的平行釉柱层，相邻的釉柱之间间隙很小，没有与之互相交叉的釉柱，而是填充了基质，这种紧密的有序排列很大程度上提高了牙齿的硬度和抗咀嚼力，是承受接触载荷最主要的组织[82]。图 2.17 说明当应力垂直和平行釉柱时，耐磨损的性能是不同的。对比得出，在应力平行釉柱时，耐磨性更好。牙釉质将直接承受接触载荷；在正向咀嚼的过程中，牙齿所受到的初始接触载荷为 10～20 N，在咬合时的最大载荷约为 50～150 N；当在咀嚼坚硬食物的时候，牙齿将承受更大的载荷，甚至在受到碰撞、冲击等较大的机械载荷时，牙齿会出现断裂等严重破坏现象[123]。牙齿在日常使用过程中会受到重复载荷作用，在某些局部薄弱位置产生微观损伤，随着损伤的累积，牙齿最终发生破坏性的损坏[124]。而耐磨性在口腔中最主要的表现方式就是咀嚼食物，在多次咀嚼过程中会导致牙齿表面材料的磨损，如果表面的釉质层磨损过度，那边下层的牙本质会直接参与磨损，而牙本质的材质较软，耐磨性很差，会严重降低牙齿的寿命。

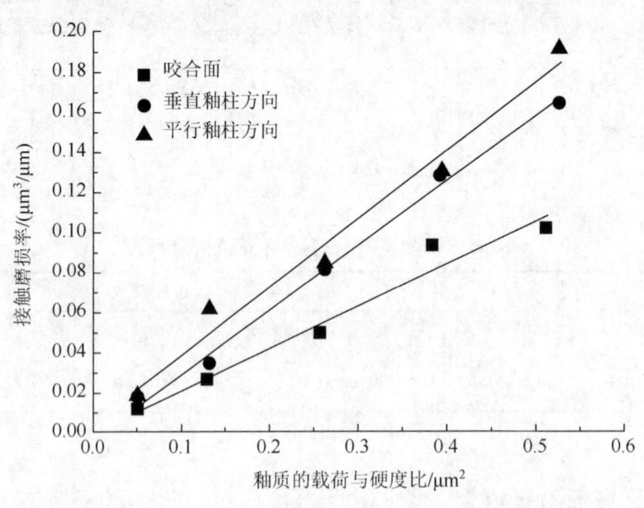

图 2.17　磨损率随着正向载荷和硬度比值的变化情况[124, 125]

（2）强度和硬度

目前关于牙齿的很多研究都集中在病理性的机理和防治上，而对正常生理性的牙齿釉质的微观结构与力学性能之间关系的研究较少。正常人群乳牙、恒牙的牙釉质和牙本质之间的关系如表 2.5 所示。恒牙牙釉质与牙本质和乳牙之间在硬度和弹性模量上存在明显的差异。恒牙牙釉质有着最大的硬度，乳牙牙釉质次之，恒牙牙本质和乳牙牙本质最低，并且恒牙牙本质和乳牙牙本质之间在其硬度方面相差不大。恒牙牙釉质、牙本质和乳牙牙釉质的弹性模均小于乳牙牙本质的弹性模量，但是恒牙牙釉质、牙本质和乳牙牙釉质的弹性模量之间的差别不大。

表 2.5　生理性乳牙、恒牙的牙釉质和牙本质的硬度和弹性模量

分组	*N*	硬度	弹性模量
恒牙牙釉质（A）	5		
恒牙牙本质（B）	5	*	*
乳牙牙釉质（C）	5	*#	*#
乳牙牙本质（D）	2	*#&	*#&
$F = 332.34$	$P = 0.005$		*N*：样本量

注：*表示 A 与 B、C 和 D 组间差异显著；#表示 B 与 C 和 D 组间差异显著；&表示 C 与 D 之间的差异显著。

天然恒牙牙釉质的浅表层 SEM 呈现出绞釉层结构，其特征为乱而无序、无明确方向性，如图 2.16 微米尺度结构所示。恒牙本质层的牙本质小管周围观察到许多微细的孔状结构“牙本质副管”而并非光滑形貌，这可能与牙本质层的过敏等现象相关。乳牙的牙釉质和牙本质呈条索状低矿化形貌。乳牙、恒牙的牙釉质的结晶性、晶粒体积明显大于其牙本质；恒牙的牙釉质、牙本质的结晶性、晶粒体积也均大于乳牙牙釉质和牙本质。

牙本质和牙釉质，每天需要承载 3000 次左右 20 MPa 的力，即使如此，在牙齿完好的状态下，牙齿几乎不会有断裂，这得益于牙釉质的硬度和刚性与牙本质的韧性与柔顺性相结合。牙本质和牙釉质的机械性能如表 2.6 所示。平行于釉柱的高韧性与牙本质中胶原纤维的取向有关，在这个平面上的裂纹必须穿过胶原纤维层。与之相似，牙釉质的高韧性可能与釉柱体之间的弱界面的存在和裂纹穿过釉柱的路径有一定关系。具有大长径比形貌的釉柱晶体将阻碍裂纹的穿过，确保牙体强度。

表 2.6　牙本质和牙釉质的机械性能[5]

	抗压强度/MPa	刚度/GPa	维氏硬度(kg/mm^2)	断裂面的断裂功/(J/m^2)
牙本质	300	12	70	垂直于釉柱 270 平行于釉柱 550
牙釉质	200 330	40～50 74～84	＞300	垂直于釉柱 200 平行于釉柱 13

（3）韧性

牙釉质中釉柱互相平行并且交叉的基本结构，在很大程度上提高了牙釉质的抗断裂能力[82]。Arola 等对人牙釉质和普通牙冠替代材料的断裂韧性进行了评价，如图 2.18 所示[126]。根据测量结果，牙釉质硬度存在压痕尺寸效应，是压痕载荷的函数。由于裂纹和脆性断裂导致的能量耗散增加，随着载荷的增加，牙釉质硬度降低。同时年轻牙釉质和年老牙釉质的脆性没有明显差别。而在咬合面，年老牙釉质的脆性明显大于年轻牙釉质，约为年轻牙釉质的 2～4 倍。牙釉质作为一种脆性材料，其脆性随年龄的增加而增加。通过研究牙釉质的脆性，利用脆性指数可作为牙冠置换材料设计的借鉴，也可作为表征牙釉质力学性能退化的定量指标阐述。

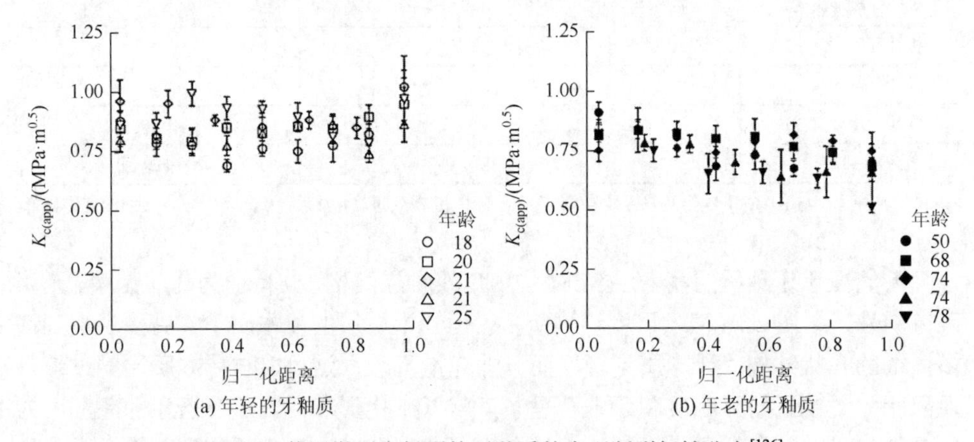

图 2.18　使用微压痕得到的牙釉质的表观断裂韧性分布[126]

2. 化学稳定性

在口腔环境中，牙釉质的脱矿（即溶解）会导致龋病。正常情况下，唾液和牙菌斑液中过饱和的 Ca^{2+}和 PO_4^{3-} 可防止牙釉质的溶解。唾液环境是牙齿工作的最重要的化学环境，其主要功能之一就是形成口腔中的边界润滑系统，充当牙齿和口腔黏膜组织之间的润滑剂，另外还能帮助降低牙齿表面材料的磨损等。此外，由于人们日常生活中酸性食物或者碳酸饮料的摄入，使得口腔中牙齿经常暴露在酸性环境下，酸性介质会使得牙齿的耐磨损能力下降，也会影响牙釉质的化学稳定性。如表 2.7 和表 2.8 所示[126]，由于青少年恒牙的牙体硬组织 Ca/P 低于成年人，青少年恒牙的矿化程度低于成年人恒牙，更具有耐酸性。

表 2.7　青少年恒牙与成年人恒牙牙釉质表层钙、磷含量以及 Ca/P 的比较

组别	标本数/个	钙含量/(mg/L)	磷含量/(mg/L)	Ca/P
青少年恒牙牙釉质	20	2.75±1.04	1.32±0.47	2.08±0.11
成年人恒牙牙釉质	20	3.14±0.67	1.45±0.31	2.20±0.06

续表

组别	标本数/个	钙含量/(mg/L)	磷含量/(mg/L)	Ca/P
t		−0.86	−0.49	−2.47
p		＞0.05	＞0.05	＜0.05

注：$t=-2.47$ 时，$p<0.05$。

表 2.8　青少年恒牙与成年人恒牙牙本质表层钙、磷含量以及 Ca/P 的比较

组别	标本数/个	钙含量/(mg/L)	磷含量/(mg/L)	Ca/P
青少年恒牙牙本质	20	13.5±0.71	0.73±0.51	2.05±0.10
成年人恒牙牙本质	20	2.03±0.12	1.02±0.25	2.15±0.09
t		−0.83	−0.46	−2.42
p		＞0.05	＞0.05	＞0.05

注：$t=-2.47$ 时，$p<0.05$。

2.3　小　　结

本章重点介绍以 HAP 为主要成分的自然界骨和牙釉质的组成、结构及部分性能。骨和牙都是生物矿化的产物，其组成中的 HAP 晶体结构存在各种取代和空位，这种取代都包含有生物体的基因信息，赋予自然骨和牙不同的生物学性能。自然骨结构中，我们重点介绍了胶原纤维的组装结构；牙釉质结构中，也阐述了牙釉质中有机相的功能。上述介绍是基于生物体中矿物形成的特点而定的。自然骨以胶原蛋白为矿化结构的模板，一般认为从胶原纤维组装形态的多个位点开始矿化。脱钙骨的再矿化也证实，只要胶原纤维框架不紊乱，即周期性的结构存在，矿化物仍然会形成与原骨骼相类似的骨组织。因此，胶原蛋白对骨多级有序结构的形成具有重要意义。牙釉质的生物矿化是成釉细胞基因产物有计划表达、分泌、组装及降解的高度调控过程。此过程与骨的情况不同，这一过程相对骨的形成较短，是不可逆的。因此，在体内外对釉基质蛋白调控磷灰石晶体的生长、空间取向和组织的研究尤其具有实践意义。但目前，釉基质蛋白如何组装，组装后又如何调控磷灰石的形成，特别是非釉原蛋白的成分结构特点与矿化物的相互作用，还有待深入研究。

参 考 文 献

[1] Young J R，Davis S A，Bown P R，et al. Coccolith ultrastructure and biomineralisation[J]. Journal of Structural Biology，1999，126（3）：195-215.

[2] Severin K，Johnsson K. 37th ESF/EUCHEM conference on stereochemistry[J]. Chimia，2002，56：432-438.

[3] 欧阳健明. 生物矿物及其矿化过程[J]. 化学进展，2005（4）：749-756.

[4] Slavkin H C . Chemistry and Biology of Mineralized Tissues[C]. Coronado Proceedings of the Fourth International Conference on the Chemistry and Biology of Mineralized Tissues，1992.

[5] 崔福斋. 生物矿化[M]. 2 版. 北京：清华大学出版社，2012.

[6] 刘玉玺. 密质骨多尺度微结构及力学行为研究[D]. 重庆：重庆大学，2017.

[7] 马克昌. 骨生理学[M]. 郑州：河南医科大学出版社，2000.

[8] Langelier B，Wang X，Grandfield K. Atomic scale chemical tomography of human bone[J]. Scientific Reports，2017，7：39958.

[9] Fullerton G D，Nes E，Amurao M，et al. An NMR method to characterize multiple water compartments on mammalian collagen[J]. Cell Biology International，2006，30（1）：66-73.

[10] 帕尔哈提·柔孜，杨晓君，木合布力·阿布力孜，等. 4 种动物骨骼的化学成分与生物活性研究进展[J]. 现代食品科技，2020，36（5）：337-346.

[11] 李亚杰，熊善柏，尹涛，等. 六种纳米化鱼骨的理化特性比较研究[J]. 现代食品科技，2017，33（7）：125-132，55.

[12] 樊晓霞，任浩浩，陈抒天，等. 不同来源天然骨磷灰石的材料学性能比较研究[J]. 生物医学工程学杂志，2014，31（2）：352-356.

[13] Fratzl P，Fratzl-Zelman N，Klaushofer K. Collagen packing and mineralization. An x-ray scattering investigation of turkey leg tendon[J]. Biophysical Journal，1993，64（1）：260-266.

[14] Cameron I L，Short N J，Fullerton G D. Verification of simple hydration/dehydration methods to characterize multiple water compartments on Tendon Type 1 Collagen[J]. Cell Biology International，2007，31（6）：531-539.

[15] Olszta M J，Cheng X，Sang S J，et al. Bone structure and formation：A new perspective[J]. Materials Science and Engineering R：Reports，2007，58（3-5）：77-116.

[16] Weiner S，Price P A. Disaggregation of bone into crystals[J]. Calcified Tissue International，1986，39（6）：365-375.

[17] Dearnaley G，Arps J H. Biomedical applications of diamond-like carbon（DLC）coatings：A review[J]. Surface & Coatings Technology，2005，200（7）：2518-2524.

[18] Weiner S，Wagner H D. The material bone：Structure-mechanical function relations[J]. Annual Review of Materials Science，1998，28（1）：271-298.

[19] 帕克. 人体：人体结构、功能与疾病图解[M]. 左焕琛，译. 上海：上海科学技术出版社，2008.

[20] Zhang H B，Cui F Z，Wang S，et al. Characterizing hierarchical structures of natural ivory[J]. MRS Proceedings，1991，255：151-157.

[21] Cui F Z，Wen H B，Zhang H B，et al. Anisotropic identation morphology and hardness of natural ivory[J]. Materials Science and Engineering：C，1994，2（1-2）：87-91.

[22] Cui F Z，Wen H B，Zhang H B，et al. Nanophase hydroxyapatite-like crystallites in natural ivory[J]. Journal of Materials Science Letters，1994，13（14）：1042-1044.

[23] Aaron J E，Oliver B，Clarke N，et al. Calcified microspheres as biological entities and their isolation from bone[J]. The Histochemical Journal，1999，31（7）：455-470.

[24] Katz E P. Structure and function of bone collagen fibrils[J]. Journal of Molecular Biology，1973，80（1）：1-15.

[25] Viguet-Carrin S，Garnero P，Delmas P D. The role of collagen in bone strength[J]. Osteoporosis International，2006，17（3）：319-336.

[26] Weiner S，Traub W. Organization of hydroxyapatite crystals within collagen fibrils[J]. Febs Letters，1986，206（2）：262-266.

[27] Landis W J，Silver F H. Mineral deposition in the extracellular matrices of vertebrate tissues：Identification of

possible apatite nucleation sites on type I collagen[J]. Cells Tissues Organs，2009，189（1-4）：20-24.

[28] Berthet-Colominas C，Miller A，White S W. Structural study of the calcifying collagen in turkey leg tendons[J]. Journal of Molecular Biology，1979，134（3）：431-445.

[29] Nudelman F，Pieterse K，George A，et al. The role of collagen in bone apatite formation in the presence of hydroxyapatite nucleation inhibitors[J]. Nature Materials，2010，9（12）：1004-1009.

[30] Cölfen H. A crystal-clear view[J]. Nature Materials，2010，9（12）：960-961.

[31] Rhee S H，Lee J D，Tanaka J. Nucleation of hydroxyapatite crystal through chemical interaction with collagen[J]. Journal of the American Ceramic Society，2000，83（11）：2890-2892.

[32] Maitland M E，Arsenault A L . A correlation between the distribution of biological apatite and amino acid sequence of type I collagen[J]. Calcified Tissue International，1991，48（5）：341-352.

[33] Orgel J P，Irving T C，Miller A，et al. Microfibrillar structure of type I collagen *in situ*[J]. Proceedings of the National Academy of Sciences，2006，103（24）：9001-9005.

[34] George A，Veis A. Phosphorylated proteins and control over apatite nucleation，crystal growth，and inhibition[J]. Chemical Reviews，2008，108（11）：4670-4693.

[35] Glimcher M J，Muir H. Recent studies of the mineral phase in bone and its possible linkage to the organic matrix by protein-bound phosphate bonds and discussion[J]. Philosophical Transactions of the Royal Society of London，1984，304（1121）：479-508.

[36] 邵楠楠. 高分子复合材料的制备及其在骨修复、骨肉瘤治疗方面的评价[D]. 合肥：中国科学技术大学，2019.

[37] Schäfer C，Heiss A，Schwarz A，et al. The serum protein α_2-Heremans-Schmid glycoprotein/fetuin-A is a systemically acting inhibitor of ectopic calcification[J]. The Journal of clinical investigation，2003，112（3）：357-366.

[38] Paz J，Wade K，Kiyoshima T，et al. Tissue-and bone cell-specific expression of bone sialoprotein is directed by a 9.0 kb promoter in transgenic mice[J]. Matrix Biology，2005，24（5）：341-352.

[39] Tao G，Jing X，Liao J，et al. Nanomaterials and bone regeneration[J]. Bone Research，2015，3（3）：123-129.

[40] Brown E M. 胶原的结构：天然胶原和改性胶原的网络结构[J]. 皮革科学与工程，2005，15（1）：26-30.

[41] Toroian D，Lim J E，Price P A. The size exclusion characteristics of type I collagen[J]. Journal of Biological Chemistry，2007，282（31）：22437.

[42] Hu Y Y，Rawal A，Schmidt-Rohr K，et al. Strongly bound citrate stabilizes the apatite nanocrystals in bone[J]. Proceedings of the National Academy of Sciences，2010.

[43] 江佩. 基于仿生法制备高强度有机/无机纳米复合骨组织工程材料[D]. 武汉：武汉大学，2018.

[44] 邬鸿彦. HAP 的结构及物理性能[J]. 四川师范大学学报（自然科学版），1996（5）：55-58.

[45] Kawasaki T，Niikura M，Kobayashi Y. Fundamental study of hydrox-yapatite high-performance liquid chromatography[J]. Journal of Chromatography A，1990，515：125-148.

[46] 胡耀武，王昌燧，左健，等. 古人类骨中羟磷灰石的 XRD 和拉曼光谱分析[J]. 生物物理学报，2001，(4)：621-626.

[47] Hassenkam T，Fantner G E，Cutroni J A，et al. High-resolution AFM imaging of intact and fractured trabecular bone[J]. Bone，2004，35（1）：4-10.

[48] Chen P Y，Stokes A G，Mckittrick J. Comparison of the structure and mechanical properties of bovine femur bone and antler of the North American elk（*Cervus elaphus canadensis*）[J]. Acta Biomaterialia，2009，5（2）：693-706.

[49] Evdokimenko E. Investigation into mechanical properties of bone and its main constituents[D]. San Diego：University of California，2012.

[50] 庞舒敏. 两种典型仿生形貌羟基磷灰石的制备及其生物学性能研究[D]. 广州：暨南大学，2019.

[51] Hadjidakis D J，Androulakis I I. Bone Remodeling[J]. Annals of the New York Academy of Sciences，2006，1092：385-396.

[52] Marie P J . Osteoblasts and bone formation[J]. Advances in Organ Biology，1998，5：445-473.

[53] Saran U，Piperni S G，Chatterjee S. Role of angiogenesis in bone repair[J]. Archives of Biochemistry & Biophysics，2014，561：109-117.

[54] Shanar R，Weiner S. Open questions on the 3D structures of collagen containing vertebrate mineralized tissues：A perspective[J]. Journal of Structural Biology，2018，201（3）：187-198.

[55] Raina V. Normal osteoid tissue[J]. Journal of Clinical Pathology，1972，25（3）：229-232.

[56] Ozawa H，Hoshi K，Amizuka N. Current concepts of bone biomineralization [J]. Journal of Oral Biosciences，2008，50（1）：1-14.

[57] Wingender B，Bradley P，Saxena N，et al. Biomimetic organization of collagen matrices to template bone-like microstructures[J]. Matrix Biology：Journal of the International Society for Matrix Biology，2016：384-396.

[58] Alford A I，Kozloff K M，Hankenson K D. Extracellular matrix networks in bone remodeling[J]. The International Journal of Biochemistry & Cell Biology，2015，65：20-31.

[59] Rogel M R，Qiu H，Ameer G A. The role of nanocomposites in bone regeneration[J]. Journal of Materials Chemistry，2008，18（36）：4233-4241.

[60] Eyckmans J. Periosteum derived progenitor cells in bone tissue engineering[D]. Leuven：Katholieke Universiteit Leuven，2007.

[61] Gaytan F，Morales C，Reymundo C，et al. A novel RGB-trichrome staining method for routine histological analysis of musculoskeletal tissues[J]. Scientific Reports，2020，10（1）.

[62] Weiner S，Traub W. Bone structure：From angstroms to microns[J]. The FASEB Journal，1992，6（3）：879-885.

[63] Wang W，Yeung K W K. Bone grafts and biomaterials substitutes for bone defect repair：A review[J]. Bioactive Materials，2017，2（4）：224-247.

[64] 葛俊. 牙釉质和骨的分级结构和纳米力学性能研究[D]. 北京：清华大学，2005.

[65] Wang X M，Cui F Z，Ge J，et al. Hierarchical structural comparisons of bones from wild-type and *liliput*^{dtc232} gene-mutated zebrafish[J]. Journal of Structural Biology，2004，145（3）：236-245.

[66] Orgel J P R O，Miller A，Irving T C，et al. The *in situ* supermolecular structure of type I collagen[J]. Structure，2001，9（11）.

[67] Reznikov N，Shahar R，Weiner S. Bone hierarchical structure in three dimensions[J]. Acta Biomaterialia，2014，10（9）：3815-3826.

[68] McNally E，Nan F H，Botton G A，et al. Scanning transmission electron microscopic tomography of cortical bone using Z-contrast imaging[J]. Micron，2013，49（1）：46-53.

[69] Giraud-Guille M M，Besseau L，Martin R. Liquid crystalline assem-blies of collagen in bone and *in vitro* systems[J]. Journal of Biomechanics，2003，36（10）：1571-1579.

[70] Bacon G E. The dependence of human bone texture on life style[J]. Proceedings of the Royal Society of London，1990，240（1298）：363-370.

[71] Silver F H，Freeman J W，Seehra G P. Collagen self-assembly and the development of tendon mechanical properties[J]. Journal of Biomechanics，2003，36（10）：1529-1553.

[72] Reznikov N，Shahar R，Weiner S. Three-dimensional structure of human lamellar bone：The presence of two different materials and new insights into the hierarchical organization[J]. Bone，2014，59：93-104.

[73] Giraud-Guille M M. Twisted plywood architecture of collagen fibrils in human compact bone osteons[J]. Calcified Tissue International，1988，42（3）：167.

[74] 裴葆青，王田苗，王军强. 松质骨微观骨小梁结构的生物力学有限元分析[J]. 北京生物医学工程，2008（2）：120-122.

[75] 骨的生物力学特征[EB/OL].（2021-06-17）[2022-03-03]. https://zhuanlan. zhihu.com/p/381593415.

[76] Jing D，Tong S，Zhai M，et al. Effect of low-level mechanical vibration on osteogenesis and osseointegration of porous titanium implants in the repair of long bone defects[J]. Scientific Reports，2015，5：17134.

[77] Wu S，Liu X，Yeung K，et al. Biomimetic porous scaffolds for bone tissue engineering[J]. Materials Science and Engineering R：Reports，2014，80：1-36.

[78] Weiner S，Wagner H D. The material bone：Structure-mechanical function relations[J]. Annual Review of Materials Science，1998，28（1）：271-298.

[79] Park S，Quinn J B，Romberg E，et al. On the brittleness of enamel and selected dental materials[J]. Dental Materials，2008，24（11）：1477-1485.

[80] Bromage T G，Dean M C. Re-evaluation of the age at death of immature fossil hominids[J]. Nature，1985，317（6037）：525-527.

[81] Lowenstam H A，Weiner S. On biomineralization[M]. Oxford：Oxford University Press on Demand，1989.

[82] 黄微雅. 类牙釉质羟基磷灰石的仿生合成[D]. 广州：暨南大学，2006.

[83] Da Culsi G，Bouler J M，Legeros R Z. Adaptive crystal formation in normal and pathological calcifications in synthetic calcium phosphate and related biomaterials[J]. International Review of Cytology，1997，172：129-191.

[84] Legeros R Z. Calcium phosphates in oral biology and medicine[J]. Karger，1991，15（15）：1-201.

[85] Piez K A. The nature of the protein matrix of human enamel[J]. Journal of Dental Research，1960，39.

[86] Eastoe J E. The amino acid composition of proteins from the oral tissues Ⅱ. The matrix proteins in dentine and enamel from developing human deciduous teeth[J]. Archives of Oral Biology，1963，8（5）：633-652.

[87] Snead M L，Lau E C，Zeichner-David M，et al. DNA sequence for cloned cDNA for murine amelogenin reveal the amino acid sequence for enamel-specific protein[J]. Biochemical and Biophysical Research Communications，1985，129（3）：812-818.

[88] Iijima M，Moradian-Oldak J. Control of apatite crystal growth in a fluoride containing amelogenin-rich matrix[J]. Biomaterials，2005，26（13）：1595-1603.

[89] Fukae M，Ijiri H，Tanabe T，et al. Partial amino acid sequences of two proteins in developing porcine enamel[J]. Journal of Dental Research，1979，58（2 suppl）：1000-1001.

[90] Zalut C，Henzel W J，Harris H W. Micro quantitative Edman manual sequencing[J]. Journal of Biochemical & Biophysical Methods，1980，3（1）：11-30.

[91] Fincham A G，et al. Dental enamel matrix：Sequences of two amelogenin polypeptides[J]. Bioscience Reports，1981，1（10）：771-778.

[92] Fincham A G，Belcourt A B，Termine J D，et al. Amelogenins. Sequence homologies in enamel-matrix proteins from three mammalian species[J]. Biochemical Journal，1983，211（1）：149-154.

[93] Catalano-Sherman J，Palmon A，Burstein Y，et al. Amino acid sequence of a major human amelogenin protein employing Edman degradation and cDNA sequencing. [J]. Journal of Dental Research，1993，72（12）：1566-1572.

[94] Shintani S，Kobata M，Toyosawa S，et al. Identification and characterization of amelogenin genes in monotremes，reptiles，and amphibians[J]. Proceedings of the National Academy of Sciences，1998，95（22）：13056-13061.

[95] Simmer J P，Snead M L. Molecular biology of the amelogenin gene[M]//Robinson C，Kirkham J，Shore R. Dental

Enamel：Formation to Destruction. Boca Raton: CRC Press，1995：59-84.

[96] Du C，Falini G，Fermani S，et al. Supramolecular assembly of amelogenin nanospheres into birefringent microribbons. [J]. Science，2005，307（5714）：1450-1454.

[97] Li H，Huang W，Zhang Y，et al. Modulation of enamel matrix proteins on the formation and nano-assembly of hydroxyapatite *in vitro*[J]. Materials Science & Engineering C，2012，31（4）：858-861.

[98] Nakayama Y，Yang L，Mezawa M，et al. Effects of porcine 25 kDa amelogenin and its proteolytic derivatives on bone sialoprotein expression[J]. Journal of Periodontal Research，2010，45（5）：602-611.

[99] Warotayanont R，Frenkel B，Snead M L，et al. Leucine-rich amelogenin peptide induces osteogenesis by activation of the Wnt pathway[J]. Biochemical & Biophysical Research Communications，2009，387（3）：558-563.

[100] Li X，Shu R，Liu D，et al. Different effects of 25-kDa amelogenin on the proliferation，attachment and migration of various periodontal cells[J]. Biochemical & Biophysical Research Communications，2010，394（3）：581-586.

[101] Hu J C C，Hu Y，Lu Y，et al. Enamelin is critical for ameloblast integrity and enamel ultrastructure formation[J]. PloS One，2014，9（3）：e89303.

[102] Fukae M，Tanabe T. Nonamelogenin components of porcine enamel in the protein fraction free from the enamel crystals[J]. Calcified Tissue International，1987，40（5）：286-293.

[103] Fransson H，Petersson K，Davies J R . Dentine sialoprotein and collagen I expression after experimental pulp capping in humans using Emdogain Gel[J]. International Endodontic Journal，2011，44（3）：259-267.

[104] Robinson C. Enamel matrix components，alterations during development and possible interactions with the mineral phase[J]. Tooth Enamel，1984：261-265.

[105] Moradian-Oldak J，Simmer J P，Sarte P E，et al. Specific cleavage of a recombinant murine amelogenin at the carboxy-terminal region by a proteinase fraction isolated from developing bovine tooth enamel[J]. Archives of Oral Biology，1994，39（8）：647.

[106] Bartlett J D，Simmer J P. Proteinases in developing dental enamel[J]. Critical Reviews in Oral Biology & Medicine，1999，10（4）：425-441.

[107] Ozdemir D，Hart P S，Ryu O H，et al. MMP20 active-site mutation in hypomaturation amelogenesis imperfecta[J]. Journal of Dental Research，2005，84（11）：1031-1035.

[108] Simmer J P，Hu J C C. Expression，structure，and function of enamel proteinases[J]. Connective Tissue Research，2002，43（2-3）：441-449.

[109] Popowics T E，Rensberger J M，Herring S W . Enamel microstructure and microstrain in the fracture of human and pig molar cusps[J]. Archives of Oral Biology，2004，49（8）：595-605.

[110] Boyde A . Microstructure of enamel. [J]. Ciba Foundation Symposium，1997，205（205）：18.

[111] Fincham A G，Moradian-Oldak J，Simmer J P . The structural biology of the developing dental enamel matrix[J]. Journal of Structural Biology，1999，126（3）：270-299.

[112] Boyde A. Carbonate concentration，crystal centers，core dissolution，caries，cross striations，circadian rhythms，and compositional contrast in the SEM[J]. Journal of Dental Research，1979，58（2 suppl）：981-983.

[113] Jodaikin A，Weiner S，Traub W. Enamel rod relations in the developing rat incisor[J]. Journal of Ultrastructure Research，1984，89（3）：324-332.

[114] Smith C E L，Poulter J A，Antanaviciute A，et al. Amelogenesis imperfecta；genes，proteins，and pathways[J]. Frontiers in Physiology，2017：435.

[115] Risnes S. Growth tracks in dental enamel[J]. Journal of Human Evolution，1998，35（4-5）：331.

[116] Warshawsky H，Josephsen K，Thylstrup A，et al. The development of enamel structure in rat incisors as compared

to the teeth of monkey and man[J]. Anatomical Record，1981，200（4）：371-399.

[117] 张震康，樊明文，傅民魁. 现代口腔医学[M]. 北京：科学出版社，2003.

[118] Zhou Z R，Zheng J. Tribology of dental materials：A review[J]. Journal of Physics D：Applied Physics，2008，41（11）：113001.

[119] Nanci A. Ten Cate's Oral Histology：Development，Structure，and Function[M]. Saint Louis：Elsevier，2008：79-108.

[120] Bechtle S，Ang S F，Schneider G A. On the mechanical properties of hierarchically structured biological materials[J]. Biomaterials，2010，31（25）：6378-6385.

[121] Cui F Z，Ge J . New observations of the hierarchical structure of human enamel，from nanoscale to microscale[J]. Journal of Tissue Engineering & Regenerative Medicine，2010，1（3）：185-191.

[122] An B，Wang R，Arola D，et al. The role of property gradients on the mechanical behavior of human enamel[J]. Journal of the Mechanical Behavior of Biomedical Materials，2012，9：63-72.

[123] 孔宁华，施生根，吕亚林，等. 人前磨牙颈部牙釉质和牙骨质表面形貌的观察[J]. 口腔医学研究，2019，35（10）：989-993.

[124] Lewis R，Dwyer-Joyce R S. Wear of human teeth：A tribological perspective[J]. Proceedings of the Institution of Mechanical Engineers，Part J：Journal of Engineering Tribology，2005，219（1）：1-18.

[125] 贾云飞. 微纳尺度下生物分层结构的力学性能表征及行为研究[D]. 上海：华东理工大学，2014.

[126] Rechberger M，Paschke H，Fischer A，et al. New tribological strategies for cutting tools following nature[J]. Tribology International，2013，63：243-249.

第3章　生物矿化的体外模拟

生物矿化是指生物体系中具有特殊的高级结构和组装方式的生物矿物的形成过程，生物矿化的一个显著特征就是自组装的有机基质或超分子模板全程参与调控生物矿物的结晶过程。为了揭示这种复杂的生物矿化机理，在体外环境中模拟体内微环境进行矿化合成，即仿生矿化（biomimetic mineralization）。仿生矿化就是通过形成有机基质模板，利用有机质对无机矿物的结晶与组装过程进行有效的调控，从而在体外形成具有特定结构和特殊功能的新型无机-有机复合材料。通过体外模拟开展生物矿化的研究，了解这种有机-无机界面的相互作用对于指导硬组织的仿生修复具有重要意义。

仿生矿化的方法虽然很多，但目的均是延缓无机矿物的结晶过程，对其成核和长大进行控制，以产生特殊形貌和特定晶型的矿物晶体。一般认为，在液相沉积矿化需要两个基本条件：①有机基质可以为矿化成核提供作用位点，即有机质表面具有特定的官能团，官能团带有一定的负电荷（如—COOH、C═O、—OH 等），可选择性吸引 Ca^{2+}等阳离子，进而吸引阴离子，如 PO_4^{3-}，为生物矿物的沉积提供成核位点，矿物层与基底之间存在化学键作用。②环境中具有局部过饱和无机离子浓度。仿生矿化的发展为体外构建形态、结构、功能与天然硬组织相似的修复材料奠定基础。本章根据反应介质的类型介绍体外模拟生物矿化的常用方法。

3.1　溶液反应法

3.1.1　模拟体液法

1. *模拟体液矿化法*

羟基磷灰石的结构和化学组成取决于从中矿化的溶液。为了模拟磷灰石形成的体外条件，Kokubo 发明了在 pH 为 7.4 下缓冲的无机盐混合物模拟体液（simulated body fluids，SBF）[1]。SBF 的无机离子浓度与人体血浆极为相似，如表 3.1 所示。因此在模拟体液中，磷灰石在某种材料表面沉积的能力常常被用来作为判断该材料骨结合能力的标准，称为生物活性[2, 3]。

表 3.1　SBF 和 1.5SBF 中各离子的浓度与人体血浆中无机离子浓度的对照

溶液	浓度/(mmol/L)							
	Na^+	K^+	Ca^{2+}	Mg^{2+}	Cl^-	HCO_3^-	HPO_4^{2-}	SO_4^{2-}
血浆	142.0	5.0	2.5	1.5	103.0	27.0	1.0	0.5
SBF	142.0	5.0	2.5	1.5	148.8	4.2	1.0	0.5
1.5SBF	142.0	5.0	3.75	1.5	148.8	4.2	1.5	0.5

从表中我们可以看出，SBF 中无机离子浓度对 HAP 而言是过饱和的，因此制备清澈的 SBF 溶液是比较困难的。一般情况下，通过依次加入各离子，最后调 pH 的方法，可以制备清澈的 SBF 溶液。可以考虑在恒温水浴 37℃的条件下进行配制，因为离子浓度和溶解度会随温度发生变化。HAP 在 37℃的溶度积要大一点。考虑到水中会有细菌，二氧化碳等气体，要将去离子水煮沸，冷却到室温后用细菌过滤头过滤方可使用。由于玻璃仪器表面富含羟基，容易诱导磷灰石的成核，所以建议 SBF 存放在塑料容器中。

SBF 溶液不仅对 HAP 是过饱和的，而且对磷酸八钙和磷酸氢钙也是过饱和的。香港科技大学的冷扬教授课题组系统地分析了 SBF 各离子的平衡，基于经典的晶体成核生长理论，按照非均匀成核的动力学进行成核速率的分析；发现在 SBF 中，OCP 的成核速率比 HAP 快，但 HAP 晶核最稳定。这种成核速率的差异随 SBF 中 pH 的升高而降低，但 pH 约为 10 的时候，二者的成核速率相近。DCPD 在 SBF 中不可能形成，但钙磷离子浓度提高的时候，DCPD 的成核是这三种钙磷盐中最快的。考虑到晶体结构中的碳酸取代和空位等其他因素，在 SBF 中，最容易形成的还是 HAP[4]。

SBF 的配方各异，有 1.5 倍、5 倍、10 倍的 SBF，通常是指钙磷离子浓度超过正常 SBF 的倍数。5 倍 SBF（5SBF）由 Barrere 等研制，其 pH 接近 5.8，该矿化液 pH 的调节是通过让连续不断的 CO_2 气体进入反应容器来实现的[5]。在 5SBF 中浸泡 6 h 后，样品（Ti_6Al_4V）表面可出现 3 μm 厚的磷灰石层。10 倍 SBF（10SBF）含有人体血浆离子浓度 10 倍的钙离子和磷酸根离子，这样的溶液能大大提高矿化的速度，使得整个过程只需要 2～6 h，并与矿化时间呈线性关系，这在 SBF 或 1.5 倍 SBF（1.5SBF）中是不能实现的。此外，这种溶液不包含任何缓冲剂，例如 Tris 或是 Hepes；可以形成均质的磷酸钙纳米晶体群集，并且不影响材料表面继续矿化的能力，其矿化层的黏附强度与在 1.5SBF 中浸泡 2～3 周左右之后相近。其中的碳酸盐含量（8%）和钙磷摩尔比（1.57）与骨相似。在浸泡过程中，通过向溶液中加入 $NaHCO_3$ 来提升 pH 到 6.5 左右，可以确保该反应过程稳定[6]。

在 SBF 中形成的矿化物是非均匀成核得到的。实际上，在 SBF 中也几乎得不到均匀成核的晶相。因此，在生物矿物成核的时候，需要外来基质。最早是在生物活性的 A-W 玻璃陶瓷、生物玻璃和 HAP 陶瓷表面形成磷灰石层，后来发现金属材料、高分子材料浸入 SBF 中其表面都可形成磷灰石层[7]。XRD 证实这些磷灰石的特征谱带宽，结晶峰不明显，因此这些晶体是弱结晶的，而且存在各种缺陷，与自然骨类似，被称作类骨（bone-like）磷灰石[8]。傅里叶变换红外光谱仪（FTIR）也证实，晶体结构中存在碳酸根取代。其形貌上，在没有外加其他离子的情况下，SBF 矿化得到的片状磷灰石相互交错形成球状聚集体，呈花簇状团聚，如图 3.1 所示，这与其形成过程相关。图 3.1 是硅片表面接枝有机官能团后浸泡在 1.5SBF 中 1 d、3 d 和 7 d 的 SEM 图。由图可以看出，材料浸泡在 SBF 中时，初期在材料表面形成小的颗粒聚集体，随着浸泡时间的延长，球形颗粒不断长大，数量也不断增加，最后形成了聚集的花簇结构。图中可以清晰地看到，球形颗粒是由大量的片状晶体聚集而成的，而且有些球状花簇是长在花簇上或者花簇之间的界面处。这说明前期矿化形成的磷灰石有可能成为成核位点，进一步诱导磷灰石的形成[9]。

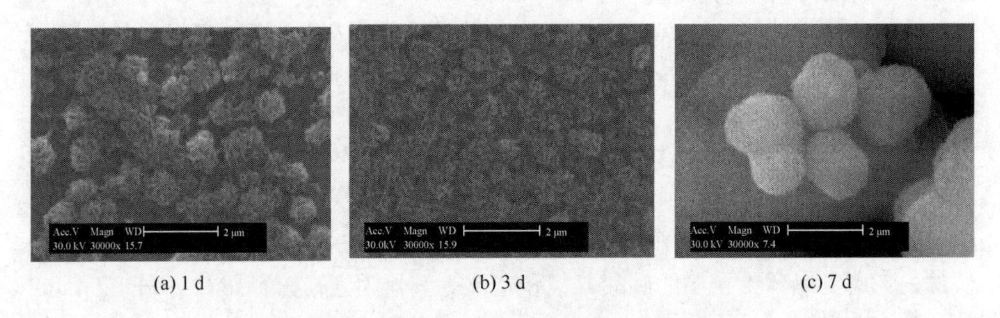

(a) 1 d　　(b) 3 d　　(c) 7 d

图 3.1　在 1.5SBF 中磷灰石形成的过程及形貌

SBF 的配方会影响矿化成分的化学组成和矿物形貌。在含 F^-和不含 F^-的 1.5SBF 中恒温 50℃浸泡 7 d 后，XRD 和 FTIR 图谱显示典型的 HAP 吸收峰。XRD 图中，含 F^-的样品特征峰尖锐，说明含 F^-得到的 HAP 晶体具有较好的晶化程度。可见 F^-的取代会导致相应 HAP 晶体的晶化程度提高，其原因可以从 HAP 晶体的结构上进行分析。HAP 晶体通常可看成 PO_4^{3-} 四面体与 Ca^{2+}在 a 轴方向排列，而负电性的 X^-（OH^-或 F^-或 Cl^-）处于垂直 Ca^{2+}的 c 轴方向，一旦晶格中的 OH^-部分被 F^-所取代，那么剩余 OH^-中的 H 原子易受附近 F^-的作用而形成更强的氢键，从而使 HAP 晶体的结构趋向于更有序，其晶化程度也相应提高。在 FTIR 图中，在 742 cm^{-1} 处出现的吸收峰表明，在含 F^-形成的晶体中可能含有 F^-取代的 HAP。形貌上，F^-取代的 HAP 也更易形成具有大长径比的棒状，如图 3.2（c）所示，而非片状 HAP。

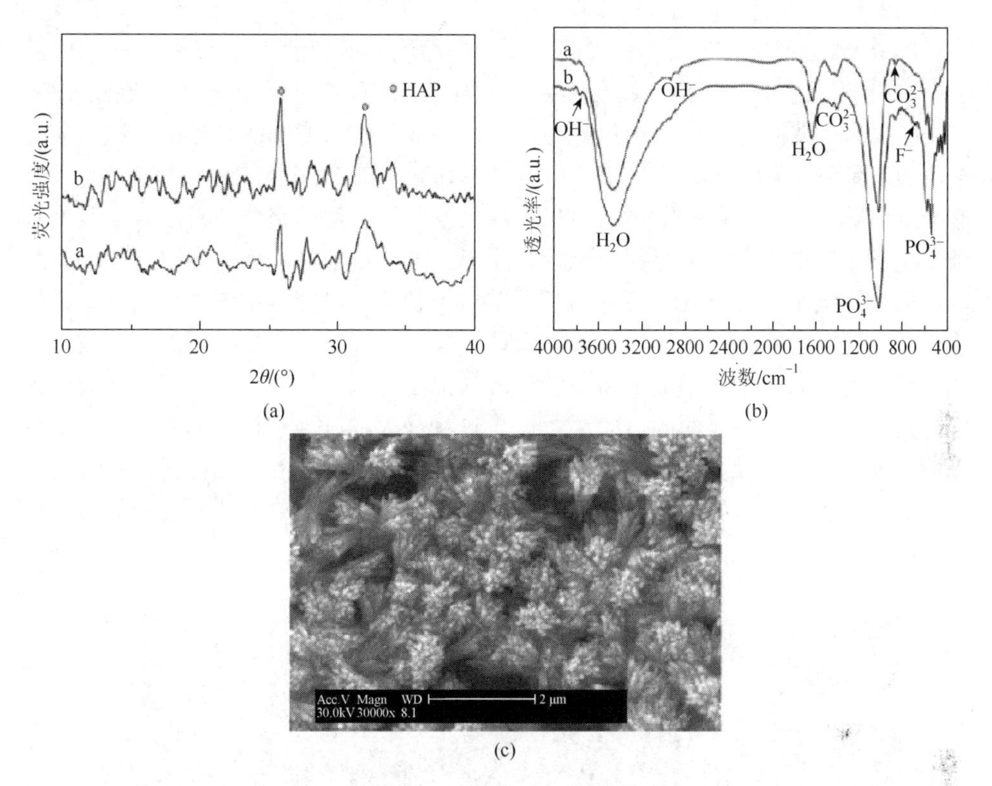

图 3.2　在含 5 ppm F⁻的 1.5SBF 中恒温 50℃浸泡 7 d 后得到的矿化物的 XRD（a）、FTIR（b）和 SEM（c）

图中样品 a 不含 F⁻，样品 b 含 F⁻。

2. 有机质诱导的模拟体液矿化

通过在 SBF 环境中添加有机质（胶原蛋白等），使晶体在有机质的调控下成核生长，能够很好地体现生物矿化的本质。

在 SBF 中加入胶原蛋白是常用的方法。为了较好地模拟生物矿化，SBF 中的 Ca^{2+}和 HPO_4^{2-} 分别调到 7.5 mmol/L 和 3 mmol/L，称为 m-SBF（又称改性 SBF），pH 为 6.7。将胶原蛋白溶液加入到 m-SBF 中，此时体系的 pH 为 6.8 左右。约 6 h 后，就有磷灰石析出。研究分析发现，大多数磷灰石沉析在胶原纤维表面，说明胶原蛋白更能诱导 HAP 的成核[10]。在 m-SBF 中，把胶原蛋白含量提高到 2 g/L，pH 调到 7.0，通过梯度保温和缓慢升温的工艺（25℃保温 22.5 h；缓慢升温到 40℃，再保温 22.5 h），可以获得磷灰石含量高达 35%的复合材料。电子衍射（electron diffraction）证实，弱结晶的针状 HAP 与胶原纤维在纳米尺度复合[11]。采用相似的梯度保温和缓慢升温工艺，通过非胶原蛋白类似物聚丙烯酸[poly(acrylic acid), PAA]的调控，可形成胶原纤维内矿化。大致过程如下：首先将 PAA 加入到 m-SBF

中，形成PAA-ACP前驱体。然后将胶原蛋白溶液加入到含有PAA-ACP的SBF溶液中，控制胶原蛋白浓度为2.2 mg/mL；同时加入三聚磷酸盐（tripolyphosphate，TPP）作为聚阴离子调控磷灰石在有序胶原纤维内的矿化。体系的pH维持在7.2，在4℃下反应。得到的矿化物如图3.3所示。图3.3（a）是在PAA和TPP调控下得到的胶原纤维内矿化，可以明显看出胶原纤维D-周期谱带，明暗交替的衬度表明胶原纤维上电子密度的不同，即存在无机相，此形貌与自然骨中矿化纤维的TEM图相似。插入的电子衍射（ED）图中发现明显的衍射环，说明其中的无机相是非晶态或弱结晶。图3.3（b）是同样浓度的胶原蛋白溶液在SBF中反应得到的形貌，矿物呈无序的纳米针状，与胶原蛋白有机质共混在一起，但结晶程度高，从衍射图可分辨出HAP的各晶面的衍射环[12]。该过程最大程度地模拟了体内生物矿化过程中所涉及的物质及其功能，因此获得了胶原纤维内矿化的直接证据。一方面证实了非胶原蛋白对生物矿化的作用，另一方面也表明采用SBF能有效地模拟体内生物矿化的化学环境。

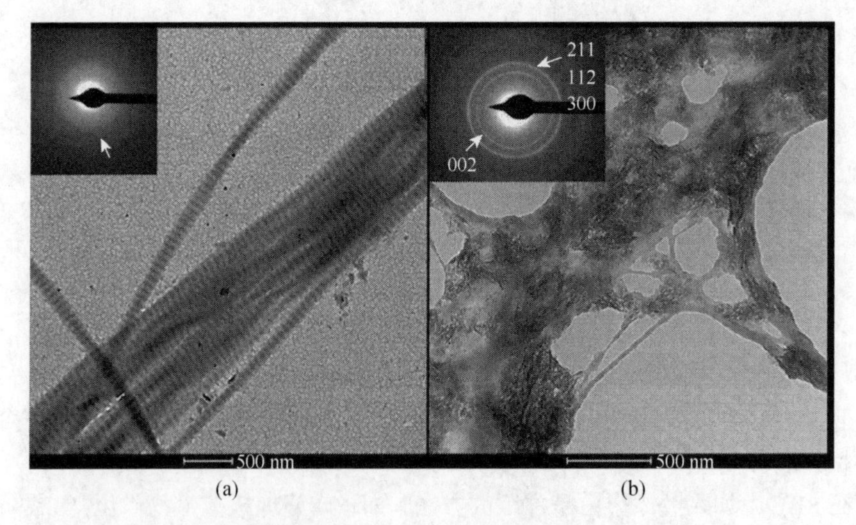

图3.3　胶原纤维内矿化（a）和胶原纤维矿化（b）的TEM

图内插入ED显示胶原纤维内矿化。

在体外生物矿化模拟中，动物源胶原蛋白在酸性条件下才能溶解，因此矿化时，所采用的浓度及分散状态必须精确控制。随着生物技术的发展，重组胶原蛋白进入生物矿化研究者的视野。浙江大学潘利明博士采用一种重组胶原蛋白研究其在SBF中的矿化[13]。这种重组胶原蛋白的氨基酸是由八个重复单元构成的。其中，非极性R基氨基酸数目占总氨基酸数的27.6%；不带电荷的极性R基氨基酸占总氨基酸数的50.4%；带正电荷的R基氨基酸数目占总氨基酸数的8.3%；带负电荷的 R 基氨基酸数目占总氨基酸数的 13.7%。由此可以看出，在此重组胶原蛋白的氨基酸组成中，亲水性的氨基酸与疏水性的氨基酸数目之比约为 2∶1，说明重组胶原蛋白具有良好的水溶性。更为重要的是，重组胶原蛋白含有丰富的天冬氨酸（Asp）和谷氨酸（Glu），而 Asp 和 Glu 带有较多的羧基基团（—COOH），这些基团可以提供 Ca^{2+}结合位点，促进磷灰石晶核的形成。研究表明大量游离的 Ca^{2+}与重组胶原蛋白的羧基优先配位，再逐步矿化，成为胶原蛋白参与仿生矿化的位点。此外，该重组胶原蛋白的等电点在 5.8～6.3。当重组胶原蛋白溶液与仿生液 SBF（pH = 7.4）混合后，随着 pH 的升高，重组胶原蛋白分子结构发生重排，折叠成胶原纤维，暴露出带有较多带负电荷的 COO^-，通过电荷作用与 Ca^{2+}结合，进而促进磷灰石的结晶和沉积。重组胶原蛋白在溶液状态中是以较低的分子束来参与仿生矿化的。重组胶原蛋白分子间通过氨基与羟基上的氢原子生成氢键，而分子上游离的羧基又与 Ca^{2+}形成配位键。正是由于较多的羰基和羧基参与了 Ca^{2+}的配位，重组胶原蛋白形成分子间氢键的能力大大地降低，因而不能形成较大尺寸的纤维结构，取而代之的是形成聚合度较低的针状结构。场发射扫描电镜（FESEM）显示所形成的 HAP 沿[002]方向择优生长，形貌呈针状，直径在 30～50 nm，与天然骨中的 HAP 晶体性状较接近。

除胶原蛋白类生物大分子外，牛血清白蛋白（bovine serum albumin，BSA）和硫酸软骨素（chondroitin sulfate，CS）大分子分别浸入 SBF 中也可仿生制备成磷灰石，形成有 Na^+和 CO_3^{2-} 取代的类骨磷灰石$(Ca_{3.78}Na_{0.02})(Ca_{5.22}Na_{0.48})(CO_3)_{1.5}(OH)$。BSA 在 SBF 中的存在促进了类骨磷灰石晶体在基材表面沉积，有利于其沿（300）晶面择优取向生长。CS 对类骨磷灰石晶体的生长呈阻碍作用，获得的晶粒尺寸较小。由此，说明生物大分子的种类不同，诱导形成的矿化物有明显的形貌差异。

3.1.2　钙磷溶液法

仿生矿化中采用钙磷溶液法制备磷灰石与常规化学法液相合成 HAP 有很大的差异。首先，仿生矿化必须在中性和低温的条件下进行，而化学法液相合成一般反应 pH 为 10 左右，水热或者溶剂热还会采用高温合成形态各异的 HAP；其次，钙磷溶液中的仿生合成，更强调有机质下调控的 HAP 的合成，以体现生物矿化中有机质的调控作用。

1. 小分子诱导钙磷溶液中的矿化

蛋白质分子的基本组成单位为氨基酸，研究证实氨基酸是 HAP 成核生长有效的调节剂[14, 15]。Palazzo 等研究了丙氨酸、精氨酸、天冬氨酸等对 HAP 晶体生长过程的影响[16]；在 HAP 的晶体成核前期，氨基酸抑制了含钙离子多的晶面的生长，形成 HAP 纳米棒状结构[16]。Koutsopoulos 等[17-19]的研究同样证实大多数氨基酸对 HAP 的生长有抑制作用。蛋白质分子中富含有机基团，特别是氨基和羧基，故生物矿化过程，极性分子基团可能通过静电作用、空间位阻等调控 HAP 的成核和生长。为此，我们选取了一批含碳原子较少、在水溶液中聚集态较为简单的小分子有机物乙二胺（二个氨基）、甘氨酸（一个氨基一个羧基）、乙酸钠（一个羧基），结构式如图 3.4（A）所示；以尿素水解控制反应 pH，研究在中性条件下，仿生合成 HAP。将 0.03 mol/L 的 $(NH_4)_2HPO_4$ 溶液添加到 0.05 mol/L 的 $Ca(NO_3)_2 \cdot 4H_2O$ 中，保持钙磷摩尔比为 1.67；分别将 0.02 mol/L 的乙胺、乙二胺、甘氨酸、乙酸钠 50 mL 加入到上述的混合溶液中，调控 pH 约为 7.4[20]。得到的 HAP 在 XRD 图中没有差别。样品的 FTIR 图［图 3.4（C）］显示了 HAP 的特征吸收峰，其中 3444 cm^{-1} 处的吸收峰对应羟基（—OH）的伸缩振动峰，1103 cm^{-1} 和 1038 cm^{-1} 处的吸收峰归属为 PO_4^{3-} 基团中 P—O 键的反对称伸缩振动峰。956 cm^{-1} 处的吸收峰归属为 P—O 键的对称伸缩振动峰。604 cm^{-1} 和 556 cm^{-1} 处的吸收峰是 PO_4^{3-} 基团 O—P—O 键的弯曲振动引起的。1635 cm^{-1} 吸收峰归属于 HAP 表面吸附的水引起的[21]。在空白样品（曲线 a）1408 cm^{-1}、1447 cm^{-1} 和 866 cm^{-1} 是 CO_3^{2-} 的吸收峰，表明 CO_3^{2-} 进入了 HAP 晶格，取代了 HAP 晶格中的 PO_4^{3-} 基团[22-25]，这标志着 CO_3^{2-} 进入 HAP 晶体结构。但在其他样品中，1400～1450 cm^{-1} 中的吸收峰明显与空白样不同。甘氨酸诱导的 HAP 在 1460～1380 cm^{-1} 分裂为三个峰（曲线 b），其中 1380 cm^{-1} 和 1410 cm^{-1} 是甘氨酸的 COO^- 的吸收峰，1458 cm^{-1} 应是甘氨酸的—NH_2 的吸收峰[12]。其他三个样品在 1400～1450 cm^{-1} 中的两个吸收峰的位置、强弱和分裂形态也与空白样不同，可以推测氨基或者羧基在此谱带有一定的吸收。从图还可看出，加入诱导剂后，新增了 2976 cm^{-1}、2922 cm^{-1}、2854 cm^{-1} 为—CH_2—的伸缩振动峰，表明样品中有机分子基团的存在。1103 cm^{-1} 的 PO_4^{3-} 基团振动峰，加入诱导剂乙酸钠、乙二胺后，明显有所减弱；表明加入诱导剂后，PO_4^{3-} 基团被其他基团取代，吸收峰减弱了。

在形貌上，不同诱导剂条件下合成的 HAP 各具特点。图 3.4（D）TEM 图可以看出，由甘氨酸诱导的 HAP 基本呈针状。HAP 颗粒长度 500～1500 nm，宽 50～100 nm，长径比大约 30∶1，轮廓清晰。而由乙二胺诱导的 HAP 主要呈薄片状；HAP 颗粒长度为 100～300 nm，宽 30～50 nm。乙酸钠诱导的 HAP 则完全不同，HAP 晶体主要是球型，直径为 200～500 nm。没有加入诱导剂合成的 HAP，主要呈片状，HAP 颗粒宽 50～100 nm，长径比很大。形貌的不同主要是由于各晶面对有机分子的吸附不同。

按经典晶体成核生长理论，晶核的形成有均匀成核和非均匀成核两种方式。大多数的生物矿化过程都是非均匀成核过程，即有机分子作为无机矿物的成核位点诱导晶体形成。在 HAP 的晶体的生长过程中，有机基团在晶体的不同晶面的定向附着过程及空间占位起到控制晶体生长形貌的作用，从而决定晶体的最终形貌。李丽颖等用阴离子表面活性剂 N-酰基十二烷基肌氨酸钠（分子末端含有 COO^-）合成了片状的 HAP 晶体，其结果表明 N-酰基十二烷基肌氨酸钠的带有负电荷的羧基通过占据 HAP 中的 PO_4^{3-} 或者 OH^- 的空缺位置，即极性基团可通过分子占位调控 HAP 的形貌[26]。Pan 等[27]的研究则证实氨基在不同的晶面吸附量不同，导致不同晶面生长速度不同。

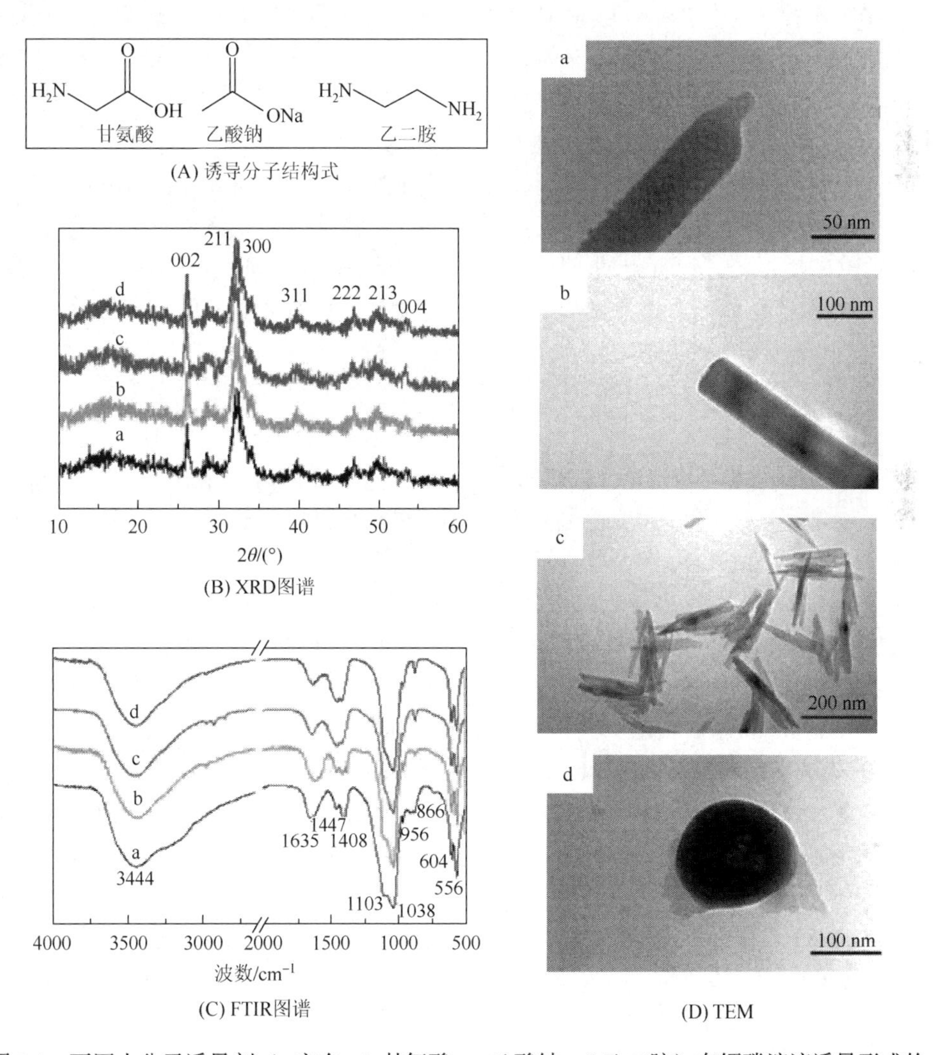

图 3.4　不同小分子诱导剂（a.空白；b.甘氨酸，c.乙酸钠；d.乙二胺）在钙磷溶液诱导形成的 HAP 的 XRD（B）、FTIR（C）和 TEM（D）[20]

在我们的研究中，乙酸钠诱导的 HAP 主要呈球状，是由于乙酸钠溶液体系中

含有自由的 COO^-；由于 COO^- 有较强的极性，它在成核的过程中通过静电吸附迅速将 Ca^{2+}、PO_4^{3-} 等其他离子基团吸附在其周围，形成 HAP 的晶核并长大。在这种情况下，晶体采用表面能最小的聚集态——球形，故得到图 3.4（D）中 d 所示的球形晶体。而乙二胺的样品为片状则是因为有研究证实带正电的氨基可能占据 Ca 的空缺位置，在 HAP 的（0001）和（$10\bar{1}0$）面上形成有序排列的吸附层，且氨基的吸附层对 HAP（0001）面生长的抑制作用比（$10\bar{1}0$）面强[28]，故晶体在（$10\bar{1}0$）面择优生长，乙二胺使 HAP 成显著的片状生长。带一个氨基和一个羧基的甘氨酸，对 HAP 的形貌影响则不同于上述二者。在我们的反应体系中，起始为 pH3～4 的澄清溶液。甘氨酸的等电点为 5.97，在低于 5.97 的环境中呈正电性，即羧基无法吸附 Ca^{2+}；而氨基诱导 HAP 成核的能力较弱[29]，且在低 pH 下，CaP 难以形成稳定的晶核。随着反应温度的提高，尿素不断水解，将体系的 pH 提高到中性，钙磷晶核不断形成。在 pH 为 7.4 的反应体系溶液中，甘氨酸的 C 端基呈 COO^- 状态，带负电性。溶液中的 Ca^{2+} 与羧基作用，吸附在 HAP 的（$10\bar{1}0$）面上，阻碍了晶体在此面上的生长[30-32]，促使晶体在（0001）面上即沿着 c 轴方向快速生长，形成针状晶状体。

2. 生物大分子诱导钙磷溶液中的矿化

上述小分子诱导剂的研究充分证实了有机基团对矿化的影响。但在生物矿化过程，体内的大分子的功能基团存在着分子间相互作用、氢键作用、静电作用以及分子空间立构的作用，因此其对矿化也有重要影响。

翟勇等以水可溶的重组胶原蛋白为有机基质，并在溶液中加入一定浓度的 $CaCl_2$ 溶液和 NaH_2PO_4 溶液，用 NaOH 调节溶液 pH 至 7.0 后，得到矿化胶原。矿化胶原呈纤维状平行排列，其中矿物主要是 HAP，HAP 纳米晶体呈针状结构，直径约为 6 nm，晶体 c 轴沿着胶原纤维排列取向生长[33]。这种针状 HAP 与胶原纤维之间看不出明显的空间组装关系。为获得磷灰石/胶原蛋白组装的生物矿化材料，Kikuchi 等采用了一种“模拟沉淀法”[34]。在保持 pH 和温度的同时，将氢氧化钙悬浮液和含有胶原蛋白的正磷酸溶液同时滴定到反应容器中，形成 HAP 纳米晶体和胶原蛋白分子的复合纤维。在反应容器中，胶原蛋白（collagen，Col）的存在允许在一定温度下钙和磷酸盐以较低的浓度成核形成 HAP，即胶原蛋白的存在使 HAP 的成核离子浓度显著降低。得到的 HAP/Col 复合材料是长度超过 20 μm 的纤维（即束）缠绕组装体。每束由许多长度为 300 nm 的 Col 原纤维组成，周围环绕着大小约 50 nm 的叶片状 HAP 纳米晶体。

生物矿化晶体的形状可能与蛋白质的一级结构（即氨基酸的组成与序列）和高级结构（即蛋白质的二级、三级和四级结构）有关，因此采用其他的蛋白质也有可能构建仿生结构的磷灰石。主要需要解决的问题在于：有机质可以为成核提供始发位点，例如有机质表面具有的特定带负电荷官能团（如—COOH、C═O、—OH 等），选择性吸引 Ca^{2+}，进而吸引 PO_4^{3-}；环境中具有局部过饱和无机离子；合适的 pH。丝胶蛋白（silk sericin，SS）是一种球状蛋白，在水溶液中常以无规卷曲构象为主，但在一定条件下可以形成部分 β 折叠构象；组成 SS 的氨基酸残基中，极性侧链的氨基酸远比非极性侧链氨基酸多，其中含量最多的三种氨基酸为丝氨酸、天门冬氨酸和谷氨酸，分别达到 30.86%、16.19%和 10.01%。金君等采用钙磷溶液合成了 SS/HAP 复合材料。在较短的矿化时间内，合成的复合材料是直径约 20 nm 的复合颗粒；随着矿化时间的延长，这些复合颗粒能够沿 c 轴方向进行组装，逐渐形成亚微米级的微纤维，其组成成分、基本构成单元及组装方式与牙釉质的形成极为相似[35]。SS/HAp 复合材料可能的形成机理为：溶解在溶液中的 SS 首先呈现较松散的球状结构，其强的极性侧链（如羟基、羧基、羰基和氨基）暴露在水溶液中，以无规卷曲构象为主，溶液中的钙离子优先与 SS 侧链上的羰基、羧基螯合；随后加入的磷酸根离子，在碱性环境下，与钙离子结合，形成磷酸钙沉淀。由于钙离子与 SS 上的羰基和羧基的优先螯合使得磷酸钙成核位点受到限制，成核首先在钙离子富集的侧链上发生，反应过程中搅拌产生的剪切力以及晶核的长大和熟化，使 SS 的构象逐渐由无规卷曲向 β 折叠转变，从而使得 SS 侧链上的磷酸钙晶体的生长具有方向性；晶核继续长大、融合形成含有 SS 的纳米复合颗粒；颗粒间取向团聚，其驱动力可能来自于已形成的 HAP 晶体表面包含的特定晶面信息及自我调整能力，导致初始纳米粒子通过取向搭接成为团聚态大颗粒，颗粒间的融合和熟化使其进一步形成结晶态更好的棒状晶体。

除胶原蛋白类模板分子，其他非胶原蛋白也在钙磷溶液中进行了矿化研究，如牙本质基质蛋白-1（dentin matrix protein，DMP）-1。胶原蛋白与非胶原蛋白分子的相互协同在钙磷体系矿化中也可以模拟。George 课题组认为 DMP-1 具有双功能。在溶液中以单聚体形式稳定 CaP 前驱体，隔离它们并防止它们进一步聚集和沉淀；随后，通过 DMP-1 和胶原蛋白的相互作用，将 CaP 前驱体组装进胶原纤维中[36]。

相比于 SBF，钙磷溶液的成分相对简单，所以易于调控，特别是可以调控生物大分子和无机矿物的含量，因此可以制备矿物含量较高的复合仿生材料，从而提升其力学性能，以适应组织修复的应用。

3.2　囊泡、微乳和胶束体系中的生物矿化模拟

囊泡、微乳和胶束等有序聚集体的结构类似细胞膜，可以提供生物矿化所需的特殊隔室。在其提供的微环境里，可以模拟生物矿化过程中有机基质的调控作用和生物大分子的诱导作用。生物体内矿物质的形成，发生在生物膜边界囊泡或细胞壁上（细胞促成），或发生在细胞外的基质上（基质诱导）。生物膜为矿物形

成提供了一种高度有序的体系环境，通过调节离子浓度、设置矿化位点来控制晶体的成核、沉淀或生长。

细胞膜的基本结构是磷脂分子间的弱相互作用，使得它的亲水基团暴露于膜外侧的水溶液中，而它的疏水尾链形成疏水内层而自发形成的一种稳定的双层结构。迄今为止，磷脂双分子层仍然是研究生物膜结构、性质和功能的最逼真、最简单的模型。

有序分子膜是指天然或合成的两亲分子经过自组装形成的有序分子聚集体，常被用作仿生膜，其结构类似细胞膜。尽管有序分子膜的类型各异，但皆具有有序性与流动性两大特性。基于有序分子膜为基质的矿化模拟体系，可以在体外形成特殊的隔室有效地模拟生物膜。反应物可以在膜的表面富集、定位并被催化。有序分子膜包括：囊泡、单分子膜、LB 膜、微乳、胶束、反胶束、双层类脂膜和铸膜等。这些有序分子聚集体的尺度在纳米范畴，因而表现出既不同于分子特性，又不同于体相特性的介观物质的特有性质。正如生物体内有机基质为生物矿物的形成提供反应微区一样，有序分子聚集体提供了溶质的中心和某些化学反应的微区，因而可以用来模拟生物矿化的某些过程，特别是模拟细胞参与的生物矿化。

3.2.1 囊泡

囊泡是一种球形的或椭圆形的单室或多室封闭双层结构的有序组织聚集体。20 世纪 60 年代初英国学者 Bangbam 等发现磷脂分散在水中可形成多层囊泡，并证明每层均为双分子层脂质膜且被水相隔开，其厚度约 4 nm。随着科学技术的进步，由人工合成的表面活性剂形成的囊泡越来越普遍，为了与由天然磷脂或其衍生物形成的脂质体区别，常常将由天然磷脂所形成的囊泡称为脂质体（liposome），而将完全由人工合成的表面活性剂形成的结构称为表面活性剂囊泡，简称囊泡。表面活性剂囊泡的出现极大拓展了膜模拟研究领域，可以说对于膜模拟的研究具有划时代的意义，从此形成了脂质体和囊泡两个相对独立又相互补充的研究方向。

由磷脂双分子层组成的脂质体（囊泡）也可分为单室脂质体（囊泡）和多室脂质体（囊泡），根据脂质体大小和双分子层层数又经常将其分为 3 类。

①多室脂质体（multilamellar vesicle，MLV），是双分子层脂质膜与水交替形成多层结构的脂质体，MLV 大小为 100 nm～1 μm。

②小单层脂质体（single unilamellar vesicle，SUV），SUV 最小直径为 20 nm 左右，随水溶液离子强度和膜脂质组成不同略有差异，一般为小的均匀囊泡。

③大单层脂质体（large unilamellar vesicle，LUV），LUV 直径大于 100 nm，也有人认为应该是 50～100 nm。

多室脂质体在仿生矿化中应用较少，其他两种应用较广泛。

1. 囊泡的制备方法

囊泡的制备方法主要有手摇法（溶媒蒸发法）、醚注入法、超声波法、逆相蒸发法、微流体化法等。

①手摇法。将表面活性剂溶于适量溶媒，减压蒸发除去溶媒使其在瓶壁形成薄膜，加入水或某溶剂，用手振摇而成。一般制成的囊泡较大，直径为0.35～13 μm。

②醚注入法。将表面活性剂溶于乙醚，用微量注射器以适当速度注入混合溶液中而成。一般多产生小单层囊泡。本法操作速度快，影响因素少，对反应物的包裹率较手摇法高，缺点是注射速率比较难控制，而且还必须除去乙醚溶剂，增加了制备的难度。

③超声波法。探头型及水浴型超声波均能使囊泡显著变小，一般与手摇法或其他方法联用。首先将表面活性剂溶于一定的溶剂中，待溶剂挥发后，再加入溶液或一定量的分散剂进行超声分散直至溶液不再发生明显变化，此时溶液呈半透明状，得到粒径较小的球形单室囊泡。该方法的缺点是所制备的囊泡不太均一，且可能会发生降解。

④逆相蒸发法。将表面活性剂溶于氯仿或乙醚等溶媒，再与溶液混合进行乳化，然后减压蒸发除去溶媒，即形成均匀的囊泡。

⑤微流体化法。在反应室的精密微细通道中两股高速（达520 m/s）气流相互作用可以生成囊泡，一般得到较小而均匀的囊泡。

总的说来，超声波法具有简单、容易操作的优点，而且所制备的多为单室囊泡，粒径也比较小。此外，多室囊泡经超声后也可以形成单室囊泡，因此一般在实验室通过超声波法来制备囊泡。

温度、浓度、电解质、pH以及两亲分子的结构均可影响所形成的囊泡的理化性质。疏水链的长度对囊泡的形成也有明显的影响，疏水链太长，易形成层状结构，而非囊泡；太短则由于疏水作用太弱而难以形成缔合结构。此外，两条疏水链的长度相差太大，也不利于囊泡的形成。

2. 囊泡仿生矿化

崔福斋等研究了Ca^{2+}浓度对卵磷脂脂质体内磷酸钙沉淀的影响[37]。当脂质体内Ca^{2+}浓度为4 mmol/L（此浓度近似人的体液浓度）时，脂质体内充满的是磷酸钙过饱和溶液，由于脂质体内膜和溶液的共存会降低成核的活化能，可促使成核的发生和均相沉淀的生成，其TEM图显示，发生矿化的卵磷脂脂质体，直径为80～120 nm，多数脂质体是彼此分开的，也有一些聚集在一起，脂质体外膜边界较为规则，表面沉淀是在脂质体内膜上形成的，外膜上没有沉淀生成。采用能量分散 X 射线分析脂质体内的沉淀，表明其主要成分为 Ca 和 P，选区电子衍射（selected area electron diffraction，SAED）结果表明它有三个衍射环，其中最强的衍射环与 X 射线衍射图谱上的 30°2′特征衍射峰相对应，表明此沉淀为能量较高的无定形磷酸钙（ACP）。在室温下此 ACP 较为稳定，放置 20 d 也不会发生转变。可见脂质体膜通过与 Ca^{2+}的键合（25℃时键合常数为 20 L/mol）以及阻止脂质体内外的离子传输增强了 ACP 的稳定性。而没有脂质体存在时，生成球形 OCP 晶体。当脂质体中 Ca^{2+}浓度为 0.03 mmol/L（此浓度近似 HAP 的临界饱和浓度）时，由于 Ca^{2+}浓度较小，所以成核速率较慢，4 d 后才观察到有沉淀生成。与上一种浓度下生成的脂质体相比，直径有所减少，为 40～120 nm，而且，一些脂质体的圆斑点变为浅黑色，表明含有较少的 Ca 和 P，SAED 分析表明此沉淀为低能的 HAP 晶体。而没有脂质体存在时，Ca^{2+}浓度较小，没有沉淀生成，由此可知，脂质体会对晶体的结构、形态及稳定性产生影响。

洪佳丹以二棕榈酰磷脂酰胆碱（DPPC）和胆固醇为膜材料，制备直径分布均匀且稳定的纳米脂质囊泡，以包封矿化液的脂质囊泡为体外模型进行矿化实验，初步探索仿生囊泡内磷酸钙的矿化过程[38]。研究结果表明，脂质囊泡介导的磷酸钙矿化过程是一个异相成核过程。囊泡膜上 DPPC 的磷酸基团与 Ca^{2+}有较强的结合亲和力，提供了结合位点，提高了囊泡内磷酸钙的成核速率。但由于 OH^-渗入脂质囊泡是一个持续的缓慢的过程，脂质囊泡内磷酸钙的生长速率会降低。脂质囊泡内磷酸钙经历了 ACP—OCP—HAP 或 ACP—HAP 的相转变过程。脂质囊泡膜的封闭结构提供纳米受限空间有效抑制了磷酸钙晶体的进一步生长。

由于脂质体与细胞膜的相似性，使其可作为基质囊泡介导的骨组织矿化的模型[39]。但是，磷脂膜不能渗透磷酸盐。为了克服这一问题，Eanes 等将离子载体拉索拉酸（lasalocid acid，X-537A）引入脂质膜，该膜与钙离子结合并促进了跨膜疏水物质的转运。这可以通过将钙添加到负载有磷酸根离子的脂质体悬浮液中来沉淀磷酸钙。模拟基质囊泡介导的矿化，即在脂质膜形成期间引入离子载体，也可以通过将乙醇溶液添加到负载磷酸盐的脂质体中来引入离子载体。向外部介质中添加钙后，通过膜的转运，在脂质体内沉淀的第一相是 ACP，它会迅速转变为结晶磷灰石[40]。Michel 等报道的另一种方法是使用在脂质体内部酶切的膜渗透性磷酸盐前驱体。通过反相蒸发和蛋白水解酶水解未包封的碱性磷酸酶，制备载有钙和碱性磷酸酶的巨型脂质体。磷酸钙沉淀是通过将对硝基苯磷酸酯添加到外部介质中而引发的。两亲性的对硝基苯磷酸酯扩散穿过整个磷脂膜，在此处被包封的碱性磷酸酶水解为对硝基苯酚和无机磷酸酯，从而得到结晶性较差的 HAP[28, 41]。

Yuuka 等通过利用多糖包衣的脂质体作为磷酸钙（CaP）沉积的反应位点，创建了有机-无机杂化纳米囊泡。将磷酸根离子包裹在脂质体中，然后将壳聚糖、硫酸葡聚糖或 DNA 逐层沉积到脂质体表面。将钙离子添加到结合有磷酸根离子的纳米囊泡的水悬浮液中，以制备纳米囊泡。该纳米囊泡提供了多壁以用于离子的反扩散以及作为 CaP 沉积的表面。研究结果证实，钙离子和磷酸根离子通过囊泡壁和纳米囊泡的表面化学组成的反扩散，实现了对纳米囊泡的生物矿化的控制，例如厚度和晶体性质。而且，他们将 DNA 吸附到包裹 CaP 的脂质体上。由于 CaP 在酸性条件下溶解，DNA 可从纳米囊泡中释放出来，从而调控 HAP 的合成。

3.2.2 微乳液

1943 年，Hoar 和 Schulman 首次报道了一种分散体系：水和油与大量表面活性剂和助表面活性剂（一般为中等链长的醇）混合能自发地形成透明的或半透明的体系。这种体系可以是油分散在水中（O/W 型），也可以是水分散在油中（W/O 型），分散相质点为球形，但半径非常小，通常为 10～100 nm，是热力学稳定体系。在相当长的时间内，这种体系分别被称为亲水性的油胶团或亲油性的水胶团，亦称为溶胀的胶团或增溶的胶团。直至 1959 年，Schulman 等才首次将上述体系称为“微乳状液”或“微乳液”。于是“微乳液”这个名词才正式诞生。

微乳液与普通乳状液有着根本的区别：普通乳状液是热力学不稳定体系，分散相质点大，不均匀，外观不透明，靠表面活性剂或其他乳化剂维持动态平衡；而微乳液是热力学稳定体系，分散相的质点很小，外观透明或近乎透明，经高速离心不发生分层现象。因此，鉴别微乳液的最普通方法是：水-油-表面活性剂分散体系，如果它是外观透明或近乎透明的，流动性好的均相体系，并且在 1000 倍的重力加速度下离心分离 5 min 而不发生相分离，即可认为是微乳液。含有增溶物的胶团溶液也是热力学稳定的均相体系，因此在稳定性方面，微乳液更接近胶团溶液。从质点大小看，微乳液正是胶团和普通乳状液之间的过渡物，因此它兼有胶团和普通乳状液的性质，但其复杂性又远远超过这两者。现在微乳液的一般定义为：微乳液是两种不互溶液体形成的热力学稳定的、各向同性的、外观透明或半透明的分散体系，微观上由表面活性剂界面膜所稳定的一种或两种液体的微滴所构成。

微乳液通常是由表面活性剂、助表面活性剂（通常为醇类）、油相（通常为碳氢化合物）和水相组成的透明的、各向同性的热力学稳定体系。根据体系油水比例及其微观结构，可将微乳液分为 4 种：①正相（O/W 型）微乳液与过量油共存；②反相（W/O 型）微乳液与过量水共存；③中间态的双连续相微乳液与过量油、水共存；④均一单分散的微乳液。W/O 型微乳液由油连续相、水核及表面活性剂与助表面活性剂组成的界面膜三相构成；O/W 型微乳液则由水连续相、油核及表面活性剂与助表面活性剂组成的界面膜三相构成；双连续相结构中，任一部分油在形成油液滴被水相包围的同时，亦与其他部分的油液滴一起组成油连续相，将介于油液滴之间的水相包围；同样，体系中的水液滴也组成水连续相，将介于水液滴之间的油相包围，从而形成了油、水双连续结构，使体系具有 W/O、O/W 两种结构的综合性质。

微乳液颗粒尺度小，颗粒结构内特殊的微环境，可以成为一个微反应器。这个微反应器有很大的界面，在其中可以增溶不同的化合物，是非常好的化学反应介质，可作为生物矿化反应的模板。

许善锦等以天然来源的卵磷脂为两亲分子，正十四烷为油相和水相一起形成的微乳液为磷酸钙盐矿化的模板，调控、诱导矿化，并用 SEM、IR 和 XRD 等手段研究产物的微观结构和组成。结果表明：矿化产物是由卵磷脂与 HAP 共同构建的，具有纳米级的连通管道的立体网状、棒状、球状结构；说明微乳液可以调控磷酸钙盐的矿化，模拟复制出具有纳米级结构的矿化材料[42]。

如图 3.5 所示，我们以 TX-100 为表面活性剂，正戊醇为助表面活性剂，环己烷为油相和水作出三元相图，通过电导率的变化，找出体系内水相含量最高的微乳体系，即图 3.5（a）中的 A 点。通过调控水油比，获得了不同形貌不同尺寸的 HAP[43]。在水油比未达 1∶10 的时候，胶束体积小，亲水基朝内，形成油包水胶束结构；HAP 在胶束内合成，颗粒小于 10 nm，大小均匀；随着水油比的提高，胶束尺寸变大，并发生变形，晶体尺寸也逐渐变大，形貌也从纳米球变为纳米棒，再变为大尺寸纳米球。王鹏飞等也采用相似的体系找出双连续微乳液区，以此组成区作为反应模板，控制矿化产物的成核和生长来制备具有不同形貌且与天然生物骨磷灰石结构相似的 HAP。利用 SEM、TEM、XRD、FTIR 等手段对合成的样品进行了形貌和结构的表征，并将其与共沉淀法制备的 HAP 在 SBF 中的溶解性进行了比较，结果表明：利用双连续微乳模板控制合成的 HAP 是具有棒状的六方晶体，结构参数为 $a_0 = 0.920$，$c_0 = 0.688$，与天然生物骨材料相似，抗体液溶解性比共沉淀法制备的 HAP 优越[44]。

中科院上海硅酸盐研究所的常江等通过水热微乳液法成功地合成了具有单分散性和直径分布窄的化学计量单晶 HAP 纳米棒，并通过 XRD、FETEM、FTIR 和 ICP-AES 对合成后的粉末进行了表征。采用 CTAB 为微乳液的表面活性剂、正戊醇为微乳液的助表面活性剂，在水热条件下不含水的十六烷基三甲基溴化铵(CTAB)/正戊醇/正己烷/水热微乳液体系，合成出直径为 25～40 nm、长度为 55～350 nm 的单晶 HAP 纳米棒。将 $Ca(NO_3)_2$ 水溶液和$(NH_4)_2 \cdot H_2PO_4$ 水溶液作为反应体系的水相，正己烷作为有机相，反应体系的钙磷摩尔比控制在 1.667。采用 XRD 分析测试产物的物相；采用 FETEM 观察粉体的形貌和尺寸；采用 ICP-AES 测试粉体的钙磷摩尔比。结果显示水热微乳液法可以制备得到单分散的 HAP 纳米棒粉体，且粉体的表面光滑，粉体直径和长度分别为 25～40 nm 和 55～350 nm，长径比约 2～10，几乎未见到其他的纳米颗粒产物。HAP 纳米棒的尺寸分布和形状的均匀性可能归因于 W/O 纳米反应器和表面活性剂的软模板，产品的高结晶性归因于水热处理。他们研究了纳米棒的烧结能力和制备的 HAP 生物陶瓷的机械性能。结果表明，所制备的 HAP 生物陶瓷具有较高的机械性能。由于微乳液起到尺寸均匀的纳米反应器的效果，使得反应过程都被限定在该纳米反应器中，从而有效地控制了产物的颗粒尺寸和尺寸分布，并有效地抑制了反应过程中 HAP 颗粒的团聚[21]。

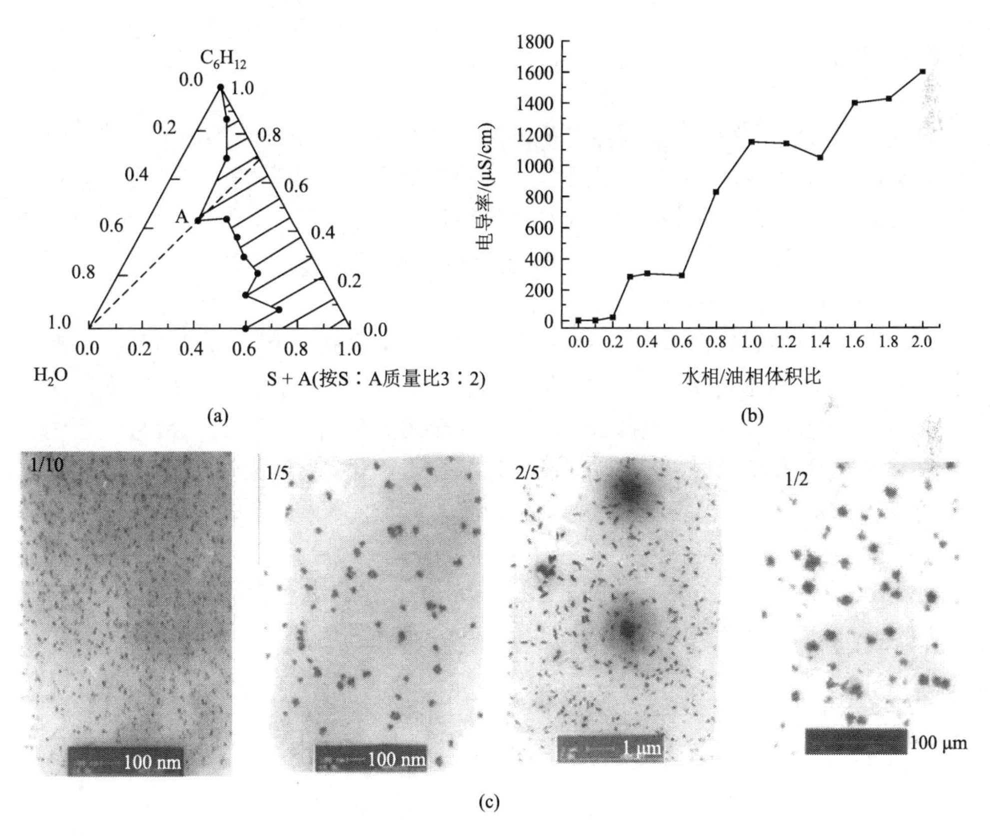

图 3.5　（a）TX-100 + 正戊醇/环己烷/水三元相图（30℃）；（b）不同水油比的电导率（水相为 $CaCl_2$ 溶液）；（c）不同水油比得到的 HAP 的 TEM[43]

S + A：表面活性剂+助表面活性剂。

Carcía 等使用水热微乳化技术报道了 HAP 纳米粒子的合成，采用硝酸钙四水合物和磷酸氢二铵为前驱体。与其他先前报道的技术相比，该技术的优势在于可以使用 CTAB/甲苯/正丁醇/水作为纳米反应器的新型微乳液获得具有可控尺寸和形态的颗粒。XRD 分析表明，水热微乳液产生具有纯六方相 HAP 的粉末。TEM

显示可以同时获得一定的形状和未定义形状的纳米粒子。将微乳液参数［例如水与表面活性剂的摩尔比（W0）和助表面活性剂与表面活性剂的摩尔比（P0）］调整为定义值，即可获得具有典型六方棱柱形态的 HAP 纳米粒子[22]。

总体来说，微乳液法也是在大分子调控下进行的矿化物的合成，但大分子分子量小，构建的微乳区域调控的无机颗粒的纳米或者微米形貌，其上不存在矿化物的多级组装。因此，这种方法只能局限于仿生合成不同形态的矿化物，探讨其功能和应用领域，比如药物载体和癌症治疗等。

3.2.3　胶束

胶束是表面活性剂在水溶液中的浓度达到临界胶束浓度时开始形成的。胶束的概念最早由 McBain 于 20 世纪初提出，他发现离子型活性剂由离子缔合而成并带有电荷，然后又发现非离子表面活性剂也能形成胶束，但不带电荷，所以表面活性剂的这种溶液称为缔合胶体。在胶束内核与极性基构成的外层之间，还存在一个由处于水环境中的 CH_2 基团构成的栅栏层。

胶束的形态取决于表面活性剂的几何形状，特别是亲水基和疏水基在溶液中各自横截面积的相对大小。通常在简单的表面活性剂溶液中，临界胶束浓度（critical micelle concentration，CMC）附近形成的多为球状胶束。溶液浓度达到 10 倍临界胶束浓度附近或更高时，胶束形状趋于不对称。胶束有不同形态：球状、反向球状、柱状、双层薄片状、封闭囊泡状等，如图 3.6 所示。

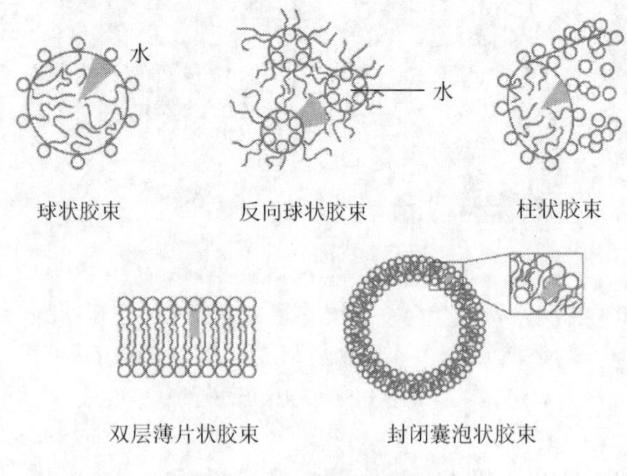

图 3.6　胶束形态示意图

不溶或微溶于水的有机物在表面活性剂水溶液中的溶解度会明显增大，由于这种增溶效应只发生在临界胶束浓度以上的溶液中，所以又称为胶束的增溶效应。

胶束的这种独特的性质极有应用价值。可有效地解决一些两相体系均化的问题，还可为一些在常规两相体系中难以完成的化学反应提供适宜的介质。

Shen 等使用高浓度丝氨酸稳定无定形磷酸钙（S-ACP），随后将其与聚乙二醇（PEG）混合以形成 PEG-S-ACP 纳米颗粒。通过在水性环境中的胶束自组装过程将纳米颗粒装载在聚山梨酯 80 胶束中。此基质囊泡（MVs）模拟模型称为 PEG-S-ACP/胶束模型。通过调节 PEG-S-ACP/胶束的 pH 和表面张力，释放了两种形式的矿物质（结晶性矿物颗粒和 ACP 纳米颗粒），分别实现了原纤维外和原纤维内矿化。该体外矿化过程再现了矿物颗粒介导的体内原纤维外矿化，并为生物矿化的可能机理提供了重要见解。MVs 释放的 ACP 纳米颗粒可诱导体内原纤维内矿化[23]。

为探讨大分子和小分子在调控磷灰石形态上的不同作用，我们设计了 CTAB 和柠檬酸共同调控下的仿生合成[45]。如图 3.7 所示，在小分子柠檬酸作用下，基于柠檬酸分子中羧基对磷灰石的强烈吸附，得到的晶体以薄片状 HAP 为主，形状

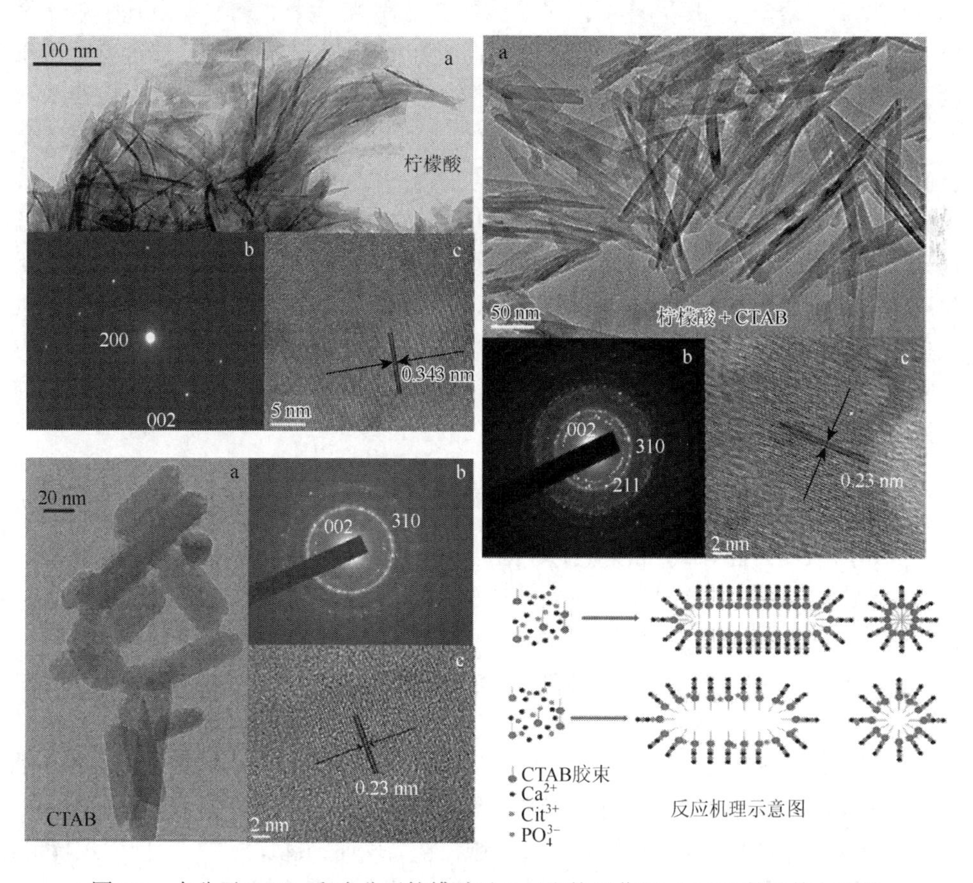

图 3.7　大分子 CTAB 和小分子柠檬酸以及二者协同作用下 HAP 的结构与形貌（后附彩图）

多样；CTAB 则形成棒状胶束，HAP 在胶束内成核生长，按胶束形态形成了棒状 HAP。在 CTAB 形成胶束后加入柠檬酸分子，柠檬酸分子中羧基对胶束的亲水端有一定的破坏作用，使得胶束结构破坏，在胶束中引入柠檬酸分子，由于 HAP 的（$10\bar{1}0$）晶面对羧基的吸附，抑制了其生长，因此得到了片状 HAP，但尺寸均匀，充分说明了胶束的限域功能。此研究也从一定角度说明生物大分子的模板应该是生物磷灰石最重要的形态调控剂。

3.2.4　反胶束

两亲分子在非水溶液中也会形成聚集体。此种聚集体的结构与水溶液中的胶束相反。它是以疏水基构成外层，亲水基（常有少量水）聚集在一起形成内核，因此，称之为反胶束。

反胶束的聚集数和尺寸都比较小。聚集数常在 10 左右，有时只由几个单体聚集而成。反胶束形成的动力往往不是熵效应，而是水和亲水基彼此结合或者形成氢键的结合能，也就是说过程的焓变起重要作用。反胶束的形态，也不像在水溶液中那样变化多样，主要是球状。反胶束溶液是以不溶于水的有机溶剂为分散介质，以水溶液为分散相的分散体系。由于表面活性剂的存在，该体系是一种分散相分布均匀、透明、各向同性的热力学稳定体系。反胶束的液滴可以控制在几到几十纳米之间，且彼此分离，即使破裂后还能重新组合，因此反胶束被称为智能微反应器，这是一种制备纳米颗粒的理想反应场所。反胶束体系不仅具有非常大的相接触面积，而且对油溶性和水溶性的原料都具有良好的溶解性能，以其作为反应介质可使反应易于进行或大大加快反应速率。因此反胶束体系的应用研究也成为了一个新的热点。

Banerjee 等以聚(氧乙烯)$_5$壬基酚醚（NP5）和聚(氧乙烯)$_{12}$壬基酚醚（NP12）为表面活性剂，以环己烷为有机溶剂的反胶束模板系统合成了不同长径比的 HAP。使用 XRD、BET 分析和 TEM 对 HAP 进行了表征。观察到水与有机物的比率（A/O）和 pH 的增加降低了 HAP 的长径比。合成了最大长径比（棒状）为 7.2 ± 3.2 和最小长径比（球状）为 1.3 ± 0.3 的 HAP 纳米粉体，用于加工致密粉坯。研究了不同形貌的棒状和球形纳米粉在 1250℃下形貌对致密化的影响。观察到，在无压烧结条件下，压坯中大长径比粉末含量的增加降低了烧结密度。而且，由于晶粒的过度生长，在烧结的微结构中不能保留纳米级的形态。在 SBF 中的矿化研究表明，在球形和棒状颗粒制成的压坯的整个表面上均形成了磷灰石层。在培养 5 d 后，人成骨细胞的细胞毒性结果显示，细胞在样品表面铺展良好[46]。反胶束体系由于亲油基团可能会附着于 HAP 颗粒表面，因此，在制备复合材料时，利于与疏水性材料的结合，提高分散性和表面结合。

3.3　有机模板上的生长

生物矿化有一个重要的步骤：界面分子识别，就是无机物在溶液中通过静电作用、螯合作用、氢键、范德瓦耳斯力等作用在有机-无机界面处成核。分子识别是一种具有专一性功能的过程，它控制着晶体的成核、生长和聚集。生物大分子通过无机-有机界面的相互作用调控无机矿物的晶型、形貌和取向，因此，构建功能性界面模板，以此来开展生物矿化的研究，为探讨生物体内的矿化过程及机理具有重要的意义，由此还可不断探索无机材料合成的新路径。

3.3.1　LB 膜

LB 膜是一种单分子薄膜，LB 膜技术是一种精确控制薄膜厚度和分子结构的制模技术。这种技术是在水-气界面上将不溶解的分子加以紧密有序排列，形成单分子膜，然后再转移到固体上的制模技术。作为模拟生物矿化的重要模板，LB 膜具有独特的优势：可以通过调节成膜物质的亲水头基、尾链和膜的表面压，来改变成膜分子的头基之间、头基的配原子之间的距离，从而调节膜的电荷密度和物理状态，使之与特定的生物膜相似。

崔福斋等通过 SEM、TEM 和 XRD 研究了在硬脂酸单分子层诱导下过饱和溶液中磷酸钙晶体的受控生长。在没有单分子膜存在时，本体溶液中生成微小的球形颗粒（OCP），其生长速率慢，并无规则地分布在溶液中。而在单分子膜诱导下，不但加快了生长速率，而且生成的主要晶相是 HAP。亚稳相中的钙离子浓度和 pH 影响单分子膜下磷酸钙的组成；但在最初阶段，膜下始终出现以（0001）面为主的 HAP，其（0001）面平行于单分子膜。这一结果归因于在无机-有机界面单分子膜上的羧基与 HAP 的（0001）面钙离子晶格匹配和静电作用。当晶体进一步生长时，由于晶格匹配，具有（010）面的 OCP 片晶优先在 HAP 晶体表面生长[24]。

Zhang 等利用二棕榈酰磷脂酰胆碱（DPPC）、花生酸（AA）和十八酸（ODA）三种单分子膜作为模板研究了磷酸钙的起始成核和结晶，在这 3 种单分子膜诱导下形成的粒子具有不同的形貌。DPPC 单分子膜诱导下形成的磷酸钙粒子为蒲公英状，AA 单分子膜诱导下形成球状的粒子，而在 ODA 单分子膜诱导下形成簇状物。这种形貌差异主要是由于单分子膜结构不同引起的[25]。

Ramos 等探索仿生的 LB 膜上 HAP 涂层的生长以及这些涂层在体外培养成骨细胞诱导生物矿化的能力。以磷脂［即磷酸二十六烷基酯（DHP）或十八烷基膦酸（OPA）］为 LB 膜基体，通过调节表面 Ca^{2+}的浓度形成不同的 LB 杂化表面，其中 OPA/HAP 中 Ca^{2+}的浓度高于 DHP/HAP 涂层中 Ca^{2+}的浓度。OPA/HAP 涂层导致成骨细胞增殖延迟；DHP/HAP 涂层引发的细胞分化，导致成骨细胞生物矿化度更高[47]。同一个课题组的研究中采用 LB 膜技术将磷酸二十六烷基酯沉积在不锈钢和钛表面上。将经过 LB 膜改性的表面浸入磷酸盐缓冲液中，然后将金属暴露于模拟人体血浆中离子浓度的溶液中。表面生成了碳酸羟基磷灰石，与骨骼中存在的矿物质相同[48]。

3.3.2 自组装单层膜

自组装单层膜（self-assembled monolayer，SAM）是指由基本结构单元通过氢键、金属配位、π-π 作用、阳离子-π 作用、CH-π 作用、范德瓦耳斯力等非共价弱相互作用力的协同作用自发形成的具有一定结构和功能的超分子有序聚集体。由于其在光学和电子器件、化学和生物传感器、信息存储、金属腐蚀与防护、生物矿化等方面有着潜在的应用前景，因此成为多领域的研究热点。

自组装技术具有以下优点：①由于 SAM 是利用分子与分子或分子中某一片段与另一片段之间的分子识别，相互通过非共价相互作用形成具有特定排列顺序的分子聚合体，因此高度有序且具有方向性；②由于自组装过程是原位自发形成的，热力学稳定和能量最低，高密度堆积和低缺陷浓度，获得的 SAM 稳定可控；③通过设计成膜分子的头基和尾基，可以人为设计表面结构和分子结构来获得预期物理性质和化学性质的界面，同时可以控制分子水平薄膜的厚度及多层膜的结构；④自组装的基本方法是将基片浸入到含有活性物质的溶液或活性物质的蒸气中，活性物质在基片表面发生自发反应，在基底上形成二维有序结构，因此制备方法简单，不需昂贵的仪器设备，且不受基底形状限制。

SAM 包括头基、烷基链和尾基三部分。成膜分子的头基（主要是指含—SH、S—S 等含硫原子的有机分子）与基底表面以共价键（如 Si—O、Au—S、Ag—S、Cu—S 键等）或离子键（如 COO^-Ag^+）结合；烷基链之间靠范德瓦耳斯力作用使活性分子在固体表面有序且紧密地排列；尾基能使 SAM 具有特殊的物理化学性质和功能，常见的尾基有—PO_4H、—COOH、—OH、—NH_2、—CH_3 等。硫醇及其衍生物与金单质作用形成的硫醇类单分子膜是研究最广泛的 SAM 体系。

Sato 等在模拟体液中研究 SAM 对 HAP 晶体生长的影响，指出二十烷酸单分子膜的羧酸头基可作为 HAP 晶体的成核中心，指导 HAP 优先以（100）面取向生长，并生成由卷缩的片状晶体构成的半球状 HAP 晶体，HAP 的 *c* 轴平行于无机-有机界面[49]。Liu 等用自组装技术在 Ti 表面形成含—OH、—PO_4H_2 和—COOH 的 SAM，在模拟体液中浸泡后能快速诱导沉积 HAP 矿物相[50]。Ishikawa 等在模拟体液中研究了硅衬底上利用 3-氨基丙基三乙氧基硅烷（APTES）和三甲基氯硅烷（TMCS）形成不同端基的 SAM。SAM 诱导下 HAP 的成核生长过程，生成的 HAP

晶体颗粒密度随模拟体液中 Ca^{2+}和 PO_4^{3-} 浓度的增大而增大，且受自组装尾基的影响，颗粒密度顺序为—OH，—CH_3，—NH_2[51]。

黄微雅等采用自组装技术在 Si（100）表面成功接枝了端基分别为—SO_3H、—COOH、—OH 和—NH_2 的 SAM[9]。在 1.0SBF 中，负电性的—SO_3H、—COOH 和—OH 端基可以通过静电作用吸附 Ca^{2+}导致异相成核，从而有利于 HAP 晶体在其 SAM 上沉积，而—NH_2 则不能，如图 3.8 所示[9]。在 1.5SBF 中，所有 SAM 都能沉积较多的 HAP 晶体颗粒，—NH_2 可通过吸附溶液中均相成核的 HAP 晶核而形成 HAP 晶体颗粒。由此可推知，当生物矿化发生在体液环境中时，蛋白质中的—SO_3H、—COOH 和—OH 官能团可以通过诱导 HAP 异相成核调节矿化过程。而当处于更高过饱和度的矿化组织液中时，如发育期，蛋白质中的—SO_3H、—COOH、—OH 和—NH_2 都有利于 HAP 成核。

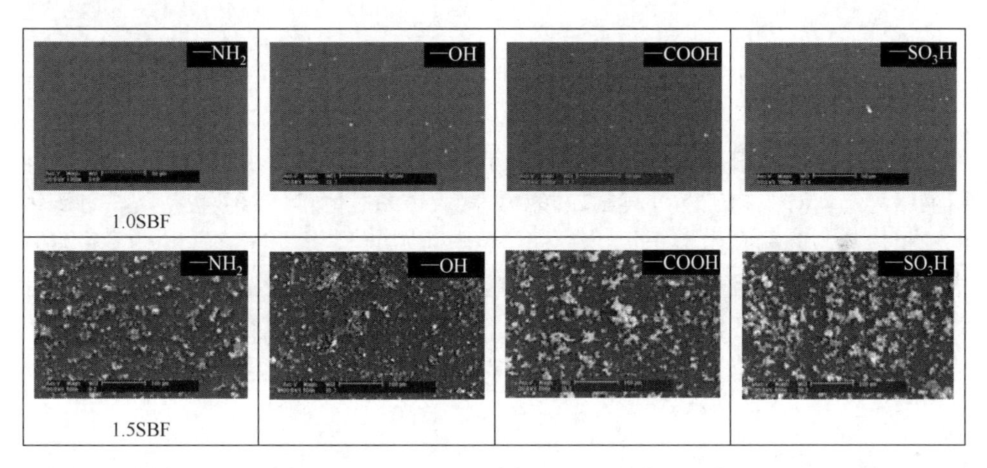

图 3.8　分别在 1.5SBF 中恒温 50℃和 1.0SBF 中恒温 37℃浸泡 7 d 后，—SO_3H、—COOH、—OH 和—NH_2 端基 SAM 上晶体的 SEM 照片[9]

李兰英等利用体外釉质浅龋模型，通过表面自组装技术在模型表面修饰带有—SO_3^{2-} 活性基团的 SAM，在模拟体液和人工唾液中进行牙釉质的原位仿生再矿化研究[52]，研究活性基团、仿生液种类和 F^-对再矿化晶体的组成和形貌影响。研究结果表明：—SO_3^{2-} 活性基团能有效地促进牙釉质的再矿化，如图 3.9 所示。在 SBF 中，表面修饰极性分子基团—SO_3^{2-} 有效地促进了类骨磷灰石晶体在牙釉质缺损面的形成。牙釉质缺损面表面修饰后，负电性的极性基团—SO_3^{2-} 远离牙釉质表面，成为一个极性位点，吸附 SBF 中的 Ca^{2+}，Ca^{2+}进而吸附 PO_4^{3-}。当钙磷离子浓度达到成核所需临界浓度时，形成磷灰石晶核，进而长大生成类骨磷灰石。在 1.5SBF 中，由于较高浓度的 Ca^{2+}，以及 PO_4^{3-} 浓度、活性基团—SO_3^{2-} 和牙釉质表面缺陷的共同影响，生成的 HAP 晶体较在 SBF 中矿化的晶体更密集，尺寸较小，并且 Ca/P 比 SBF 中晶体高。XRD 结果显示，其中含有少量 DCPD。该 HAP 晶体矿化时可能采取 DCPD 作为前驱体。

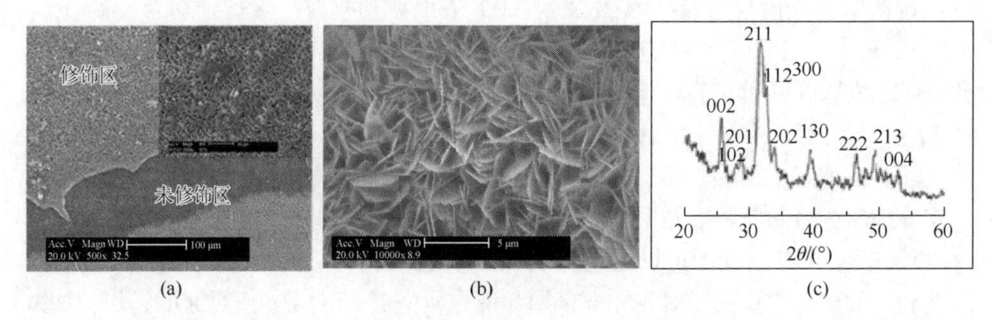

图 3.9　牙釉质表面修饰活性基团再矿化后的表面形貌（a）和矿化物的形貌（b）以及 XRD（c）

3.4　凝胶体系中的矿化

生物体中的蛋白质和多糖等生物大分子，往往通过超分子组装形成凝胶状基质网络，进而对生物矿化过程施加影响。凝胶体系是比本体溶液更接近生物矿化的模拟体系，以凝胶作为介质，在体外模拟生物矿化，大分子在凝胶体系中可以固定，而钙磷等无机离子可以在凝胶中迁移，因此固定在凝胶中的大分子可以有效和小分子发生相互作用。因此，凝胶介质中的仿生矿化研究对深入了解生物矿化机理，以及从理论上指导先进功能材料的设计和合成具有重要意义。

3.4.1　凝胶体系简介

凝胶是一种独特的分散体系，常用有机高分子或者某些无机物构成的弹性交联网络，其内部充满空隙供离子进行扩散。凝胶体系网络的孔径可由交联密度进行控制：交联密度较高的孔径可在几个纳米范围内；而交联密度较低的凝胶中一般存在较大的孔，例如 1%琼脂糖凝胶的孔径约为 140 nm。大分子如蛋白质等无法在凝胶扩散，故大分子可在凝胶体系中保持恒定的浓度，这一点对生物矿化的研究很有意义，即生物大分子可固定在凝胶中，保持一定的浓度，无机离子扩散入凝胶后，可在大分子的模板上进行矿化相的成核。与传统溶液中的矿化相比，在凝胶介质中，凝胶分子间交联成网状结构，无机离子通过扩散成核生长，使得矿物生长成核速率降低。而且在凝胶体系中物质扩散迁移相对较稳定，不会受到溶液中液体对流、湍流及外界扰动的影响。

凝胶体系矿化的研究主要有单扩散体系［图 3.10（a）］和双扩散体系［图 3.10（b）

和图 3.10（c）]。单扩散体系主要用于常温下不可溶矿物的生成，主要包括一个反应容器，多数情况下可由简单的一个底部含有凝胶的试管组成。矿物的一种组分存在于凝胶中，在凝胶固化后，将含另一种成分的溶液小心加入到凝胶表面。双扩散体系有 2 种类型：一种与图 3.10（a）中的单扩散体系类似，不同的是在含有矿物组分的凝胶层上面还有另外一层空白的凝胶［图 3.10（b）]，因此离子的扩散速度进一步减慢，主要用于难溶矿物的生成。另一种体系［图 3.10（c）］常用 U 形管组成，将凝胶注入到 U 形管中，凝胶固化后，将反应物溶液由 U 形管两端分别加入到凝胶的表面，离子从凝胶的两边相扩散至凝胶某一位置发生反应。这种体系的优点是容易控制扩散的距离。

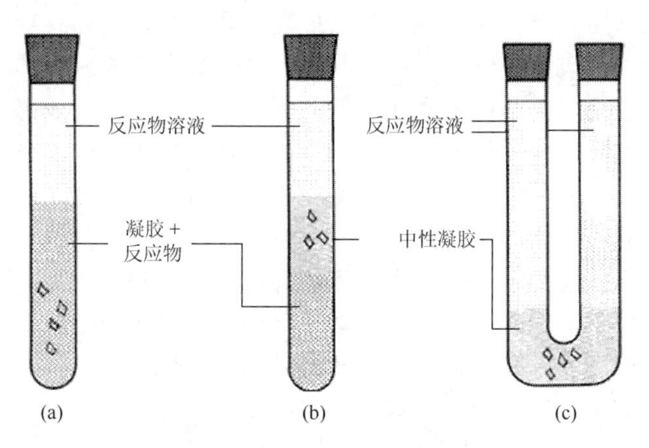

图 3.10　三种不同的凝胶体系

（a）单扩散体系；（b）（c）双扩散体系。

凝胶体系根据凝胶的不同可分为天然高分子凝胶、合成高分子凝胶、超分子凝胶和无机凝胶。天然高分子凝胶主要包括天然琼脂、明胶和海藻酸钙等；合成高分子凝胶主要有聚丙烯酸、聚丙烯酰胺和羟丙基甲基纤维素等。超分子凝胶是由超分子单体（一般为有机小分子）之间通过非共价相互作用形成三维网络结构并将水包裹而形成的一种新型水凝胶。与高分子凝胶相比，超分子凝胶具有生物相容性好和易于生物降解等优点。以硅胶为代表的无机凝胶介质，硅胶的表面分布着硅羟基，故硅胶大多呈亲水性，会对极性组分产生强烈的吸附作用，所以报道较少。磷灰石仿生矿化中最常用的是琼脂凝胶，相对而言与生物矿化基质相似，分子功能基团的干扰比较少。

3.4.2　凝胶体系中的矿化机理

凝胶是一种特殊的分散体系，一般由高分子构成的弹性交联网络结构和充满其内部空间的流体组成。与溶液相比，凝胶介质中对流受到抑制，扩散速率也较低，这使得矿物成核速率降低。凝胶最初主要用于大的、高质量和无缺陷单晶的制备。迄今为止，研究人员已经对天然和合成高分子凝胶、超分子凝胶和无机凝胶等多种凝胶介质中的仿生矿化过程进行了研究。结果表明：凝胶介质主要通过其三维网络结构限制反应离子在其内部的扩散速率，并掺杂到无机矿物的晶体结构中，从而影响生成晶体的形貌和构造。而且在有机基质（如水溶性有机高分子和自组装单层膜等）的协同作用下，凝胶介质中的仿生矿化过程也呈现出与水溶液中不同的特点。

凝胶中矿物形貌的调控和矿化机理一直是凝胶介质中仿生矿化研究的热点。凝胶为晶体生长提供了一种由扩散控制的传质机理，而且凝胶由于将溶质分散在小孔里而抑制了晶体的均相成核。反应物离子在凝胶中的扩散速度是与凝胶的交联度密切相关的：在高交联度的凝胶中，一般会合成出离子扩散受到限制的形貌，如骨骼状、树枝状和分支状的晶体。如果凝胶本身与矿物存在相互作用，那么还能够观察到在 Liesegang 环中的其他复杂形貌和周期性沉淀。研究表明：凝胶介质密度的增加降低了反应物离子在其中的扩散速率，从而构建了一个扩散场，使得晶体生长面不稳定，促进了不规则的分支状多晶聚集体的形成。理论研究也表明扩散的降低将扩散受限的聚集体的形貌从各向异性的形状变成了不规则的分支状结构。反应物离子扩散的控制导致了矿物结构有序程度的降低，形貌从多面体向树枝状的转变。因此，反应物扩散的调控不仅能够在热力学和动力学调控之间转换，而且能够调控结构的分支和纳米粒子的聚集。

3.4.3　凝胶体系仿生矿化研究进展

研究者们对在各种凝胶介质中的仿生矿化过程做了大量的生物矿化机理研究，重点是探讨各种生物大分子对矿化的影响。Iijima 等在 10%牙釉蛋白的琼脂凝胶中，pH 为 6.5 的条件下，运用离子选择性膜和离子扩散膜控制钙和磷的扩散，并与 5%白蛋白和 10%明胶形成的凝胶做对比，研究牙釉蛋白对所生成 OCP 晶体尺寸和形貌的影响。结果表明，牙釉蛋白与 OCP 的（010）面的相互作用强度大于（100）面，故形成牙釉质长径比很大的棒状 HAP 结构。在含胶原蛋白的琼脂凝胶中，研究者们发现，胶原蛋白对磷灰石的形成没有显著的促进作用，与在溶液中的情况不同[53]。而 Busch 等在明胶凝胶中得到排列有序类似牙釉质结构的 HAP，明胶凝胶在制备过程中加入 F^-和磷酸根离子，固化后再放入中性的 $CaCl_2$ 溶液中。在明胶中，成核位点可能位于分子链末端或平行肽链之间，靠近极性氨基酸残基。在这些区域中，高浓度磷酸氢根离子固定在带正电荷的氨基酸，以及精氨酸、组氨酸和赖氨酸的侧基，这些侧基约占 I 型胶原蛋白中氨基酸的 0.8%。

研究者认为 HAP 的有序排列是基于胶原蛋白上多肽氨基与磷酸根的相互作用，诱导矿化物平行于大分子链排列[53, 54]。

琼脂/琼脂糖是一种天然多糖，溶解温度较低，而且在低浓度时即可形成凝胶，其分子中主要官能团为羟基，本身对矿化没有特殊影响，在仿生矿化的研究中应用最广。如在琼脂体系中，Gajjeraman 等研究了胶原蛋白、牙本质蛋白、骨形态发生蛋白等有机高分子对磷灰石形成的影响，认为磷灰石先与组成有序的有机大分子形成 ACP，然后进一步相变成为 HAP[55]。

黄微雅等采用单扩散体系（图 3.11），利用磷酸盐和琼脂制成凝胶，凝胶上部加入钙离子溶液来控制钙、磷酸根离子在琼脂表面的流动方向，探讨在凝胶体系中

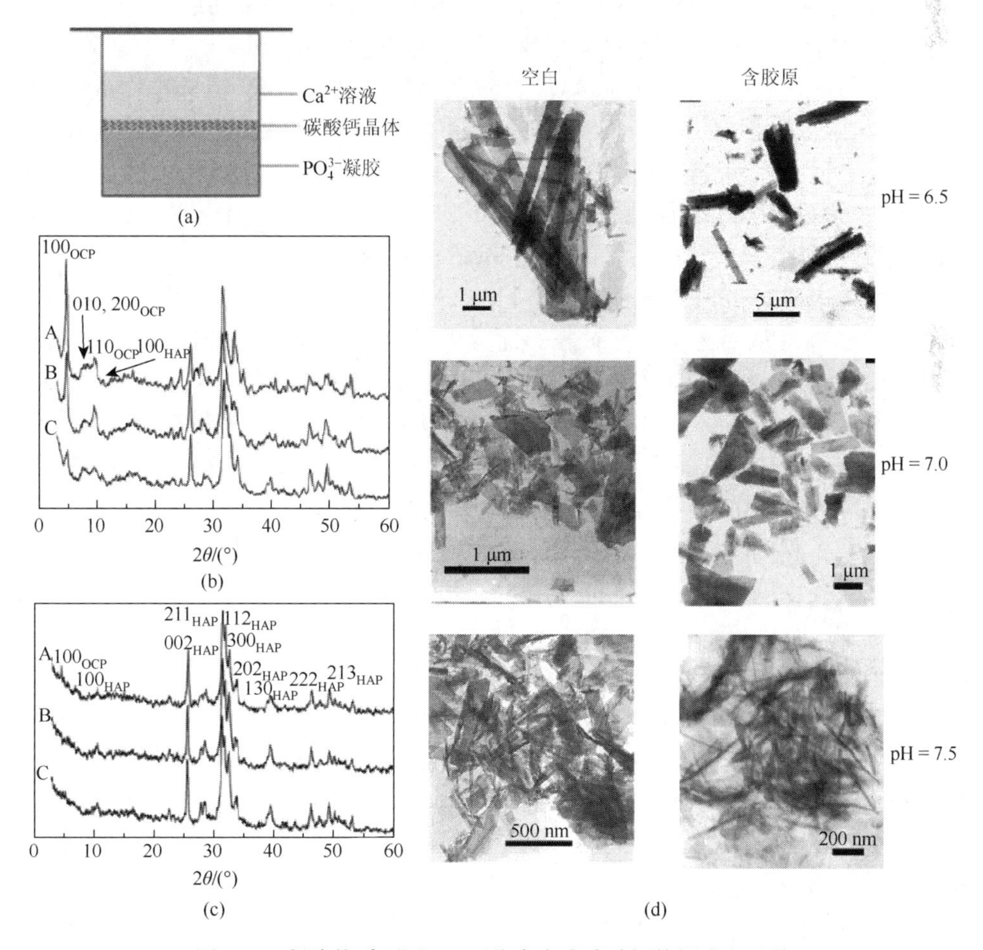

图 3.11 凝胶体系不同 pH 下仿生合成磷酸钙的组成和形貌

（a）琼脂扩散体系示意图，胶原蛋白加入到含磷酸根的凝胶中；（b）和（c）分别为空白样和胶原蛋白体系得到磷酸钙的 XRD 图谱（A：pH = 6.5，B：pH = 7.0，C：pH = 7.5）；（d）为磷酸钙形貌 SEM。

Ⅰ型胶原蛋白对仿生合成磷酸钙晶体的组成和形貌的影响[9]。空白样中，从图 3.11 可知，当 pH = 6.5 时，出现了 OCP 的特征 100、200 和 110 衍射峰，其中 100 的衍射峰很强，同时在 2θ 为 10.8°处也出现了较弱的 HAP 的 100 衍射峰。随着 pH 的增大，OCP 的 100 衍射峰强度逐渐减小，而 HAP 的 100 衍射峰强度相对增强。由此可见，在不同 pH 下所合成的晶体是 OCP 和 HAP 的混合物，但两者的含量各不相同，在 pH = 6.5 时，所合成晶体的主要成分为 OCP，随着 pH 的增大，组成中 OCP 的含量逐渐减少而 HAP 增加，在 pH = 7.5 时，晶体的主要成分为 HAP。

在凝胶体系中添加 4 mg/mL Ⅰ型牛胶原蛋白与磷酸根部分凝胶，合成晶体的 XRD 图谱可看到，三条曲线（不同 pH）都出现了 HAP 的 100 衍射峰，但只有曲线 pH = 6.5 上出现 OCP 的 100 衍射峰，且强度较弱。由此可见，在胶原蛋白-凝胶体系中不同 pH 条件下合成的晶体主要是 HAP，其中在 pH = 6.5 时，所合成的 HAP 晶体中含有少量的 OCP，而 pH = 7.0 和 pH = 7.5 时所合成的基本上都为 HAP。此外，在 2θ 为 26°和 32°处 HAP 的（002）和（211）特征衍射峰的强度都很强，并且 211、112 和 300 晶面的三大强峰能够很好地分离，可见所形成的 HAP 晶体的晶化程度较好。说明胶原蛋白能促进 HAP 的形成。

生物体中的有机大分子，如胶原蛋白、NCP 和多糖等，通过超分子组装构成有序组装体，从而影响矿化过程。而且大量研究表明，在人体骨组织矿化过程中 NCP 诱导矿物成核，而胶原蛋白预先构成的模板调控晶体形貌和聚集状态。因此，在凝胶体系中，一些研究者开始对有机基质模板与可溶性有机大分子的协同作用进行仿生矿化的研究。Deshpande 等采用基质模板（重组胶原纤维）和聚天冬氨酸（类 NCP 物质），研究这两种物质共同作用下的仿生矿化过程，得到沿纤维轴线沉积的带状堆积的磷灰石晶体[56]。Keene 等在琼脂凝胶中，研究 β-几丁质（贝类中的有机基质）和 n16N（可溶性多肽）的协同作用对文石晶体的选择性沉积[57]。

基于胶原蛋白在矿化过程中的模板作用，考虑采用可加工性好的明胶及明胶基复合材料构建矿化模板，以可溶性的 β-甘油磷酸钠（β-GP）为 NCP 模型分子，郭振招在双扩散凝胶体系中（如图 3.12 所示），以聚己内酯/明胶有序纤维为模板，在纤维表面发生矿化，呈现体外仿生矿化的典型花状形貌[58]。“花”零散分布于纤维膜基底上，有序的纤维像丝线串起“花簇”，说明纤维中的某个位点是晶体的成核位置。“花簇”沿纤维排列有序，说明有序的模板在一定程度上可以使晶体排列有序。每朵“花”直径约为 20～40 μm，由片状晶体聚集而成。图中可以看出，无 β-GP 存在下有序纤维矿化后，其表面形成的片状晶体无序聚集的“花簇”，与无序的纤维模板相近。片状晶体长约 3 μm，宽约 1 μm。在 β-GP 存在下，出现密集的片状晶体交错聚集覆盖整个纤维表面，每个片状结构晶体的宽度约为 1.5 μm，长约 3 μm。我们推测 β-GP 的加入过多地引入了成核位点，在纤维表面迅速大量成核并长大，密集排列，最终在纤维上形成交错密集的晶体。这个结果从另一角度说明，受电场牵引有序纤维表面的电子分布状态有可能与无序纤维不同，即高分子材料可能会有些构象变化。在无 β-GP 存在下，纤维表面只有相对少量的 COO^- 能吸引 Ca^{2+}，因而钙磷盐的成核位点较少，所以在纤维表面形成稀疏的大尺寸的晶体。而 β-GP 的加入，在纤维表面引入较多的成核位点，因而在纤维表面形成规整密集的晶体。我们假设还有明胶有序纤维为体内组装好的胶原蛋白模板，β-GP 为成核剂，因此猜测模板可以诱导矿化物有序排列；而如果不控制成核，模板的功能就无法发挥。

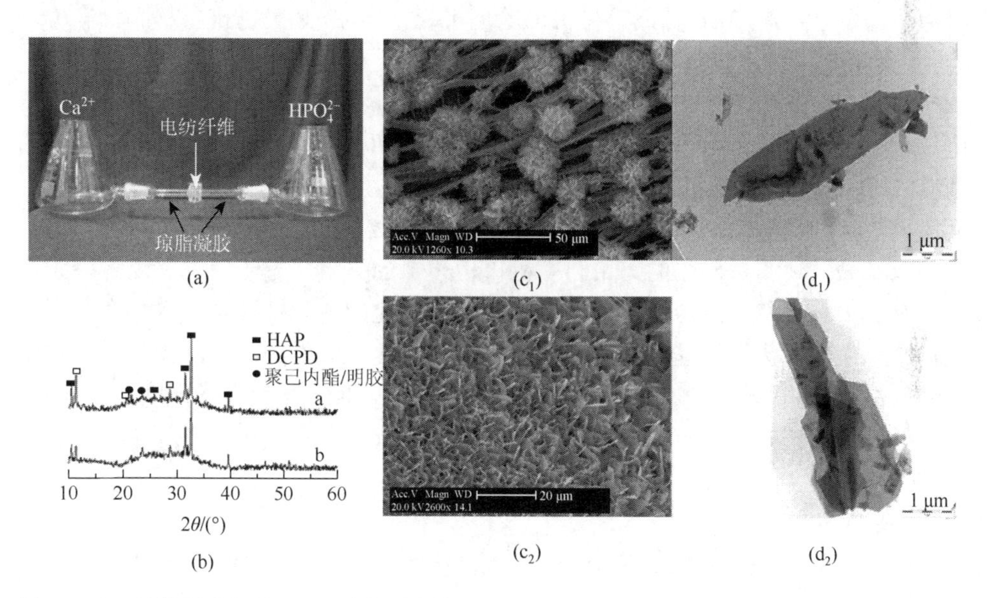

图 3.12　双扩散凝胶装置（a），矿化纤维的 XRD（b）、SEM（c_1、c_2）和 TEM（d_1、d_2）[（c_1）（d_1）无 β-GP；（c_2）（d_2）有 β-GP]

采用凝胶体系开展矿化研究可以减小沉积反应的体积，进而减少所需的基质分子的量。可能对矿化过程有影响的非胶原蛋白和其他的基质分子在组织中的含量较少，难以大量得到。采用凝胶体系矿化可以将反应减小到几毫升以下，基质分子可以很好地分散在很小体积的凝胶中，便于进行矿化过程的研究。无机离子从相反方向的溶液中缓慢扩散到凝胶中，或者经过凝胶扩散到含有基质分子的区域发生反应沉积下来，其中无机离子的化学计量比是可控的，可用于模拟不同的矿化组织环境。凝胶体系可以研究羟基磷灰石晶种或给定的生物成核剂的重新成核、异相成核和生长。这对于研究基质分子在成核过程中的作用来说很重要。

3.5 小　　结

生物矿化是受细胞、蛋白质和基因调控，在特定的时间和位点发生的精确的组装过程。该过程由生物分子、矿化调制蛋白和矿化离子输运系统三部分决定，因此涉及许多诸如基因调控表达、蛋白质功能、有机-无机界面相互作用、自组装问题等当今交叉学科领域的研究热点。由于这一过程的复杂性，体外生物矿化的模拟才有其必要性和必需性。本章所介绍的生物矿化模拟方法，从不同的角度模拟了生物矿化的环境和发展过程，各有优缺点。如 SBF 法模拟了人体内血浆的无机离子环境，得出 OCP 是最容易析出的无机相，但 HAP 最稳定，从而我们可以推论，骨形成的起始相可能是 OCP，其片状结构更符合骨磷灰石性状，经过相变 OCP 转化为 HAP。SAM 和凝胶体系中的研究也证实了这一点，即使在有极性基团和功能大分子的作用下，OCP 也有可能是初始相。钙磷溶液法则从化学合成的角度，剖析了矿物形成的化学条件，特别是基质分子对生物矿化产物的诱导功能。而微乳液法则希望从细胞或基质囊泡角度进行生物矿化的模拟，从而探讨钙离子转移以及微区环境对矿化的作用。有机模板模拟的是界面分子识别过程；凝胶体系则强调大分子基质的功能。综上所述，生物矿化的体外模拟在一定程度上帮助我们了解生物矿化的机理；但由于体外模拟物理化学条件的限制，我们很难实现在细胞层次上的体外模拟，而是从分子角度，采用各种分子或离子环境开展研究，因此得到的结论有一定的局限性。

参 考 文 献

[1] Chen Q，Kamitakahara M，Miyata N，Kokubo T，et al. Preparation of bioactive PDMS-modified CaO-SiO_2-TiO_2 hybrids by the sol-gel method[J]. Journal of Sol-Gel Science and Technology，2000，19：101-105.

[2] Zhai Y，Cui F. Mineralization of hydroxyapatite regulated by recombinant human-like collagen[J]. Journal of Wuhan University of Technology：Materials Science，2005，20：41-43.

[3] Huang X，Liu X，Liu S，et al. Biomineralization regulation by nano-sized features in silk fibroin proteins：Synthesis of water-dispersible nano-hydroxyapatite[J]. Journal of Biomedical Materials Research Part B：Applied Biomaterials，2015，102：1720-1729.

[4] Xiong L，Yang L. Theoretical analysis of calcium phosphate precipitation in simulated body fluid[J]. Biomaterials，2005，26：1097-1108.

[5] Barrere F，Blitterswijk C A V，Groot K D，et al. Influence of ionic strength and carbonate on the Ca-P coating formation from SBF×5 solution[J]. Biomaterials，2002，23：1921-1930.

[6] Okuyama K，Noguchi K，Kanenari M，et al. Structural diversity of chitosan and its complexes[J]. Carbohydrate Polymers，2000，41：237-247.

[7] Baino F，Yamaguchi S. The use of simulated body fluid（SBF）for assessing materials bioactivity in the context of tissue engineering：Review and challenges[J]. Biomimetics，2020，5：57.

[8] Li P，Ohtsuki C，Kokubo T，et al. Process of formation of bone-like apatite layer on silica gel[J]. Journal of Materials Science Materials in Medicine，1993，4：127-131.

[9] 黄微雅. 类牙釉质羟基磷灰石的仿生合成[D]. 广州：暨南大学，2006.

[10] Xia Z，Yu X，Mei W. Biomimetic collagen/apatite coating formation on Ti_6Al_4V substrates[J]. Journal of Biomedical Materials Research Part B：Applied Biomaterials，2012，100B：871-881.

[11] Xia Z，Villa M M，Wei M. A biomimetic collagen-apatite scaffold with a multi-level lamellar structure for bone tissue engineering[J]. Journal of Materials Chemistry B：Materials for Biology & Medicine，2014，2：1998-2007.

[12] Hu C，Zilm M，Wei M. Fabrication of intrafibrillar and extrafibrillar mineralized collagen/apatite scaffolds with a hierarchical structure[J]. Journal of Biomedical Materials Research Part A，2016，104：1153-1161.

[13] 潘明利. 重组胶原蛋白调控钛表面仿生矿化的研究[D]. 杭州：浙江理工大学，2010.

[14] Palmer L C，Newcomb C J，Kaltz S R，et al. Biomimetic systems for hydroxyapatite mineralization inspired by bone and enamel[J]. Chemical Reviews，2010，40：4754-4783.

[15] Bing Y，Cui F Z. Molecular modeling and mechanics studies on the initial stage of the collagen-mineralization process[J]. Current Applied Physics，2007，7：e2-e5.

[16] Palazzo B，Walsh D，Iafisco M，et al. Amino acid synergetic effect on structure，morphology and surface properties of biomimetic apatite nanocrystals[J]. Acta Biomaterialia，2009，5：1241-1252.

[17] Koutsopoulos S，Dalas E. Hydroxyapatite crystallization in the presence of serine，tyrosine and hydroxyproline amino acids with polar side groups[J]. Journal of Crystal Growth，2000，216：443-449.

[18] Koutsopoulos S，Dalas E. Hydroxyapatite crystallization in the presence of amino acids with uncharged polar side groups：Glycine，cysteine，cystine，and glutamine[J]. Langmuir，2001，17：1074-1079.

[19] Koutsopoulos S，Dalas E. The crystallization of hydroxyapatite in the presence of lysine [J]. Journal of Colloid & Interface Science，2000，231：207-212.

[20] 张兰兰，李红，薛博. 有机小分子调控下的羟基磷灰石的合成[J]. 材料导报，2012，26（12）：75-77.

[21] Lin K，Jiang C，Cheng R，et al. Hydrothermal microemulsion synthesis of stoichiometric single crystal hydroxyapatite nanorods with mono-dispersion and narrow-size distribution[J]. Materials Letters，2007，61：1683-1687.

[22] García Carlos，García Claudia，Paucar C. Controlling morphology of hydroxyapatite nanoparticles through hydrothermal microemulsion chemical synthesis[J]. Inorganic Chemistry Communications，2012，20：90-92.

[23] Shen M，Lin M，Zhu M，et al. MV-mimicking micelles loaded with PEG-serine-ACP nanoparticles to achieve biomimetic intra/extra fibrillar mineralization of collagen *in vitro*[J]. Biochimica et Biophysica Acta（BBA）：General Subjects，2019，1863：167-181.

[24] Banerjee A，Bandyopadhyay A，Bose S. Hydroxyapatite nanopowders：Synthesis，densification and cell-materials interaction[J]. Materials Science and Engineering：C，2007，27：729-735.

[25] Lu H B，Ma C L，Cui H，et al. Controlled crystallization of calcium phosphate under stearic acid monolayers[J]. Journal of Crystal Growth，1995，155：120-125.

[26] 李丽颖，宋文华，陈铁红. 阴离子氨基酸表面活性剂调控下水热合成羟基磷灰石纳米片[J]. 物理化学学报，2009，25（11）：2404-2408.

[27] Pan H，Tao J，Xu X，et al. Adsorption processes of Gly and Glu amino acids on hydroxyapatite surfaces at the atomic level[J]. Langmuir：The ACS Journal of Surfaces & Colloids，2007，23：8972.

[28] Fukui Y，Fujimoto K. Control in mineralization by the polysaccharide-coated liposome via the counter-diffusion of ions[J]. Chemistry of Materials，2011，23：4701-4708.

[29] Toworfe G K，Composto R J，Shapiro I M，et al. Nucleation and growth of calcium phosphate on amine-，carboxyl- and hydroxyl-silane self-assembled monolayers[J]. Biomaterials，2006，27：631-642.

[30] Huang S P，Zhou K C，Li Z Y. Inhibition mechanism of aspartic acid on crystal growth of hydroxyapatite[J]. Transactions of Nonferrous Metals Society of China，2007：612-616.

[31] Cao M，Wang Y，Guo C，et al. Preparation of ultrahigh-aspect-ratio hydroxyapatite nanofibers in reverse micelles under hydrothermal conditions[J]. Langmuir：The ACS Journal of Surfaces & Colloids，2004，20：4784-4786.

[32] Onuma K，Ito A. Cluster growth model for hydroxyapatite[J]. Chemistry of Materials，1998，10：3346-3351.

[33] Zhai Y，Cui F Z，Wang Y. Formation of nano-hydroxyapatite on recombinant human-like collagen fibrils[J]. Current Applied Physics，2005，5：429-432.

[34] Kikuchi M，Ikoma T，Itoh S. Biomimetic synthesis of bone-like nanocomposites using the self-organization mechanism of hydroxyapatite and collagen[J]. Composites Science & Technology，2004，64：819-825.

[35] 金君，梅丹平，夏年鑫，等. 类牙釉状丝胶蛋白/羟基磷灰石复合材料的合成及表征[J]. 化学学报. 2009，67(21)：2500-2504.

[36] He G，Gajjeraman S，Schultz D，et al. Spatially and temporally controlled biomineralization is facilitated by interaction between self-assembled dentin matrix protein 1 and calcium phosphate nuclei in solution[J]. Biochemistry，2005，44：16140.

[37] Feng Q L，Chen Q H，Wang H，et al. Influence of concentration of calcium ion on controlled precipitation of calcium phosphate within unilamellar lipid vesicles[J]. Journal of Crystal Growth，1998，186：245-250.

[38] 洪佳丹. 脂质囊泡稳定性及其介导的磷酸钙矿化过程初步研究[D]. 广州：华南理工大学，2019 .

[39] Tester C C，Joester D. Precipitation in liposomes as a model for intracellular biomineralization[J]. Methods in Enzymology，2013，532：257-276.

[40] Eanes E D，Hailer A W，Costa J L. Calcium phosphate formation in aqueous suspensions of multilamellar liposomes[J]. Calcification Tissue International，1984，36（4）：421-430.

[41] Michel M，Winterhalter M，Darbois L，et al. Giant liposome microreactors for controlled production of calcium phosphate crystals[J]. Langmuir：The ACS Journal of Surfaces & Colloids，2004，20：6127.

[42] 刘景洲，苟宝迪，许善锦，等. 微乳液调控的磷酸钙盐矿化材料研究[J]. 自然科学进展，2002(12)：1306-1308.

[43] Li H，Zhu M Y，Li L H，et al. Processing of nanocrystalline hydroxyapatite particles via reverse microemulsions[J]. Journal of Materials Science，2008，43：384-389.

[44] 卢文庆，王鹏飞，焦程敏，等. 双连续微乳模板合成羟基磷灰石仿生物骨材料的研究[J]. 无机化学学报，2004，(9)：1035-1039.

[45] 张聪. 静电纺丝法制备纳米羟基磷灰石基生物材料及其性能研究[D]. 广州：暨南大学，2015.

[46] Banerjee A，Bandyopadhyay A，Bose S. Hydroxyapatite nanopowders：Synthesis，densification and cell-materials interaction[J]. Materials Science and Engineering：C，2007，27（4）：729-735.

[47] Zhang L J，Liu H G，Feng X S，et al. Mineralization mechanism of calcium phosphates under three kinds of langmuir monolayers[J]. Langmuir：The ACS Journal of Surfaces & Colloids，2004，20：2243.

[48] Ciancaglini P，Faria A N D，Cruz M A E，et al. Different compact hybrid Langmuir-Blodgett-film coatings modify biomineralization and the ability of osteoblasts to grow[J]. Journal of Biomedical Materials Research Part B：Applied Biomaterials，2018，106：2524-2534.

[49] Israel D D S，Marcos A E C，Amanda N D F，et al. Formation of carbonated hydroxyapatite films on metallic surfaces using dihexadecyl phosphate-LB film as template[J]. Colloids & Surfaces B：Biointerfaces，2014，118：31-40.

[50] Liu Q，Ding J，Mante F K，et al. The role of surface functional groups in calcium phosphate nucleation on titanium foil：A self-assembled monolayer technique[J]. Biomaterials，2002，23：3103-3111.

[51] Ishlawa M，Zhu P X，Seo W，et al. Initial nucleation process of hydroxyapatite on organosilane self-assembled monolayers[J]. Journal of the Ceramic Society of Japan，2000，108（1260）：714-720.

[52] 李红，李兰英，薛博，等. 极性分子基团诱导的牙釉质原位仿生矿化研究[J]. 中国生物医学工程学报，2011，30（2）：316-320.

[53] Iijima M，Moradian-Oldak J. Control of apatite crystal growth in a fluoride containing amelogenin-rich matrix[J]. Biomaterials，2005，26：1595-1603.

[54] Busch S. Regeneration of human tooth enamel[J]. Angewandte Chemie International Edition，2010，43：1428-1431.

[55] Gajjeraman S，Narayanan K，Hao J，et al. Matrix macromolecules in hard tissues control the nucleation and hierarchical assembly of hydroxyapatite[J]. Journal of Biological Chemistry，2007，282：1193-1204.

[56] Deshpande A S，Beniash E. Bio-inspired synthesis of mineralized collagen fibrils[J]. Cryst Growth and Design，2008，8（8）：3084-3090.

[57] Keene，E C，Evans J S，Estroff L A. Silk fibroin hydrogels coupled with the n16N-β-chitin complex：An *in vitro* organic matrix for controlling calcium carbonate mineralization[J]. Crystal Growth and Design，2010，10（12）：5169-5175.

[58] 郭振招. 有序纤维的静电纺丝制备及其仿生矿化研究[D]. 广州：暨南大学，2012.

第4章　胶原纤维的体外矿化模拟

矿化胶原纤维是骨组织的主要成分，是构成其多级有序结构的基本组元。从材料学的角度，它是由磷灰石晶体和胶原纤维组成的复合体；从来源上看，它是生物矿化形成的天然材料。掌握体内胶原纤维的生物矿化过程、原理和调控机制可为骨组织的再生修复和骨修复替代材料的设计和制备提供思路和方法。本章从理论分析和体外模拟研究分别阐述矿化胶原纤维的研究进展，重点介绍胶原纤维内矿化机理和非胶原蛋白对胶原纤维矿化的作用。

4.1　胶原蛋白与矿化胶原纤维

4.1.1　胶原蛋白的组成与结构

1. 胶原蛋白的简介

胶原蛋白（collagen），简称胶原，名称来自希腊语 kólla，意思是“胶水”，后缀-gen 表示“生产”[1]。胶原最初的意思是“生成胶的产物”，这源于早期人们煮沸马匹和其他动物的皮肤和肌腱里的胶原蛋白以获得胶水的过程。在 1893 年版《牛津大词典》中，胶原的定义是“结缔组织的组成成分，煮沸时产生胶质”。随后在 1956 年 Gross 首先命名构建胶原纤维的蛋白质单体为原胶原[2]。现在胶原的科学定义是：由成纤维细胞、软骨细胞、成骨细胞以及某些上皮细胞合成并分泌到细胞外，由 3 条 α 多肽链盘绕成的右手超螺旋结构的细胞外基质中的结构蛋白质[3]。

胶原蛋白是哺乳动物体内最广泛存在的结构蛋白，约占哺乳动物身体组织蛋白质总质量的 1/3，广泛存在于骨、软骨、肌腱、韧带和皮肤等动物结缔组织或器官中。在这些组织和器官中，胶原蛋白从分子组装到纤维和纤维网络等不同层次具有独特的结构和功能，起着支撑器官、赋予组织机械强度的作用，而且对细胞的分化、运动趋向、结缔组织的修复起着重要作用[4, 5]。

胶原种类较多，目前发现的已有三十多种，常见类型为Ⅰ型、Ⅱ型、Ⅲ型、Ⅴ型和Ⅺ型。不同类型胶原的区别主要在于氨基酸序列、肽链的长度和构成分子的肽键种类。骨和牙本质的有机物中主要是Ⅰ型胶原，软骨中则主要包含Ⅱ型胶原，牙釉质中则几乎不含有胶原。

人体中，目前发现有 14 种胶原，其中最常见的胶原可分为四种类型：
①Ⅰ型胶原（type Ⅰ collagen）——构成皮肤、骨、肌腱、角膜；
②Ⅱ型胶原（type Ⅱ collagen）——构成软骨、脊索；
③Ⅲ型胶原（type Ⅲ collagen）——存在于血管壁和新生皮肤；
④Ⅳ型胶原（type Ⅳ collagen）——存在于基底膜。

在众多已发现的胶原中，Ⅰ型胶原含量最为丰富，如骨组织中主要有机成分胶原中 95%的含量为Ⅰ型胶原，而且它能够与磷酸钙形成矿化胶原纤维。本章涉及的胶原若无明确指出则均指Ⅰ型胶原。

2. 胶原蛋白的组成

胶原蛋白是构成胶原纤维的主要成分，是由多种氨基酸构成的多肽体。胶原蛋白属于成纤维胶原，具有四级结构。基本结构单元为三股右手螺旋的原胶原，原胶原的三条左手螺旋 α 链分别为两条 α_1 链及一条 α_2 链，每条肽链由 1000 个左右的氨基酸组成，分子量在 95 000～100 000，所以一个胶原蛋白分子的分子量为 30 万左右。Ⅰ型胶原的肽链上具有特定的氨基酸重复序列（Gly-x-y），其中 Gly 为甘氨酸（glycine，缩写 Gly），x 通常为脯氨酸（proline，缩写为 Pro 或 P），y 通常为羟脯氨酸（hydroxyproline，缩写为 Hyp）或羟赖氨酸（hydroxylysine，缩写为 Hylys）。胶原蛋白中的氨基酸序列（即胶原肽链）由螺旋链（三肽周期结构）和与之连接的非螺旋端肽（C 端肽、N 端肽）构成，其长度因胶原蛋白类型和肽链的不同而有所区别。胶原的 α_1 链由 1056 个氨基酸残基构成，肽链长度约为 280 nm。螺旋区段含有 1014 个氨基酸残基，即 338 个 Gly-x-y 周期结构。N 端肽由 16 个氨基酸残基构成，C 端肽由 26 个氨基酸残基构成[6]。

胶原富含除色氨酸（tryptophan）和半胱氨酸（cysteine）外的 18 种氨基酸，其中维持人体生长所必需的氨基酸有 2 种，分别为 Gly 和 Pro。胶原中的 Gly 约占 30%，Pro 和 Hylys 共占约 25%，是各种蛋白质中含量最高的；丙氨酸、谷氨酸的含量也比较高，同时含有在一般蛋白质中少见的焦谷氨酸。

3. 胶原蛋白的结构

胶原蛋白是保证脊椎动物和其他许多多细胞生物结构完整性的主要结构蛋白，如胶原蛋白在空间上排列以适应高应力水平从而使骨骼具有拉伸强度。胶原蛋白的基本单位是原胶原分子。Ⅰ型胶原分子是一个长约 300 nm 直径约 1.5 nm 的杆状分子，分子质量约为 285 kDa，含三条肽链。Ⅰ型胶原的结构与其他胶原蛋白相同，可被描述为四级结构：一级结构为Ⅰ型胶原的 α 肽链上特定的氨基酸重复序列（Gly-x-y）；二级结构指的是 α 链上因为出现了 Gly-x-y 三肽而形成胶原特有的、紧密的左手螺旋；而由于甘氨酸在三肽周期中的存在，使得三条左手螺旋链互相折叠缠绕形成一股紧密的右手复合螺旋，称胶原螺旋（collagen helix），这是胶原的三级结构；四级结构一般指原胶原分子以“1/4 错列”方式超分子聚集形成很稳定的、韧性很强的胶原原纤维[7]。

形成的胶原纤维“1/4 错列模型”（图 2.2）在第二章已经重点描述。简单地讲，在天然胶原中，原胶原分子不是齐头齐尾地排列，而是错开一定距离；在轴向上，分子间头尾并未相连，而是相隔一定距离；在侧向上，相邻相互平行的原胶原分子按照分子长度的 1/4 交错排列（$D = 67$ nm），形成了 40 nm 的间隙区与 27 nm 的重叠区，因此这种排列方式通常叫“1/4 错列”。

胶原三股螺旋结构的稳定性主要靠一些次级键——主要包括氨基酸残基侧链上的极性基团所产生的范德瓦耳斯力、氢键、离子键和非极性基团所产生的疏水键等作用力。其中疏水键是肽链上的一些氨基酸的疏水基团或疏水侧链为避开水而相互接近、黏附聚集从而形成的相互作用力，在稳定蛋白质的三级结构方面起到重要作用。同样地，肽链间形成的氢键、氨基酸残基的碱性基团和酸性基团中的阴阳离子间形成的离子键对胶原结构与性能的稳定也起到至关重要的作用。

胶原分子间的聚集除依靠次级键作用外，胶原分子内及分子间的共价交联赋予胶原分子高度的物理化学稳定性。胶原分子内部和分子之间通常存在三种交联结构：醛醇缩合交联、醛胺缩合交联以及醛醇组氨酸交联。三种交联使得胶原的肽链牢固地连接在一起，从而使胶原具有较高的拉伸强度。胶原的交联增强了矿化，同时由于胶原分子产生共价交联，胶原纤维的张力增强，韧性增大，溶解度降低，成为不溶性纤维，所以胶原又属于不溶性硬蛋白[8]。

4.1.2　矿化胶原纤维

1. 胶原纤维

胶原纤维由紧密排列的胶原原纤维组成，所有的胶原纤维都是以可溶性的原胶原分子形式在细胞内合成而后分泌到细胞外基质中，通过特异性原胶原 N-/C-蛋白酶对原胶原分子中肽链 N/C 端进行蛋白水解处理，产生成熟的胶原分子，5 个胶原分子聚集形成微原纤维，每根微原纤维直径为 4 nm，微原纤维再进一步通过横向聚合、轴向聚合自组装形成直径在 10～300 nm 的胶原纤维，同时发生交联现象，微原纤维连接构成胶原纤维三维网状结构[9]。胶原纤维在组织中为 1～20 μm 宽的绳状或带状，呈波浪状。在胶原纤维束中可以看到非常薄的纤维细丝结构，这些细丝状的结构被认为是蛋白多糖，它们呈周期性附着在胶原纤维的特定部位，横向连接相邻的纤维。

胶原纤维是皮肤、肌腱、骨骼和软骨等组织中的重要组成部分，根据组织的不同，胶原纤维排列成不同的纤维结构，具有不同的直径和厚度。较粗的胶原纤维直径可达 500 nm[10]，而软骨和角膜中存在小直径的胶原纤维（约 20 nm）。在角膜中，垂直片层内胶原纤维高度有序排列，从而保证了其光学透明性；骨质中胶原纤维交错堆垛，从而保证了其良好的力学性能。

由于胶原分子中有脯氨酸和羟脯氨酸这两种环状结构分子的存在，使得整个胶原分子很难被拉开，故胶原具备微弹性和强抗张能力。同时，胶原纤维的波浪形排列可能使纤维本身具有弹性，同时也起到缓冲作用，防止胶原纤维受到直接的张力。这一切特性赋予了胶原纤维高强度、高耐磨性、耐刺穿性、强抗压性等特点[11]。

在脊椎动物中，硬结缔组织（如骨、牙本质和牙骨质）的形成涉及胶原基质中磷酸钙的沉积，即胶原纤维的矿化。以自然骨为例，骨骼是纳米结晶羟基磷灰石和胶原蛋白的自然复合组织，是高度多级有序的自然组织，由软的胶原蛋白和非常硬的磷灰石晶体两个主要成分以七级分级有序排列的方式相互作用而形成[12]。生物矿化过程形成的矿化胶原纤维是构成自然骨骨骼网状支架结构的基本单元，矿化胶原纤维和矿化胶原纤维束通过自组装，排列重组形成骨的不同分级结构，不同分级结构又通过复杂的组合和修饰形成骨组织[13]。

目前的体外研究发现，矿化的胶原纤维支架具有更好的骨传导性，比单纯胶原支架具有更高的成骨基因表达水平[14]。因此，胶原纤维的仿生矿化将是制备骨修复植入材料的重要途径，这一过程不仅有利于骨组织自身的再生修复，也直接提高了骨修复植入材料的力学性能[15]。同时，为了获得优异的仿生人工骨修复材料，有必要更好地了解体内胶原纤维矿化机制。牙本质在成分和矿化过程方面与骨有许多相似之处，因此很大一部分对牙本质矿化的认知也来源于骨组织的体内外模型。因此，掌握胶原中矿物沉积的过程和机制对于仿生材料的设计和加工具有重要的意义。

2. *矿化胶原纤维中的无机相*

矿化胶原纤维中的无机相，主要是片状的磷灰石晶体，这些晶体厚度为 2～10 nm，宽度为 15～50 nm，长度为 20～100 nm。矿物晶体是有序空间排列的，晶体 c 轴与胶原纤维的长轴方向一致，晶体 a 轴朝向胶原纤维空隙方向，且晶体的片层状排列与胶原纤维的排列协调一致，因此可见矿物成核和生长与胶原组装的周期性排列有关[16]。一般地，将矿化物位于胶原纤维内部，称为胶原纤维内矿化。但部分磷灰石晶体出现在胶原纤维之外，即胶原纤维外（间）矿化。

骨中的磷灰石主要是羟基磷灰石和碳酸羟基磷灰石（CHA）等，约占总质量的 65%，如第 2 章所述。除此之外，骨中的无机物还有磷酸八钙（OCP）、无定形磷酸钙（ACP）、二水磷酸氢钙（DCPD）等。从热力学角度来看，在人体生理条件下，OCP 是最易生成的相。在对牙本质中矿化胶原进行研究时，发现 OCP 在人类牙本质晶体的中心部分，而 HAP 则在同一晶体的最外层[17]。从晶体形貌的角度，OCP 为单斜晶系，理想形貌为片状，而 HAP 有六方和单斜两种晶系，而且六方晶系更易形成的稳定态，故有理由推测，片状 OCP 可能是 HAP 的前驱体。有研究还表明，与胶原蛋白相结合的 OCP 颗粒植入缺损骨组织时比单纯 OCP 更能促进骨再生，而且被新形成的骨取代的速度也更快[18]。在胶原蛋白基质中的 OCP 颗粒，不仅能促进 OCP 在磷灰石基质上发生原位转化，而且促进了胶原纤维上磷灰石快速成核至最终矿化[19]。

有研究者认为在接近生理环境条件下，早期的矿化物是无定形的，为一种非晶态相，作为瞬态前驱体存在于晶体磷灰石相之外，之后转化为 OCP，最后形成 HAP[20]。同时有研究者用拉曼光谱在小鼠的颅盖骨中也发现了类似 OCP 的中间相，在鼠的牙釉质中、斑马鱼的鳍骨中、鼠的颅骨和长骨中发现了短暂的前体相 ACP[21]。同时有研究指出骨生长区细胞释放小液滴（推测可能是 ACP），小液滴散布到胶原纤维中，然后转化为磷灰石[22]。上述研究表明，矿化胶原中的无机相有可能经历相变，最终形成稳定的 HAP 晶相。

除此之外，ACP 的尺寸也影响矿化结果。无定形阶段所形成的 ACP（直径较大的约 50～100 nm，较小的小于 10 nm），小尺寸的 ACP 能更快速地进入胶原纤维内，加速磷灰石形成。Jee 使用分子量较高的聚天冬氨酸（polyaspartic acid，PASP）进行矿化研究，高分子量的 PASP 对磷灰石成核有较强的抑制作用，会稳定 ACP 形成小颗粒或纳米液滴，这些纳米液滴较小，能够更多地进入胶原纤维内（间）[23]。另外，在使用 PASP 对无定形前驱体进行稳定性的研究中，当矿物沉积的总体速率较低时，仅形成 ACP；矿物沉积速率较高时，则形成定向磷灰石晶体，晶体 c 轴取向沿胶原纤维长轴。故 ACP 形成越快，稳定性就越差，转化为磷灰石的速度就越快。ACP 颗粒必须稳定足够长的时间才能扩散到胶原纤维中转化为磷灰石相，但也不能太稳定以至于抑制其在胶原纤维中转化成磷灰石。综上所述，体外矿化实验表明 ACP 进入胶原纤维并转化为磷灰石晶体与其尺寸、稳定性以及与生物大分子的相互作用有关[24]。

以上研究证实了胶原作为生物矿化的模板这一基本学说，胶原纤维矿化过程中磷酸钙微晶可能开始是以矿化液滴的形态弥散于胶原纤维间隙和胶原纤维内部，最后固化为有序化的磷灰石晶体，为生物矿化机理探究开拓了新的思路和研究领域，这一理论可以较精确地解释磷灰石晶体在天然生物矿化产物中的致密结构和与胶原紧密结合共同组成复杂多级有序复合结构的现象。

4.2　胶原纤维矿化形式

按照矿化物与胶原纤维的相对位置关系，胶原纤维的矿化形式可分为胶原纤维内矿化和胶原纤维间（外）矿化。

4.2.1 胶原纤维内矿化

胶原纤维内矿化是指矿化物在胶原纤维内间隙区及相邻的互相平行的胶原分子间（0.24 nm）形成，在骨组织中对骨的力学性能贡献最大。在对于骨的多级结构形成和骨骼生长中发现，在骨骼形成的过程中，磷灰石分散在胶原分子的头尾交接间隙处（此处也是胶原分子自组装和胶原纤维发生重排的界面）[25]。对胶原纤维内矿化的沉积过程研究表明，无机离子优先在胶原纤维的间隙区富集，进而其他无机离子进入胶原纤维内形成矿化物，成核生长形成晶体，且晶体沿定向晶轴平行于胶原纤维的 *c* 轴排列[26]。这一过程被认为是由酸性的 NCP 引导的，而胶原的立体化学结构在此起到模板作用[25]。胶原纤维内矿化是决定骨组织优异的力学特性和生物学特征的关键，在制备人工骨修复材料时需要尽最大可能模拟天然骨组织的胶原纤维内矿化的结构形式，从而获得结构功能高度仿生的人工骨，因此对于胶原纤维内矿化的仿生矿化研究十分重要[12]。

天然骨组织形成的基本过程是：骨祖细胞增殖分化形成成骨细胞，成骨细胞分泌类骨质，并被类骨质包埋成为骨细胞，类骨质矿化形成成熟的骨组织。在这一过程中，从未矿化的类骨质到钙化的骨组织的生物矿化过程是仿生的重点。在这一过程中，类骨质中由成骨细胞分泌的胶原有机质提供了矿化的支架结构。为此，人们尝试在体外模拟胶原生物矿化，以期获得胶原纤维内矿化。有研究者将不同浓度胶原基质置于模拟体液模型中进行矿化模拟[27]，发现低浓度胶原基质在 SBF 中矿化后，Cryo-TEM 下可观察到单个胶原纤维的条带结构，晶体主要位于胶原纤维的间隙区；高浓度时则无条带结构，推测可能是因为矿化物占据了整根胶原纤维，即无其他生物大分子存在下形成了整根胶原纤维的矿化。由此推测，自然体中的胶原纤维内矿化，在胶原纤维的特定区域存在 NCP 或者其他分子的诱导矿化。Liang 等将树状高分子聚酰胺氨基化（$PAMAM-NH_2$）作为 NCP 类似物诱导胶原纤维内矿化，与空白组相比，$PAMAM-NH_2$ 处理后的胶原形成了纤维内矿化[28]。

在对胶原纤维内矿化物形成过程的研究中，发现无论是体内还是体外矿化过程均存在无机前驱体相 ACP。关于 ACP 进入胶原纤维内的方式有两种看法：①溶解再沉积。ACP 在细胞外基质中形成后能够重新溶解，Ca^{2+}、PO_4^{3-} 再扩散进入胶原纤维，但目前并没有 ACP 溶解并在胶原纤维内再沉积的证据[29]；②ACP 自己进入胶原纤维。有研究者提出 ACP 与 NCP 可形成类似液晶的聚集体，以类似液体的状态存在，能够通过毛细管作用力扩散进入胶原纤维[30]，即聚合物诱导的液态前驱体（polymer-induced liquid-precursor，PILP）理论。也有人认为由于聚合物(NCP)/矿化物复合物与胶原纤维上特殊位点间的电荷作用[31]，聚合物是否和矿化物一起进入胶原，矿化物进入胶原纤维时是依靠毛细管作用力还是电荷作用，是否还有其他因素影响等问题还需进一步研究。

4.2.2　胶原纤维外矿化

胶原纤维外矿化，也可称为胶原纤维间矿化，是指矿化物在胶原纤维附近或表面形成磷灰石晶体，是发生在胶原纤维表面和胶原纤维之间的矿化。选区电子衍射（SAED）显示胶原纤维外矿化物衍射花样为完整的衍射环，表明胶原纤维外形成的矿化物晶体是杂乱取向的。目前对于胶原纤维外矿化的具体机理还不清楚，有研究者认为胶原纤维外矿化时，胶原也作为模板，但需要其他分子的共同作用，这些分子与胶原表面键合，分子上所带的电荷或基团与 Ca^{2+}和 PO_4^{3-} 聚集形成成核前驱体离子簇，形成胶原纤维外矿化[32]。

Liu 用三聚磷酸盐（TPP）诱导胶原纤维外矿化，与胶原结合的 TPP 使 ACP 直接在胶原纤维表面形成；生成的 ACP 颗粒太大无法进入胶原纤维内部而黏附在胶原纤维表面[33]。在对釉原蛋白诱导胶原纤维矿化的研究中发现，釉原蛋白存在时，胶原纤维矿化是从胶原纤维的外部开始的，并由定向的釉原蛋白纳米球链结构引导。一旦矿物晶体在胶原纤维表面形成，大部分胶原纤维就会发生纤维外矿化，随后才有可能发生纤维内矿化[34]。这些结果表明胶原纤维外矿化也需要其他分子共同作用，这些分子在溶液中抑制 ACP 颗粒长大，使其能够与胶原纤维结合。然而，胶原纤维表面是否有特殊的氨基酸侧链与分子结合，这些分子是否能键合 Ca^{2+}和 PO_4^{3-} 都还没有得到证明。

我们采用石英晶体分析了不同的溶液中，胶原纤维在生物大分子 EMP、PAA 和 TPP 存在下的吸附情况[35]。结果显示，在单纯的钙离子溶液中，EMP 组吸附明显，而在亚稳态的 CaP 溶液中，EMP 和 PAA 组，吸附较明显；而在 SBF 体系中，吸附情况与 CaP 溶液相似。由此说明，胶原表面与其他分子间的作用，不是简单的静电作用，可能还涉及大分子的分子链间的相互作用。因此，还需要对胶原纤维表面的化学结构、胶原表面与分子间作用特点等进一步研究，从而更好地理解胶原纤维外矿化机理。

4.3　胶原纤维矿化机制

目前，胶原在细胞内的合成、胶原纤维在细胞外的组装过程已经比较清楚，但是关于胶原纤维矿化机理的研究才刚刚起步。目前，研究者们对于胶原纤维矿化的机理研究结论基本上可归于两种理论——传统的溶液结晶理论和聚合物诱导的液态前驱体理论，即 PILP 理论。

4.3.1　传统的溶液结晶理论

传统的溶液结晶理论认为胶原纤维被矿化的过程是自组装过程，即 HAP 晶体在胶原纤维的成核位点自发有序沉积，如图 4.1 所示。崔福斋等系统地研究了胶原分子的自组装与调控钙磷盐晶体生长的机理[7]。他们认为胶原纤维矿化机理是基于传统的溶液结晶过程（即成核、生长）：首先，游离的 Ca^{2+} 与胶原微纤维上的成核位点螯合；然后，胶原微纤维上结合的 Ca^{2+} 与体液中的 PO_4^{3-} 作用形成非晶态的磷酸钙；最后，非晶态的磷酸钙转变为晶态的 HAP 晶体并生长，形成矿化的胶原微纤维，随后再通过自组装形成矿化的胶原纤维。

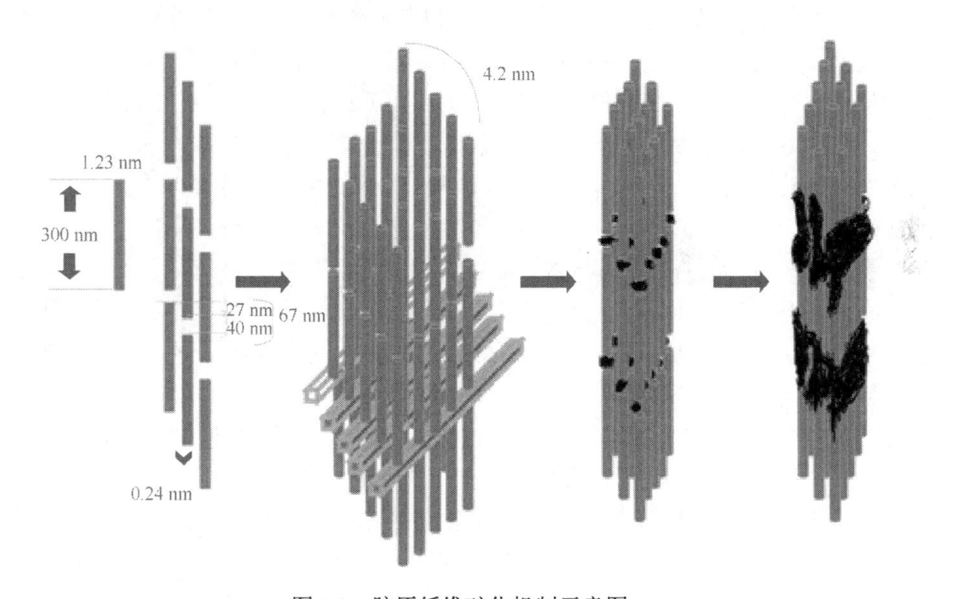

图 4.1　胶原纤维矿化机制示意图

组装胶原的间隙区作为成核位点，首先形成胶原纤维内矿化，然后外延生长到胶原纤维间。

在这一溶液结晶理论的矿化过程中，成核位点对于矿物晶体的形成十分重要。通过对晶体在胶原纤维上成核位点的研究进一步认为，Ca^{2+} 与带负电荷的羧酸基团的键合是晶体成核的关键因素之一，即胶原中带负电荷的—COOH（占胶原分子氨基酸残基的 11%）是胶原纤维矿化的主要成核位点，并且认为胶原上其他带负电荷的部分基团也有可能是晶体的成核位点[36]。随后又有研究者认为除了—COOH，胶原中的羰基 C═O 也能够作为 HAP 的成核位点[37]。他们用 FTIR

研究了矿化期间磷酸钙晶体在胶原蛋白上的成核位点，通过对胶原蛋白、胶原蛋白/Ca^{2+}复合物、胶原蛋白/磷酸钙复合物的红外光谱比较发现，羰基与 Ca^{2+} 的螯合导致了酰胺吸收带的红移，说明胶原上的羰基与 Ca^{2+}之间也存在相互作用。这一研究也是第一次发现在胶原蛋白矿化期间磷酸钙晶体的成核位点除了羧基（—COOH）以外还有羰基（$>$C═O）。上述研究说明，胶原微原纤维表面带负电荷的官能团对晶体的成核和生长有重要影响。上述两种基团中的氧原子都能与 Ca^{2+}结合，为非均匀成核奠定基础，接着晶体成核、长大，矿化胶原纤维进一步组装形成三维网络基质成为进一步矿化的模板[38]。在胶原矿化初期，胶原微原纤维在溶液中会吸附钙离子诱导矿化，造成钙离子在胶原微原纤维表面的富集，同时这些钙离子存在大量与 HAP 类似的结构状态，其 HAP 晶体 c 轴与胶原纤维长轴的夹角在大角度区域（70°～90°）显著聚集，表现出显著的取向性。

Landis 等提出的库仑引力矿化理论，也归属于传统的溶液结晶理论[39]。通过分析胶原蛋白的一、二、三级结构，他们认为胶原纤维的间隙区同时存在着带正电荷和带负电荷的区域。胶原纤维内矿化起始于胶原表面正电荷对带负电荷的磷酸氢根离子的吸附，以及胶原表面负电荷对带正电的钙离子的吸附，引起矿物离子在胶原纤维内部的聚集。这种钙离子和磷酸氢根离子在间隙区的富集提供了 HAP 的成核位点，并由此开始进一步的外延性生长。这一过程无需 NCP 或者是 NCP 类似物的参与。但是这一理论和体外仿生矿化实践结果相去甚远，因为在没有NCP类似物的参与下，所形成的往往都是 HAP 在胶原纤维外的无序沉积，而不是胶原纤维内有序矿化。并且这一理论是建立在计算机模拟分析基础上的，而未见有实际的实验结果支持[12]。

Price 等提出的抑制剂排除理论（inhibitor size exclusion）也属于传统的溶液结晶理论[40]。他们的研究发现胶原纤维具有半透膜的性质，分子量小于 6000 的分子可以自由地通过胶原纤维的内部间隙，分子量大于 40 000 的分子无法进入胶原纤维的内部间隙，而分子量位于两者之间的分子，可以到达胶原纤维部分内部间隙。对于血浆来说，存在着一种重要的成核抑制蛋白——胎球蛋白（fetuin），它能够维持血液的稳定态。由于胎球蛋白的存在，血浆中的成核抑制因子使血液中形成的纳米级别的微小晶体的生长被抑制，而不会发生进一步的结晶生长。但是这种微小晶体分子量小于 40 000，可以进入胶原纤维内部间隙。由于胎球蛋白分子量太大而不能够进入胶原纤维内部，因此它只能抑制胶原纤维外的矿化，而不能抑制胶原纤维内部的矿化。血液中的微小晶体渗入到胶原纤维内部，并在胶原纤维内部进一步生长，形成胶原纤维内矿化。这一理论比较系统地解释了血浆诱导的矿化现象，强调了胶原纤维半透性对于胶原纤维内仿生矿化的重要性。但是，这一理论认为矿化前驱体是以晶体的形式扩散进入胶原内部，然后在内部继续进行外延性生长。此外这一理论也没有解释促进这些微小晶体进入胶原内部的动力所在，目前在矿化研究领域较少获得认同。

4.3.2　聚合物诱导的液态前驱体理论

随着研究发展和不断探索，一种非经典的胶原纤维矿化理论得到广泛的认可。这种非经典的结晶途径是一种由诱导因子介导的矿化途径，如图 4.2 所示。Olszta 等提出聚合物诱导的液态前驱体（PILP）理论，认为聚合物诱导的液态前驱体可以作为生物形态形成的基础[41]。PILP 过程指当含有微量聚阴离子（或聚阳离子）的溶液达到临界浓度时，磷酸钙微晶开始在复杂的聚合结构间形成一种具有明确相界的稳定的矿化物液滴，随后矿化物液滴在胶原纤维表面和内部的特定区域结合胶原分子；胶原纤维内部的液态矿化物液滴弥散于胶原纤维中，随着液滴中结合水的失去固化为不定形的晶相（可能存在毛细管力作用），最后在胶原纤维有序化结构的引导下，不定形的矿化物晶相转变为具有一定结构的取向磷灰石晶体，即矿化物液滴转变成为热力学更稳定的晶体相。另外有研究者发现 I 型胶原与 $CaCO_3$ 的矿化过程同样符合 PILP 过程，他们认为矿化的组织中晶体最初不是在胶原纤维的间隙区成核，而是通过 PILP 过程形成矿化的胶原纤维[42]。研究者认为在这个过程中，非晶态前驱体充分水合，具有流体特性，以纳米液滴的形式存在，而不是纳米颗粒的形式存在，形成的 HAP 的无定形液态前驱体，通过毛细作用浸润渗透到胶原纤维的间隙中，从而实现 HAP 在胶原纤维内和纤维间的矿化，最终完成胶原的矿化过程。但由于纳米液滴/颗粒太小，无法在光学显微镜上观察到，因此磷灰石前驱体的液相性质仍有待证实。同时胶原微原纤维和 HAP 在矿化过程的相互作用至今仍然不清楚[43]，如无定形的液滴转化为晶体如何调控取向和组装。

Gower 等在使用 PASP 作为 NCP 的类似物来稳定磷酸钙溶液的研究中，发现 PASP 在超饱和的磷酸钙溶液中与钙离子和磷酸氢根离子相互作用发生液相分离，形成稳定的 ACP 前驱体[30]。这一前驱体具有类似液体的可流动性和超强的可塑性，因此称为液态前驱体。稳定的液态前驱体能够进入胶原纤维内部，充满胶原纤维内部不规则的间隙区，为纤维内矿化提供可能性。另外，他们认为液态前驱体在与周围的水分发生液-液相分离时，与周围的水分间产生一个界限，导致液态前驱体在与胶原纤维发生接触时，被胶原纤维内部微间隙产生的毛细管作用力吸入到胶原纤维内部（即液-液相间的毛细作用），并在胶原纤维内部逐步转化为晶态的 HAP。

这一理论很好地解释了各种不规则形态的生物矿物的形成，也与生物矿化过程中发现的无定形中间相的事实相佐证，因此具有里程碑式的意义，被广泛地用于解释各种仿生矿化和生物矿化现象。

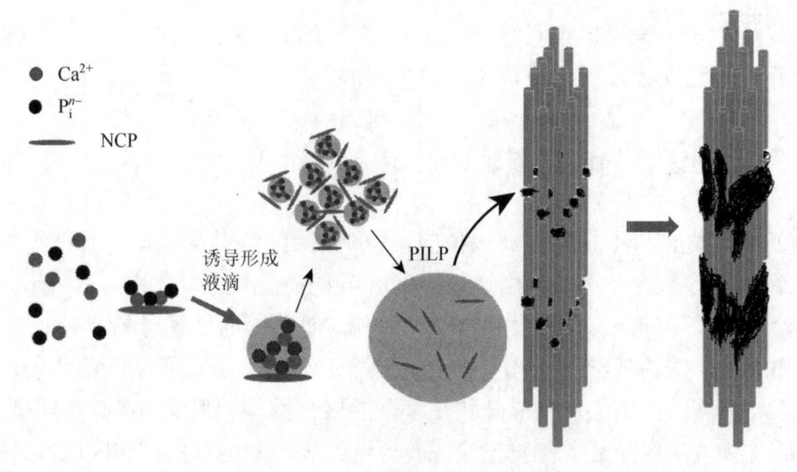

图 4.2　PILP 胶原纤维矿化机制示意图

钙离子和磷酸根离子与 NCP 形成 ACP 的液滴，然后扩散到胶原纤维的间隙区，形成胶原纤维内矿化，也可以进一步外延生长形成胶原纤维外矿化。

但是这一理论的缺陷在于：①ACP 直径太小，无法使用现有技术直接证实 ACP 的液体性质，有关 ACP 液体性质的假想是建立在碳酸钙液态前驱体的实验基础上的，并且是根据实验结果反推得出的；②到目前为止，虽然在自然界中观察到了液-液相的相分离现象，但是缺少“液-液相间毛细作用”的直接证据。因此，Gower 等提出的关于 PILP 理论的内容都是建立在假说的基础上的，该机理是否能够真正反映生物矿化的本质仍有待考证。

4.3.3　其他理论

对胶原矿化机理的研究和探讨，除上述的传统的溶液结晶理论和聚合物诱导的液态前驱体理论，还有一些其他观点。

牛丽娜等提出了渗透压电荷双平衡诱导胶原纤维内矿化理论[12]。他们发现在胶原纤维上交联聚阳离子链可以显著增加胶原的表面电势，但是却抑制了 PASP 诱导的胶原纤维内矿化。进一步研究发现带正电荷的聚阳离子可以稳定钙磷溶液形成带正电荷的矿化前驱体，并可以诱导胶原纤维内矿化。他们使用冷冻透射电镜、原子力显微镜、改良液相色谱、计算机模拟等技术最终证实：仿生矿化系统中胶原纤维内渗透压和电荷的双平衡是形成胶原纤维内矿化的动力所在。也就是说：胶原纤维具有半透膜的性质，聚电解质分子量较大因此被排除在胶原纤维之外，形成胶原纤维内外的渗透压力差；同时由于这些聚电解质带有大量的电荷，从而在胶原纤维内外环境间形成电荷的不平衡；这种渗透压和电荷从不平衡到平衡的变化过程就会在胶原纤维内外形成矿化前驱体移动的动力。这一理论指出胶原纤维内矿化成功的关键并不在于聚电解质和胶原纤维所带电荷的性质，而在于聚电解质的分子量和胶原纤维的半透性，他们将其总结为“渗透压-电荷双平衡诱导胶原纤维内矿化”的理论。该课题组采用一个半透膜模拟装置[12]，膜的左侧含正电荷，以聚阳离子化合物聚丙烯氯化铵[poly-(allylamine hydrochloride), PAH]为例，以半透膜模拟胶原纤维。研究认为：大分子量的聚电解质不能渗入胶原纤维内部，同时这部分电解质本身带正电，因此会吸引负价离子、排斥正价离子；由于半透膜左侧含有带正价电势能的PAH-ACP，因此半透膜左侧的阳离子浓度低于半透膜右侧的阳离子浓度；Na^+和Ca^{2+}等正价离子从半透膜右侧迁至半透膜左侧以降低半透膜两侧的浓度梯度；大量正价离子的迁入使半透膜左侧的电势能呈正价；为了维持半透膜两侧的电势能平衡，Cl^-和HPO_4^{2-}等负价离子迁入半透膜左侧；半透膜左侧比半透膜右侧存在更多的渗透活性离子，渗透浓度就更高；半透膜右侧的水分子迁入半透膜左侧以建立渗透平衡；半透膜右侧形成负压。在胶原纤维上，为了维持胶原纤维内部的液体体积，PAH-ACP与胶原纤维上的正电位点发生短距离静电作用，流体状的ACP从PAH上解离下来进入半透膜内。这一分析揭示了聚合物前驱体进入胶原纤维内部这一过程可能存在的机理。但这一理论目前只是通过计算机模拟在分子水平上重现了这一过程，通过原子力显微镜测量胶原纤维在不同溶液中的直径变化间接证明了胶原纤维直径受周围渗透压和离子电荷影响，但仍然缺乏直接的实验证据，后续仍需更多在生物矿化现象中的验证。

4.4　胶原纤维在矿化中的作用

在早期的研究中，有人认为胶原纤维本身不能诱导HAP的形成，必须添加NCP或NCP类似物[45]。但随着研究深入发展，有研究者指出在不存在任何细胞外基质分子（蛋白质、多糖等）的情况下胶原纤维也能够调控HAP的取向、生长、尺寸和分布[46]。同时越来越多的研究证明，胶原纤维作为支架结构，在生物矿化过程中起着类似于“模板”的作用，胶原纤维的结构对磷灰石晶体的形成、组织排列和生长具有重要的指导作用。虽然无法调控矿化过程，但是胶原纤维本身却与晶体有着紧密的结合，即矿化物存在于胶原纤维内部，胶原包裹围绕着矿化物，使骨等组织在有着优越的机械强度性能的同时又有着强大的韧性[47]。胶原分子肽链中氨基酸序列的突变，也将会严重损害磷灰石晶体的形成、定向和组织排列，从而显著降低骨的韧性[48]。因此，胶原纤维构象和矿化物形成之间有显然的联系。

4.4.1 胶原纤维在磷灰石成核中的作用

胶原蛋白控制着矿化过程中两个非常重要的步骤：以非晶态前驱体的形式将矿物相渗透到胶原纤维中，以及随后转变为定向磷灰石晶体[49]。通过对天然骨的研究发现 HAP 晶体是以片状晶体的形态规整有序地排列在胶原纤维所形成的间隙里面的，因此有观点认为胶原纤维在无机物沉积过程中起着晶核的作用，是启动结晶的重要位点，磷酸根离子和钙离子会依次结合到成核位点上。

有研究者用计算机模拟的方法研究胶原纤维内矿化的分子机理，以位于胶原纤维间隙区的高电荷密度的区域为特征模拟胶原分子的构象[50]。从垂直于胶原分子链方向观察，间隙区附近环绕 6 个胶原分子，即（001）面，分子中带电荷的氨基酸侧链大多聚集在一起，带相反电荷的氨基酸侧链通过静电力形成“盐桥”网络，最终使带电荷的氨基酸侧链指向间隙区。当引入 Ca^{2+}和 P_i 离子（PO_4^{3-} 聚集体）时，Ca-P_i 离子簇（即磷酸钙）主要位于间隙区。在该间隙区带负电荷的甘氨酸（Gly）或天冬氨酸（Asp）的—COO^-吸引并键合 Ca^{2+}，Ca^{2+}被带电荷的侧链固定，然后 Ca^{2+}再结合 P_i 离子形成 Ca-P_i 网络，Ca-P_i 簇之间通过静电力结合最终被诱导成核。由此说明胶原在矿化过程中确实为磷灰石的非均匀成核提供了成核位点，且矿化物在间隙区形成。同时有研究者根据 I 型胶原特有的 Gly-x-y 氨基酸重复序列结构用多肽链 CH_3CO-(Gly-Pro-Pro)$_{10}$-$NHCH_3$ 模拟 I 型胶原，研究胶原初期矿化过程[51]。依次将 3 个 Ca^{2+}放置在距离 C═O 基团特定位置处，结果 Ca^{2+}被吸引处于平衡位置，3 个 Ca^{2+}在结构中所处的位置与其在 HAP 中的位置相同，说明胶原分子与 Ca^{2+}间确实存在相互作用。但此模型过于简单化，没有进一步引入 PO_4^{3-} 和水分子，不能说明离子与胶原及各离子间相互作用。但此胶原纤维内矿化的理论模型证明了胶原分子在矿化中作为模板，纤维间隙区胶原分子中带电荷的氨基酸侧链能够吸引并键合 Ca^{2+}和 PO_4^{3-}，诱导成核。

有研究者用 PASP 为矿化诱导剂，与 ACP 形成带负电的 PASP-ACP 复合物，发现复合物与胶原纤维间隙区 C 端带正电荷的区域相互作用，这是 PASP 介导矿物渗入胶原纤维的原因[52]。磷灰石的成核是由存在于胶原 67 nm 重复序列中的带电氨基酸簇形成的成核位点诱导的。这些结果提供了第一个实验证据，说明胶原蛋白在控制矿化方面的积极作用，因而支持了胶原中的带电基团提供诱导磷灰石成核的成核位点的观点。

胶原并不是一个被动的支架，相反，它通过引导 ACP 的渗透和介导进入成核形成结晶相，在矿化过程中主动控制和模板化磷灰石的形成。然而，胶原是否能单独形成纤维内矿化仍存在争议。有研究者在实验中使用重组的单根胶原纤维作为基质时，纤维内矿化只能在磷灰石成核抑制剂存在的情况下发生；当使用致密的三维胶原基质时，同样的条件下不需要添加 NCP 或其类似物作为矿化诱导剂即可成功诱导实现纤维内矿化[53]。需要指出的是，在该模型中，需要高浓度的钙离子来渗透到胶原基质中，从而最终获得高密度基质的纤维内矿化。我们采用自提的鼠尾胶原，自组装成有序结构后，在 SBF 中矿化，获得了纤维内矿化，如图 4.3 所示。在 TEM 中，纤维衬度清晰，说明其中电子密度高，含有无机矿物，进一步的电子衍射证实，纤维中的矿化物是 HAP。由此推测，携带带电基团的胶原纤维三维结构形成了一个外延模板，为矿化晶体提供成核和生长的可能性。

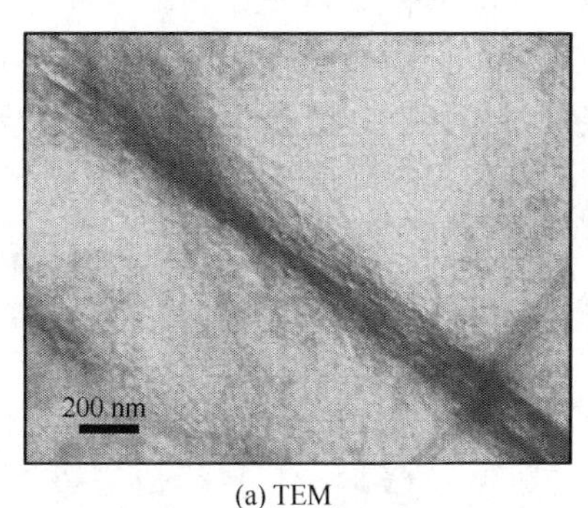

(a) TEM

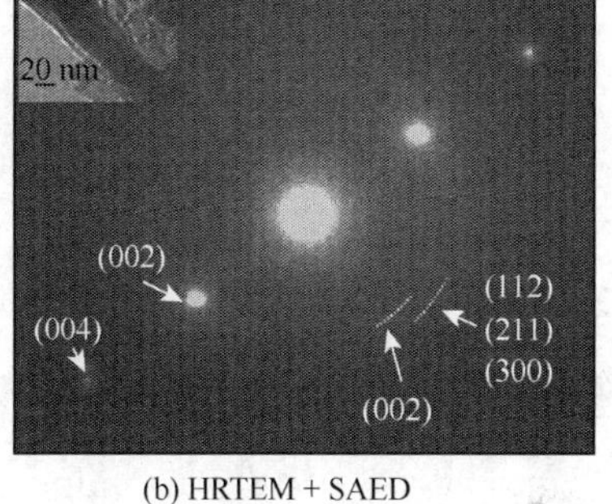

(b) HRTEM + SAED

图 4.3　组装胶原纤维的矿化（SBF 中），未添加其他物质

4.4.2　胶原纤维在控制磷灰石晶体取向中的作用

胶原纤维可能在控制磷灰石晶体取向中起作用。有研究者指出胶原纤维对磷灰石中磷酸盐的水化环境和局部结构有影响，即胶原的立体化学特征在介导离子结合、磷灰石成核、定向和排列方面起着重要的作用[54]。Nudelman 等证实，只有当胶原纤维组织结构完整时，才能观察到磷灰石的定向成核和有序晶体阵列的形成[44]。相比之下，组织结构不完整的胶原纤维中矿化晶体随机取向，表明缺乏矿化晶体形成的结构模板。

有研究利用单分子胶原膜作为基底，通过仿生矿化，使得无定形碳酸钙转化为单晶方解石，且晶体的 c 轴沿纤维长轴排列，这证明了胶原纤维在控制矿化晶体取向中的作用[55]。具有三股螺旋结构的胶原分子在一定条件下可以呈现液晶态，是一种溶致型液晶。有研究模拟天然骨组织中胶原的有序结构，构建多级有序的液晶胶原膜，以非液晶胶原膜作为参照，发现胶原纤维的整体有序性对最终矿化层的影响较大[56]。液晶胶原膜在 SBF 中的矿化过程，钙磷离子首先在每根胶原纤维内部沉积且均匀覆盖，随着时间的增加钙磷离子由在每根纤维内部沉积增长至覆盖整根胶原纤维，然后再在纤维与纤维之间的间隙处沉积，得到非常有序的致密矿化层。而在非液晶胶原膜上，由于胶原纤维排列无序，即使钙磷离子也先在胶原纤维内沉积然后再覆盖整根胶原纤维，最后都难以形成纤维与纤维间的有序矿化层。由此可见胶原纤维的三股螺旋结构的保持和纤维的有序排列对矿化结果的重要作用。

同时也有研究利用凝胶系统模拟生理环境，探究了环境 pH 和胶原对磷灰石结晶的影响（图 4.4），发现胶原对 HAP 结晶的控制作用比 pH 更为有效。在不含胶原的条件下，在 pH 为 6.5 时，形成的晶体为带状 OCP，在 pH 为 7.0 和 7.5 时形成的晶体为 OCP 和纳米棒状 HAP 的混合物。在胶原存在下，pH 为 6.5 时以带状 HAP 为主，pH 为 7.0 时形成的 HAP 仍保持很薄的结构，而 pH 为 7.5 时则得到直径为数纳米的针状 HAP，由此可见胶原对控制 HAP 晶体形态的作用[57]。

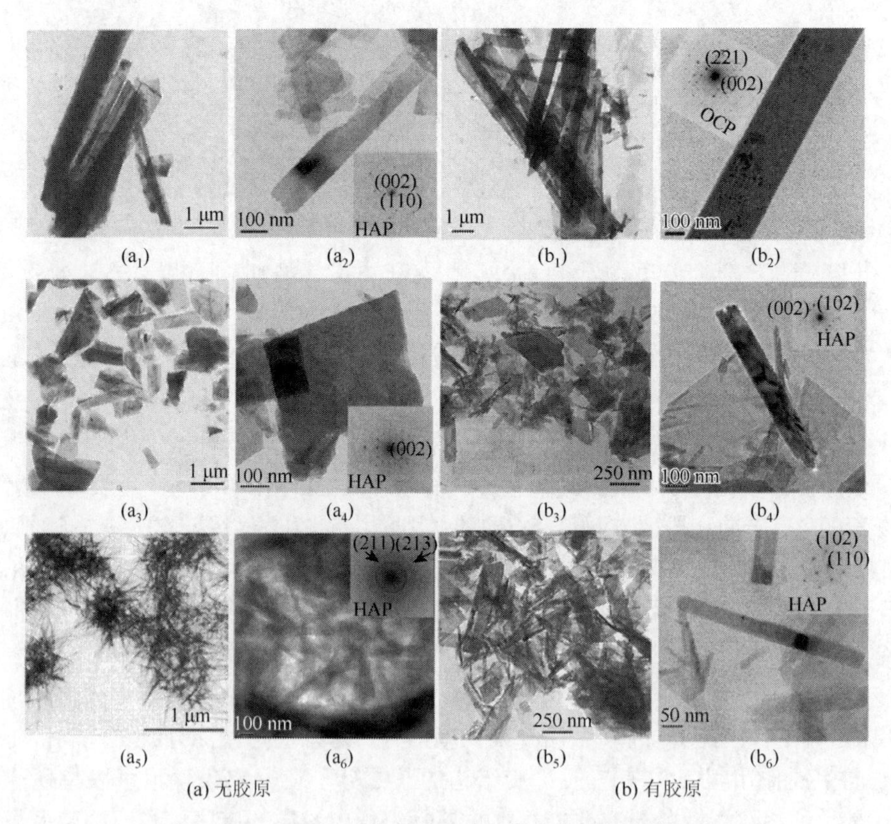

图 4.4　不同 pH 下胶原对磷酸钙盐种类和形态的影响

（a_1）（a_2）（b_1）（b_2）pH = 6.5；（a_3）（a_4）（b_3）（b_4）pH = 7.0；（a_5）（a_6）（b_5）（b_6）pH = 7.5。

对于胶原纤维模板调控 HAP 晶体取向的解释有两种：

①胶原蛋白与矿化物的特异性相互作用。胶原纤维内的特定结构域可能为矿化物形成提供模板或提供特定的相互作用。这可以想象为胶原纤维上带电基团的三维排列呈现出一个表面，该表面形成一个外延模板，该模板控制初始晶体的取向。

②通过有限增长进行定向。胶原纤维内间隙的狭窄区域可能导致生长受限，因为胶原分子在胶原纤维的轴向排列在能量上有利于晶体优先生长并与胶原原纤维平行排列，所以磷灰石晶体成核和生长时其 c 轴平行于胶原原纤维的长轴。

从这些体外矿化模型研究中得到的最有意义的发现是，胶原蛋白并不像之前所认为的那样是一种被动基质，相反，它在生物矿化过程中积极引导 ACP 渗透并介导其成核进入结晶阶段，在矿化过程中主动控制磷灰石的形成，起着类似于“模板”的作用。必须指出的是，所有这些研究都是在体外进行的，使用简化的合成系统来替代负责诱导矿化的蛋白质。因为生物矿化的探索是复杂的，简化的体外模型可以用于系统地分析胶原矿化的某个特定方面。

另外，生物组织中的 NCP 在诱导磷灰石晶体在胶原纤维体系中的定位成核和取向排列中也起着重要作用。

4.5　NCP 在胶原纤维矿化中的作用

NCP 对组织的影响分为很多种。以骨组织为例，骨骼中蛋白质质量的 90%为胶原蛋白，而其余 10%蛋白质质量中含有大约 200 种不同的 NCP。随着骨的成熟和钙化，NCP 的比例逐渐下降，约为 6%。这些蛋白质里，有些蛋白质影响骨量（bone mass），有些蛋白质影响骨形态（bone morphology）及骨结构（bone structure）（如骨组织的尺寸形状等），有些蛋白质则影响骨的性能（mechanical property）（如机械强度、柔韧度、负荷能力等），还有些蛋白质影响胶原的结构或者影响着生物矿化中晶体的成核、生长、尺寸、分布等。本节侧重于介绍 NCP 在调控胶原纤维矿化过程中的作用。

4.5.1　胶原纤维矿化过程中的 NCP

矿化组织的有机相主要是胶原和 NCP，还有一定量的多糖。生物矿化过程有三个要素：胶原纤维、无定形矿物质前驱体和 NCP；其中 NCP 调控着整个矿化的进程，成为矿化中的关键一步。

常见的 NCP 有牙本质磷蛋白（dentin phosphoprotein，DPP）、牙本质基质蛋白-1（dentin matrix protein-1，DMP-1）、胎球蛋白、骨涎蛋白（bone sialoprotein，SP）、骨钙素（OCN）、细胞外基质磷酸糖蛋白（matrix extracellular phosphoglycoprotein，

MEPE）、骨形态发生蛋白-2（BMP-2）、骨桥蛋白（OPN）、骨粘连蛋白等。这些蛋白质可以作为成核剂、抑制剂、锚定分子、生长调节剂或矿物沉积的基质。如 BSP 被认为可作为晶体成核剂，OCN 被认为会影响矿物表面的重塑和识别，而 OPN 被认为可调节晶体的大小、类型和生长形态。NCP 在矿化活跃区密集表达，小鼠的骨形成研究发现，当敲除这些蛋白质的基因时，小鼠会出现骨形成和发育障碍[30, 58, 59]。另外有研究表明，NCP 在晶体生长中不起主要作用[41]，但某些蛋白质通过在矿化胶原纤维之间形成界面并增强界面强度和断裂能来影响骨组织的力学性能[60]。

研究者普遍认为胶原纤维本身并不引导矿化发生，胶原纤维自组装形成规整周期性的间隙区，仅是磷酸钙盐晶体沉积的模板，矿化通常归因于 NCP。某些结合在间隙区或附近的 NCP，如磷蛋白、糖蛋白以及富含 γ-羧基谷氨酸或羟脯氨酸的蛋白质等才是真正促发和诱导矿化的生物分子，它们一方面提供矿物成核位点并调控矿物的取向，另一方面与钙离子强配位结合，同时与胶原蛋白骨架形成静电匹配，起到桥接矿物与胶原的作用[61]。在体外矿化模拟研究中，NCP 被证明可调节骨和牙本质中的胶原矿化，它们可以介导矿物质和胶原蛋白之间的相互作用，矿化胶原纤维的复杂形态是通过胶原蛋白和 NCP 之间的相互作用来调节的[17]。以仿生矿化为例，不同诱导因子作用下可以得到不同种类或不同结构的矿化产物，间接证明了骨形成过程中影响骨骼种类和结构的关键是 NCP 或其类似物的调控作用，而自组装的胶原纤维模板决定了矿化物与胶原结合的微观结构。NCP 决定了不同矿化组织的特殊性质，在细胞分化和调节矿化活性等过程中起到了关键作用[7]。

4.5.2　NCP 对胶原纤维矿化的影响

学术界认为 NCP 对 HAP 的成核、抑制或生长调节都起作用，从而在胶原模板上形成特殊的多级有序矿化物的结构，最终形成骨骼或牙齿等[62]。同时有研究发现，在体内带负电的 NCP 不仅可以稳定非晶态相，而且还可能形成带负电矿物络合物，介导矿物进入胶原[44]。关于 NCP 在体内调控胶原纤维内矿化的作用和机制，研究者们进行了大量研究[58, 59, 63, 64]。矿化胶原纤维中矿化产物的钙磷摩尔比因诱导蛋白的种类不同而发生改变[65]，这说明诱导因子种类会对矿化产物种类产生影响，诱导蛋白参与生物矿化的过程并且能够调节生物矿化的过程和产物种类。由于生物体内存在纷繁复杂的细胞、蛋白质、DNA 和 RNA，同时体液环境又一直处于一种动态变化的过程中，因此在众多干扰因素下，很难探明体内调控矿化的具体机制。而在体外研究中可以很好地控制矿化环境，调节矿化参数，所以更多的研究者开始通过体外实验来探索 NCP 的具体作用机制。

下面介绍在体外矿化模拟实验中的一些典型 NCP 所展现出来的对于胶原纤维矿化过程的作用，并对其机制进行探讨。

1. 牙本质涎磷蛋白

牙本质涎磷蛋白（dentin sialophosphoprotein，DSPP）是唯一由成牙本质细胞合成和分泌的特异性 NCP。DSPP 在成牙本质细胞中高表达，在成釉细胞中瞬时表达。DSPP 经成牙本质细胞合成后，被骨形态发生蛋白-1（BMP-1）裂解成两部分。这种蛋白质被裂解成的两种主要产物是：来源于 N 端的牙本质涎蛋白（dentin sialoprotein，DSP）和来源于 C 端的 DPP。DSP 和 DPP 这两种牙本质特异性 NCP，起着启动牙本质矿化以及调节磷灰石晶体的大小和生长速度的作用。

由成牙本质细胞表达并分泌到细胞外基质中的 DSP 片段数量较少。使用 DSP 对促进小鼠牙本质形成的研究发现有明显体积的牙本质形成，但具有较低的矿物密度。因此研究者认为，DSP 可能与牙本质矿化的初始阶段有关[65]。

DPP 是 DSPP 的解离产物，是成牙本质细胞外基质中含量最丰富的 NCP，占其中的 50%。DPP 富含天冬氨酸和丝氨酸，重复序列为 Asp-Ser-Ser，其中 90%的丝氨酸会发生磷酸化，因此可以被归类为磷酸化蛋白质。DPP 是一种既与牙本质矿化又与骨矿化有关的蛋白质，在胶原纤维内矿化、管间牙本质矿化、矿物晶体的初始形成和矿物成熟等过程中起重要作用。在体外模拟矿化的研究中，发现 DPP 作为诱导因子诱导形成的矿化产物结构与骨形成过程中的磷酸钙矿物结构相似，由此推断出 DPP 在硬组织生物矿化过程中起着重要作用[64]。

通过对 DPP 与胶原纤维的结合分析，发现这种蛋白质选择性地结合在胶原纤维间隙区域上，这表明其可能会调节间隙区内矿物沉积过程。在中性条件下，以较低浓度的 DPP 与胶原混合，在电镜下观察到 DPP 与胶原分子在距离 N 端 210 nm 处特异性结合，成为磷灰石成核的位置。作为一种磷酸化的聚阴离子蛋白质，DPP 诱导磷灰石成核的能力取决于其磷酸化程度。胶原纤维体外矿化模拟实验表明[66]，非磷酸化形式下的 DPP 只能诱导 ACP 在胶原纤维表面形成。然而，DPP 磷酸化后能够促进胶原与磷灰石的纤维内矿化，即磷酸化的 DPP（p-DPP）与胶原纤维结合后，矿化会沿着胶原纤维均匀地发生，特别是在间隙区和重叠区之间的区域。因此，p-DPP 的作用机理可推测为抑制溶液中磷酸钙在胶原纤维外结晶，使稳定前驱体相渗入胶原纤维，最后在胶原纤维内形成晶体。在这里，我们认为磷酸化过程可增加蛋白质的电荷密度，从而增强对磷酸钙沉淀的抑制作用。

2. 牙本质基质蛋白-1

牙本质基质蛋白-1（DMP-1）是一种多功能蛋白质，被发现存在于缺乏胶原纤维的根管周围（管周）的牙本质中。这一发现表明，在体内，DMP-1 可能参与胶原纤维外的矿物组织和管周牙本质的矿化，在成牙本质细胞分化和矿物成核过程中起相关作用。如George等发现DMP-1的部分肽段能够使脱矿的牙本质发生再矿化[27]。

研究者对DMP-1也进行了类似于DPP的研究[65]。DMP-1的氨基酸序列中含有高含量的丝氨酸、谷氨酸和天冬氨酸，和DPP一样，DMP-1也呈现高度磷酸化状态，由于其钙结合能力和对胶原纤维的高亲和力，可调节胶原纤维上的晶体成核和晶体生长，参与骨骼和牙本质矿化过程。在凝胶状培养基中进行的体外矿化模拟实验表明[65]，在I型胶原存在下，磷酸化的天然DMP-1[p-(DMP-1)]可诱导HAP成核和生长,DMP-1的N端结构域抑制了HAP的形成并稳定了非晶矿物相，而C端具备胶原结合位点使其具有非常强的成核作用。DMP-1的胶原矿化实验结果与DPP相似，即胶原纤维内矿化仅在使用磷酸化蛋白质[p-(DMP-1)]时发生。然而，与使用p-DPP时不同的是，在使用p-(DMP-1)时，在胶原纤维外也发现了大量的矿物质形成[65]。

同时研究发现，非磷酸化的DMP-1诱导矿化的产物是取向杂乱的晶体，晶体的晶轴排列不一致[67]。而在磷酸化的DMP-1[p-(DMP-1)]作用下胶原纤维发生矿化，晶体的*c*轴沿胶原纤维长轴取向，胶原纤维内的磷灰石晶体相对于胶原纤维具有更高的晶体排列规整度；与p-DPP相比，纤维内晶体结晶度更高。即与p-DPP和PASP相比，p-(DMP-1)是一种弱的磷灰石成核抑制剂，会促进磷灰石的结晶。p-DMP-1的特性被认为与蛋白质-矿物复合物的形成有关，这些复合物从矿化过程开始就在胶原纤维表面形成。同时也有研究者发现，在体外研究矿化过程中，完整的DMP-1能够抑制HAP的形成和生长，但是其氨基端断裂片段可以促进HAP的形成[68]。因此，DMP-1可能具有抑制晶体生长和促进矿物成核的双重作用。

3. *釉基质蛋白*

釉基质蛋白（EMP）是由釉原蛋白、成釉蛋白、釉蛋白等组成的复合蛋白[69]。1975年Slakin和Boyde提出EMP可诱导无细胞性牙骨质形成[70]。EMP作为生物大分子能够诱导磷酸钙晶体成核并促进生物矿化。SBF中加入EMP后，钙磷晶体不仅以胶原纤维为模板生长，而且矿化溶液中EMP诱导形成的钙磷团聚体被胶原吸附或沉积于已矿化的产物上[71]。在矿化过程中，EMP促进胶原纤维组装为胶原纤维束，通过晶体生长和晶体堆叠形成连续的更高一级的有序矿化胶原纤维。该研究证实EMP能有效促进磷酸钙晶体的成核，而形成的晶核可能通过吸附沉析于胶原纤维上[70]。

EMP中对于胶原纤维矿化过程起到作用的是釉原蛋白，它是一种疏水性较强的蛋白质，由富含酪氨酸的N端结构域、富含脯氨酸的中心结构域和亲水性末端肽的C端组成。釉原蛋白和胶原蛋白是牙冠的两种矿化组织——牙釉质和牙本质中主要的两种细胞外有机基质蛋白。釉原蛋白参与牙釉质和牙本质的形成，在体外矿化模拟中发现可促进胶原纤维内磷灰石的形成。

利用重组胶原蛋白和自组装形成的釉原蛋白纳米球开展体外矿化，结果证实釉原蛋白的存在可以影响矿化过程，并导致形成胶原纤维内外高度有序的矿物微晶排列，结构类似于自然骨和牙本质中的矿化胶原纤维[31, 72]。釉原蛋白可以识别胶原纤维的表面，纤维可以与釉原蛋白纳米球相互作用，导致在胶原纤维表面形成沿着纤维轴排列的链状或丝状釉原蛋白组装结构（在没有矿物质存在的情况下也可形成）。同时，胶原纤维与釉原蛋白之间的相互作用导致形成沿纤维轴定向沉积的长棒状的无定形矿物颗粒，结晶后，矿物颗粒在胶原纤维内部诱导定向结晶成核和生长，从而引发胶原纤维的矿化，形成胶原纤维内部和周围连续的有序晶体网络。由此产生的结构类似于在牙本质-牙釉质边界发现的矿化胶原纤维，胶原纤维内部有排列整齐的小晶体，外部有成束的大晶体。胶原蛋白和釉原蛋白之间的相互作用可能调节了牙本质-牙釉质边界处矿物晶体的生长和结构组织，形成了牙本质与牙釉质之间的结构连续性，使得二者在牙本质-牙釉质边界处结合在一起[44]。同时，在体外模拟矿化时，釉原蛋白可短暂地稳定 ACP 的存在，这与体内早期分泌釉质中短暂存在 ACP 的情况相一致；同时，釉原蛋白可调节矿物颗粒的形态和组织，导致形成平行排列的细长磷灰石晶体，类似于牙釉质釉柱中的组织[72]。这些研究表明，釉原蛋白可能在牙本质-牙釉质界面的胶原纤维矿化中发挥作用，并在分子水平上促进牙本质-牙釉质的矿物相和有机相之间形成强有力的相互作用。

我们以自组装胶原为模板，加入从小猪未萌出后牙胚中提取的 EMP，研究矿化初始阶段，胶原模板和 EMP 对矿化可能的影响[73]。以石英晶体天平为灌注室，动态输入含 EMP 的仿生液 SBF 和 CaP 混合溶液；胶原膜组装在石英晶体天平的晶片上，形貌保持不变。在输送溶液 30 min 后，用 AFM 观察形貌，用纳米压痕模式测弹性模量，结果如图 4.5 所示。从形貌图可以明显看出，在 SBF 中，胶原纤维保持着明显的周期性带状结构，组装形态明显有序规整，说明 EMP 有可能与胶原作用，提升其组装的有序性。而在 CaP 溶液中，表面出现矿化物的形貌。而测试却表明在 SBF 胶原纤维的弹性模量为 (2.52 ± 1.43) GPa，明显高于其余两者，一方面说明在此 EMP 在 SBF 中促进矿化晶体的形成；而在 CaP 溶液中，尽管 AFM 图中有矿化物，但有可能是非晶态的，所以弹性模量比纯胶原高。推测可能是 CaP 和 EMP 聚集形成前驱体。我们同时测量了胶原纤维重复周期的长度，发现在 SBF、EMP + SBF 和 EMP + CaP 溶液中是没有明显的变化的，保持在 67 nm，说明矿化纤维主要发生在胶原纤维外。

4. 骨涎蛋白

骨涎蛋白（BSP）是由成骨细胞、破骨细胞或成牙本质细胞合成的磷酸化糖蛋白，是人体骨骼中最丰富的NCP，含有高浓度的酪氨酸残基。BSP 主要的酸性氨基酸序列位于 BSP 的 C 端，以 10 个谷氨酸残基和几个较短片段的连续伸展形式存在。该序列提供了钙与蛋白质的结合特性。此外，蛋白质中几乎一半的丝氨酸残基被磷酸化，因此蛋白质可以归类为磷酸化蛋白质。在体外矿化实验中，BSP 通过与胶原相互作用促进 HAP 成核[74]。在以 OPN、BSP 和 DPP 三种小型配位整合蛋白作为诱导因子，以 SBF 为矿化溶液进行模拟生物矿化，探究三种 NCP 的矿化诱导能力的实验中[74]，三种蛋白质都呈现高负电荷和高磷酸化状态，蛋白质中几乎一半的丝氨酸残基被磷酸化，因此这类蛋白质可以归类为磷酸化蛋白质，它们与钙离子螯合能力强，可以抑制或诱导骨矿化，很可能调节骨的矿化过程。研究还发现 BSP 在较低浓度时对胶原的结合能力最强，其次是 DPP 和 OPN，原因也许是 BSP 中含有高浓度的酪氨酸残基。

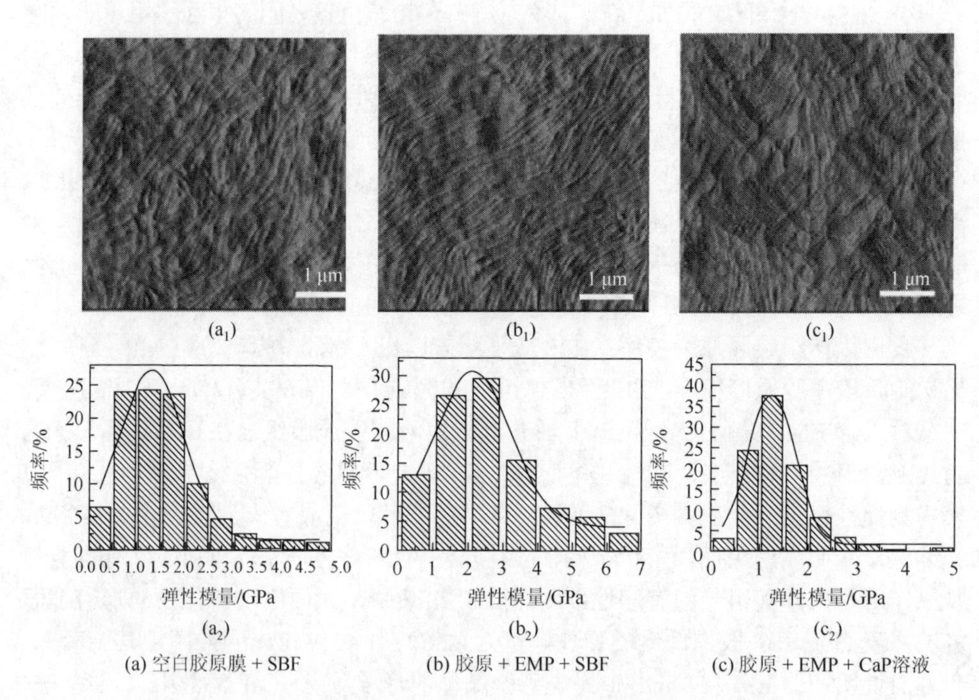

图 4.5　胶原膜在含 EMP 不同介质中矿化 30 min 后的形貌（a_1，b_1 和 c_1）和弹性模量（a_2，b_2 和 c_2）（后附彩图）

5. 骨桥蛋白

骨桥蛋白（OPN）是一种带负电荷的酸性蛋白质，分子质量约为 44 kDa，约含 300 个氨基酸残基，其中天冬氨酸、丝氨酸和谷氨酸残基占有很高的比例，约占总氨基酸量的一半。OPN 在其 N 端区域附近含有一段带负电荷的氨基酸和一个可与细胞结合的三肽氨基酸序列（Arg-Gly-Asp）。这些显著的特点使骨桥蛋白能够黏附到细胞和 HAP 上。体外研究表明，OPN 根据其磷酸化水平和浓度对 HAP 形成具有抑制或增强作用[74]。磷酸化后蛋白质的电荷密度增加，提高对磷酸钙结晶的抑制作用，这是由于高负电荷密度的大分子键合 Ca^{2+}能力强，Ca^{2+}与大分子键合后减少了溶液中的 Ca^{2+}浓度，从而降低了矿物沉积的驱动力。同时发现 OCN 和骨桥蛋白以独立和依赖的方式调节骨矿化的各个方面，包括晶体大小、形态、组织和成分。

6. 胎球蛋白

胎球蛋白是一种富含血清的蛋白质，可抑制血清、软组织和细胞外基质中磷酸钙的病理性沉积，在体外矿化模拟中发现可促进胶原纤维内矿化。胎球蛋白可以被认为是一种磷灰石成核抑制剂，研究者指出磷灰石成核抑制剂要足够小以便进入胶原并抑制纤维内矿化[75]。有研究者提出了一种“尺寸排除机理”，即分子质量大于 40 kDa 的不能进入胶原纤维内部，分子质量小于 6 kDa 的能够扩散进入胶原纤维内部[75]。因此，要使矿化物在胶原纤维内形成，胎球蛋白被排除在胶原纤维外至关重要，胎球蛋白分子质量大小是关键因素。胎球蛋白本身分子质量太大（约为 48 kDa），无法渗透到胶原纤维中，因此在溶液中的胎球蛋白抑制了矿化物的结晶形成，使钙和磷酸盐离子能够进入胶原纤维内，随后胶原纤维内因无成核抑制剂开始发生成核结晶并成长。胎球蛋白相关实验研究表明或许并不需要大分子成核促进剂就能使无机离子进入胶原纤维内发生矿化。

7. 骨钙素

骨钙素（OCN），又称骨 γ-羧基谷氨酸蛋白，是一种低分子质量的骨基质蛋白（约 5.8 kDa），仅存在于骨骼和牙齿中。OCN 在骨矿化峰期之后才积聚，其中谷氨酸基发生羧基化后才具有生物学效应，羧基化必须有维生素 K 参与，使用维生素 K 拮抗剂可使此蛋白质在骨中的含量减少，但并不影响其脯氨酸的含量，也不影响骨的机械强度[6]。这种蛋白质含有三种 γ-羧基谷氨酸残基，这些酸性残基为蛋白质提供钙结合特性，从而促进与 HAP 的紧密结合。该蛋白质被认为在矿化骨的组装中具有重要作用，很可能参与 HAP 晶体生长的调节。有研究发现在 Ca^{2+}存在下，OCN 与胶原纤维中的特定条带结合，表明 OCN 可能介导成核和晶体生长[76]。

8. 其他 NCP

除了上述的几种 NCP，其他研究较少的蛋白质也可能在胶原纤维矿化过程中发挥重要作用。

如细胞外基质磷酸糖蛋白（MEPE），它在分化的成牙本质细胞中高度表达。位于 MEPE 的 C 端的富含酸性丝氨酸/天冬氨酸的氨基酸序列被确认是一种强矿化抑制剂，其可稳定磷酸盐，抑制胶原纤维外溶液中的矿化发生[77]。

磷酸糖蛋白的骨粘连蛋白（ON），与软骨内成骨过程中软骨钙化区内新骨基质的形成以及膜内成骨过程中新骨核的形成有关，与骨磷灰石有很强的亲和力，可促使游离钙离子与 I 型胶原结合。但纤维粘连蛋白有抑制骨粘连蛋白的促钙离子结合 I 型胶原的作用。而在生长过程中的骨中，骨粘连蛋白的含量远较纤维粘连蛋白的多[78]。

4.6 NCP 类似物对胶原纤维体外矿化模拟的影响

在研究 NCP 对胶原纤维的矿化中往往使用的是重组的 NCP。生物体中提取的 NCP 通常有两个缺点：一是来源有限、价格昂贵、容易降解，不利于技术的临床转化；二是所提取的 NCP 并非纯的某一种蛋白质，而通常是几种蛋白质的集合体或者几种多肽片段的集合体，这就给矿化机制的探讨带来了困难。为了避免体外使用 NCP 诱导胶原纤维内矿化的有限可用性和高成本，一些学者转向使用成分单一、合成简单、价格便宜的 NCP 类似物来模拟 NCP 的功能，以期在体外实现胶原纤维的仿生矿化。NCP 的共同特点是富含谷氨酸、天冬氨酸，因此存在大量羧基，具高负电性。此外这些蛋白质上的丝氨酸经磷酸化作用后生成磷酸化的丝氨酸，进一步增强了 NCP 的阴离子特性。这种特性使得它们能够螯合大量的钙离子，从而能够在超饱和的磷酸钙溶液中维持溶液的稳定而不发生沉淀。在矿化介质中加入具有螯合功能的仿生 NCP 类似物有助于将 ACP 前驱体稳定在所需的纳米尺寸。基于这一特点，目前有几种聚阴离子作为 NCP 类似物，来模拟 NCP 诱导纤维内矿化的作用，如 PASP、PAA 和聚谷氨酸等。

以下介绍几种体外胶原纤维矿化模拟中常使用的 NCP 类似物。

4.6.1 聚天冬氨酸

研究中 NCP 类似物应用较为广泛的是聚天冬氨酸（PASP）。PASP 带有很高的负电荷，类似于磷酸化的 DPP（p-DPP）的作用机理，PASP 可抑制溶液中磷酸钙的沉淀，使矿化物渗入胶原纤维。用 PASP 代替矿化溶液中的 NCP，可以在胶原中形成与骨中具相同形态和相同晶体取向的磷灰石晶体。PASP 会影响胶原纤维自组装动力学和磷酸钙形成动力学。

PASP 对胶原原纤维形成的动力学影响是复杂的，在低浓度（0.1 μg/mL）下，

PASP明显加速了胶原原纤维的形成，而在高浓度下，PASP阻碍胶原原纤维的形成。PASP会对磷灰石晶体的形貌产生影响。在没有PASP的情况下，晶体呈现出片状的形状，而在有PASP的情况下，磷灰石晶体则呈现针状的形态。PASP对于胶原纤维矿化的动力学的影响强于对胶原纤维形成的影响，使用分子量更高的PASP可使矿化过程加快，并可增加胶原纤维内的矿物含量[22]。在这种情况下，有研究者认为胶原矿化率与ACP在溶液中的稳定性有关[79]。与低分子量聚合物相比，高分子量的聚合物对磷灰石成核具有更高的抑制作用，并且可以以小颗粒或“纳米液滴”的形式使ACP稳定更长的时间。这些纳米液滴足够小，可以渗透到胶原纤维内，产生更高的矿化物含量。同时，磷酸钙晶体在没有PASP的情况下在胶原纤维上倾向于形成团簇，而在有PASP存在下，只有分离的晶体或小团簇生长在胶原纤维上。PASP的加入明显改善了磷酸钙晶体的附着，这可能是由于静电作用引起的，带电的表面可能导致负电荷微晶之间的排斥和微晶与正电荷胶原纤维之间的吸引，因此PASP被认为是一种良好的分散剂。在PASP存在的情况下，一些晶体形成于胶原纤维内，这可能是由于PASP进入胶原纤维内，并与之结合在一起而使晶体附着。

对于PASP促进胶原纤维内矿化的机理，研究者普遍偏向于PILP机理[30]。在矿化过程中，PASP抑制溶液中磷灰石的成核和稳定无定形中间态ACP，矿物无机相以ACP中间态形式通过毛细作用渗透到胶原纤维内部，并转变为定向的结晶态磷灰石[41]。大量体内研究也证实该机理，如在生物体内的矿化过程中（如斑马鱼的鱼鳍骨、小鼠的釉质等）确实存在这种无定形的中间态[80]。Gower[30]和Beniash[16]先后成功地使用PASP作为NCP的类似物来稳定磷酸钙溶液，形成无定形矿化前驱体，进一步成功诱导出了胶原纤维内矿化。

NCP及其类似物的聚电解质性质是稳定ACP颗粒并且促进胶原纤维内矿化的关键。ACP中间态的存在降低了能级跃迁所需要的能量。研究证明，PASP与初始矿物无机离子相互作用形成的负电荷复合物与胶原纤维间隙区的正电荷区域相互作用，从而介导ACP渗入胶原纤维[44]。除了与ACP形成复合物外，PASP还被发现其羧基可与胶原纤维表面结合，从而与胶原纤维相互作用[81]。

4.6.2 聚丙烯酸

聚丙烯酸（PAA）是一种高分子量的合成聚合物，可用来合成离子聚合物和两性聚合物。除了PASP外，PAA也是常用的矿化前驱体稳定剂，在生物矿化的研究中显示出PAA具有良好的促进矿化效果，可有效模拟DMP-1。胶原上的羧酸基团被认为是SBF溶液中HAP在胶原上成核的关键因素，PAA中羧酸基团的存在使其成为模拟添加剂诱导矿化的理想材料[82]。因此，研究PAA对胶原蛋白的矿化作用，对研究其在体内的作用机制具有一定的指导意义。

有研究者以 PAA 为诱导因子在 Ca^{2+}和 PO_4^{3-} 的混合溶液形成的矿化环境中制备了直径为 50～70 nm 的矿化颗粒[83]。与 PASP 相同的是，在未使用 PAA 时，钙磷溶液不稳定，矿化产物沉淀沿胶原纤维表面形成离散型晶相而无规则取向地覆盖；单独使用 PAA 时，矿化产物在胶原纤维内部形成线性连续的晶相。与 PASP 不同的是，在 PAA 和多聚磷酸盐联合使用时，多聚磷酸盐作为磷蛋白类似物，与胶原特殊位点相结合，诱导或者抑制 PAA 稳定的磷酸钙前驱体在相应位点的沉积，形成了具有特殊等级迭序排列形式的胶原纤维内矿化。这种矿化形式高度模拟了天然骨组织的等级矿化形式[33]。

图 4.6 为 PAA 诱导的胶原纤维矿化，初期胶原纤维保持有序组装形态和周期性带结构，但此时 EDS 显示体系内已有 CaP 离子聚集；测量胶原纤维的周期性带长度平均为 71.36 nm，尺寸明显明显增大，说明了 PAA 介导胶原纤维内矿化。3 d 后矿化胶原纤维仍然保持了周期性带结构；7 d 后矿化纤维形态仍然有清晰的周期性带结构，但在表面也有矿化晶体的存在[72]。我们推测，PAA 与溶液中的钙磷离子先形成类似液晶的聚合物团聚体，才能渗透到有序化胶原纤维束内部，形成形态明显的周期性矿化结构。如果 PAA 形成了稳定的微晶，那么其难以渗透到胶原纤维的结构间隙中，必然在纤维表面或者外部出现晶粒。研究中难以精确控制前驱体的尺寸，故出现了纤维外的晶体。在 PAA 诱导下，在自组装有序胶原纤维上可构建出从纳米到微米尺寸的多级有序的矿化胶原纤维结构和类骨周期性间隙矿化胶原纤维结构，矿化产物的周期性带结构排列相互平行，胶原纤维的自组装取向和空间交错结构也非常清晰，微米尺度矿化胶原纤维仍高度有序、尺寸均匀，说明胶原薄膜的多级有序结构在模拟生物矿化过程中的模板作用得到了充分体现，进一步证实了 PILP 理论。

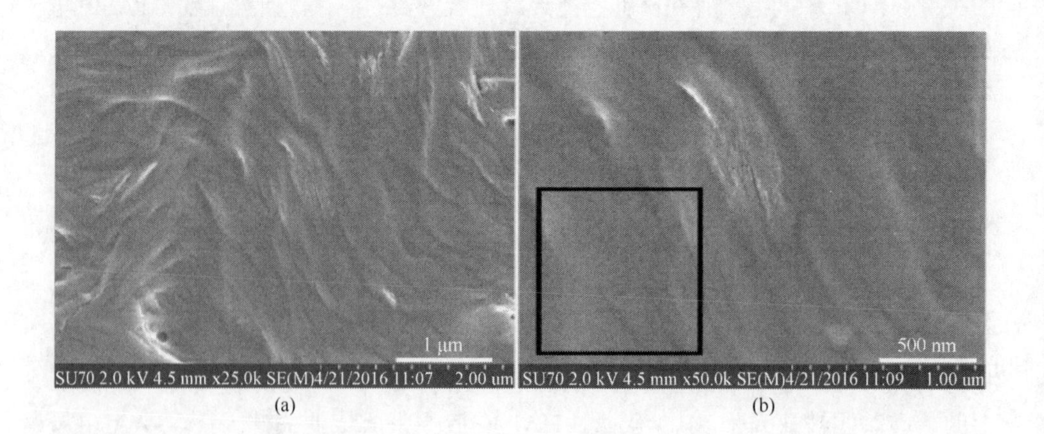

(a) (b)

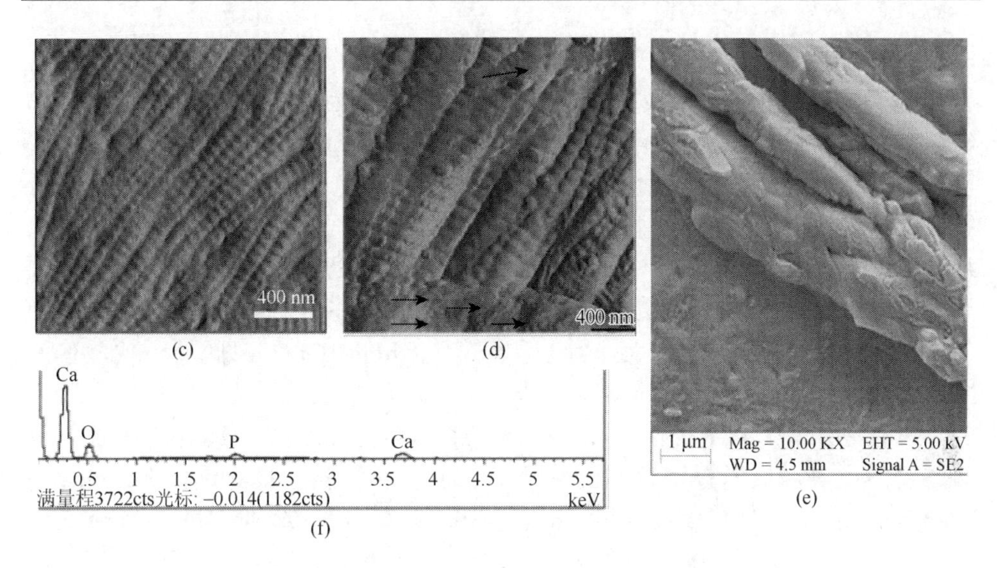

图 4.6　胶原纤维在含 PAA 的 SBF 中的矿化

初期 30 min 的 SEM（a）（b）和 AFM（c）及 EDS 图谱（f），3 d 后的 AFM（d）和 7 d 矿化后的 SEM（e）。图（b）的黑色方框是 EDS 检测区。

4.6.3　其他 NCP 类似物

此外，聚酰胺树枝状大分子、肽/寡肽、磷酸化壳聚糖、琼脂糖凝胶和 L-谷氨酸也作为模板类似物诱导胶原基质的仿生再矿化[28, 84-88]。

有研究者通过自由基聚合合成了磷酸化 NCP 聚乙烯磷酸[poly（vinylphosphonic acid），PVPA][85]，当在没有 PVPA 的情况下对重组胶原纤维进行矿化时，仅在胶原纤维周围看到大的矿物球，胶原纤维本身没有发生矿化。这种结果类似于聚三磷酸钠的体外模拟矿化。在矿化介质中存在 PVPA 时，可发生胶原纤维内和纤维外矿化。由研究可见胶原与 NCP 类似物之间的相互作用，类似于 DMP-1 与胶原的结合功能，吸引 ACP 纳米前驱体进入胶原基质中，导致在 24 h 内形成与天然矿化胶原纤维的尺寸和排列近似的矿化胶原纤维。同时有实验表明不存在苯乙烯膦酸（基质磷蛋白的类似物）和 PAA 的矿化介质中，胶原纤维本身不发生矿化[85]。

除了线性的聚阴离子之外，还有研究者使用树枝状聚酰胺-胺（polyamidoamine，PAMAM），可实现胶原纤维内矿化，并将此技术用于脱矿牙本质的再矿化和釉质的再矿化[84]。

在对胶原纤维内矿化研究中，刷状聚合物的应用极少出现。刷状聚合物为接枝聚合物中的一种，侧链的聚合物紧密地接枝在聚合物主链上，刷状聚合物的结构随接枝密度、侧链和主链柔性以及共聚物中的单体排斥作用而变化。接枝侧链之间的空间排斥作用增加了主链的刚性，降低了聚合物链之间的缠结。有研究者合成了两种新型的富含羧基的刷状聚合物——羧化聚乙二醇三元共聚物（PEG-COOH）和聚乙二醇/聚丙烯酸共聚物（PEG-PAA）[86]，并对其进行了改性，以模拟 NCP 诱导胶原纤维在纤维内矿化的作用。研究发现，这些合成的刷状聚合物在诱导胶原纤维矿化过程中，能够稳定 ACP 纳米前驱体，促进 ACP 向胶原原纤维间隙区的渗透，从而诱导纤维内矿化。此外，在这些聚合物存在下，矿化胶原纤维中矿物与胶原的质量比分别为 2.17±0.07（PEG-COOH）和 2.23±0.03（PEG-PAA），均高于使用线性 PAA 诱导下的 1.81±0.21，可见刷状聚合物作为 NCP 类似物进行介导胶原纤维矿化也有一定的研究前景。

除了使用酸性 NCP 类似物模拟外，有研究者以天然牙釉质表面作为基底材料通过噬菌体表面展示技术筛选出一条碱性小分子肽链（enamal hydroxyapatite binding peptide，EHABP：AcNH-Asn-Asn-His-Tyr-Leu-Pro-Arg-NH_2）作为 NCP 模拟替代物，成功诱导了胶原纤维内的矿化[88]。在研究中，这条小分子肽链可以模拟 NCP 对矿化物前驱体 ACP 的稳定和诱导作用，以具有周期性的胶原纤维为模板，实现了纳米 HAP 在纤维内的有序排列，复制了天然矿化胶原的基本分级结构。研究者认为通过静电作用使肽链中的精氨酸（Arg）与磷酸根离子（PO_4^{3-}）相作用，起到类似于包裹磷酸根离子、阻挡钙磷离子聚集成核的作用，从而使小分子肽-无定形前驱体复合物（EHABP-ACP）在一定时间内处于稳定状态并通过 PILP 的作用渗透到胶原分子内部，从而进一步在胶原纤维内诱导结晶化。同时研究者将 EHABP 与 PAA 进行比较，发现 EHABP 介导胶原纤维的矿化程度及矿化速度明显优于 PAA，且纤维外矿物质较少。这一类应用生物纳米技术制备的小分子肽（基因工程肽，genetically engineered peptide for inorganic，GEPI）和无机相界面具有特别的空间构象匹配，可与磷灰石晶体特异性紧密结合并对其成核、结晶化过程有着调控作用[87]，从而能够决定晶体的大小和晶体的有序排列，有着类似于 NCP 的作用，为生物仿生矿化材料提供了新思路。

NCP 在胶原矿化中起到两个不同但具有互补性的功能——隔离功能和结构功能（也可称为诱导功能和模板功能），前者指将溶液环境中不定形的矿化前驱体融合进入单个胶原的空隙结构；后者指可在适当条件下体外再现的高度有序多级结构的重建。同时，在对胶原矿化的研究中还发现形成的 ACP 的大小也是影响矿化产物结构和形貌的重要因素，如果形成的 ACP 微晶没有受到相应的基质蛋白或者类似物的诱导融合和形态固化，便会继续生长以致尺寸过大无法通过胶原纤维结构的纳米空隙，无法进入胶原纤维内部与胶原自组装过程结合形成有序化的矿化胶原纤维。诱导因子对生物矿化的诱导和调控作用，证明胶原矿化的复杂多级过程需要多种基质蛋白的诱导和调制功能的协调作用才能顺利进行。

4.7 小分子对胶原纤维体外矿化模拟的影响

从生物矿化的结晶原理出发，生物矿化属于经典理论中的非均匀成核（异相成核），即在生物有机基质作用下无机离子在诱导因子调控下形成稳定的晶核[78]。故生物矿化在进行体外模拟时，也常加入小分子作为诱导因子进行磷酸钙的非均匀成核模拟。

体外模拟矿化中常使用的小分子诱导因子，主要以磷酸盐为主，因为磷酸盐可通过磷酸化修饰胶原分子诱导磷酸钙的形成[89]。研究发现[90]，无机焦磷酸盐可阻止所有细胞外基质的异位矿化，与骨无关的胶原纤维矿化被认为是由无机焦磷酸盐离子阻止的。分化成骨细胞产生的碱性磷酸酶水解无机焦磷酸盐离子，局部增加无机正磷酸盐浓度，促进胶原矿化，同时去除抑制离子。而无机正磷酸盐不能诱导异位矿化，局部持续释放的正磷酸盐可使胶原矿化。

4.7.1 三聚磷酸盐

三聚磷酸盐（TPP）是一种多聚磷酸盐，对多价离子具有高度亲和力，研究推测并证实了 TPP 在生物矿化过程中有促进矿化的功能[92]。TPP 具有化学磷酸化活性，因此推测 TPP 可通过氨基酸残基磷酸化，使很多蛋白质由无活性的稳态变为有活性的活性态。TPP 促进蛋白质的交联作用使其在适当温度下可以促使蛋白质分子聚集[89]。有研究者通过磷蛋白基质与 TPP 成功制备了周期性的生物矿化产物[91]，矿化初期 TPP 与磷灰石矿化晶相结合在胶原纤维表面堆积，矿化后在溶液和胶原纤维表面分别得到了磷灰石沉淀和磷灰石片状晶体，但在胶原纤维内部没有发现矿化现象。由此研究分析可得，TPP 具有促进蛋白活性和 ACP 前驱体的形成和稳定，理论上应该能够在模拟生物矿化过程中促进胶原分子与矿化前驱体的结合，同时发生胶原纤维自组装过程，最终形成周期性的矿化胶原纤维。

用 PAA 模拟 DMP-1，TPP 模拟磷蛋白的功能[33]。PAA 存在时，形成胶原纤维内矿化，但纤维内矿物是连续的，未见周期性聚集排列；当 PAA 与 TPP 共同作用时，形成多级纤维内矿化，纤维内晶体周期排列，磷灰石是局部区域分布的。因此推测，在没有聚磷酸盐作为模板类似物的情况下，ACP 纳米前驱体渗透到胶原纤维内，这似乎导致 ACP 纳米前驱体形成一个连续体。而在存在聚磷酸盐类似物的情况下，胶原分子和类似物之间的静电结合可能导致结合类似物作为抑制剂阻止矿物纳米晶体沿着纤维重叠区域的连续生长，从而将板状磷灰石晶体限制在胶原纤维的间隙区域[92]。

TPP 具有生物矿化的分子调控功能，能够促进矿化初期 ACP 微晶的形成以及

ACP 微晶与胶原分子头尾交界处的结合。以 TPP 为诱导因子的体外模拟生物矿化实验理论上有可能制备宏观有序的矿化胶原纤维。如图 4.7 所示，以 TPP 为诱导因子制备的矿化胶原薄膜具有周期性有序结构，但初期矿化胶原薄膜表面具有大量均匀分布的矿化晶体颗粒，这说明小分子的 TPP 有很强的形成稳定磷酸钙聚集体的能力；但长时间矿化后，并没有出现局部的颗粒堆积或者聚集。图中白色箭头为胶原纤维的组装方向，黑色箭头标识个别矿化纤维，个别单独取向纤维上也出现明显的矿化。图中平均带状周期为（a）98 nm、（b）84 nm、（c）91 nm、（d）92 nm，非常接近自然骨的周期性结构间隙距离 97 nm。由于以 TPP 为诱导因子的矿化胶原周期性间隔与自然骨相近，我们有理由推测自然骨矿化结构中，小分子在矿化过程中起到重要的作用。

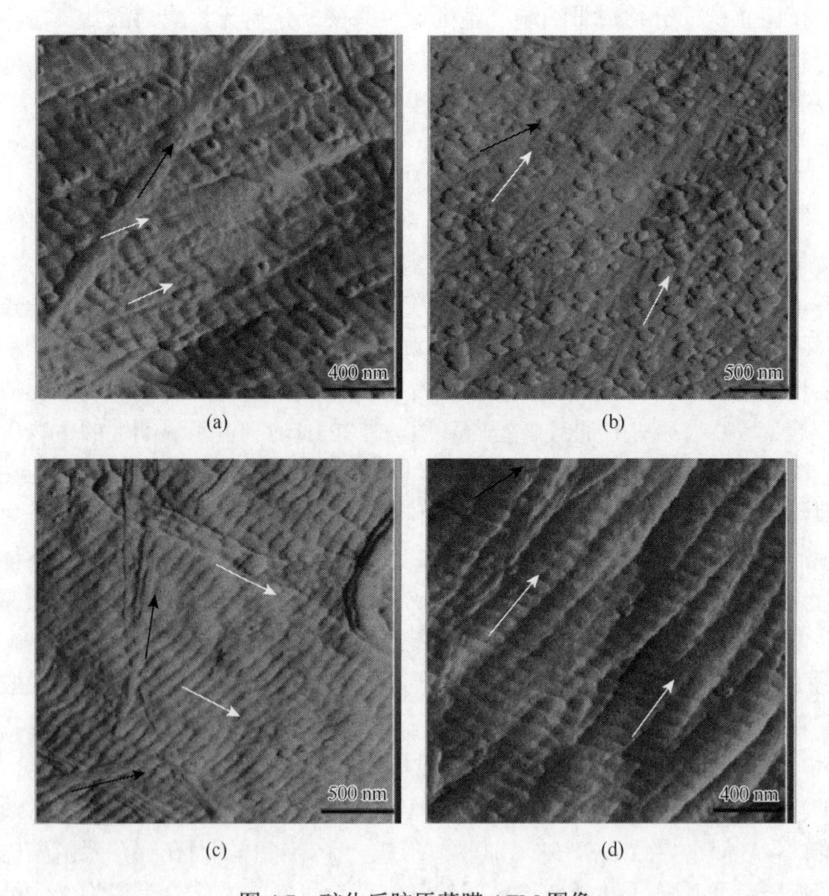

图 4.7　矿化后胶原薄膜 AFM 图像

矿化溶液 SBF，诱导因子：20 μg/mL TPP。（a）矿化时间 4 h；（b）矿化时间 1 d；（c）矿化时间 3 d；（d）：矿化时间 7 d。白色箭头为胶原纤维的组装方向，黑色箭头标识个别矿化纤维。

4.7.2　β-甘油磷酸盐

β-甘油磷酸盐（Beta-glycerophosphate，β-GP）是一种有机磷酸盐，研究者普遍认为β-GP是诱导骨基质矿化的重要元素之一[92]。有研究者采用1.8 mmol/L浓度的Ca^{2+}和5 mmol/L浓度的β-GP与无机磷酸盐进行矿化反应[93]，制得了球状磷酸钙晶体，而在未加入β-GP的实验组中没有发现矿化产物，说明β-GP具有诱导磷酸钙结晶的作用。实验结果指出β-GP能够提高溶液中局部环境的Ca^{2+}和PO_4^{3-}的浓度，这一特性表明β-GP可以通过集中溶液中分散的Ca^{2+}和PO_4^{3-}促进和加强新生骨的形成过程。同时研究者用β-GP为诱导因子做细胞矿化实验时发现β-GP有促进形成类骨组织微观结构的小型晶体的功能，但是对晶体生长和矿化过程的维持不起作用[93]。至今关于β-GP诱导体外模拟生物矿化的研究成果并不多，且多数停留在其对成骨细胞或矿化溶液作用的层面，β-GP对胶原纤维生物矿化的作用鲜有阐述。

4.7.3　柠檬酸

由于大量的羧基基团，柠檬酸也可以作为诱导因子调控胶原纤维矿化过程。柠檬酸根离子在磷灰石上吸附强烈，在骨中大量存在（占骨中有机质的5.5%），被认为可抑制纳米片状磷灰石的厚化。与其他与磷灰石表面紧密结合的分子一样，柠檬酸根离子吸附与胶原纤维中磷灰石表面磷酸盐离子的离子交换相对应，与许多其他吸附分子一样可抑制磷灰石晶体的生长[94]。骨中胶原纤维上HAP与柠檬酸的作用模型中，过饱和溶液中只有少量柠檬酸分子与ACP在胶原纤维表面结合形成团簇。柠檬酸盐分子也同样阻止无定形前驱体进一步聚集并延长诱导磷灰石结晶形成时间[95]。柠檬酸盐分子影响HAP晶体的厚化，并在纳米范围内稳定小晶体。柠檬酸盐分子中羧基的距离（0.3 nm）与HAP中Ca^{2+}的距离位置非常吻合，因此，以一定的密度（1分子/nm^2）与Ca^{2+}结合，从而防止片状磷灰石晶体厚化。

4.8　小　　结

本章介绍了与胶原纤维矿化的相关的重要因素：胶原、胶原纤维、NCP、NCP类似物，还有小分子对胶原纤维体外矿化的影响。从众多的体外仿生矿化研究中，我们可知，完整的胶原分子组装对纤维内矿化起着重要的作用，目前的研究认为，胶原纤维形成的特定结构可以通过正负电荷、毛细管作用力及库仑力诱导或者引导磷酸钙的纤维内矿化。但由于体外提取的胶原制备过程中，酸碱对结构的破坏，很难复制体内的组装形态，且难以实现三维的组装结构，故上述机制都有一定的局限性。目前，新兴的 3D 打印技术为三维从下向上制备提供了可能，且在胶原基组织修复器官中得到应用，我们期待三维胶原组装结构在体外矿化构建骨组织中的发展，以便为仿生修复提供更好的治疗方案。

NCP 对胶原纤维的体外矿化更加复杂，因为涉及大分子间的相互作用。这些蛋白质都是矿化过程中的活跃分子，显示出影响矿化的多功能作用。NCP 能调控矿化物的形成、生长取向及种类，诱导纤维内矿化，成为连接体外仿生矿化和生物体内生物矿化的重要桥梁。这些蛋白质将根据其浓度、磷酸化状态、翻译后修饰的程度以及它们是否存在于溶液中或与某些细胞外基质成分结合而起抑制或促进胶原纤维矿化的作用。但是这些实验所用的 NCP 通常是几种蛋白质的集合体或者几种多肽片段的集合体，这就给矿化机制的探讨带来了困难。最新的生物工程技术实现了蛋白质的重组，在一定程度上也为生物矿化体外模拟提供了新的技术路径；但重组蛋白质的结构往往与自然蛋白质相差较远，而胶原的矿化不仅涉及其组成，还有其聚集态结构。

参 考 文 献

[1] Müller W E G. The origin of metazoan complexity：Porifera as integrated animals[J]. Integrative & Comparative Biology，2003，43（1）：3-10.

[2] Gross J. The behavior of collagen units as a model in morphogenesis[J]. The Journal of Biophysical and Biochemical Cytology，1956，2（4）：261-274.

[3] Hay E D. Cell biology of Extracellular Matrix[M]. Berlin：Springer Science & Business Media，1991.

[4] Kadler K. Extracellular matrix 1：Fibril-forming collagens[J]. Protein Profile，1994，1（5）：519-638.

[5] Brown J C，Timpl R. The collagen superfamily[J]. International Archives of Allergy & Immunology，1995，107（4）：484-490.

[6] Habelitz S，Balooch M，Marshall S J，et al. *In situ* atomic force microscopy of partially demineralized human dentin collagen fibrils[J]. Journal of Structural Biology，2002，138（3）：227-236.

[7] 崔福斋，王秀梅，李恒德. 矿化胶原的组装机理[J]. 中国材料进展，2009，28（4）：34-39.

[8] Shi Y，Wang S，Wang X M，et al. Hierarchical self-assembly of a collagen mimetic peptide$(PKG)_n(POG)_{2n}(DOG)_n$ via electrostatic interactions[J]. Frontiers of Materials Science，2011，5（3）：293-300.

[9] Kadler K E，Holmes D F，Trotter J A，et al. Collagen fibril formation[J]. Biochemical Journal，1996，316（1）：1-11.

[10] Parry D. Growth and development of collagen fibrils in connective tissue[J]. Ultrastructure of the Connective Tissue Matrix，1984：34-64.

[11] Ushiki T. Collagen fibers，reticular fibers and elastic fibers. A comprehensive understanding from a morphological viewpoint[J]. Archives of Histology and Cytology，2002，65（2）：109-126.

[12] 牛丽娜，陈吉华，焦凯. 纤维内仿生矿化机制研究进展[J]. 口腔疾病防治，2018，26（6）：347-353.

[13] Beresford J N，Graves S E，Smoothy C A. Formation of mineralized nodules by bone derived cells *in vitro*：A model of bone formation?[J]. American Journal of Medical Genetics，1993，45（2）：163-178.

[14] Tsai S W，Hsu F Y，Chen P L. Beads of collagen-nanohydroxyapatite composites prepared by a biomimetic process and the effects of their surface texture on cellular behavior in MG63 osteoblast-like cells[J]. Acta Biomaterialia，2008，4（5）：1332-1341.

[15] Nair A K，Gautieri A，Buehler M J. Role of intrafibrillar collagen mineralization in defining the compressive properties of nascent bone[J]. Biomacromolecules，2014，15（7）：2494-2500.

[16] Beniash E. Biominerals-hierarchical nanocomposites：The example of bone[J]. Wiley Interdiscip Reviews. Nanomedicine and Nanobiotechnology，2011，3（1）：47-69.

[17] Honda Y，Kamakura S，Sasaki K，et al. Formation of bone-like apatite enhanced by hydrolysis of octacalcium phosphate crystals deposited in collagen matrix[J]. Journal of Biomedical Materials Research Part B：Applied Biomaterials，2007，80（2）：281-289.

[18] Kamakura S，Sasaki K，Honda Y，et al. Dehydrothermal treatment of collagen influences on bone regeneration by octacalcium phosphate（OCP）collagen composites[J]. Journal of Tissue Engineering and Regenerative Medicine，2007，1（6）：450-456.

[19] Legeros R，Daculsi G，Orly I，et al. Solution-mediated transformation of octacalcium phosphate（OCP）to apatite[J]. Scanning Microscopy，1989，3（1）：129-138.

[20] Eanes E D，Gillessen I H，Posner A S. Intermediate states in the precipitation of hydroxyapatite[J]. Nature，1965，208（5008）：365-367.

[21] Crane N J，Popescu V，Morris M D，et al. Raman spectroscopic evidence for octacalcium phosphate and other transient mineral species deposited during intramembranous mineralization[J]. Bone，2006，39（3）：434-442.

[22] Mahamid J，Sharir A，Gur D，et al. Bone mineralization proceeds through intracellular calcium phosphate loaded vesicles：A cryo-electron microscopy study[J]. Journal of Structural Biology，2011，174（3）：527-535.

[23] Jee S S，Thula T T，Gower L B. Development of bone-like composites via the polymer-induced liquid-precursor（PILP）process. Part 1：Influence of polymer molecular weight[J]. Acta Biomaterialia，2010，6（9）：3676-3686.

[24] Alexander J L，Bryan D Q，Jason W M，et al. Extracellular matrix control of collagen mineralization *in vitro*[J]. Advanced Functional Materials，2013，23（39）：4906-4912.

[25] Zimmermann E A，Launey M E，Barth H D，et al. Mixed-mode fracture of human cortical bone[J]. Biomaterials，2009，30（29）：5877-5884.

[26] Landis W，Song M，Leith A，et al. Mineral and organic matrix interaction in normally calcifying tendon visualized in three dimensions by high-voltage electron microscopic tomography and graphic image reconstruction[J]. Journal of Structural Biology，1993，110（1）：39-54.

[27] George A，Veis A. Phosphorylated proteins and control over apatite nucleation，crystal growth，and inhibition[J]. Chemical Reviews，2008，108（11）：4670-4693.

[28] Liang K，Gao Y，Li J，et al. Biomimetic mineralization of collagen fibrils induced by amine-terminated PAMAM dendrimers—PAMAM dendrimers for remineralization[J]. Journal of Biomaterials Science Polymer Edition，2015，26（14）：963-974.

[29] Silver F H，Landis W J. Deposition of apatite in mineralizing vertebrate extracellular matrices：A model of possible nucleation sites on type I collagen[J]. Connective Tissue Research，2011，52（3）：242-254.

[30] Gower L B. Biomimetic model systems for investigating the amorphous precursor pathway and its role in biomineralization[J]. Chemical Reviews，2009，40（5）：4551-4627.

[31] Nudelman F，Pieterse K，George A，et al. The role of collagen in bone apatite formation in the presence of hydroxyapatite nucleation inhibitors[J]. Nature Materials，2010，9（12）：1004-1009.

[32] Landis W J，Jacquet R. Association of calcium and phosphate ions with collagen in the mineralization of vertebrate tissues[J]. Calcified Tissue International，2013，93（4）：329-337.

[33] Liu Y，Kim Y K，Dai L，et al. Hierarchical and non-hierarchical mineralisation of collagen[J]. Biomaterials，2011，32（5）：1291-1300.

[34] Deshpande A S，Fang P A，Simmer J P，et al. Amelogenin-collagen interactions regulate calcium phosphate mineralization *in vitro*[J]. Journal of Biological Chemistry，2010，285（25）：19277-19287.

[35] 熊鹏. 多级有序矿化胶原纤维的仿生构建[D]. 广州：暨南大学，2014.

[36] Rhee S H，Lee J D，Tanaka J. Nucleation of hydroxyapatite crystal through chemical interaction with collagen[J]. Journal of the American Ceramic Society，2000，83（11）：2890-2892.

[37] 黄兆龙，郭俊明，刘卫，等. 胶原及其生物矿化物的红外光谱特征[J]. 红河学院学报，2003（5）：41-43.

[38] Zhang W，Huang Z L，Liao S S，et al. Nucleation sites of calcium phosphate crystals during collagen mineralization[J]. Journal of the American Ceramic Society，2003，86（6）：1052-1054.

[39] Landis W J，Silver F H，Freeman J W. Collagen as a scaffold for biomimetic mineralization of vertebrate tissues[J]. Journal of Materials Chemistry，2006，16（16）：1495-1503.

[40] Price P A，Toroian D，Lim J E. Mineralization by inhibitor exclusion：The calcification of collagen with fetuin[J]. Journal of Biological Chemistry，2009，284（25）：17092-17101.

[41] Olszta M J，Cheng X，Sang S J，et al. Bone structure and formation：A new perspective[J]. Materials Science & Engineering R，2007，58（3-5）：77-116.

[42] Amos F F，Olszta M J，Khan S R，et al. Relevance of a polymer-induced liquid-precursor（PILP）mineralization process to normal and pathological biomineralization[J]. Medical Aspects of Solubility，2006：125-217.

[43] Olszta M J，Odom D J，Douglas E P，et al. A new paradigm for biomineral formation：Mineralization via an amorphous liquid-phase precursor[J]. Connective Tissue Research，2003，44（1）：326-334.

[44] Nudelman F，Pieterse K，George A，et al. The role of collagen in bone apatite formation in the presence of hydroxyapatite nucleation inhibitors[J]. Nature Materials，2010，9（12）：1004-1009.

[45] Stetler-Stevenson W，Veis A. Bovine dentin phosphophoryn：Calcium ion binding properties of a high molecular weight preparation[J]. Calcified Tissue International，1987，40（2）：97-102.

[46] Wang Y，Thierry A，Robin M，et al. The predominant role of collagen in the nucleation，growth，structure and orientation of bone apatite[J]. Nature Materials，2012，11（8）：724-733.

[47] Nudelman F，Lausch A J，Sommerdijk N A，et al. *In vitro* models of collagen biomineralization[J]. Journal of Structural Biology，2013，183（2）：258-269.

[48] Fratzl P，Paris O，Klaushofer K，et al. Bone mineralization in an osteogenesis imperfecta mouse model studied by small-angle x-ray scattering[J]. The Journal of Clinical Investigation，1996，97（2）：396-402.

[49] Nudelman F，Bomans P H，George A，et al. The role of the amorphous phase on the biomimetic mineralization of collagen[J]. Faraday Discussions，2012，159（1）：357-370.

[50] Xu Z，Yang Y，Zhao W，et al. Molecular mechanisms for intrafibrillar collagen mineralization in skeletal tissues[J]. Biomaterials，2015，39：59-66.

[51] Yang B，Cui F. Molecular modeling and mechanics studies on the initial stage of the collagen-mineralization process[J]. Current Applied Physics，2007，7：2-5.

[52] Zeiger D N，Miles W C，Eidelman N，et al. Cooperative calcium phosphate nucleation within collagen fibrils[J]. Langmuir the Acs Journal of Surfaces & Colloids，2011，27（13）：8263-8268.

[53] Nassif N，Gobeaux F，Seto J，et al. Self-assembled collagen：Apatite matrix with bone-like hierarchy[J]. Chemistry

of Materials，2010，22（11）：3307-3309.

[54] Landis W J，Silver F H. Mineral deposition in the extracellular matrices of vertebrate tissues：Identification of possible apatite nucleation sites on type I collagen[J]. Cells Tissues Organs，2009，189（1-4）：20-24.

[55] Termine J，Posner A. Calcium phosphate formation *in vitro*：I. Factors affecting initial phase separation[J]. Archives of Biochemistry and Biophysics，1970，140（2）：307-317.

[56] 丁珊，唐敏健，陈俊杰，等. 胶原组装形态对仿生矿化的影响[J]. 材料研究学报，2016，30（1）：51-56.

[57] Li H，Guo Z，Xue B，et al. Collagen modulating crystallization of apatite in a biomimetic gel system[J]. Ceramics International，2011，37（7）：2305-2310.

[58] Deshpande A S，Beniash E. Bioinspired synthesis of mineralized collagen fibrils[J]. Crystal Growth and Design，2008，8（8）：3084-3090.

[59] Yamakoshi Y. Dentinogenesis and dentin sialophosphoprotein（DSPP）[J]. Journal of Oral Biosciences，2009，51（3）：134-142.

[60] Hang F，Gupta H S，Barber A H. Nanointerfacial strength between non-collagenous protein and collagen fibrils in antler bone[J]. Journal of The Royal Society Interface，2014，11（92）：20130993.

[61] Everaerts F，Torrianni M，Hendriks M，et al. Biomechanical properties of carbodiimide crosslinked collagen：Influence of the formation of ester crosslinks[J]. Journal of Biomedical Materials Research Part A，2008，85（2）：547-555.

[62] Otsubo K，Katz E P，Mechanic G L，et al. Cross-linking connectivity in bone collagen fibrils：The carboxy-terminal locus of free aldehyde[J]. Biochemistry，1992，31（2）：396-402.

[63] Sun Y，Chen L，Ma S，et al. Roles of DMP1 processing in osteogenesis，dentinogenesis and chondrogenesis[J]. Cells Tissues Organs，2011，194（2-4）：199-204.

[64] Hoang Q Q，Sicheri F，Howard A J，et al. Bone recognition mechanism of porcine osteocalcin from crystal structure[J]. Nature，2003，425（6961）：977-980.

[65] Deshpande A S，Fang P A，Zhang X，et al. Primary structure and phosphorylation of dentin matrix protein 1（DMP1）and dentin phosphophoryn（DPP）uniquely determine their role in biomineralization[J]. Biomacromolecules，2011，12（8）：2933-2945.

[66] Suzuki S，Ori T，Saimi Y. Effects of filler composition on flexibility of microfilled resin composite[J]. Journal of Biomedical Materials Research Part B：Applied Biomaterials，2005，74（1）：547-552.

[67] Gulseren G，Tansik G，Garifullin R，et al. Dentin phosphoprotein mimetic peptide nanofibers promote biomineralization[J]. Macromolecular Bioscience，2019，19（1）：1800080.

[68] Gajjeraman S，Narayanan K，Hao J，et al. Matrix macromolecules in hard tissues control the nucleation and hierarchical assembly of hydroxyapatite[J]. Journal of Biological Chemistry，2007，282（2）：1193-1204.

[69] Gericke A，Qin C，Sun Y，et al. Different forms of DMP1 play distinct roles in mineralization[J]. Journal of Dental Research，2010，89（4）：355-359.

[70] Nanci A，Zalzal S，Lavoie P，et al. Comparative immunochemical analyses of the developmental expression and distribution of ameloblastin and amelogenin in rat incisors[J]. Journal of Histochemistry & Cytochemistry，1998，46（8）：911-934.

[71] Margolis H，Beniash E，Fowler C. Role of macromolecular assembly of enamel matrix proteins in enamel formation[J]. Journal of Dental Research，2006，85（9）：775-793.

[72] Kwak S Y，Wiedemann F B，Beniash E，et al. Role of 20-kDa amelogenin（P148）phosphorylation in calcium phosphate formation *in vitro*[J]. Journal of Biological Chemistry，2009，284（28）：18972-18979.

[73] 鲁道欢. 矿化胶原纤维形成的体外模拟研究[D]. 广州：暨南大学，2016.

[74] Zurick K M，Qin C，Bernards M T. Mineralization induction effects of osteopontin，bone sialoprotein，and dentin phosphoprotein on a biomimetic collagen substrate[J]. Journal of Biomedical Materials Research Part A，2013，101（6）：1571-1581.

[75] Toroian D，Lim J E，Price P A. The size exclusion characteristics of type I collagen：Implications for the role of noncollagenous bone constituents in mineralization[J]. Journal of Biological Chemistry，2007，282（31）：22437-22447.

[76] Neve A，Corrado A，Cantatore F P. Osteocalcin：Skeletal and extra-skeletal effects[J]. Journal of Cellular Physiology，2013，228（6）：1149-1153.

[77] Hoffman W，Jain A，Chen H，et al. Matrix extracellular phosphoglycoprotein（MEPE）correlates with serum phosphorus prior to and during octreotide treatment and following excisional surgery in hypophosphatemic linear sebaceous nevus syndrome[J]. American Journal of Medical genetics Part A，2008，146（16）：2164-2168.

[78] Termine J D，Kleinman H K，Whitson S W，et al. Osteonectin，a bone-specific protein linking mineral to collagen[J]. Cell，1981，26（1）：99-105.

[79] Bradt J H，Mertig M，Teresiak A，et al. Biomimetic mineralization of collagen by combined fibril assembly and calcium phosphate formation[J]. Chemistry of Materials，1999，11（10）：2694-2701.

[80] Lutsko J F，Nicolis G. Theoretical evidence for a dense fluid precursor to crystallization[J]. Physical Review Letters，2006，96（4）：046102.

[81] Zeiger D N，Miles W C，Eidelman N，et al. Cooperative calcium phosphate nucleation within collagen fibrils[J]. Langmuir，2011，27（13）：8263-8268.

[82] Girija E，Yokogawa Y，Nagata F. Apatite formation on collagen fibrils in the presence of polyacrylic acid[J]. Journal of Materials Science：Materials in Medicine，2004，15（5）：593-599.

[83] Perkin K K，Turner J L，Wooley K L，et al. Fabrication of hybrid nanocapsules by calcium phosphate mineralization of shell cross-linked polymer micelles and nanocages[J]. Nano Letters，2005，5（7）：1457-1461.

[84] Li J，Yang J，Li J，et al. Bioinspired intrafibrillar mineralization of human dentine by PAMAM dendrimer[J]. Biomaterials，2013，34（28）：6738-6747.

[85] Kim Y K，Gu L S，Bryan T E，et al. Mineralisation of reconstituted collagen using polyvinylphosphonic acid/polyacrylic acid templating matrix protein analogues in the presence of calcium，phosphate and hydroxyl ions[J]. Biomaterials，2010，31（25）：6618-6627.

[86] Yu L，Martin I J，Kasi R M，et al. Enhanced intrafibrillar mineralization of collagen fibrils induced by brushlike polymers[J]. ACS Applied Materials & Interfaces，2018，10（34）：28440-28449.

[87] Tamerler C，Sarikaya M. Genetically designed peptide-based molecular materials[J]. ACS Nano，2009，3（7）：1606-1615.

[88] 马博. 基因工程肽 EHABP 引导胶原纤维内矿化的研究[D]. 武汉：华中科技大学，2017.

[89] Mi F L，Sung H W，Shyu S S，et al. Synthesis and characterization of biodegradable TPP/genipin co-crosslinked chitosan gel beads[J]. Polymer，2003，44（21）：6521-6530.

[90] Habibovic P，Bassett D C，Doillon C J，et al. Collagen biomineralization *in vivo* by sustained release of inorganic phosphate ions[J]. Advanced materials，2010，22（16）：1858-1862.

[91] Dai L，Qi Y P，Niu L N，et al. Inorganic-organic nanocomposite assembly using collagen as a template and sodium tripolyphosphate as a biomimetic analog of matrix phosphoprotein[J]. Crystal Growth & Design，2011，11（8）：3504-3511.

[92] Liu Y，Li N，Qi Y P，et al. Intrafibrillar collagen mineralization produced by biomimetic hierarchical nanoapatite assembly[J]. Advanced Materials，2011，23（8）：975-980.

[93] Chang Y L，Stanford C M，Keller J C. Calcium and phosphate supplementation promotes bone cell mineralization：Implications for hydroxyapatite (HA)-enhanced bone formation[J]. Journal of Biomedical Materials Research，2000，52（2）：270-278.

[94] Skwarek E，Janusz W，Sternik D. Adsorption of citrate ions on hydroxyapatite synthetized by various methods[J]. Journal of Radioanalytical and Nuclear Chemistry，2014，299（3）：2027-2036.

[95] Hu Y Y，Rawal A，Schmidt-Rohr K. Strongly bound citrate stabilizes the apatite nanocrystals in bone[J]. Proceedings of the National Academy of Sciences，2010，107（52）：22425-22429.

第5章 细胞参与的体外矿化模拟

高等生物的生长、发育等生命活动都是以细胞的增殖、分化和凋亡等为基础进行的。在生物矿化过程中，细胞发挥着主导作用。首先，生物矿化的核心物质是有机质。直接参与矿化的细胞，其主要功能就是合成、分泌各种与矿化相关的蛋白质等物质；在生物矿化系统中，起模板作用的框架蛋白（如胶原）和起调控作用的功能蛋白都是由相应的细胞合成并分泌的。其次，矿化过程时间和空间的精确控制就在于特定细胞在特定的时间和空间，分泌出特定的蛋白质，继而对矿化起着时空限域的调控作用。因此，在矿化组织形成的最后阶段，直接参与矿化的细胞活动构建了矿化组织多级有序结构。此外，非直接参与矿化的细胞在代谢过程中也会根据矿化的程度等释放特定的信号蛋白等调节相关因子，激活相关的信号通道，进而启动矿化调控的其他环节。

基于体内研究的复杂性，利用细胞培养分析骨和牙齿的形成特性；或者体外细胞培养探讨组织矿化的细胞生物学、分子生物学以及信号通道，对硬组织修复具有重要的意义。

本章介绍不同类型的细胞矿化系统，从体外模拟研究出发探究细胞矿化对骨骼和牙齿形成的作用机制，并讨论体外细胞矿化模拟的局限性，从而为今后的研究提供一些借鉴。

5.1 矿化组织相关细胞

骨、牙本质和牙骨质中都含有能够形成矿化组织的细胞，启动并控制组织矿化，调节组织代谢。在骨骼中，有一些细胞，如破骨细胞，可以清除损伤组织和修复重塑组织，也是矿化过程中必备的细胞。在牙齿中，组织重塑过程中通常细胞不直接参与，特别是在牙釉质中，由于成熟的牙釉质中不含有细胞，所以牙釉质一旦破坏，自身无法修复。在矿化组织中，也存在神经和血管，可输送营养物质，但在本章中不做阐述。

下面我们首先介绍矿化过程中所涉及的细胞。

5.1.1 骨矿化过程中的细胞

在体内骨形成过程中，骨原细胞（干细胞）分化为成骨细胞，形成骨化中心，由成骨细胞形成类骨质，再钙化为骨组织，最初形成的是骨组织片状结构，即初级骨小梁，围绕骨化中心向四周呈放射状排列并连接成网，因此，骨组织具有完美多级有序结构，并且这种完美结构源于细胞及其生物环境的调控。骨矿化过程中的细胞主要有下列 6 类（矿化过程中相关细胞及其分泌的因子见表 5.1）。

表 5.1　矿化过程中相关细胞及其分泌的因子[5]

因子	肥大软骨细胞	成骨细胞	骨细胞	成牙本质细胞	牙骨质细胞	成釉细胞
代表性因子	X 型胶原、MMP-9	骨钙素、益生菌素、BSP、MEPE/OF、PHEX/Pex	SOST、DMP1、肌动蛋白结合因子、流苏蛋白、MEPE/OF、PHEX/Pex、podoplanin/E11	DSPP、牙本质涎蛋白、DMP4	骨质蛋白	釉原蛋白、釉蛋白、成釉蛋白、釉丛蛋白、角蛋白
其他相关因子	Ⅱ和Ⅸ型胶原	DMPI、Ⅰ型胶原、ALP、Runx2、PTH、成骨相关转录因子抗体	骨钙素、Ⅰ型胶原、ALP		骨基质蛋白	

1. 骨祖细胞

骨祖细胞又称前骨母细胞、骨原细胞，它为骨组织的干细胞，属于初级间充质细胞，具有多分化潜能。随着骨生长、改建、分化为成骨细胞、骨细胞和成纤维细胞。骨膜、密质骨内、外骨膜下、骨表面均覆有一层骨祖细胞，其厚度随年龄与所在骨之表面而有所不同。骨祖细胞和骨细胞或纤维母细胞之形态相似。细胞较小、梭形、核椭圆、细胞质少。骨祖细胞亦是一种骨组织细胞，由于不同性质和程度的生理信号刺激，骨祖细胞可分化为成骨细胞、成骨软骨细胞（osteochondrogenic cell），一般位于结缔组织形成的骨外膜及骨内膜贴近骨组织处。

2. 成骨细胞

成骨细胞是骨形成的主导细胞，来源于未分化间质中的多潜能干细胞，主要负责骨矿化开始前的骨质沉积，直接参与了骨的吸收、形成及改建。其主要功能有以下四点：①分泌基质小泡，提供并指导晶体成核；②合成、分泌胶原和非胶原蛋白，形成骨基质；③参与破骨细胞骨吸收的调控作用；④维持骨的代谢平衡。未激活的成骨细胞是细长形的，与骨衬细胞相似，所以很难分辨。成骨细胞不仅与骨形成密切相关，而且直接或间接参与骨吸收的调控。一方面，成骨细胞在激素的作用下分泌胶原酶，降解骨的Ⅰ型胶原，启动骨的吸收；另一方面，成骨细胞接受各种因子的作用后变形离开骨面，将该区域的骨面暴露，随后游走的破骨细胞才得以靠近和附着骨面，并启动骨的吸收活动。成骨过程中，随着骨矿化的完成，镶嵌在成熟的矿化基质中的成骨细胞转化为成熟的骨细胞。

3. 骨细胞

骨细胞为成熟的成骨细胞，为扁椭圆形多突起的细胞，核亦扁圆、染色深。细胞质弱嗜碱性[1]。骨组织中 90%以上细胞为骨细胞。骨细胞是镶嵌在骨基质中的成熟成骨细胞，能够对不良的机械应变做出反应，进而传递信号，协调骨的吸收/形成。电镜下，细胞质内有少量溶酶体、线粒体和粗面内质网，高尔基体亦不发达，故骨细胞只合成少量的有机质，但对于骨组织细胞外基质中的钙磷含量的控制具有重要作用。骨细胞夹在相邻两层骨板间或分散排列于骨板内。相邻骨细胞的突起之间有缝隙连接。在骨基质中，骨细胞胞体所占据的椭圆形小腔，称为骨陷窝（bone lacuna），其突起所在的空间称骨小管（bone canaliculus）。相邻的骨陷窝借骨小管彼此通连。骨陷窝和骨小管内均含有组织液，骨细胞从中获得养分[2]。

骨细胞是被矿化骨基质包围的多功能骨细胞，几十年来一直被认为是相对不活跃的细胞。然而，最近的研究表明，骨细胞是维持骨骼正常功能所不可缺少的高度活跃的细胞，在骨微环境内外的多个生理过程中发挥着主要作用[3]。骨细胞分泌骨硬化蛋白（一种对骨量起负调节作用的蛋白质）和最重要的骨细胞内分泌因子 FGF-23，能够调节磷酸盐代谢。此外，骨细胞可以作为机械感觉细胞，将机械应变转化为对效应细胞（成骨细胞和破骨细胞）的化学信号。因此，骨细胞在骨生物学中发挥重要作用，特别是在骨重塑过程中，它可以调控成骨细胞和破骨细胞的活性。

4. 破骨细胞

破骨细胞是骨吸收的主导细胞，主要来源于造血干细胞。这些多核、形状不规则的破骨细胞是由单核祖细胞（骨骼中的巨噬细胞）融合而成的，直径为 30～100 μm，有数十个细胞核。成熟后的破骨细胞胞浆嗜酸性，其细胞膜上的质子泵能够分泌酸，主要是空泡型质子泵。这些高度特化的细胞来自巨噬-单核细胞谱系，包含多形性线粒体、空泡和溶酶体。电镜下，破骨细胞靠近骨组织一侧原生质膜内陷形成皱褶缘（ruffled border），从而增加骨吸收部位的接触面积。破骨细胞的细胞质内含有大量的溶酶体和吞饮小泡，泡内含有小的钙盐结晶及溶解的有机成分。此外，破骨细胞的粗面内质网、高尔基体中含有极丰富的蛋白水解酶、酸性磷酸酶、溶酶体酶、β-甘油磷酸酶、β-葡糖醛酸糖苷酶、芳基硫酸酯酶及组织蛋白酶等。静止状态下破骨细胞无极性，只有在进行骨吸收功能状态下才具有明显的极性。

破骨细胞在骨吸收与骨的重建中发挥着重要的作用，一旦它附着于骨面形成了骨吸收的微小环境，即可启动骨的破坏和吸收。首先，破骨细胞分泌酸（通过碳酸酐酶系统）来降低 pH，进而增加无机基质的溶解度，致使骨组织脱矿。破骨细胞产酸主要是Ⅱ型碳酸酐酶（carbonic anhydrase Ⅱ，CAⅡ）将 CO_2 和 H_2O 结合成 H_2CO_3，并分解为 H^+ 和 HCO_3^-，通过其细胞膜上的质子泵分泌到局部微环境中，形成脱矿区域。脱矿后的残余骨基质，又被破骨细胞分泌的各种分解酶消化、降解、破坏。此外，破骨细胞还具有吞噬功能，被吸收、破坏的骨组织及其骨基质的分解产物被破骨细胞吞噬后，可被输送到细胞内空泡进行消化、溶解。可见，破骨细胞具有脱矿、降解有机基质及分泌、吞噬、运输消化等功能[4]。

5. 骨衬细胞

骨衬细胞顾名思义是指排列在骨表面的细胞。与骨表面的成骨细胞不同，骨衬细胞具有细长扁平的形态。骨衬细胞最初被认为是前成骨细胞；然而，目前的观点是，不经历凋亡或分化为骨细胞的成骨细胞称为骨衬细胞。骨衬细胞和成骨细胞之间的两个关键表型差异是，骨衬细胞表达细胞间黏附分子，而不表达骨钙素。最近的研究表明，骨衬细胞锚定造血干细胞，并为这些干细胞提供适当的信号，使其保持未分化状态。骨衬细胞通过与骨基质深处的骨细胞的缝隙连接进行沟通，促进造血干细胞向破骨细胞的分化，从而在骨重塑中发挥关键作用。此外，骨衬细胞通过基质金属蛋白酶（matrix metalloproteinase，MMP）去除非矿化胶原纤维，塑造骨表面。重塑后，骨衬细胞在骨表面沉积一层光滑的胶原基质。

6. 肥大（增生）软骨细胞

软骨细胞停止增殖后，开始再次改变其细胞形态，并分化为增生前和增生（肥大）软骨细胞。由此产生的肥大软骨细胞是有丝分裂后的细胞，通过真正的肥大和细胞肿胀的结合而急剧增加其细胞体积。这个过程由胰岛素样生长因子控制，胰岛素样生长因子是骨生长的重要调节因子。圆形或者扁平的软骨细胞的分化对骨生长意义重大，其肥大分化是从成软骨到软骨基质矿化逐步发展的过程。软骨细胞分化成肥大软骨细胞，其体积的增大导致软骨层的延伸。在胎儿生长期形成软骨内骨，从而推动骨骼的伸长。细胞增大不是肥大软骨细胞唯一的重要功能。这些细胞大量表达基质蛋白，包括 X 型胶原，周围基质可直接矿化。更重要的是，肥大软骨细胞分泌关键的旁分泌因子，如血管内皮生长因子（VEGF），可诱导血管从软骨膜侵入，并引导软骨膜细胞成为成骨细胞，因此，它们是软骨内骨形成的主要调控因素。

5.1.2　牙本质矿化过程中的细胞

牙本质是牙齿中最大的组成部分，约 70%为无机物，30%为有机物和水。在组成和矿化过程方面，牙本质与骨有许多相似之处。牙本质的形成始于成牙本质细胞的分化，在脊椎动物中成牙本质细胞起源于神经嵴起源的间充质细胞，而成釉细胞则起源于上皮细胞。在牙本质发育过程中，成牙本质细胞会发生形态变化，如伸长，呈圆柱形并向近极核极化。正在分化的成牙本质细胞开始分泌未矿化的胶原，而胶原在非胶原蛋白和矿物相的结合后才矿化。成牙本质细胞在分泌一种新的未矿化基质的同时，会延伸形成托姆斯纤维，即成牙本质细胞不小心伸入牙釉质层，进入内釉上皮（inner enamel epithelium，IEE），在牙釉质形成后就称为釉梭（enamel spindle），这个过程也称为成牙本质细胞突。在此过程中，成牙本质细胞的胞浆突，细胞体位于髓腔近牙本质侧，呈整齐的单层排列。

牙本质是一种异质性组织，在牙本质形成的不同阶段有不同类型的牙本质。按部位分为三种：罩牙本质、髓周牙本质和透明层。罩牙本质是最外层，即在冠部的最先形成的紧靠牙釉质和牙骨质的一层原生牙本质；与牙釉质或牙骨质直接接触。该牙本质由Ⅲ型胶原纤维形成，Ⅰ型胶原纤维所占比例较小。透明层是在根部的最先形成的紧靠牙骨质的一层原生牙本质。髓周牙本质是牙本质中矿化最多的部分，在罩牙本质和透明层内侧的牙本质之间，通常包括矿化的Ⅰ型胶原纤维和非胶原蛋白。这些非胶原蛋白的功能也是调控矿化。透明层与髓周牙本质相似，只是胶原纤维的排列方向不同，透明层的胶原纤维与牙骨质胶原纤维相连。

按来源，牙本质也可分为原生牙本质、继发牙本质和修复牙本质。在牙本质发生过程中，原生牙本质由成牙本质细胞形成，直到牙齿有了功能。继发牙本质指牙发育至根尖孔形成之后，在一生中仍继续不断形成的牙本质。当釉质表面因磨损、酸蚀、龋等而遭破坏时，牙髓深层的未分化细胞可移向该处取代变性细胞而分化为成牙本质细胞，并与尚有功能的成牙本质细胞一起共同分泌牙本质基质，继而矿化形成牙本质。

成牙本质细胞分化之后，开始合成Ⅰ型胶原，并分泌到牙乳头的基质中。最先分泌到细胞外的胶原纤维比较粗大，直径为 100～200 nm，分布在基底膜下的基质中，胶原纤维与基底膜垂直，形成最早的牙本质基质，即罩牙本质。由于成牙本质细胞体积增大，细胞外间隙消失，细胞向基底膜一侧伸出粗短的突起，同时细胞体向牙髓中央移动，在其后留下胞浆突埋在基质中，形成成牙本质细胞突（托姆斯纤维）。偶尔有的突起能够伸入基底膜中，还形成釉梭。

在成牙本质细胞突形成的同时，胞浆内形成了大量基质小泡，并分泌到大的胶原纤维之间。基质小泡中的羟基磷灰石以单个晶体形式存在，随着晶体长大，小泡破裂，泡内的晶体成簇地分散在突起的周围和牙本质基质中。晶体继续长大并相互融合，最后形成矿化的牙本质。

牙本质的矿化形态主要是球形矿化。磷灰石晶体不断生长，形成钙球，并进一步融合，形成单个的钙化团。这种矿化形态多位于罩牙本质下方的髓周牙本质内。偶尔在该处球形钙化团不能充分融合，而存留一些小的未矿化的基质，形成球间牙本质。静止期的髓周牙本质内，钙球体积减小，在矿化的前方呈现线形矿化区。一般钙球大小取决于牙本质沉积的速度，钙球越大，表明牙本质形成越快。牙本质形成过程中，矿物质沉积晚于牙本质有机基质的形成，因此，在成牙本质细胞层与矿化的牙本质之间，总有一层有机基质，称为前牙本质。

牙本质矿化是一个动态过程，有三种不同的矿化机制。第一种是通过基质囊泡，类似于骨矿化。第二种机制涉及前牙本质通过胶原沉积、细胞外基质蛋白和矿物相转化为牙本质。第三种机制涉及血清源性分子在牙本质小管上的被动累积，从而实现有效的管周矿化。大部分矿化的调节剂包括胶原蛋白和非胶原蛋白都是由成牙本质细胞分泌的。成牙本质细胞也在钙离子向矿化前沿的转运中发挥关键作用。此外，有报道显示 Na^{+}/Ca^{2+}对应位点和 Ca^{2+}ATP 酶存在于大鼠成牙本质细胞上，但这种细胞内转运的确切机制仍不清楚[6]。I 型胶原的空间组织被用作晶体沉积的向导，骨矿化的“孔带化学”也适用于牙本质矿化，牙本质中也发生了牙本质内纤维化和纤维间纤维化，与骨的矿化相似。

5.1.3　牙釉质矿化过程中的细胞

牙釉质的形成是一个相对缓慢的过程，比整个胚胎在子宫内发育所需的时间还要长。一些恒牙的牙冠需要 4～5 年才能完成。牙釉质由来自口腔上皮的成釉细胞形成。在釉质发育的初始阶段，口腔上皮组织进入牙组织部位的间质中，然后分化为四种类型的上皮细胞，包括内釉上皮、中间层、星状网和外釉上皮。在这些细胞类型中，内釉上皮分化为分泌釉质基质的成釉细胞。由于成釉细胞的分化在切牙边缘或牙尖区域最为发达，而在颈环区域最不发达，因此在一个牙胚中可以观察到成釉细胞的全部或部分发育阶段，如图 5.1 所示。从图中可以看出，内釉上皮分化出具有分泌功能的成釉细胞。首先，成釉细胞在接近釉质牙本质界的一端，胞浆形成一个短钝的突起，即托姆斯纤维。突起内含有丰富的粗面内质网、线粒体及钙磷颗粒。在托姆斯纤维与成釉细胞体交界处出现胞浆物质浓缩物，并与增厚的细胞膜紧密结合。釉质基质在粗面内质网中合成，在高尔基体中浓缩，之后从细胞的顶端和突起的周围分泌出来。成釉细胞新分泌的釉质基质，以有机成分为主，其中含有的矿物盐仅占矿化总量的 25%～30%。

内釉上皮分化为前成釉细胞和成釉细胞。内釉上皮和前成釉细胞分泌并与基膜结合。分泌期成釉细胞分泌釉基质蛋白；成熟期成釉细胞分泌釉成熟蛋白（AMTN）和 Apin/牙源性成釉细胞相关蛋白（Apin/ODAM）。成釉细胞的两个主要的阶段，即分泌期（含过渡期）和成熟期，涉及复杂的生理过程，其特征是成釉细胞的形态和功能的渐进变化（图 5.2）。

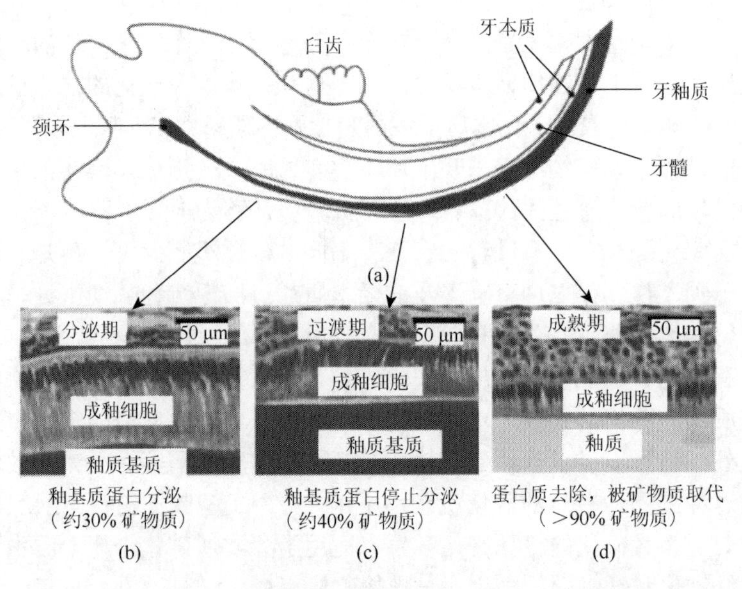

图 5.1　（a）小鼠切牙的横截面示意图；（b）（c）（d）小鼠切牙的组织学

（b）在分泌过程中，成釉细胞表现出细胞延伸的拉长形态（托姆斯纤维）；（c）在过渡期，托姆斯纤维退化，成釉细胞长度开始降低；（d）在成熟过程中，成釉细胞从发育中的牙釉质中去除几乎所有的蛋白质，并提供矿物离子以支持微晶生长[7]。

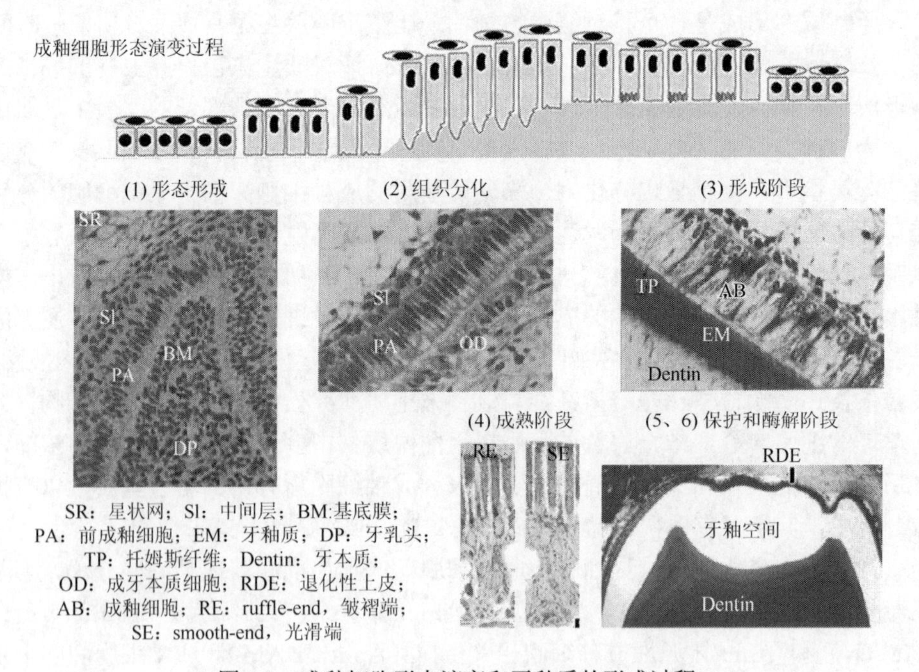

图 5.2　成釉细胞形态演变和牙釉质的形成过程

基于 https://slidetodoc.com/amelogenesis-life-cycle-of-the-ameloblasts-according-to/绘制。

①形态形成阶段：在成釉细胞完全分化并产生釉质之前，它们与相邻的间充质细胞相互作用，决定了釉质牙本质界（dentino-enamel junction，DEJ）和牙冠的形状。在这一形态发生阶段，细胞短而柱状，有大的椭圆形细胞核，几乎填满了细胞体。高尔基体和中心粒位于细胞的近端，而线粒体则均匀分布在细胞质中。在成釉细胞分化过程中，内釉上皮通过一个特定的基膜与牙乳头的结缔组织分离。

②组织分化阶段：在发育的组织分化阶段，内釉上皮与相邻的结缔组织细胞相互作用，后者分化为成牙本质细胞。这一阶段的特征是内釉上皮外观的改变。它们变得更长，细胞远端的无核区几乎与包含细胞核的近端部分一样长。同时，内釉上皮和牙乳头之间的透明无细胞区可能由于上皮细胞向乳头的延伸而消失。因此，上皮细胞与牙髓结缔组织细胞紧密接触，后者分化为成牙本质细胞。前成釉细胞分泌类似于釉质基质的蛋白质；这些蛋白质似乎被发育中的成牙本质细胞吞噬，可能在上皮-间质相互作用中发挥作用。在组织分化阶段的末期，成牙本质细胞开始形成牙本质。只要它与牙乳头的结缔组织接触，它就会从该组织的血管接收营养物质。然而，当牙本质形成时，它就切断了成釉细胞的原始营养来源，从那时起，成釉细胞由周围的毛细血管供应营养，甚至可能穿透外釉上皮。这种营养来源逆转的特点是牙囊毛细血管增生，星状网减少并逐渐消失。毛细血管与中间层和成釉细胞层之间的距离缩短。

③形成阶段：成釉细胞在第一层牙本质形成后进入其形成阶段。在釉质基质形成过程中，成釉细胞保持大致相同的长度和排列。最早的明显变化是成釉细胞表面出现钝细胞（blunt cell）突起，穿透基膜进入前牙本质。

④成熟阶段：釉质成熟（完全矿化）发生在咬合或切牙区大部分釉质基质厚度形成后。在牙冠的颈部，此时牙釉质基质的形成仍在进行中。在釉质成熟过程中，成釉细胞的长度略有减小，并与釉质基质紧密相连。中间层细胞失去长方体形状和规则排列，呈纺锤形。成釉细胞也在釉质的成熟过程中发挥作用。在成熟过程中，成釉细胞在其远端末端显示微绒毛，并且存在含有类似釉质基质物质的细胞质空泡。这些结构表明这些细胞具有吸收功能。成熟阶段，成釉细胞的皱褶端和光滑端分工明确，如图 5.3 所示。

⑤保护阶段：当釉质完全发育并完全钙化时，成釉细胞不再排列在一个清晰可辨的层中。这些细胞层随后形成一层覆盖牙釉质的复层上皮，即所谓退化牙釉上皮。退化牙釉上皮的功能是保护成熟的牙釉质，将其与结缔组织分离，直到牙齿萌生。若结缔组织和牙釉质接触，可能会出现异常。在这种情况下，牙釉质可能被再吸收或被一层牙骨质覆盖。相邻的间充质细胞可在釉质表面沉积纤维状牙骨质。

⑥酶解阶段：退化牙釉上皮增生，诱导将其与口腔上皮分离的结缔组织萎缩，

从而使两个上皮融合。上皮细胞分泌酶，通过酶解作用破坏结缔组织纤维，防止釉上皮过早退化阻止牙齿的萌出。

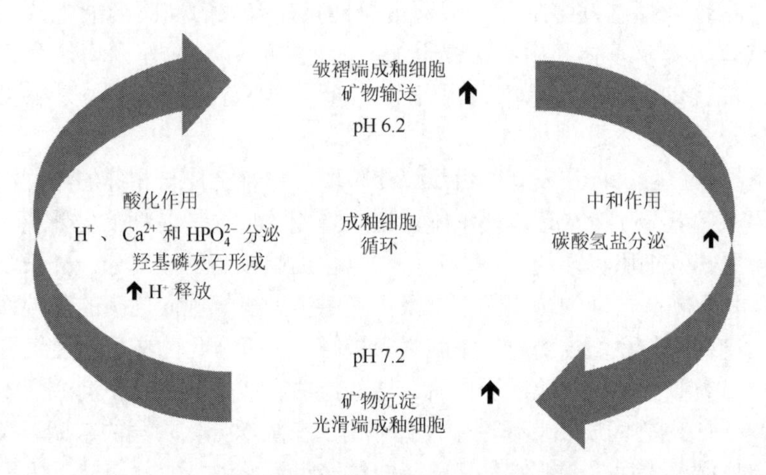

图 5.3　成釉细胞的皱褶端和光滑端的功能

在形态学上，内釉上皮细胞与其他未成熟上皮细胞是无法区分的，但特异性地转录组织相关的釉原蛋白和釉丛蛋白。在重组研究中，冠状区域的牙釉质器官上皮（成釉器）可从不同器官中获得间充质而重组，成釉细胞分化为细长的极化成釉细胞，如图 5.1 所示，同时生化数据也表明早期成釉器表达了成釉细胞的表型。

5.2　体外细胞矿化的细胞源

体外细胞培养中使用的细胞可直接在培养基中由不成熟的完整组织基质（器官培养）获得。它们可能从组织（原代培养）中释放，或者来源于处死动物的组织或肿瘤细胞（细胞系）。还有各种各样的在细胞培养中传代分出的细胞。如不同类型的骨骼，可以从矿物和基质中分离成骨细胞，而不干扰细胞膜。类似的方法也可用于从其他基质中提取其他的细胞。

5.2.1　体外器官培养

历史上，最早的骨骼和牙齿体外培养是使用部分胚胎或牙芽。通常，非矿化胚胎肢体、颅骨或牙齿器官被放置在网格上，相对较短时间内可保存在培养基上。这些系统也可用于研究发育和矿化过程中的基因和蛋白质表达。矿化物的形成通常由组织染色或者 XRD 确定。

体外器官培养的优势在于组织形态得以维持。矿化物的形成和重塑得以维持在器官中进行，培养基等其他条件对其影响小。但器官中可能存在矿化组织，有可能作为体外矿化的晶核进一步生长，影响研究结果。

在 3 mmol/L 磷酸盐存在下，胎儿顶骨（颅骨）在体外培养过程中发生矿化。但当存在 6 mmol/L 磷酸盐或 1～10 mmol/L β-GP 时，在细胞凋亡和碎片区域会出现异位（即未正常部位）矿化物[8]。

牙芽器官培养经常用于牙本质和牙釉质发育。胚胎牙芽，或出生后早期的牙芽都可以用于体外矿化培养。将大鼠 18 d 胚胎前牙取出放置在培养皿中，在牙釉质内皮层注射 BRGD-PA（一种功能肽）；在培养皿中培养一段时间后，通过组织切片，观察到明显的矿化和釉原蛋白的表达[9]。将小牛下颌未萌出的牙取出，刮去表面釉质层和未分化的骨质层，在含有 HAP 的培养基中培养，其分化出的细胞一部分为成纤维状且匀速增殖，另一部分内皮网则生长缓慢。但 3 个月后，成纤维细胞构成层状结构，将 HAP 颗粒包裹起来，同时也出现了 Ca/P 为 1.49 的矿化 HAP[10]。这个研究说明，未萌出的组织仍保持有分化各种细胞的能力，从而形成组织或者器官。器官培养一般在 BGJb 培养基（表 5.2）中培养和矿化，通过放射性元素（$^{45}CaCl_2$ 和 $^{32}PO_4^{3-}$）进行监测，通过光学和电子显微镜观察。牙髓器官培养也可用于产生牙本质和牙釉质[11]。

表 5.2　细胞矿化常用的培养基

培养基	培养体系	Ca	P	Ca×P/(mmol/L)^2	其他可能影响矿化的因素
α-MEM	全部	$CaCl_2$ 1.8 mmol/L	$NaH_2PO_4·H_2O$ 1.0 mmol/L	1.8	
DMEM	全部	$CaCl_2$ 1.8 mmol/L	$NaH_2PO_4·H_2O$ 0.90 mmol/L	1.62	Mg_2SO_4 0.8 mmol/L
DMEM-F12	成骨细胞	$CaCl_2$ 1.05 mmol/L	$NaH_2PO_4·H_2O$ 0.45 mmol/L	0.995	Mg_2SO_4 0.4 mmol/L
DMEM-F12	成骨细胞	$CaCl_2$ 1.05 mmol/L	$NaH_2PO_4·H_2O$ 0.5 mmol		$MgCl_2$ 0.3 mmol/L
BGJb-Fitton-Jackson 改良	成骨细胞	乳酸钙 2.54 mmol/L	$NaH_2PO_4·H_2O$ 4.065 mmol/L	4.1	Mg_2SO_4 0.8 mmol/L
BGJb-Fitton-Jackson 改良	成骨细胞	$CaCl_2$ 1.25 mmol/L	KH_2PO_4 1.0 mmol/L	5	
BGJb-Fitton-Jackson 改良	成骨细胞	乳酸钙 2.54 mmol/L	$NaH_2PO_4·H_2O$ 1.0 mmol/L	4.1	Mg_2SO_4 0.8 mmol/L
BGJb-Fitton-Jackson 改良	成骨细胞	乳酸钙 2.54 mmol/L	KH_2PO_4 1.0 mmol/L		
CMRL	成骨细胞	$CaCl_2$ 1.8 mmol/L	$NaH_2PO_4·H_2O$ 1.0 mmol/L	1.8	Mg_2SO_4 0.8 mmol/L
HAMS-F12	成骨细胞	$CaCl_2$ 0.30 mmol/L	$NaH_2PO_4·H_2O$ 0.86 mmol/L	0.26	$MgCl_2$ 0.6 mmol/L；$FeSO_4·7H_2O$ 0.003 mmol/L

续表

培养基	培养体系	Ca	P	Ca×P/(mmol/L)^2	其他可能影响矿化的因素
OptiMem	全部	$CaCl_2$ 0.91 mmol/L	$NaH_2PO_4 \cdot H_2O$ 1.0 mmol/L	0.91	胰岛素和转铁递蛋白供给
成骨培养基	成骨细胞	$CaCl_2$ 1.8 mmol/L	10 mmol/L β-GP	12.6	100 nmol/L 地塞米松
RPMI 1640	成牙本质细胞	$CaCl_2$ 0.8 mmol/L	5 mmol/L PI	4.00	
低钙高 PI	软组织	$CaCl_2$ 1.0 mmol/L	4 mmol/L PI	4.00	
钙化软骨细胞媒介	软组织	$CaCl_2$ 1.8 mmol/L	5 mmol/L β-GP		1, 25$(OH)_2D_3$ 和 24, 25$(OH)_2D_3$
LHC-9 勒希纳-拉维克媒介-9	成釉细胞				
KGM-2（低钙）	成釉细胞	$CaCl_2$ 0.15 mmol/L	无特定要求		牛脑垂体提取物、人表皮生长因子、胰岛素、皮质醇、肾上腺素、转铁蛋白
高钙培养基		$CaCl_2$ 2 mmol/L			
高葡萄糖 DMEM	成釉细胞	2.5 mmol/L	$NaH_2PO_4 \cdot H_2O$ 1.0 mmol/L	2.5	10%FBS，10 ng/mL EGF，3 ng/mL TGF-β

5.2.2 原代细胞和干细胞

1. 干细胞

成骨细胞来源于骨祖细胞，骨祖细胞来源于骨髓基质中的间充质细胞，也可称为间充质干细胞（MSC）或骨髓基质细胞。首次报道的干细胞来源于被分离的骨髓悬液，悬液滴加种植在扩散室内，培养得到了具有分化功能的细胞，即干细胞[12]。组织染色证实钙化软骨和骨的形成；进一步在聚集培养 MSC 中可得到 HAP 矿物。骨髓悬浮液也能分化成破骨细胞，属于巨噬细胞谱系。在早期广泛的研究之后，骨髓基质细胞成为矿化研究的一个模型细胞，可分析不同物质对矿化的影响。间充质干细胞或骨髓基质细胞的简称均为 MSC，但它们并不都具有相同的功能。胚胎间充质干细胞与胚胎干细胞不同，根据定义，胚胎干细胞具有分化为任何细胞类型的能力，但胚胎间充质干细胞仅限于分化间充质细胞系。在培养基中加入 β-GP、抗坏血酸和 1, 25$(OH)_2D_3$，MSC 分化成骨细胞并形成矿化基质表达早期骨相关因子[13]。在生长因子的作用下，MSC 还可分化形成成纤维细胞、软骨细胞、脂肪细胞、造血细胞和成骨细胞等。目前，不同组织来源的 MSC 被广泛用于骨研究。MSC 的主要优点是容易获得，可以通过标准细胞培养技术分离，具有多能性，而限制因素是干细胞传代几代后细胞迅速衰老。骨髓间充质干细胞（BMMSC）可来源于脐带血、皮肤、牙齿、外周血和肝脏脂肪组织。值得注意的是，脐带间充质干细胞具有较高的增殖率和更小的代数，意味着它们可以传代多次存活。

牙髓干细胞分化为成牙本质细胞，在含有10%胎牛血清的DMEM中，加入牙本质提取物、10 mmol/L β-GP和抗坏血酸，可形成矿化基质[14]。

2. 原代细胞

研究培养中矿化的成骨细胞最常用的是胎儿颅骨细胞。原代成骨细胞也可以从长骨和骨膜中提取。这些细胞通常是通过酶消化弱结晶颅骨而来，也可以来自体外器官培养后释放。各种成年和幼年动物（羊、大鼠、小鼠等）的长骨（股骨和胫骨）以及胎儿或新生动物的颅骨都可以用来提取原代细胞。但物种、年龄和提取部位的不同，会得到不同数量、不同活性的原代细胞。相比而言，新生动物颅骨提取的细胞传代能力比长骨部位提取的细胞好；但成年动物长骨中的成骨细胞表达的ALP水平更高[15]。

原代成骨细胞的矿化培养可分为两个阶段：第一阶段为细胞增殖阶段，此过程不依赖于β-GP；第二阶段为矿物沉积，需要β-GP的干预，剂量响应范围为1～14 mmol/L β-GP；β-GP在培养基中，8 h后会发生水解；矿化过程同样可以由2～5 mmol/L无机磷酸盐引发和维持。矿化培养第一阶段可能在细胞生长过程中被碱性磷酸酶的抑制所阻断，但是第二阶段不会。

最初的成牙本质细胞原代培养使用的方法来源于骨生物学，即从牙髓中获得细胞。成年雄性大鼠切牙的牙髓组织矿化实验证实，在最少含有5 mmol/L β-GP的“成骨培养基”中会产生矿化；牙髓组织在类似的培养体系中4 mmol/L β-GP也产生了矿化。但无地塞米松和β-GP，成牙本质细胞无法形成矿物沉积[16, 17]。

对于钙化软骨，软骨细胞通常是从年轻动物的生长板中或者肋骨的非钙化区域分离。缺乏维生素D会抑制软骨钙化，佝偻病动物可提供软骨细胞。在含有β-GP或无机磷酸盐的培养基中培养这些细胞，加入的无机磷酸盐和维甲酸（用于诱导碱性磷酸酶表达）或抗坏血酸（刺激基质形成），导致矿物沉积。

据报道，原代培养的成釉细胞能保持分化体外表型，包括成釉细胞特异基因与钙化形成的可能性结节，但增殖能力受到限制[18]。

5.2.3　细胞系

细胞系可复制相同基因的细胞。在相同条件下生长时每次的表型都相同，因此它们对于不同的基因或化学修饰对矿化的研究非常有用。然而，因为它们是细胞系，不能像器官一样能全面反应体内的情况，甚至不如原代细胞。这些细胞系通常由肿瘤细胞或病毒复制，无法提供与原代细胞相同的调控功能。

有许多间充质细胞系可以分化为成骨细胞和软骨细胞，主要有 ATDC5、C3H10T1/2、HEPM（human embryonic palatal mesenchyme）、125 HFOB（human fetal osteoblasts）、MC3T3-E1、2T3、OCT-1、ROS 17/2.8、Saos-2、TE-85 和 UMR 106 等。像 Saos-2 和 MG63 细胞系，它们来源于骨肉瘤和一些成骨细胞系 MC3T3-E1 等，可提供更大的再现性和扩增性。人骨源性细胞培养中也观察到钙结节的形成，但与动物骨细胞培养中发现的情况一样，矿化必须在 β-GP 存在下发生。在长效抗坏血酸类似物 Asc-2-P 的作用下，晶核的形成和矿化可以在缺乏 β-GP 的情况下发生，但在人骨源性细胞培养中形成的钙结节尚未证明它们具有类似于体内形成的骨的特征[19]。从新生小鼠分离克隆 MC3T3-E1 细胞表达所有骨表型因子，代表成熟的成骨细胞，但需要添加剂（成骨细胞培养基或 BMP-2）以形成 HAP 矿物质。在这个体系中 β-GP、抗坏血酸和地塞米松不是必需的添加剂。OCT-1 细胞分化良好，培养时从大鼠颅骨分离的成骨样细胞，在支架上可沉积 HAP 矿物。小鼠骨肉瘤细胞系（ROS 17/2.8）在矿物离子的存在时分化，采用 TGF-β 生长因子，并在 β-GP 富集钙的情况下，没有发现形成矿物，但有骨钙素的表达（通常是矿物质的标志）。体内实验中，用电子显微镜观察到 ROS 17/2.8 细胞中有矿物颗粒的存在。SaOS-2（人）和 UMR106（大鼠）细胞均来自骨肉瘤的衍生细胞，4 mmol/L 无机磷酸盐或 5～10 mmol/L β-GP 存在时，两者都有矿物质沉积[20-22]。

比较胎鼠的颅骨和长骨原代成骨细胞和 UMR106 细胞的体外矿化能力，可以发现：所有的培养物都包含矿物。碱性磷酸酶活性在胎鼠颅骨细胞中基本缺失。体外培养中，颅骨细胞保持比 UMR106 细胞低的碱性磷酸酶活性，但在 UMR106 细胞和长骨的细胞中未检测到胶原纤维形成（和矿化）[23, 24]。

在骨钙素调控下，从转基因小鼠的长骨中克隆建立成骨细胞系 MLO-A5。骨钙素 mRNA 的表达一般在矿化前，但这种蛋白质在此细胞系矿化过程中也有表达。矿化中碱性磷酸酶水平较低，但有含量较高的骨表型标记物如 DMP-1、E11 和连接蛋白 43，而且矿化在培养基中自发进行[25, 26]。

关于成牙本质细胞系矿化的详细研究较少。Magne 等[27]用 FTIR 分析了 M2H4 大鼠成牙本质细胞系中的矿化。细胞在 α-MEM 中培养，在 pH 为 7.3 的培养基中添加 3 mmol/L 无机磷酸盐、10 ng/mL TGF-β1 和 100 ng/mL BMP-4，形成矿化基质。FTIR 光谱表征矿物谱图与大鼠牙本质相同[27]。

Panagakos 转染了含有 SV40 腺病毒结构人牙髓原代细胞培养物；随后，用小鼠 MO6-G3 系分化牙髓细胞都获得成功[28]。M2H4 细胞系在 3 mmol/L 无机磷酸盐的存在下可以矿化。George 等开发了一种端粒酶永生化的细胞系，有很高的增殖潜能，并能产生体外矿化基质（基于 von Kossa 染色）[29]。采用猪的牙髓分化永生化成牙本质细胞，这种细胞系可以矿化形成钙结节和表达牙本质特异性标记物牙本质涎蛋白（DSP）和牙本质基质蛋白-1（DMP-1）[30]。

多能性 C3H10T1/2 细胞可分化为成骨细胞、软骨细胞、脂肪细胞、成牙本质细胞。每种细胞类型的诱导因子都不同。在矿化培养中，外源性 BMP-2 和腺病毒表达 Runx2 都可用于分化成骨细胞，生长因子 BMP-2 用于分化软骨细胞，成牙本质细胞则用 Wnt10。

还有一些用于研究矿化的成釉细胞系。用 SV40 或多瘤病毒的 T 抗原永生化成釉细胞系，但这些细胞的培养物未发现矿化。相反，Nakata 等使用低钙（0.2 mmol/L）培养基加入 2.5 mmol/L 的钙来培养自发永生化细胞系，表达釉原蛋白、釉丛蛋白、釉蛋白和沉积矿物[31]，由此说明培养基中的钙含量对矿化物的形成非常关键。

5.3　体外细胞矿化的培养体系

细胞矿化首先要保证细胞正常的生长和增殖，因此采用的培养基和培养方式和常规的细胞培养基本一致，但由于细胞培养过程中要产生矿化物，因此要对培养基和培养方式进行一些调整。

5.3.1　矿化培养基

1. 基础培养基

常规的培养基首先要保证细胞的营养。表 5.2 列出了细胞矿化常用的培养基。从表可以看出，为了研究矿化，使用 BJGb 培养基和没有 Fitton-Jackson 改良的 DMEM 培养基及其改性培养基的研究比较多。

低磷酸盐培养基通常用于软骨细胞培养，成骨培养基用于成骨细胞和成牙本质细胞培养。成骨培养基一般含有 10%胎牛血清（FCS）、10 nmol/L 维生素 D 与 DMEM；在该培养基中，没有添加任何磷酸盐，但间充质细胞可以表达成骨细胞相关因子。相似地，软骨细胞培养也会发生矿化。在后来的研究中，成骨培养基采用 1～100 nmol/L 地塞米松或维甲酸、10 mmol/L β-GP 和 50 μmol/L 抗坏血酸添加到基础培养基中配制而成。一般地，成骨培养基被定义为 100 nmol/L 地塞米松、10 mmol/L β-GP 和 50 μmol/L 抗坏血酸。地塞米松可以促进细胞增殖和表达成骨标志物。

培养基中 Ca×P 和其他无机盐的含量决定了矿化在没有细胞或者基质的条件下是否发生。从表 5.2 可以明显看出，这些培养基中的变量主要是 Ca×P 和 Ca/Mg。因为，在 pH 为 7.4 时，溶液中的 Ca×P 离子积超过 5.5 $(mmol/L)^2$ 将沉淀，除非存在矿化抑制剂，很明显，大多数细胞培养中使用的培养基是相对于 HAP 的过饱和钙磷盐。由于研究的需要，在特定的培养基避免添加血清（增加钙浓度，提供矿化抑制剂和促进剂，以及有益生长因子），如 ITS（胰岛素、转铁蛋白、硒）或其他血清补充剂。在添加钙或无机磷酸盐（或磷酸盐来源）的基础培养基中，为确保这些培养基不会对 HAP 过饱和，确保观察到的矿物沉积不是人工合成的产物，空白培养基在没有细胞的情况下应该没有矿物形成。然而，如果碱性磷酸酶存在，加入的 β-GP 会导致矿物沉积，即使不存在细胞。

β-GP 作为磷酸盐来源使用时，其使用浓度要特别注意。假设水解率为 80%，如果细胞产生碱性磷酸酶，该溶液将含有高于 8 mmol/L 的磷酸盐。大多数培养基中的钙含量超过 1 mmol/L，HAP 的沉积就不可避免而且是非生理性沉积。无机磷酸盐和其他磷酸盐来源、ATP、磷酸乙醇胺等均可用较低的含量提高磷酸盐浓度，但必须注意的是，培养基本身不会导致磷灰石沉淀。β-GP 作为磷酸盐来源时，浓度应控制在 2～10 mmol/L。添加 10 mmol/L 的 β-GP，矿物沉积明显，因此 10 mmol/L 成为经典的成骨培养基中 β-GP 的浓度。然而，如果碱性磷酸酶添加到该培养基中，在不存在细胞或其他基质时，矿物沉积也会发生。因此，许多成骨培养基要用物理或者化学的方法证明碱性磷酸酶活性存在于培养基中，而不是生理性磷灰石中。另一种方法是在培养基中加入碱性磷酸酶抑制剂，这将阻止 β-GP 的水解，可以在培养体系实现矿化[32, 33]。

β-GP 是成骨细胞培养中骨诱导液的主要成分，成骨细胞在含有 β-GP 与抗坏血酸的矿化培养基中培养所形成的骨结节或骨基质能够矿化[34, 35]。研究表明，β-GP 的酯键在成骨细胞分泌的 ALP 作用下解离出磷酸根离子，为细胞的矿化提供磷源[36]。研究表明基础培养基 α-MEM 添加 Ca-GP（甘油磷酸钙）可以作为细胞矿化的钙磷源进行细胞调控矿化[37]。研究表明细胞矿化过程中添加一定量的抗坏血酸有助于矿化过程中胶原蛋白纤维的形成[38]。体成骨细胞 MC3T3-E1 作为种子细胞在无模板基质条件下进行细胞矿化培养基的探究结果表明，低浓度（≤5 mmol/L）的 Ca-GP 对成骨细胞的增殖没有影响，5 mmol/L Ca-GP + 50 μg/mL 抗坏血酸矿化培养基促进细胞的增殖，而高浓度（≥10 mmol/L）的 Ca-GP 则对细胞具有明显抑制作用。低浓度（≤7.5 mmol/L）的 Ca-GP + 50 μg/mL 抗坏血酸的矿化培养基能促进 ALP 表达；高浓度（≥10 mmol/L）Ca-GP + 50 μg/mL 抗坏血酸的矿化培养基抑制 ALP 的表达。综合细胞增殖和 ALP 活性试验，如图 5.4 所示，矿化培养基成分为 5 mmol/L Ca-GP + 50 μg/mL 抗坏血酸的促进效果最好。添加的 Ca-GP 和抗坏血酸双组分均能促进细胞的矿化，形成羟基磷灰石 HAP[37]。

骨髓基质细胞培养中，β-GP 浓度在 1～3 mmol/L 范围内不会改变矿物特性，因此，在 β-GP 水平较低的培养基中（当 Ca×P 低于过饱和离子积时），β-GP 是无机磷酸盐最可能的来源。然而，高浓度的 β-GP 会发生水解，从而导致培养基内 Ca 和 P 离子超饱和，形成磷酸钙盐，破坏了原有的细胞矿化体系。

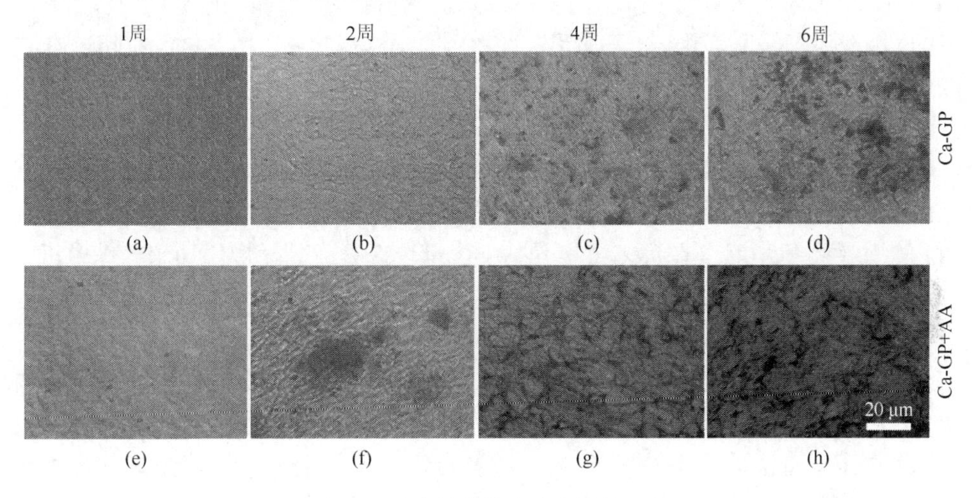

图 5.4 矿化培养基中矿化物的形成

MC3T3-E1 细胞在 5 mmol/L Ca-GP（甘油磷酸钙）和 5 mmol/L Ca-GP + 50 μg/mLAA（抗坏血酸）矿化培养基中培养 1 周、2 周、4 周和 6 周的 von Kossa 染色。

成釉细胞和成牙本质细胞的培养也经常使用成骨培养基，但其机理尚不清楚。在所有细胞培养中，都有矿物沉积，表明培养体系中有一定的碱性磷酸酶活性。Besten 等建立了前成釉细胞生长的培养基和成釉细胞的培养基 LHC-9 介质；它们也用于上皮细胞，细胞聚集培养表现出釉原蛋白和成釉蛋白的分泌[18]。从胚胎牙芽中释放出的上皮细胞，使用 KGM-2 培养基，添加或不添加含 0.05 mmol/L 钙的血清，都观察到分泌釉质形成的标志物，但无间充质干细胞的标志物[39]，因而在大鼠胚胎磨牙体外培养中，β-GP 的加入同样会有矿化作用。但是，在成釉细胞介导的矿化作用中，最初的研究发现，在不添加磷酸盐的情况下，在 α-MEM 中会发生矿物沉积。因此，矿化培养基的选用与细胞的种类和来源等各种条件相关。

2. 添加剂

体外细胞培养研究矿化的优势之一是可以改变矿化环境，探讨各种因素对矿物沉积可能的影响。通常培养基中加入血清（提供所需的生长因子）或混合几种特定生长因子。其中一些生长因子，以及血清中的蛋白质会影响矿化过程，但重要的是要验证观察到的矿化效果，而不仅仅关注添加剂与矿物间的相互作用。在培养中，可以改变氧气压力、pH 或阻断特定基因的表达来推测这些因素在诱导矿物形成或调节矿物晶体生长方面可能的作用。

（1）血清

大多数培养系统包括 10%～20%的牛或胎牛血清，而大多数研究使用 10%的胎牛血清。加入血清有助于细胞的生长和分化。但胎牛血清和牛血清钙的含量是多变的，因此要确保全培养基（添加了各种物质的培养基）中总 Ca×P 没有超过 HAP 的过饱和离子积。

（2）抗生素

为防止细菌和真菌生长，通常将抗生素（青霉素和链霉素）和抗真菌药（真菌酮）添加到培养基中。这些试剂通常不影响培养基中的矿物离子浓度。一些代谢物，如将谷氨酰胺（在大多数培养基中含量较低）或葡萄糖添加培养基中可以加速新陈代谢。

（3）其他添加剂

为了解决有关生长因子影响的问题，如细胞信号转导，或矿化的特定蛋白质，可以外源性地添加受体阻抗剂，改变信号，沉默 RNA 或病毒转录，包括改变病毒表达，或添加阻断的抗体来检测特定蛋白质的功能。这些添加剂都不会改变培养基中的无机离子的过饱和度，它们可以改变矿物沉积速率和基质的物理化学性质。尽管添加剂通常不会改变过饱和度，但非矿化培养中还是要控制添加剂的加入。表 5.3 提供了部分添加剂[22]，在矿化培养中会导致矿物形成。

表 5.3　细胞矿化常用添加剂

因素	体系	对矿化影响
TGF-β	骨祖细胞	抑制
FGF	骨祖细胞	抑制
FGF-2	牙芽	抑制
1, 25$(OH)_2D_3$和 24, 25$(OH)_2D_3$	骨祖细胞	增强
BMP-2	MC3T3，骨祖细胞	增强
BMP-6	软骨细胞	增强
BMP-7	软骨细胞	抑制
地塞米松	成骨细胞，成牙质细胞，软组织细胞系，MSC	增强或抑制（取决于细胞成熟度）
雌激素	骨器官培养	增强
IL-1b	牙周韧带细胞	抑制
IL-6	成骨细胞	抑制
LMP	间充质干细胞	增强
瘦素	干细胞	增强
护骨素	牙芽	抑制

续表

因素	体系	对矿化影响
PTH	MC3T3-E1 细胞	增强
	原代软骨细胞	增强
	软骨细胞	减缓
PGE-2	成骨细胞，成本质细胞系	增强
叶酸	成骨细胞，牙周韧带细胞	抑制
	软骨细胞，成骨细胞系	增强、抑制
Runx2	成骨细胞	增强

5.3.2　培养方式

1. 融合培养

体外培养细胞生长达到相互接触，布满整个培养皿表面积的细胞培养，称为融合培养。单个细胞可以通过多种方式被分离培养后的基质矿化。细胞增殖到融合（即 100%铺满培养板），细胞通常会停止生长。当细胞增殖时，有些细胞是铺展的处于高密度状态或悬浮状态，有些在载体中，也有在滋养培养基质上，在适当的培养基中，上述情况都可以产生矿化基质。

有些细胞在一个特定的环境中培养增殖，细胞相互融合后才能形成单层矿化膜。比如成骨细胞培养和软骨细胞如 ATDC5 细胞培养。培养的细胞通常形成基质小泡（膜结合体从细胞体中起泡，为初始成核提供保护环境），细胞外基质和培养物通常在 3～5 周内矿化，由于细胞类型不同而略有差异。

2. 悬浮培养

悬浮培养指的是一种在受到不断搅动或摇动的液体培养基里，培养单细胞及小细胞团的组织培养系统，是非贴壁依赖性细胞的一种培养方式。在悬浮培养中，已经证明软骨细胞将形成细胞聚集体，其更像“组织”。这些软骨细胞将产生基质，然后在基质中矿化。胚胎干细胞悬浮培养可形成胚胎，可以继续分化成一个成骨细胞系而矿化。在某些情况下，将胚胎体保留在培养基中，然后破碎，以便将它们分化成成骨细胞系。当它们分化出肥大软骨细胞或类成骨细胞时，就具有了矿化潜力。

3. 高密度培养

最常见的高密度培养类型是微团培养。在该系统中，高密度的细胞铺展在体积很小的培养基中，经过几个小时的黏附后添加培养基。该方法已广泛用于雏鸡原代三维培养和一些小鼠培养。XRD、TEM 和 FTIR 证实，在存在无机磷酸盐或 2.5 mmol/L β-GP 时，都会产生矿化。

4. 微囊培养

在许多培养体系中，细胞的形态对基因的表达和基质的产生起着重要的作用，因此需要提供支撑空间维持细胞的形态。Lira 和 Sun 于 1980 年提出生物微囊概念；用一层亲水的半透膜将细胞包围在珠状的微囊里，细胞不能逸出，但小分子物质及营养物质可自由出入，保证了细胞正常的新陈代谢。细胞在微囊内呈三维立体多细胞聚集生长，保持其原有的形态。微囊的膜材料一般为琼脂、海藻酸和具生物相容性的高分子水凝胶。微囊的大小要易于注射，同时可以维持细胞的增殖和基质的分泌。

采用这种方法，很多细胞得到有效的输送或生长。海藻酸和胶原基的胶囊可用作分化的细胞培养。这些系统基于这样一个概念：由三维基质维持的细胞将分化为成熟的软骨细胞或成骨细胞。已经证明这种方法，可以促进分化，同时防止这些细胞向成纤维细胞的分化。微囊培养有利于细胞向成骨系分化，根据组织化学、微型 CT 和 FTIR 分析，在旋转生物反应器中封装在海藻酸微囊中超过一个月的小鼠胚胎干细胞在 10 mmol/L β-GP 下仍然存在矿化。因此，微囊化较好地把细胞保护在微囊中，维持了其本来的功能[40]。

5. 动态培养

动态培养是指结合了 3D 培养和动态细胞培养的技术，这种方法为 3D 细胞培养提供营养物质并去除代谢产物，更利于 3D 细胞的生长。除了有效的介质循环之外，动态三维生物反应器还有一个额外的优势，即最大限度地减少处理步骤，从而减少对组织的潜在污染。

3D 动态培养一般在生物反应器中进行，生物反应器有旋转式、灌流式和微流控式。采用旋转式动态三维培养结合可控管道结构支架体外构建骨的研究中，兔颅骨成骨细胞接种支架后分别进行旋转培养和静态培养 7 d、14 d 和 21 d 后，细胞增殖、细胞葡萄糖日耗量和细胞碱性磷酸酶活性的检测结果表明，旋转培养组细胞的增殖、代谢、成骨分化等均显著优于静态培养组，能量色散 X 射线谱分析显示细胞分泌磷酸钙基质[41]。灌注生物反应器将培养基输送至细胞接种的多孔支架，其主要目的是改善化学转运。灌注流量增加细胞数量、三维支架内的渗透和生存能力，并增加氧气输送水平，导致基因表达上调，蛋白质含量增加和矿化[42, 43]。有的系统经过改进，还可以开展成骨细胞和软骨细胞的共培养[44]。将骨细胞负载在三维空间培养的构想对于体外组织形成至关重要。采用三维微流控灌注培养基，可以大大提高营养物质的扩散速率。

体外培养的骨细胞对各种不同的机械信号（包括流体流动和剪切应力）有反应。采用具有三维微结构通道聚二甲基硅氧烷（polydimethylsiloxane，PDMS）微器件，将小鼠颅骨成骨细胞 MC3T3-E1 以每毫升 2×10^6 个细胞的速度接种，并以 0 μL/min、5 μL/min、35 μL/min 的流速输送到生物反应器中，细胞在设计的装置中附着和增殖良好。剪切应力值低于 5 MPa 时，1～2 周内细胞存活率约为 85%。在静态和动态流量为 5 μL/min 的情况下，与 PDMS 涂层培养皿中的平板静态培养相比，微装置内的碱性磷酸酶活性分别提高了 3 倍和 7.5 倍[45]。因此，成骨细胞可以在动态条件下在微装置内成功培养，其 ALP 活性增强，利于矿化。这些结果对于骨细胞的生长以及将来使用更大的三维微流控微设备进行硬组织再生研究具有重要意义。

5.3.3　培养基质（支架）

培养基质（支架）主要用于提供体外培养系统的机械支持。它们可以为细胞矿化构建类骨质，提供二维或三维支撑，帮助传递生长因子和其他添加剂，并根据支架的化学和物理特性促进细胞和基质的生长。支架的材料、结构及表面状态也对细胞骨架的形态、黏附、基因表达和基质矿化有影响。

1. 塑料培养板

大多数矿化研究都是在培养板中进行的，培养板聚苯乙烯制成。最常见的是细胞的单层培养矿化。商业上可用涂层表面改善矿化细胞培养时的附着和矿化。这些涂层包括层粘连蛋白、I 型胶原、纤连蛋白和基质凝胶（一种含有生长因子的基底膜基质）。这些涂层中的蛋白质具有细胞结合的多肽（RGD）序列的结构域，有助于细胞黏附。与未涂涂层的培养板相比，用 I 型胶原、纤连蛋白和基质凝胶改性的组织培养板明显促进了矿化[46, 47]。

2. 高分子

细胞体外生长和分化的高分子，二维和三维材料种类繁多，其中许多是可吸收降解的支架，具有生物相容性，可支持细胞生长和基质分泌组装。按组成可分为天然高分子材料胶原、壳聚糖和海藻酸等，人工合成高分子材料聚丙交酯（PLA）、聚丙交酯-羟基乙酸共聚物（PLGA）等。在骨组织工程中，PLA、PLGA、壳聚糖膜或支架已被证明支持成骨细胞的黏附和增殖[48]。但除胶原外，其他材料用于体外细胞矿化的研究中还比较少，大多数的研究都止步于细胞培养 7 d、14 d

或 21 d。细胞在材料上培养 7 d，可以基本确定其生物相容性，以及支架能否维持细胞的正常增殖。细胞在材料上培养 14 d，一般可以检测与骨相关的因子表型，比如 ALP、胶原、骨钙素等。与 MSC 共培养的研究，一般会培养 21 d 或者以上，干细胞分化为成骨细胞后才能表达各种与矿化有关的因子。我们的研究证实，人骨髓间充质干细胞（hMSC）在胶原膜上培养 4 周后，表型明显地矿化，而矿化的启动可能是在 14 d，因此此时 ALP 含量最高。为提升这类支架的矿化性能，通常加入 HAP，构成 HAP 与高分子的复合材料；高含量的 HAP 能刺激细胞分泌更高含量的胶原，并维持培养基中高钙的含量，可能有助于矿化[49]。或者加入各种生长因子如 BMP-2 和 TGF-β，以及生物活性药物，如柚皮苷来促进矿化[48]。

胶原是骨基质的基本成分，是构建成骨支架的理想天然高分子材料。骨组织的形成主要包括两个过程，第一步是骨化中心内的成骨细胞分泌细胞外基质（主要为 I 型胶原）形成类骨质结构，第二步是类骨质钙化为骨组织[50]。在骨重建过程中，最初形成的类骨质中胶原自组装为有序化的胶原纤维结构，呈液晶型。类骨质结构是骨中间部位成熟骨组织与骨膜间的薄膜，成骨细胞等细胞负载在类骨质薄膜上调控骨组织形成[51]。类骨质上有序化的胶原纤维提供了矿物沉积的模板，矿化后的类骨质即为成熟骨组织，同时，这种有序化生物环境是调控后续的成骨细胞成骨活动的模板。成骨细胞整齐地排列在类骨质模板上，在类骨质调控下，成骨细胞形成新的骨组织，直至骨缺损部位重建完成[51, 52]。重建的骨组织具有完美取向的分级结构，这种完美结构源于类骨质模板对细胞的调控作用及成骨细胞的成骨功能。应用剪切力法可以仿生构建仿类骨质模板（Os-template），制备的胶原纤维高度平行有序，呈液晶型，与骨组织的类骨质结构类似。成骨细胞在 Os-template 上呈平行有序排列，Os-template 胶原纤维平行有序的拓扑结构促进 MC3T3-E1 细胞的黏附，通过接触引导使细胞取向生长，同时促进细胞的增殖。Os-template 同时促进 Col I 的分泌：取向生长的成骨细胞分泌的胶原自组装形成致密平行有序化三维纤维网络类骨质结构，Os-template 通过促进细胞相关成骨因子如 ALP、OCN 和 Runx2 的表达，调控 HAP 在胶原纤维上的组装，如图 5.5 所示，经过长时间的模板调控细胞矿化，成骨细胞体外合成类骨成分和结构的分级有序的矿化类骨结构，这种结构实现了细胞分泌的胶原原纤维分子的纳米自组装（几纳米）、矿化物与胶原原纤维的纳米组装（约 100 nm）和矿化胶原纤维的有序组装（微米级）[37]。

3. 表面拓扑结构

基质材料表面的拓扑结构会影响成矿作用。凹槽状聚苯乙烯通过成骨样细胞的排列影响分泌胶原的排列，微图案或粗糙的生长表面促进细胞矿化。各种报道的矿化效果因所使用的微槽或纳米槽的类型而异，凹槽的大小可以从毫米级到纳米级不等，矿化基质排列和骨结节形成的差异取决于凹槽的大小和类型。Lincks 的研究小组已经证明，与光滑表面相比，粗糙钛表面上的 MG63 细胞具有更分化的成骨细胞表型，碱性磷酸酶活性和骨钙素生成能力更强[53]。钛表面修饰不同形貌的 HAP（如纳米针、纳米叶、纳米支架、纳米管），植入体内后，骨整合性能差异很大，其中纳米叶的骨整合性能最好[54]。由于表面形貌可能影响分化、基因表达和基质形成，因此在骨组织工程技术和骨整合研究中可能具有重要意义。但对于具体表面拓扑结构的构型与成矿能力的对应性仍不清楚。

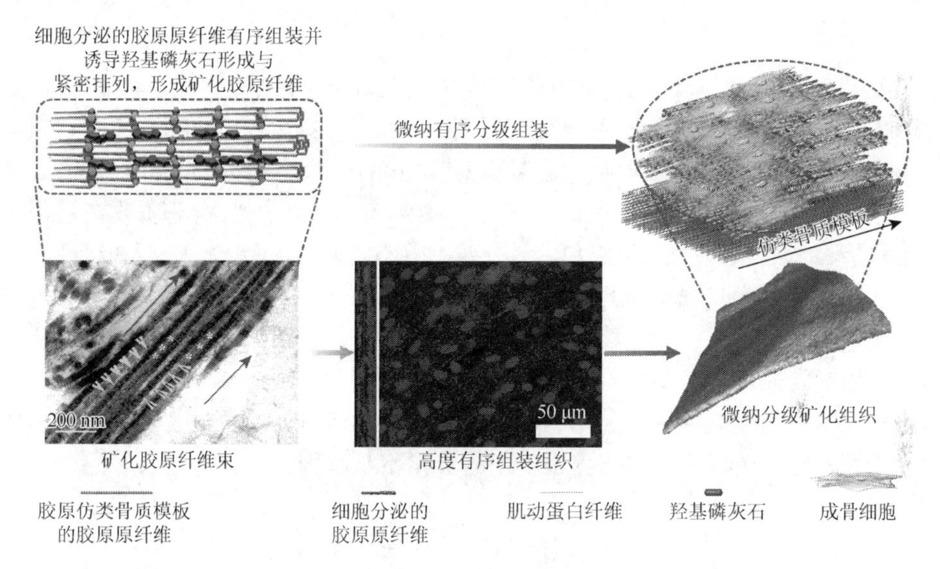

图 5.5　成骨细胞在仿类骨质模板调控下形成多级有序矿化类骨结构（后附彩图）

成骨细胞在 Os-template 上取向生长，调控生成多级有序的矿化类骨结构。

纳米界面可以调控间充质干细胞（MSC）的分化，这为工程干细胞治疗和避免复杂的细胞重编程提供了新的策略。然而，对于间充质干细胞对纳米形貌力学敏感特性以及纳米形貌工程对干细胞定向分化的潜在生物物理联系的机制仍然不明确。Qian 等在没有地塞米松的情况下，通过纳米形貌玻璃基质促进 hMSC 的成骨分化，hMSC 通过调节黏附、细胞骨架张力和 TAZ 的核激活（TAZ 是 hMSC 的转录调节因子，具有盘状同源区域结合基元），感知并响应表面纳米形貌，证明了纳米界面具有推进骨工程细胞治疗方面的潜力，并强调了纳米形貌对 hMSC 生物物理响应的作用[55]。此外有研究表明各向异性支架还可以改善血管对其内部的侵袭，增加氧气和营养物质对细胞的供应，从而促进血运重建和骨长入[56]。Zhu 等利用光刻技术和电感耦合等离子体干蚀刻技术，在钛基板上精确制作形状和尺寸控制的微图案，进行成骨细胞接触导向的高通量体外研究，在体外系统研究了表面形态尺寸、细胞形态特征、增殖和成骨标志物表达之间的相关性，研究表明微槽纹路参数对成骨细胞增殖几乎没有影响，但对细胞形态、定向、黏附形成和成骨分化有显著影响[57]。特别是脊宽为 3 μm、沟宽为 7 μm、沟深为 2 μm 的特定纹路，通过调节肌动蛋白的分布可以最有效地对齐细胞，形成各向异性的肌动蛋白细胞骨架，从而促进成骨分化。体内微计算机断层扫描和组织学分析表明，优化后的拓扑结构明显促进新骨形成，从而为骨科和牙科种植体的表面结构设计提供了见解，以增强骨骼再生。

4. 脱矿骨和陶瓷

脱矿骨和陶瓷都可被用作体外细胞矿化的基质材料和支架。脱矿骨基质（DBM）被认为是一种有效的骨替代材料，由于骨形态发生蛋白的存在，它显示出成骨潜能。在体外实验中，显著提升 ALP 的含量。用 10 mmol/L β-GP、抗坏血酸和胎牛血清培养的大鼠成骨细胞，陶瓷表面形成的细胞基质致密层由一层胶原蛋白和一层矿物晶体组成。另外，使用不含磷酸盐陶瓷培养人成骨细胞，不添加任何添加剂（抗坏血酸、骨钙素、地塞米松），在钙结节形成前也会沉积Ⅰ型胶原。

磷酸钙陶瓷由于其组成与自然骨组成相近，因此广泛应用于骨修复中。体外的研究基本上与细胞的黏附、增殖和分化相关。由于细胞培养矿化产物与磷酸钙的成分太相近，所以在细胞培养中产生的矿化不易鉴别[58]。

5.4　小　结

细胞是组织再生修复的主角，细胞矿化系统的目的是模拟体外原位组织的形成过程，体外探究矿化组织相关的细胞矿化功能有助于探讨硬组织形成的机制，为组织再生修复提供借鉴。

骨被认为是一种具有多种功能的复杂组织，包括为运动提供必要的机械强度，传递力量分布和保护内脏器官。这些不同的功能依赖于多种不同的细胞和动态的细胞外基质的参与。这使得研究体外骨再生及其相关功能更加复杂和更具挑战性。体外骨模型成功的一个关键条件是，工程的细胞外基质应与体内骨系统相似。这不仅涉及成骨细胞、破骨细胞和骨细胞的功能表现，还涉及 NCP 的参与。但目前的细胞矿化研究，基本还停留在成骨细胞等具有矿化功能的细胞的培养阶段。得到的矿化产物往往呈聚集的钙结节状态，尽管在组成上与自然骨相似，但结构上相差很大。一些矿化培养系统从预先形成的基质和其他物质开始，通过矿化细胞的分化、增殖和表达，最终目标是形成一种类似自然产生的骨组织结构，希望体外细胞形成的矿化组织结构可用于修复和替代原生组织[10]。

此外，细胞矿化过程，各种细胞以及细胞外基质的相互作用并没有开展探讨，因此在矿化机理、仿生构建以及组织再生方面应用都有其局限性。

类器官培养是模拟体内环境的较好选择，有报道称其增强了成骨差异[59]。球体具有圆形的形态和三维环境，允许更好的细胞-细胞相互作用。微囊培养增强了基质沉积和成骨分化，接近体内系统。但体外培养大球状体或支架的主要障碍是缺乏血管化，导致营养物质、氧气和代谢物在支架内的扩散受限，而且其并不具有细胞外基质的结构。我们前面所采用的仿类骨质结构在三维空间上有一定局限性。采用新兴的 3D 打印技术，构建多级有序的支架结构，结合经典的骨细胞培养三维生物反应器系统，将会在很大程度上克服目前体外细胞矿化研究存在的局限性。

参 考 文 献

[1] Borciani G，Montalbano G，Baldini N，et al. Co-culture systems of osteoblasts and osteoclasts：Simulating *in vitro* bone remodeling in regenerative approaches[J]. Acta Biomaterialia，2020，108：22-45.

[2] Capulli M，Paone R，Rucci N. Osteoblast and osteocyte：Games without frontiers[J]. Archives of Biochemistry and Biophysics，2014，561：3-12.

[3] Tresguerres F G F，Torres J，Lopez-Quiles J，et al. The osteocyte：A multifunctional cell within the bone[J]. Annals of Anatomy，2020，227：151422.

[4] Sims N A，Vrahnas C. Regulation of cortical and trabecular bone mass by communication between osteoblasts，osteocytes and osteoclasts[J]. Archives of Biochemistry，2014，561：22-28.

[5] Boskey A L，Roy R. Cell culture systems for studies of bone and tooth mineralization[J]. Chemical Reviews，2008，108：4716-4733.

[6] He L，Hao Y，Zhen L，et al. Biomineralization of dentin[J]. Journal of Structural Biology，2019，207（2）：115-122.

[7] Smith C E L，Poulter J A，Antanaviciute A，et al. Amelogenesis imperfecta；Genes，proteins，and pathways[J]. Frontiers in Physiology，2017，8：435.

[8] Gronowicz G，Woodiel F，Mccarthy M B，et al. *In vitro* mineralization of fetal rat parietal bones in defined serum-free medium：Effect of β-glycerol phosphate[J]. Journal of Bone and Mineral Research，2009，4（3）：313-324.

[9] Huang Z，Sargeant T D，Hulvat J F，et al. Bioactive nanofibers instruct cells to proliferate and differentiate during enamel regeneration[J]. Journal of Bone and Mineral Research，2008，23（12）：1995-2006.

[10] Tohru T，Satoshi N，Masaru A. *In vitro* studies on ameloblast cells and mineralization[J]. Journal of Hard Tissue Biology，1997，6（3）：114-120.

[11] Tjaderhane L，Palosaari H，Wahlgren J，et al. Human odontoblast culture method：The expression of collagen and matrix metalloproteinases（MMPs）[J]. Advances in Dental Research，2001，15：55-58.

[12] Ashton B，Allen T，Howlett C，et al. Formation of bone and cartilage by marrow stromal cells in diffusion chambers *in vivo*[J]. Clinical Orthopaedics and Related Research，1980，151：294-307.

[13] Nieden N I Z，Kempka G，Ahr H J. *In vitro* differentiation of embryonic stem cells into mineralized osteoblasts[J]. Differentiation，2003，71：18-27.

[14] Liu H，Li W，Shi S，et al. MEPE is downregulated as dental pulp stem cells differentiate[J]. Archives of Oral

Biology，2005，50（11）：923-928.

[15] Declercq H，van den Vreken N，De Maeyer E，et al. Isolation，proliferation and differentiation of osteoblastic cells to study cell/biomaterial interactions：Comparison of different isolation techniques and source[J]. Biomaterials，2004，25（5）：757-768.

[16] Kasugai S，Shibata S，Suzuki S，et al. Characterization of a system of mineralized-tissue formation by rat dental pulp cells in culture[J]. Archives of Oral Biology，2005，38（9）：769-777.

[17] Balic A，Mina M. Analysis of developmental potentials of dental pulp *in vitro* using GFP transgenes[J]. Orthodontics & Craniofacial Research，2005，8：252.

[18] Besten P K D，Mathews C H E，Gao C，et al. Primary culture and characterization of enamel organ epithelial cells[J]. Connective Tissue Research，1998，38：3-8.

[19] Beresford J N，Graves S E，Smoothy C A. Formation of mineralized nodules by bone derived cells *in vitro*：A model of bone formation[J]. American Journal of Medical Genetics，2010，45（2）：163-178.

[20] Rao L G，Liu L J，Murray T M，et al. Estrogen added intermittently，but not continuously，stimulates differentiation and bone formation in SaOS-2 cells[J]. Biological & Pharmaceutical Bulletin，2003，26（7）：936-945.

[21] Stanford M C，Jacobson P A，Eanes E D，et al. Rapidly forming apatitic mineral in an osteoblastic cell line（UMR 106—01 BSP）[J]. Journal of Biological Chemistry，1995，270：9420.

[22] Boskey A L，Roy R. Cell culture systems for studies of bone and tooth mineralization[J]. Chemical Reviews，2008，108：4716-4733.

[23] Declercq H A，Verbeeck R M，De Ridder L I，et al. Calcification as an indicator of osteoinductive capacity of biomaterials in osteoblastic cell cultures[J]. Biomaterials，2005，26（24）：4964-4974.

[24] Declercq H，Ridder L D，Cornelissen M. Osteoblastic cells to study cell/bimaterial interactions：A comparitive study[J]. European Cells & Materials，2003，5：61-62.

[25] Bonewald L F. Establishment and characterization of an osteocyte-like cell line，MLO-Y4[J]. Journal of Bone and Mineral Metabolism，1999，17：61-65.

[26] Kato Y，Windle J J，Koop B A，et al. Establishment of an osteocyte-like cell line，MLO-Y4[J]. Journal of Bone and Mineral Research，1997，12（12）：2014-2023.

[27] Magne D，Bluteau G，Lopez-Cazaux S，et al. Development of an odontoblast *in vitro* model to study dentin mineralization[J]. Connective Tissue Research，2004，45（2）：101-108.

[28] Panagakos F S. Transformation and preliminary characterization of primary human pulp cells[J]. Journal of Endodontics，1998，24：171-175.

[29] Hao J，Narayanan K，Ramachandran A，et al. Odontoblast cells immortalized by telomerase produce mineralized dentin-like tissue both *in vitro* and *in vivo*[J]. Journal of Biological Chemistry，2002，277（22）：19976-19981.

[30] Iwata T，Yamakoshi Y，Simmer J P，et al. Establishment of porcine pulp-derivedcell lines and expression ofrecombinant dentin sialoprotein andrecombinant dentin matrix protein-1[J]. European Journal of Oral Sciences，2007，115：48-56.

[31] Nakata A，Kameda T，Nagai H，et al. Establishment and characterization of a spontaneously immortalized mouse ameloblast-lineage cell line[J]. Biochemical and Biophysical Research Communications，2003，308（4）：834-839.

[32] Bellows C G，Heersche J N，Aubin J E. Inorganic phosphate added exogenously or released from β-glycerophosphate initiates mineralization of osteoid *in vitro*[J]. Bone and Miner，1992，17：15-29.

[33] Bellows C，Aubin J，Heersche J. Initiation and progression of mineralization of bone nodules formed *in vitro*：The role of alkaline phosphatase and organic phosphate[J]. Bone and Miner，1991，14：27-40.

[34] Nefussi J-R，Boy-Lefevre M L，Boulekbache H，et al. Mineralization *in vitro* of matrix formed by osteoblasts isolated by collagenase digestion[J]. Differentiation，1985，29（2）：160-168.

[35] Bellows C G，Aubin J E，Heersche J N M，et al. Mineralized bone nodules formed *in vitro* from enzymatically released rat calvaria cell populations[J]. Calcified Tissue International，1986，38：143-154.

[36] Douglas T E，Skwarczynska A，Modrzejewska Z，et al. Acceleration of gelation and promotion of mineralization of chitosan hydrogels by alkaline phosphatase[J]. International Journal of Biological Macromolecules，2013，56：122-132.

[37] 罗学仕. 仿 osteoid 胶原模板构建及其对成骨细胞生物矿化的调控[D]. 广州：暨南大学，2019.

[38] Addison W N，Nelea V，Chicatun F，et al. Extracellular matrix mineralization in murine MC3T3-E1 osteoblast cultures：An ultrastructural，compositional and comparative analysis with mouse bone[J]. Bone，2015，71：244-256.

[39] DenBesten P K，Machule D，Zhang Y，et al. Characterization of human primary enamel organ epithelial cells *in vitro*[J]. Archives of Oral Biology，2005，50（8）：689-694.

[40] Randle W L，Cha J M，Hwang Y S，et al. Integrated 3-dimensional expansion and osteogenic differentiation of murine embryonic stem cells[J]. Tissue Engineering，2007，13（12）：2957-2970.

[41] 王林，王臻，李祥，等. 旋转式动态三维培养结合可控管道结构支架体外节段性骨的构建[J]. 中华医学杂志，2007，87（3）：200-203.

[42] Bancroft G N，Sikavitsas V I，Dolder J V D，et al. Fluid flow increases mineralized matrix deposition in 3D perfusion culture of marrow stromal osteoblasts in a dose-dependent manner[J]. Proceedings of the National Academy of Sciences of the United States of America，2002，99（20）：12600-12605.

[43] Wang Y，Uemura T，Dong J，et al. Application of perfusion culture system improves *in vitro* and *in vivo* osteogenesis of bone marrow-derived osteoblastic cells in porous ceramic materials[J]. Tissue Engineering，2003，9（6）：1205-1214.

[44] Barron M J. The use of a 3D perfusion bioreactor with osteoblasts and osteoblast/endothelial cell co-cultures to improve tissue engineered bone [D]. Michigan：Michigan Technological University，2010.

[45] Leclerc E，David B，Griscom L，et al. Study of osteoblastic cells in a microfluidic environment[J]. Biomaterials，2006，27（4）：586-595.

[46] Yamashiro T，Zheng L，Shitaku Y，et al. Wnt10a regulates dentin sialophosphoprotein mRNA expression and possibly links odontoblast differentiation and tooth morphogenesis[J]. Differentiation，2007，75（5）：452-462.

[47] Stephansson S N，Byers B A，Andrés J，et al. Enhanced expression of the osteoblastic phenotype on substrates that modulate fibronectin conformation and integrin receptor binding[J]. Biomaterials，2002，23：2527-2534.

[48] Filippi M，Born G，Chaaban M，et al. Natural polymeric scaffolds in bone regeneration[J]. Frontiers in Bioengineering and Biotechnology，2020，8：474.

[49] Salifu A A，Lekakou C，Labeed F H. Electrospun oriented gelatin-hydroxyapatite fiber scaffolds for bone tissue engineering[J]. Journal of Biomedical Materials Research Part A，2017，105（7）：1911-1926.

[50] Petersson U，Somogyi E，Reinholt F P，et al. Nucleobindin is produced by bone cells and secreted into the osteoid，with a potential role as a modulator of matrix maturation[J]. Bone，2004，34（6）：949-960.

[51] Shahar R，Weiner S. Open questions on the 3D structures of collagen containing vertebrate mineralized tissues：A perspective[J]. Journal of Structural Biology，2018，201（3）：187-198.

[52] Raina V. Normal osteoid tissue[J]. Journal of Clinical Pathology，1972，25：229-232.

[53] Lincks J，Boyan B D，Blanchard C R，et al. Response of MG63 osteoblast-like cells to titanium and titanium alloyis dependent on surface roughness and composition[J]. Biomaterials，1998，19：2219-2232.

[54] Rani V V，Vinoth-Kumar L，Anitha V C，et al. Osteointegration of titanium implant is sensitive to specific nanostructure morphology[J]. Acta Biomaterialia，2012，8（5）：1976-1989.

[55] Qian W，Gong L，Cui X，et al. Nanotopographic regulation of human mesenchymal stem cell osteogenesis[J]. ACS Applied Materials & Interfaces，2017，9（48）：41794-41806.

[56] You F，Li Y，Zou Q，et al. Fabrication and osteogenesis of a porous nanohydroxyapatite/polyamide scaffold with an anisotropic architecture[J]. ACS Biomaterials Science & Engineering，2015，1（9）：825-833.

[57] Zhu M，Ye H，Fang J，et al. Engineering high-resolution micropatterns directly onto titanium with optimized contact guidance to promote osteogenic differentiation and bone regeneration[J]. ACS Applied Materials & Interfaces，2019，11（47）：43888-43901.

[58] Barrère F，Blitterswijk C A V，Groot K D. Bone regeneration molecular and cellular interactions with calcium phosphate ceramics[J]. International Journal of Nanomedicine，2006，1（3）：317-432.

[59] Yuste I，Luciano F C，Gonzalez-Burgos E，et al. Mimicking bone microenvironment：2D and 3D *in vitro* models of human osteoblasts[J]. Pharmacological Research，2021，169：105626.

第6章　生物矿化相关通路

生物矿化通路是指在矿化环境中，离子从其来源到吸收、运输、沉积硬组织这一过程的路径。大多动物体内可以观察到此过程，该过程不仅涉及细胞及细胞外基质的分泌，还与矿化环境中的物理化学因素相关。这一过程的本质是将生物分子结构信息传递到矿物，并实现分子结构信息向矿物结构的转化。因此，本章将主要从生物学信号通路和热力学通路（晶体成核生长理论）两个角度来探讨生物矿化的相关通路。

6.1　信号通路

6.1.1　信号通路的概念

细胞通过细胞表面或细胞内的受体接收细胞外界刺激信号，通过一整套特定的机制，将胞外信号转导为胞内信号，最终用于调控细胞代谢或调节特定基因表达，引起细胞的生化应答反应的过程，称为细胞信号转导（signal transduction）。在细胞中，各种信号转导分子相互识别、相互作用将信号进行转换和传递，就构成信号转导通路，即信号通路。信号转导实质上就是细胞对外源性信号所发生的各种分子活性的变化，以及将这种变化依次传递至效应分子，以改变细胞功能的过程，其最终目的是使机体在整体上对外界环境的变化产生最为适宜的响应。在物质代谢调节中往往涉及神经-内分泌系统对代谢途径在整体水平上的调节，其实质就是机体内一部分细胞发出信号，另一部分细胞接收信号并将其转变为细胞功能上的变化的过程。所以，阐明细胞信号转导的机理就意味着认清细胞在整个生命过程中的增殖、分化、代谢及死亡等诸方面的表现和调控方式，进而理解机体生长、发育和代谢的调控机理。

6.1.2　信号转导

1. *原理*

信号转导的元件是蛋白质和信使小分子。受体接收到外界的信号后，将信号传至下游蛋白，该下游蛋白在信号的级联反应中，又可作为其他很多蛋白质的上游蛋白，这样就可以使得不同地方的信号传递蛋白在整个传递链中共同发挥作用。信号转导的过程是信号传递链中各个参与蛋白质相继活化的过程，蛋白质活化的机制包括：①改变蛋白构象；②改变在细胞中的定位；③化学修饰；④改变浓度和分布。

信号传递蛋白既可以接收上游不同信号传递蛋白传递的信号，也可以将自身接收到的信号传递到下游不同的信号传递蛋白，这就使得信号传递出现不同分支，最终将信号传递以网络化的形式呈现。

2. 信号转导主要组分

（1）信号分子

信号分子是细胞用来承载物理或化学信息的载体。可以分为疏水性信号分子、亲水性信号分子和气体脂溶性信号分子。

（2）受体

受体是信号从胞外进入胞内的入场券，它们特异性地接收信号，并以此促发下一步的信号转导。受体至少有三类：①离子通道偶联受体，该受体能开放或关闭离子通道，主要位于突触后膜和肌膜上，分子结构相似；②G 蛋白偶联受体，G 蛋白全称为 GTP 结合蛋白，种类繁多，能在受体和功能蛋白之间传递或抑制信号；③酶联受体，该受体横跨细胞膜，具有酪氨酸蛋白酶的活性。

（3）第二信使

第二信使是在细胞内产生的非蛋白类小分子化合物，通过其浓度变化，应答胞外信号与细胞表面受体的结合，调节胞内酶的活性和非酶蛋白的活性，从而在细胞信号转导途径中行使携带和放大信号的功能。

第二信使都是小的分子或离子。包括环磷酸腺苷（cAMP）、环磷酸鸟苷（cGMP）、二酰甘油（diacylglycerol，DAG）、肌醇-1, 4, 5-三磷酸（inositol 1, 4, 5-trisphosphate，IP3）、Ca^{2+}（植物中主要的第二信使）等。

（4）分子开关

蛋白质通过激活或失活两种状态之间的转换来传递或终止信号的一种机制。包括：①GTPase 超家族分子开关；②通过蛋白激酶使靶蛋白磷酸化和通过磷酸水解酶使靶蛋白去磷酸化；③钙调蛋白通过与钙离子的结合与解离实现激活和失活转变。

3. 信号转导形式

动物体内，细胞间的相互联系大致有以下几种形式。

①内分泌信号传递：主要通过内分泌细胞分泌出化学信号进入血液，从而到达靶细胞或靶组织。

②旁分泌信号传递：分泌细胞分泌出来的化学信号，信号传递的距离很短，只能作用于比较邻近的细胞。

③化学突触传递：突触前膜释放出的化学信号通过突触间隙，作用于突触后膜的受体，完成信号的传递。

④自分泌信号传递：自身分泌出的化学信息作用于本身细胞的受体，实现信号传递。

⑤接触依赖信号传递：一种细胞表面的蛋白质与另外一种细胞表面的特定互补蛋白质直接接触，形成复合物，其复合物的形成促使细胞内信号链被激活，引发特定生化反应。

4. 信号转导的步骤

信号转导的步骤如图 6.1 所示。特定的细胞释放出信息物质与靶细胞上的受体产生特异性结合，并将产生的信息信号进行转换以启动细胞内信使系统，从而使靶细胞产生相应的生物学效应。

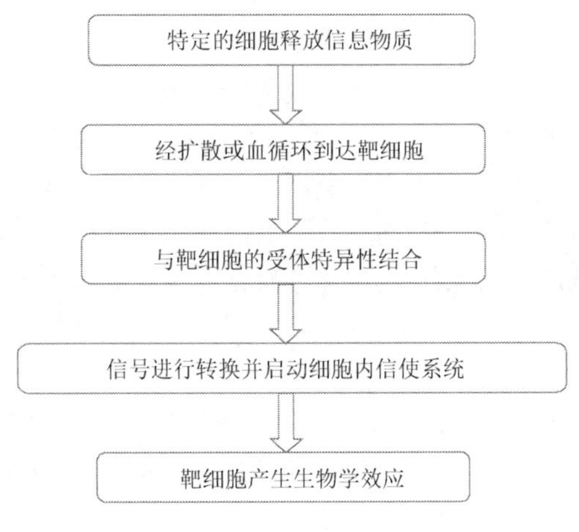

图 6.1　信号转导步骤

6.1.3　常见的生物信号通路

1. JAK-STAT 信号通路

JAK-STAT 信号通路主要由酪氨酸激酶相关受体、酪氨酸激酶 JAK 和转录因子 STAT 组成，参与细胞的增殖、分化、凋亡以及免疫调节等许多重要的生物学过程，是一条由细胞因子刺激的信号转导通路。信号传递过程如图 6.2 所示：配体与相应的受体结合后导致受体二聚化—二聚化受体激活 JAK—JAK 使 STAT 蛋白发生磷酸化修饰—活化的 STAT 蛋白形成二聚体，暴露出核信号—STAT 蛋白进入核内与靶基因结合，调节基因表达。特别强调的是，一种 JAK 激酶可以参与多种细胞因子的转导，且一种细胞因子的信号通路也可以激活多个 JAK 激酶，但是细胞因子对激活的 STAT 分子具有一定的选择性。

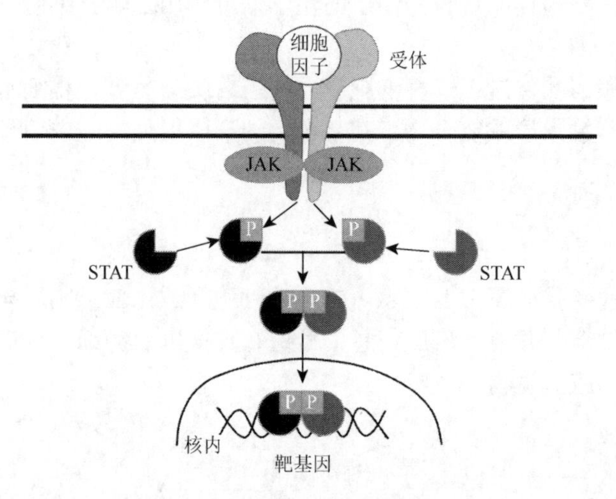

图 6.2　JAK-STAT 信号通路

到目前为止，只在人类肿瘤中发现了 STAT 信号的异常活化，还没有发现人类的其他疾病和 STAT 有直接联系。但是通过对基因敲除小鼠表型的研究，可以判断出 STAT 在某些疾病的发生过程中可能存在关键的调控作用[1]。

2. NF-κB 信号通路

NF-κB（nuclear factor-kappa B）是一种最早从淋巴细胞中提取出来的转录因子，几乎存在于所有的细胞中。与免疫球蛋白重链和 κ 轻链基因增强子序列特异结合，来调节基因转录与表达，广泛参与炎症反应、细胞分化和凋亡、机体免疫防护、肿瘤生长抑制等。

目前 NF-κB 家族在动物细胞中发现由 P50、P52、P65、c-Rel 和 RelB 五个成员组成。它们分别由 *NF-κB1*、*NF-κB2*、*RELA*、*REL* 和 *RELB* 基因进行编码。它们都具有一个 N 端 Rel 同源结构域（RHD），负责其与 DNA 结合以及二聚化。很多胞外刺激信号都可以引起 NF-κB 信号通路的激活，如促炎性细胞因子 TNF-α、白介素-1（IL-1）、紫外线、脂多糖（LPS），T 细胞及 B 细胞有丝分裂原，病毒双链 RNA 以及各种物理和化学压力等。信号传递的过程：刺激信号会导致 TNF 受体发生多聚化—与肿瘤坏死因子受体相关死亡结构域蛋白（TRADD）分子作用—招募肿瘤坏死因子受体相关因子（TRAF）和激酶 RIP（receptor interacting protein）—RIP 将信号传递给 IKK（IKB kinase）—IKB 从异源三聚体解离，暴露 NF-κB 核定位序列—进入细胞核与 DNA 特异性结合，参与基因调控。

3. Wnt 信号通路

Wnt 是具有同源性的小鼠 *Int* 基因和无翅果蝇 *wg* 基因的合称，其信号通路具有高度保守性。目前，Wnt 信号通路的主要成分包括细胞外因子 Wnt 家族、跨膜受体 Frizzled 家族、胞质蛋白 β-连环蛋白（β-catenin）、RP5、Dishevelled、SFRPs、GSK-3 以及胞内转录因子 TCF/LEF 家族。

目前认为 Wnt 信号通路主要有三个路径，即：Wnt/β-catenin 途径（经典 Wnt 信号通路），通过 β-catenin 激活基因转录；Wnt/Ca^{2+}途径，Wnt 信号通过与细胞膜上的 Frizzled 结合，释放胞内 Ca^{2+}来完成相关基因表达；Wnt/JNK/9 细胞骨架重排途径。Wnt 信号传递的过程：Wnt 信号进入胞内后，将信号传递给 Dishevelled（Dsh）—活化的 Dsh 抑制由 Axin、APC（adenomatous polyposis coli）和 GSK-3β 组成的复合物的活性，使 β-catenin 不能被 GSK-3β 磷酸化—非磷酸化的 β-catenin 不能被蛋白酶体降解，从而导致 β-catenin 在胞浆内积聚，并移向核内—与转录因子 TCF/LEF（T-cell factor/lymphoid enhancer factor）结合，激活 TCF 转录活性，调节靶基因的表达。因此，β-catenin 是否磷酸化是该信号传递的关键因素。

Wnt 信号通路功能有很多，包括参与胚胎发育，促进组织器官生成，参与干细胞的更新和分化等。例如：Wnt 信号和 TGF-β 信号共同影响神经干细胞的更新[2]、调控牙髓干细胞的成骨分化[3]，也影响毛囊干细胞、黑素干细胞等，对头发的发质和颜色起到非常关键的作用[4]。在疾病方面，Wnt 信号与人类癌症[5, 6]、糖尿病[7]、肺病[8]等也有密切的关联。

4. TGF-β 信号通路

TGF-β 是一种具有多向性和多效性的细胞因子，主要以自分泌或旁分泌的方式作用于细胞表面受体，调节细胞的生长、增殖、分化、迁移和凋亡等过程。在胚胎发育、组织器官生成及免疫应答等方面发挥着不可缺少的作用。TGF-β 家族成员及其受体与信号分子见表 6.1，TGF-β 信号通路根据配体分子激活的不同的下游特异性通路可以分为 TGF-β/Activin/Nodal 和 BMP/GDF/MIS 两个亚家族通路[9]，其信号传递过程大致如下：配体与表面的受体相结合，形成异源三聚体—异源三聚体激活受体调节型 Smads 蛋白，将信号由胞外传至胞内—受体调节型 Smads 蛋白与共同调节型 Smads 蛋白结合后转移至细胞核，与靶基因结合，完成调控。

根据 TGF-β 受体分子的结构和功能，可以将其分为 Ⅰ 型受体（TβR-Ⅰ）、Ⅱ 型受体（TβR-Ⅱ）和Ⅲ型受体（TβR-Ⅲ），其中 TβR-Ⅰ 和 TβR-Ⅱ 参与信号转导，而 TβR-Ⅲ不直接参与信号转导。在将细胞外的信号传递到细胞内的过程中，TGF-β 先与 TβR-Ⅱ 结合，结合后的 TGF-β/TβR-Ⅱ 再去结合 TβR-Ⅰ 形成异源三聚体，活化后的 TβR-Ⅱ 再将 Smads 蛋白磷酸化而最终完成胞内外信号的传递。

表 6.1　TGF-β 家族成员及其受体与信号分子[9]

TGF-β 亚家族	TGF-β/Activin/Nodal	BMP/GDF/MIS
配体	TGF-β，Activin，Nodal	BMP，GDF，MIS
Ⅱ型受体	TβR-Ⅱ，ActR-Ⅱ，ActR-ⅡB	BMPR-Ⅱ，ActR-Ⅱ，ActR-ⅡB
Ⅰ型受体	TβR-Ⅰ，ActR-Ⅰ，ActR-ⅠB	BMPR-Ⅰ，ActR-Ⅰ，ActR-ⅠB
受体调节型 Smads	Smad2，Smad3	Smad1，Smad5，Smad8
共同调节型 Smads	Smad4	Smad4
抑制型 Smads	Smad6，Smad7	Smad6，Smad7
生物学效应	抑制有丝分裂，诱导细胞外基质合成，诱导促卵泡激素的释放等	诱导腹侧中胚层的形成，诱导软骨和骨的形成，诱导细胞凋亡

Smads 蛋白是 TβR-Ⅰ的直接作用底物，完成信号转导过程中非常重要的中介分子。根据蛋白质结构和功能（表 6.2）可将 Smads 蛋白分为受体调节型 Smads 蛋白、共同调节型 Smads 蛋白和抑制型 Smads 蛋白[10]。

表 6.2　Smads 蛋白家族成员表

受体调节型 Smads 蛋白	共同调节型 Smads 蛋白	抑制型 Smads 蛋白
Smad1，Smad2，Smad3，Smad5，Smad8，Smad9	Smad4	Smad6，Smad7

TGF-β 信号通路的功能有很多，例如是胚胎发育过程中非常重要的影响因子[11]，特别是在心脏的发育过程中，TGF-β 有非常高的表达[12]。同时，TGF-β 信号通路在组织炎症和修复过程中也起着非常重要的作用[13]，Beck 等通过大鼠实验得到结论，静脉注射 TGF-β1 可促进因年老或糖皮质激素的影响而难以愈合的伤口正常愈合[14]等。

5. BMP 信号通路

BMP 是 TGF-β 超家族中的重要成员，其信号通路是 TGF-β 信号通路中配体分子激活不同下游特异性通路之一[9]。因此，它的信号传递过程符合 TGF-β 信号传递过程，可以简单概括为：胞外配体与膜表面的受体复合物特异性结合—TβR-Ⅱ磷酸化 TβR-Ⅰ—活化的 TβR-Ⅰ磷酸化 R-Smads 蛋白 C 端丝氨酸残基—将信号传递到胞内 Smads 蛋白。BMP 信号通路中磷酸化的 Smads 蛋白是 Smad1、Smad5 和 Smad8，然后结合 Smad4 分子进入细胞核，参与基因调控与转录。

BMP 是一类分泌型蛋白。通过自分泌和旁分泌发挥作用。BMP 信号通路与胚胎发育、神经系统分化、牙齿和骨骼的发育生长、癌症发生等密切相关[15, 16]。

在多种 BMP 中，BMP-2 在骨和软骨的发育中起重要作用。本书将在后面的内容中重点探讨 BMP 信号通路在骨修复的作用。

6. PI3K/AKT 信号通路

磷脂酰肌醇 3 激酶（PI3K）广泛存在细胞质中，根据结构和底物特异性不同，PI3K 包括Ⅰ型 PI3K、Ⅱ型 PI3K 和Ⅲ型 PI3K。Ⅰ型 PI3K 的底物主要为磷脂酰肌醇（PI）、磷脂酰肌醇磷酸（PIP）及 4, 5-二磷酸磷脂酰肌醇（PIP2），Ⅱ型 PI3K 的底物主要为 PI 和 PIP，Ⅲ型 PI3K 的底物则主要为 PI。目前研究较为多的是能够直接被细胞表面受体激活的Ⅰ型 PI3K，Ⅰ型 PI3K 又可分为ⅠA 和ⅠB 两个亚型，它们用酪氨酸激酶偶联受体和 G 蛋白偶联受体进行信号传递，其中ⅠA 是催化亚基 P100 和调节亚基 P58 组成的异二聚体，能被 RTK、G 蛋白偶联受体及小 G 蛋白 Ras 激活，而ⅠB 亚型的 PI3K 只受 G 蛋白偶联受体调节。PI3K 参与细胞增殖、分化、迁移等过程，同时参与抑制细胞凋亡、血管生成、细胞癌性转化等过程，并通过由其催化形成的磷脂酰肌醇脂分子（PIP、PIP2、PIP3）起作用[17, 18]。

蛋白激酶 B（AKT 或 PKB）是一种丝氨酸/苏氨酸激酶，存在三种高度关联的 AKT 亚型（AKT1、AKT2 和 AKT3），它们共同对细胞的生长、增殖、代谢等起着重要生物调控作用。AKT1 可以促进细胞增殖和存活；AKT2 主要调节胰岛素对糖类物质的代谢；AKT3 对细胞的数目和大小起到重要作用[19]。AKT 是 PI3K 的下游关键蛋白，包括 PH 结构域、催化结构域和调节结构域。PH 结构域广泛存在于信号蛋白和细胞骨架相关蛋白中，PH 结构域的变化会直接引起 AKT 活性变化。

通过受体酪氨酸激酶 RTK 和 G 蛋白偶联受体相互作用，或者大鼠肉瘤蛋白（Ras 蛋白）和 P110 亚基直接结合，激活 PI3K（图 6.3）—随之产生 PIP3—PIP3 开始招募具有 PH 结构域的信号蛋白，包括磷酸肌醇依赖性蛋白激酶 1（PDK1）和 AKT—AKT 磷酸化位点被暴露，被整合素偶联激酶（ILK）、DNA 依赖激酶（DNA-PK）、雷帕霉素靶蛋白（mTOR）或其本身所激活—活化后的 AKT 进入细胞核，引起其他蛋白磷酸化—调节细胞生长、增殖、新陈代谢等活动[19, 20]。

PI3K/AKT 信号通路与多种人类疾病，包括癌症、糖尿病、心血管疾病和神经疾病等有关。植物多酚如姜黄素、原花青素、白藜芦醇等可以通过干扰 PI3K/AKT 信号通路，抑制 PI3K 或者是阻断 PI3K/AKT 信号通路等形式来进一步影响下游效应分子的表达，起到很好的抗肿瘤作用[17]；在研究肿瘤的过程中，赵婧等发现 PI3K/AKT 信号不仅在细胞增殖、移行及凋亡中发挥作用，而且是血管生成各类信号通路的调节中心[21]；PI3K/AKT 信号通路还是胰岛素的主要下游分子通路，对血糖具有重要的调控作用[18]等。

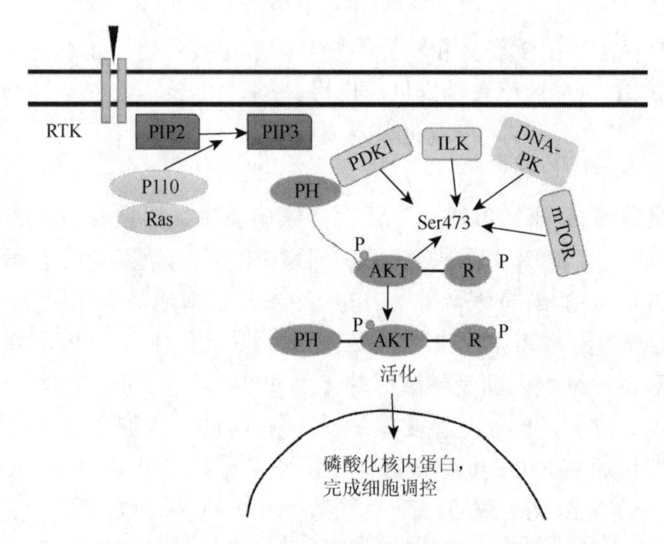

图 6.3　PI3K/AKT 信号通路激活机制

6.2　信号通路与骨修复

骨髓间充质干细胞的分化及成骨细胞的定型、分化涉及信号转导和基因表达转录调节等复杂信号网络的调控。很多因子和信号通路以一种网络方式被牵涉入成骨细胞分化的调控。骨形成是骨细胞和细胞外基质之间相互作用、相互诱导分化的过程，影响细胞成骨分化的因素包括 Wnt/β-catenin 信号通路、BMP-2 信号通路、PI3K/AKT 信号通路等，信号通路与骨髓间充质干细胞成骨性分化和成骨细胞分化成熟及矿化有着密切的关系。

6.2.1　Wnt/β-catenin 信号通路

经典的 Wnt 信号转导途径是 Wnt/β-catenin 途径，活化后的 β-catenin 进入细胞核完成基因转录和调控。Wnt/β-catenin 信号通路是目前研究较为明确的信号通路之一，通路由细胞膜（包括细胞膜外的 Wnt 蛋白、细胞膜上的 7 次跨膜特异性受体卷曲蛋白 Frizzled 和辅助性受体低密度脂蛋白受体相关蛋白 LRP5/6）、细胞质（细胞质内的散乱蛋白 Dsh、GSK-3β、Axin、APC、CK1 和 β-catenin）和细胞核（核内转录因子 TCF/LEF 家族及其下游靶基因 MMP、Survivin 等）三部分信号组成[22]。由于经典 Wnt 通路的启动依赖 β-catenin 转入细胞核，故称为 Wnt/β-catenin 信号通路。该信号通路的作用机制如图 6.4 所示，当细胞受到 Wnt 信号刺激时，细胞膜外配体 Wnt 蛋白分子同时与 7 次跨膜的特异性受体 Frizzled

和 LRP5/6 结合，促进细胞质内 Dsh 蛋白的活化，活化的 Dsh 蛋白使得 β-catenin 不被 GSK-3β 磷酸化。当 β-catenin 在细胞之中积累一定浓度后开始向细胞核内转移，并与细胞核内的转录因子 TCF/LEF 结合，促使下游靶基因的启动子被暴露而活化表达，从而引起细胞增殖分化。其中 APC 蛋白能增强降解复合体与 β-catenin 的亲核性，而 Axin 是一种支架蛋白，具有多个位点，能将 APC、GSK-3β、CK1、β-catenin 等结合在一起[23]。

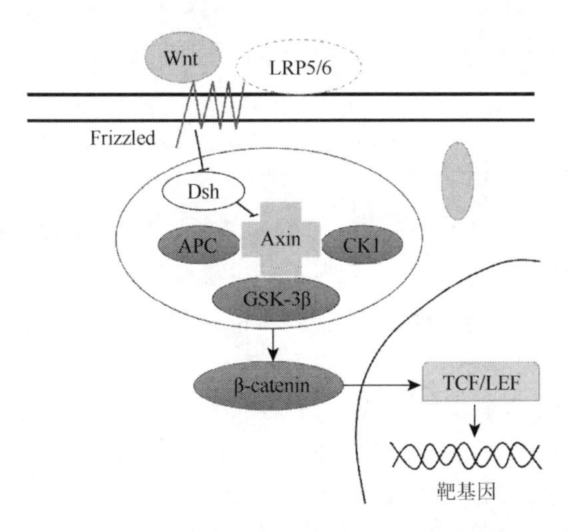

图 6.4　Wnt/β-catenin 信号通路作用机制

随着对 Wnt/β-catenin 信号通路的不断研究，人们发现，在骨形成的早期，它可调控未分化的间充质干细胞向骨系细胞分化。Hill 等[24]在成骨细胞形成的早期，摘除了大鼠的 β-catenin 基因，阻断了 Wnt/β-catenin 信号通路，发现骨骼发育出现障碍，同时间充质干细胞异常软骨向分化。除了骨细胞生成的早期 β-catenin 很重要以外，在研究骨细胞发展的中后期过程中，发现 β-catenin 仍然扮演着重要的角色，它通过影响骨保护素和核因子 κB 受体激活蛋白配体（RANKL）的表达来调节成骨细胞[25]。此外，β-catenin 可以为间充质干细胞向成骨细胞分化提供一种分子诱导信号，增强 BMP-2 信号的应答，进一步促进间充质干细胞向成骨细胞分化[26]。

6.2.2　BMP-2 信号通路

BMP-2 是诱导骨细胞分化，促进骨的发育和形成中非常重要的信号分子。前文已经提到 BMP 通过激活 Smads 信号来转导和调节成骨基因转录，从而发挥其成骨作用。研究报道[27]，BMP-2 可上调 66 种基因表达，其中包括 Smad6、Smad7、Msx2 等 13 种相关转录因子。Smads 蛋白家族作为 BMP-2 的信号转导蛋白，其中

Smad1、Smad5、Smad8 和 Smad9 参与调节 BMP-2 信号转导。被 BMP 激活的 Smads，进一步诱导 Runx2 的基因表达。Runx2 是一类调控间充质干细胞向成骨细胞分化的特异性转录因子 Runxs 的成员之一，是 BMP-2 的靶基因，主要参与成骨细胞分化，是骨发育中重要的调节因子[28]。Msx2 所属的同源盒基因 Msx 家族，是一种转录因子同源结构域，存在颅骨和股骨成骨细胞中。BMP-2 诱导的 Msx2 成骨分化过程重要且复杂[29]。Osterix 属于特殊蛋白转录家族成员，是骨细胞分化和骨形成过程中非常重要的转录因子，只在骨的发育过程中特异性表达。研究者将小鼠的 Osterix 基因完全剔除后，发现小鼠完全失去了骨形成的能力[30]。BMP-2 通过转录因子 Runx2 和 Msx2 来调节 Osterix 最终的表达[31, 32]。

1. BMP-2/Smads/Runx2/Osterix 信号通路

BMP-2 通过结合以二聚体形式存在的 2 种丝氨酸/苏氨酸激酶受体（BMPR-Ⅰ，BMPR-Ⅱ）来传递信号，再通过磷酸化细胞核上的 Smads 复合物来调节靶基因，但是 Smads 复合物对基因调节的特异性较低，需要 Smads 被激活后，启动子去启动 Runx2 的表达。Picherit 等证实，Runx2 的表达在成骨细胞促骨再生的过程中涉及 G 蛋白偶联受体[33]。Runx2 的水平直接影响骨成熟程度和转换率[34]。我们常见的Ⅰ型胶原、骨涎蛋白及骨桥蛋白等成骨细胞相关基因的启动子区都有成骨细胞特异性顺式作用元件（osteoblast-specific cis-acting element 2，OSE2），Runx2 可以与 OSE2 相结合来刺激骨钙素的表达[35]。Smads 与 Runx2 的共同作用可以促进成骨细胞的分化，同时 BMP-2 与 Runx2 也能协同促进成骨细胞的分化。在颅骨的发育过程中，Runx2 促进了 BMP-2 的表达，同时 BMP-2 也增强了 Runx2 的转录[36]。而 Osterix 作为 Runx2 的下游基因充分发挥成骨作用。

2. BMP-2/Smads/Msx2/Osterix 信号通路

在 BMP-2/Smads/Runx2/Osterix 信号通路的路径中，有时 Runx2 的表达较低，这时 BMP-2 信号可以通过调高 Msx2 来表达。一定的条件下 BMP-2 可以诱导 Runx2 的表达，但不一定依赖于 Runx2 的表达。在缺乏 Runx2 的情况下，BMP-2 也可以利用 Msx2 的表达，Msx2 促进 Osterix 的上调来完成 Smads 的转录，并最终达到骨细胞成骨分化的目的[31]。

3. BMP-2/p38MAPK/Msx2/Osterix 信号通路

在 BMP 信号转导途径中，可以不经过 Smads 信号转导蛋白，而是利用 p38MAPK。这是一条与 Smads 途径并列存在的途径。途径中，BMP-2 与 BMPR-Ⅰ和 BMPR-Ⅱ两种受体共同形成复合体，复合体中的 BMPR-Ⅰ通过 XIAP/TAB1 与 TAK1 连接，TAK1 负责激活 p38MAPK 来完成信号的转导。p38MAPK 是 MAPK

重要成员之一，在参与细胞存活、分化、凋亡等过程中占有重要的地位，也被认为是细胞众多信号转导通路的中转站[37]。在成骨分化方面，p38MAPK 可促进骨钙素的表达，可以磷酸化 Runx2、Osterix 等[38]。

6.2.3 PI3K/AKT 信号通路

PI3K 属于脂质激酶家族成员之一，具有双重生物学活性，即丝氨酸/苏氨酸激酶活性和磷脂酰肌醇激酶活性。PI3K 通过激活下游 AKT 激酶来参与细胞增殖、分化、发育、黏附、代谢等生理过程。PI3K/AKT 通路在成骨细胞增殖分化过程中也具有很重要的地位。Isomoto 等通过阻断 PI3K/AKT 信号通路，发现成骨细胞的分化明显受到抑制[39]。成骨细胞碱性磷酸酶（ALP）是成骨细胞早期分化的重要指标之一[40]，吴少鹏等用 LY294002 阻断 PI3K/AKT 信号通路后，ALP 表达的活性降低[41]。PI3K/AKT 信号通路除了自身可以调控成骨细胞增殖分化以外，可以通过影响 Wnt/β-catenin 信号通路和 BMP-2 信号通路来影响成骨细胞的分化。经典 Wnt 信号通路中，细胞膜上的配体与受体结合后会促进 GSK-3β 磷酸化，在抑制 β-catenin 退化的同时，促进 β-catenin 大量聚集，进一步激活下游靶基因 *cyclin-D1* 与 *c-ymc*，从而加速成骨细胞的增殖分化。GSK-3β 是 PI3K/AKT 的下游激酶，当 PI3K/AKT 信号通路被激活以后，会促进 GSK-3β 的激活，进一步增强了 Wnt/β-catenin 信号通路的成骨分化能力[42]。BMP-2、BMP-4、BMP-7、BMP-9 属于骨形态发生蛋白家族成员，都具有促进骨细胞分化的能力，尽管它们之间的促骨分化机理不同，但都可以通过 PI3K/AKT 信号通路来加强成骨细胞的分化能力[43]。

6.3 生物矿化的热力学通路

6.3.1 成核

1. 经典成核途径

经典成核理论假设成核过程是基于原子聚集的链反应过程，理论基于原子聚集获得的体相自由能减少与新生成物相的表面能增加建立准静态平衡关系，得到成核能量势垒与界面自由能及过饱和度的关系。晶体成核的方式分为均匀成核（均相成核）和非均匀成核（异相成核）。生物矿化是生物体液体环境中晶体的成核、生长过程。在生物体中，体液是物质和能量传输的基本途径，矿物几乎都是从溶液相中沉积而成，因此，生物矿化最主要的形式是溶液结晶。在结晶过程中，无论是成核还是生长都反映了同一个相的转变过程：物质从溶液状态变成固体状态。经典成核理论适用于很多晶体生长过程，对于能够在母相体系中均匀形成新晶核的均相成核，一般可以从热力学模型来进行解释。假设形成一个纳米颗粒的晶核 N，其半径可近似为 r，晶核通过相变获得的体积吉布斯（Gibbs）自由能 ΔG_v，与此同时增加的界面自由能为 ΔG_s，表面能为 γ，总的吉布斯自由能为 ΔG_N，那么可得到：

$$\Delta G_N = 4\pi r^2 \gamma + \frac{4}{3}\pi r^3 \Delta g_V \tag{6.1}$$

Δg_V 为单位体积自由能。表面能总是为正值，即界面增大肯定会导致总吉布斯自由能的升高；而体积吉布斯自由能为负值，即离子聚集总是导致体积吉布斯自由能的降低；但体积增大时，反而会导致总吉布斯自由能的降低。结合式（6.1）可以看到，ΔG_v 与 r 呈三次方的关系，而界面自由能与 r 呈二次方的关系；当 r 较小时，不利于总吉布斯自由能的降低，即不利于自发成核的过程，因此，只有当 r 足够大时，总的吉布斯自由能才能有下降的趋势，成核才能自发产生。作为连续函数的吉布斯自由能，通过 $d(\Delta G_N)/dr$，我们可以得到亚稳态存在而又不立即转变成稳定态的极值半径（r^*）。如图 6.5 所示，当晶核半径（r）小于 r^*时，晶核的总吉布斯自由能随着晶核的长大而上升的，从而在热力学上使得成核是非自发的行为，抑制了成核；只有当 r 大于 r^*时，随着晶核的生长，总的吉布斯自由能开始下降，实现了自发成核和晶体生长。

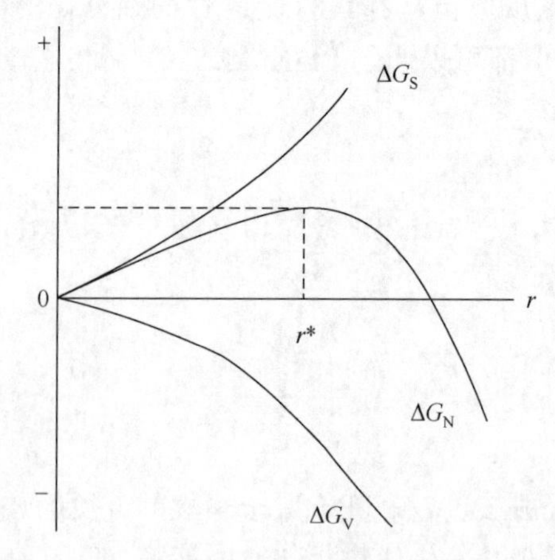

图 6.5　均相成核自由能与晶核尺寸关系图[44]

与均相成核不同的是异相成核，它的成核过程一般发生在不同相的表面、晶界或者位错等异质结上。假设晶体在有机质表面成核，如图 6.6 所示，假设溶液-基质-晶体三相之间的接触角为 θ。基于均相成核理论，异相成核时的自由能为：

$$\Delta G_{\mathrm{N}}^{*}=\frac{(2+\cos\theta)(1-\cos\theta)^{2}}{4}\Delta G_{\mathrm{N}}<\Delta G_{\mathrm{N}} \tag{6.2}$$

即

$$\Delta G_{\mathrm{N}}^{*}=f(\theta)\Delta G_{\mathrm{N}} \tag{6.3}$$

由于 $\theta=0°\sim180°$时，$f(\theta)<1$，所以异相成核更容易发生。在生物矿化中，这种异质结通常是有机质，而晶体的生长往往就是发生在有机质的表面，与此同时，异相成核需要克服的成核能量势垒往往远小于均相成核，所以异相成核相对于均相成核更容易发生，也更加贴近生物矿化中矿化物晶核形成过程。

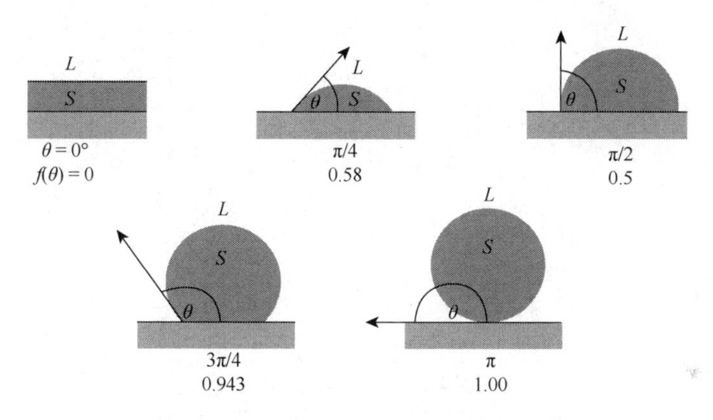

图 6.6　异相成核时，溶液-基质-晶体三相之间的接触角为 θ 的示意图

影响晶体成核能量势垒的因素除了体积吉布斯自由能、表面能，异相成核时表面接触角外，过饱和度也是其中非常重要的一项因素，特别是对成核速度影响最为明显，当过饱和度值从 2 上升到 4，其成核速率约上升 10～70 倍[45]。生物体系中，有大量会影响溶液过饱和度的有机物，正是这些有机物调控着晶体的成核位点，决定着矿化的位置等。

Xu 等的研究中，热力学和动力学下的结晶通路包括途径 A：晶体可以直接克服热力学的能量势垒而形成；途径 B：结晶形成可以通过多步成核的方式。途径 A 需要克服的能量势垒是成核的吉布斯自由能 ΔG_{N} 和生长自由能 ΔG_{g}，相对于途径 A，途径 B 还多了相变自由能 ΔG_{T}[46]。$CaCO_3$ 是生物体内最为常见的一种生物矿物，如图 6.7 所示，Gower 也肯定了这两种途径，并以碳酸钙为例阐述了途径 B 的过程，方解石是最稳定的热力学稳定相，能量最低，热力学较稳定的是球霰石或霰石，而无定形碳酸钙（ACC）能量较高，最不稳定[47]。

2. 非经典途径

晶体成核第二个机制是斯皮诺达分解（spinodal decomposition），它与成核不同，因为它是一个无障碍过程，即离子无须跃迁液固界面。在溶液斯皮诺达分解过程中，由于热力学原因，富区中溶质原子将进一步富化，贫区中溶质原子则逐渐贫化，两个区域之间没有明显的分界线，成分是连续过渡的。一旦母相中产生斯皮诺达分解，粒子就会大量产生，它们可以通过与其他粒子的直接碰撞和合并而生长。当斯皮诺达分解的产物由两种液相组成时，随之而来就是产生第一种固体。简单地讲，过饱和度增加到相变自由能量势垒与 kT 相当的程度，溶质富集区的离子聚集形成晶体。

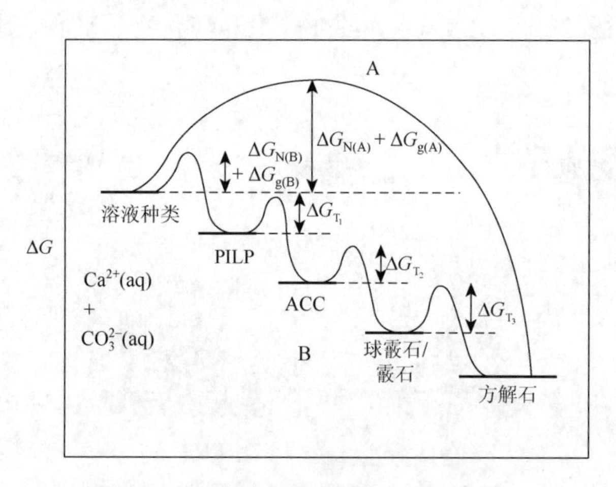

图 6.7 热力学和动力学驱动下的结晶通路

A：晶体颗粒形成直接克服热力学能量势垒；B：多步成核的晶体形成方式。前者需要克服成核的吉布斯自由能（ΔG_N）和生长自由能（ΔG_g），后者还与相变自由能有关（ΔG_T）[47]。PILP：polymer-induced liquid-precursor，聚合物诱导的液态前驱体；ACC：amorphous $CACO_3$，无定形碳酸钙。

矿物结晶成核还可以经由其他非经典途径形成，例如经由无定形矿物、液态前驱体、离子团簇或聚集体或者其他前驱体物相。生物矿化过程被认为存在多种非经典成核途径。Gower 在对大分子聚氨基酸诱导碳酸钙结晶的研究中发现了类似斯皮诺达分解的相分离现象，光学显微镜观察表明，母液的浑浊是由各向同性小液滴的相分离引起的（2～4 μm），因此他提出生物矿化的 PILP 理论[48]。使用 NMR 来量化溶液中离子在引入钙后的扩散，得出结论，在 pH 为 8.5 的纯 $CaCO_3$ 溶液中也可能存在富含重碳酸盐的液相[49]。基于多年的研究，Gower 提出碳酸钙生物矿化的多步动力学途径如图 6.7 所示。多步动力学反应的路径取决于每个亚稳态之间能量势垒的相对高度。例如，虽然方解石是热力学上最稳定的相，但由于其较低的能量势垒，其前驱体可能是较不稳定的相，可能是亚稳态的球霰石或霰石，甚至是在高过饱和度条件下的不稳定的无定形碳酸钙（ACC）。Gower 在 ACC 相之前添加了一个相，称为聚合物诱导的液态前驱体（PILP）相，这是一个高度水合的相，被认为比固态非晶相更不稳定。添加剂还可以影响每个反应步骤之间的相对能量势垒，从而改变转化途径的动力学。这样，添加剂可以诱导和/或稳定较不稳定相的沉淀。球霰石可以用聚合物稳定，可能是通过覆盖其表面以避免溶解再结晶。高度不稳定的无定形 $CaCO_3$（ACC）相也可以稳定，但时间长度更为有限，通常与使用各种聚合物添加剂的种类相关。

在生物矿化羟基磷灰石的研究中，也可能存在类似的多步途径。基于 Cryo-TEM 的证据表明，在磷酸钙体系中，预成核团簇聚集成核。预成核团簇在有机界面聚集形成无定形磷酸钙，随后转化为定向磷灰石晶体[50]。将 Cryo-TEM 与化学分析和模拟计算相结合，显示导致 HAP 的多步途径始于带电的三聚磷酸钙络合物聚集形成聚合物网络。滴定分析得出结论，聚合物网络崩塌为致密的晶体结构伴随着三个连续步骤中的钙结合，从而形成无定形磷酸钙（ACP）、OCP 和 HAP（图 6.8）。AFM 的原位表征也证实 ACP 和 HAP 形成的相对速率和临界尺寸与经典成核理论的预测不一致[51]。

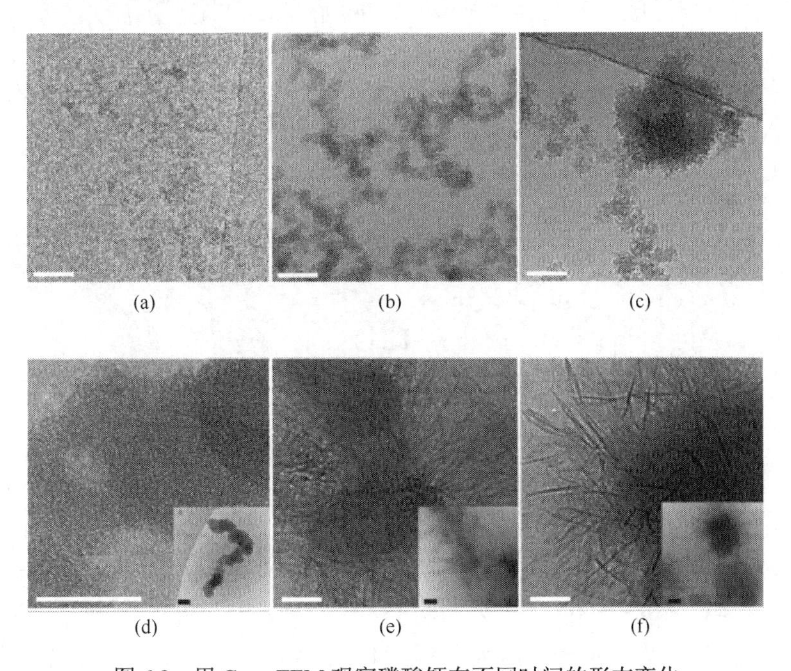

图 6.8　用 Cryo-TEM 观察磷酸钙在不同时间的形态变化

（a）聚合物链由纳米级单元（<2 min）和（b）支化聚合物组件形成（2～20 min）；（c）ACP 结节（10～20 min）；（d）ACP 聚集体（15～60 min）；（e）聚集球体（ACP）+ 带状（OCP）（60～80 min）；（f）HAP（80～110 min）；bar = 50 nm，插入图 bar = 100 nm[51]。

6.3.2　生长

晶体生长过程，一般遵循以下规律：①一定体积的晶体，平衡时形状总表面能最小；②与生长条件和晶面性质有关：法向生长速度慢的晶面，生长过程中变大变宽，保留；法向生长速度快的晶面，生长过程中变小变窄，消失；③原子密排面容易保留。经典的晶体生长理论主要是：层生长理论和布拉维法则。层生长理论亦称为科塞尔-斯特兰斯基理论。在晶核的光滑表面上生长一层原子面时，质点在界面上进入晶格“座位”的最佳位置是具有三面凹入角的位置。质点在此位置上与晶核结合成键放出的能量最大。因为每一个来自环境相的新质点在环境相与新相界面的晶格上就位时，最可能结合的位置是能量上最有利的位置，即结合成键时应该是成键数目最多，释放出能量最大的位置。很显然，分子从体相溶液经界面层到达晶体台阶表面［terrace，图 6.9（a）1 处］，在表面进行二维扩散到达台阶［step，图 6.9（a）2 处］（这里的自由能更低），再沿着台阶进行一维扩散，到达台阶扭折［kink，图 6.9（a）3 处］（自由能最低）。如果异质分子吸附到晶体表面或台阶/扭折处，将占据晶体组分生长的位点，晶体生长的速度将被延缓。布拉维法则认为实际晶体的晶面常常平行网面结点密度最大的面网，即保留在晶体上的晶面是原子的密排面。按这理论，完美六方 HAP 晶体应该是六方棱柱状。除此之外，还有螺型位错生长，即原子占据螺型位错的台阶处，依次添加［图 6.9（b）］。

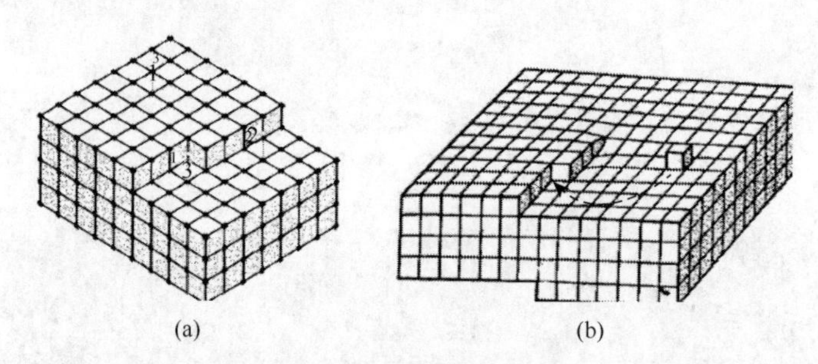

图 6.9 （a）晶体生长时可能提供的位点：1 表面；2 台阶，3 扭折；（b）螺型位错生长

生物矿化晶体的生长与自由生长的晶体有所不同，在形成过程中受到有机质的调控，这种调控按照功能可以分为两类：①模板调控；②吸附调控。生物矿物中的不溶性基质可以形成一个隔间，该隔间在形成晶体的形状方面起着重要作用，如贝壳中文石层的形成。但不溶性基质对晶体形态的影响相对较小，因此通常被认为是成核事件的模板，从而控制晶体的位置、取向和相位。因此，一般认为生物矿物中的晶体形态是通过与可溶性基质的相互作用来调节的。在这种情况下，吸附起着重要的作用（图 6.10）。可溶性聚阴离子蛋白广泛存在于几乎所有被检测的生物矿物（包括脊椎动物和无脊椎动物生物矿物）中，长期以来一直被认为在调节生物矿物形态方面起着重要作用。普遍假设是通过蛋白质与特定晶面的选择

性相互作用，改变这些特定方向上的生长动力学，改变晶体形状。正常情况下，晶面 B 的增长率比较大，然后逐渐消失，而 A 面会保留。但有添加剂的时候，如果添加剂吸附在 B 面，则 B 面停止生长或者生长受到限制，被保留下来，而 A 面消失。即使在 C 面这种生长情况不显著的晶面，也是同样的情况。

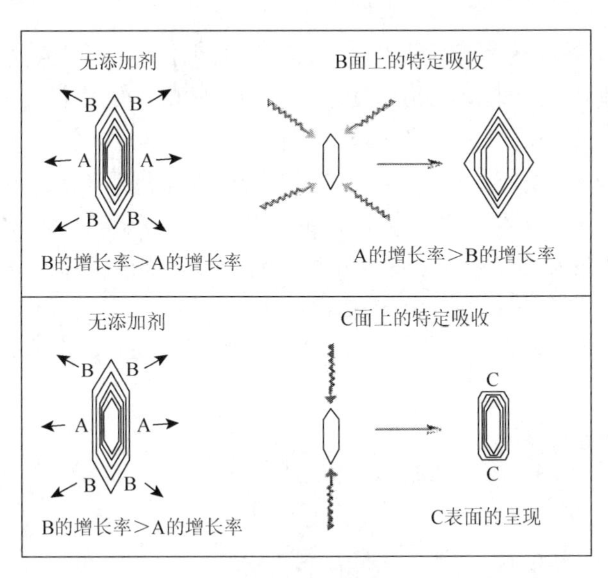

图 6.10　晶面吸附对晶体形貌的影响示意图[47, 52]

生物体内存在大量游离的生物小分子，如氨基酸、柠檬酸、磷脂等。氨基酸中带电基团（氨基、羟基和羧基）在晶面上有特定的吸附位点。氨基主要占据原来晶体中的钙格点位置，与 HAP 中的氢氧根或磷酸根形成氢键；羧基与 HAP 表面的钙离子作用。柠檬酸分子有三个羧基，通过单羧基与 HAP 有强烈作用，导致柠檬酸在人体主要分布在骨骼中[45]。固体核磁共振（ss NMR）的分析表明，柠檬酸分子在（100）面的密度是 $1/(2\ \text{nm})^2$。由于柠檬酸分子的存在，使得 HAP 晶体不会厚化，在骨中保持薄片形态[45]。谷氨酸在 HAP（001）面的吸附自由能约 400 kJ/mol，远大于水的吸附自由能（约 2.5 kJ/mol）。因此，当 HAP 表面位点被谷氨酸占据时，将抑制晶体的生长。分子动力学模拟发现，谷氨酸在 HAP（001）面吸附自由能要明显大于（100）面，因而对（001）面具有更强的抑制效果。在谷氨酸的调控下，容易获得片状的 HAP。

蛋白质（比如牙釉基质蛋白、胶原蛋白等）在生物矿化过程中起着重要的作用。ssNMR 实验发现，釉原蛋白的终端羧基与 HAP 矿物的距离最近[53]。LRAP 是釉原蛋白中包含终端羧基的多肽片段，分子动力学模拟结果显示，羧基与 HAP 表面钙离子的结合是 LRAP 吸附在（001）面上的关键[54]。紧紧相连的釉原蛋白

“纳米球”同 HAP 晶体相互作用吸附到 HAP 晶体上，把 HAP 晶体连接起来并充满晶体之间的间隙，保护并阻止它们在成熟之前融合，最后形成釉柱[55]。

6.4　生物矿化的细胞通路

生物体形成许多不同类型的矿物，形状和大小各异。生物有机质调控产生这些矿物相的机制以及它们的结构如何与其功能相关的问题尽管目前还没有定论，但生物矿化的途径是溶液中的离子不断堆积形成晶体的过程，其中细胞密切参与结晶矿化的过程。一般来说，所有途径最初都涉及细胞膜的离子吸收，通常涉及内质网的细胞内离子转运，然后在专门的细胞内小泡中沉积初始矿物相，最后，含矿物质的囊泡移位并将其内容物排放到一个预制的基质容器（或者模板）中矿化。结晶阶段可能会有以下三个常见途径[56]。

途径一：细胞外基质矿化［图 6.11（a）］，如骨、牙釉质、软体动物的壳等形成；

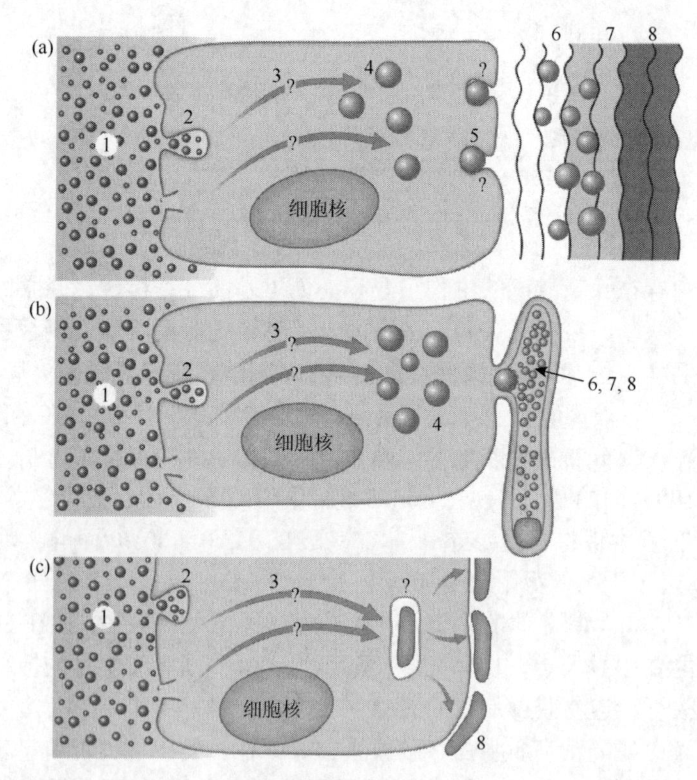

图 6.11　结晶过程中三种途径：细胞外基质矿化（a）；矿化在一个大囊泡内（b）；矿化作用发生在细胞内的囊泡里（c）[56]

途径二：矿化在一个大囊泡内［图 6.11（b）］，如海洋的棘皮动物等；

途径三：矿化作用发生在细胞内的囊泡里［图 6.11（c）］，如鱼皮中鸟嘌呤晶体的形成、有孔虫矿化等。

图 6.11 中的整个过程简单概述为：从海水或细胞外体液中摄取矿化离子（1）—矿化离子被隔离并运输到囊泡矿化（2 和 3）—形成第一个无序矿物相的特殊囊泡（4）—特殊囊泡转移至矿化位点（5）—矿化结构预形成（6）—无序相转变成有序相（7）—成熟矿化物的形成（8）。由图 6.11 我们也可以看出，根据矿化所在的部位生物矿化可分为细胞内矿化和细胞外矿化。大多数的研究认为，脊椎动物是采用途径一进行细胞外基质矿化，最后形成硬组织的。但也有研究发现在血管系统中也有非晶态的矿化颗粒，来源于何种细胞尚不明确[57]。

人们普遍认为，骨骼矿化涉及离子（而非固体矿物）从食物来源向细胞外基质沉积部位的运输。骨的结晶过程可以用图 6.11（a）来描述[58]，首先从体液中摄取矿化离子，通过内吞作用、离子通道、转运蛋白或它们的共同形式实现矿化离子的隔离，然后运输到囊泡中形成起始的非晶态矿物相。该囊泡是成骨细胞中与膜结合的矿化囊泡，矿化囊泡及其内容物通过胞外作用进入细胞外，非晶态矿物相渗透到胶原基质，并在那形成结晶，最终形成成熟的矿化骨。或者，矿化囊泡本身就是成熟产物的形成场所，例如发生在球虫形成、粟粒有孔虫或鱼皮和蜘蛛中鸟嘌呤晶体的形成中［图 6.11（c）］。

在生理 pH 下，体液对钙离子和磷酸根离子是过饱和的。骨矿物质的低溶解度限制了离子在溶液中的传输量。在此情况下，胎球蛋白、基质 Gla 蛋白和骨桥蛋白等蛋白质在体液中被认为是异位矿物质形成的抑制剂，抑制了异位成骨的形成。值得注意的例外是所谓的基质囊泡。基质囊泡从细胞中萌发，聚集细胞外环境中的离子，并诱导无定形磷酸钙形成在即将形成骨结构的附近。细胞内（可能是成骨细胞）囊泡中的小颗粒在胚胎小鼠骨骼发育过程中存在与骨形成相关的钙和磷，钙磷摩尔比约为 0.75[59]。预成型有机基质（类骨质）中膜结合的所谓基质囊泡，其中既含有非晶态矿物，也含有晶态矿物[60]。成骨细胞培养中也观察到从细胞内环境到细胞外基质的类似含矿物质小泡的易位[61]。Crane 等研究结果表明，在小鼠颅盖骨的密合处，可能存在处于预成型有机基质中矿物相，类磷酸八钙，也可能存在无定形磷酸钙（ACP）[62]。Weiner 等用 Cryo-TEM 研究斑马鱼正在生长的鳍，表明负责骨组织的细胞层中确实有含矿物质的细胞内小泡和高度无序的磷酸钙；还发现无序的磷酸钙颗粒存在于细胞外基质中，它们与基质小泡膜不连接[58]。靠近矿化前沿，这些小颗粒变形，似乎渗透到胶原纤维中，在那里结晶形成成熟的骨骼。这些现象与体外的模拟的实验一致。因此，该课题组对图 6.11（a）的矿化通路提出修正，认为在步骤 4 之后，细胞内含有的小泡直接进入细胞外，富集钙磷离子。此外，据报道基质小泡在细胞外空间形成矿物质或积聚矿物质[63]。在鸡胚长骨发育过程中也观察到同样的现象[57]。这两种途径都可以在一个组织中进行，可能是在矿化过程的不同阶段。此外，除与矿物质形成和转运到细胞外基质的细胞途径外，磷酸钙颗粒也可能直接在细胞外体液中成核。众所周知，血管系统与骨生长密切相关。血管系统的一个作用是促进骨矿物质形成所需的成分运输到新的骨沉积部位。在鸡胚长骨发育过程中观察到血管、成骨细胞、破骨细胞中存在与膜结合矿物质颗粒[64]。类似的膜结合的颗粒，以及线粒体中的矿物质颗粒网络，大量存在于位于血管和正在生长的骨的每个骨小梁的空间。因此，有关骨形成的生物矿化通路还有很多问题要解决，比如成骨细胞是形成囊泡颗粒还是释放囊泡颗粒，血液中的矿物质有没有可能是自聚集的，等等，都有待进一步解决。

海胆采用的是图 6.11（b）途径。在海胆胚胎中，细胞内沉积在囊泡内的无定形碳酸钙颗粒被运输到合胞体，在合胞体中，它们添加到生长的针状体中，并结晶。海胆胚胎中新形成的针状体主要由一种完全无序的碳酸钙组成，但随着年龄的增长，这种高度不稳定的相转变为一种有序稳定的方解石相[65]。无序相的单个纳米颗粒之间二次成核原位扩展形成大的单晶。那么，构成矿化物的离子又是如何从食物或海水中转移到体内生物矿化的针状体或其前驱体？利用 TEM，观察产生幼虫针状体的细胞，其中含有矿物聚集体，但 X 射线不发生衍射，说明是非晶态。同时，Beniash 等发现，非晶态颗粒表面有一层膜，而且膜空间中没有水的存在[66]。由此推论，颗粒并不是由于溶解后的离子析出的。根据上述结论，Weiner 等提出了海胆矿化途径：细胞内形成的 ACC 是第一个形成的矿物相，然后以某种方式以固相形式转移到针状小泡中[56][图 6.11（b）途径]。后续又发现不仅成骨细胞，而且上皮和内胚层的许多其他细胞也含有这些 ACC 聚集体。

6.5 小　　结

从晶体学角度，矿化物的组成、形貌、取向和位置受多种因素的影响（图 6.12）。本章只是从最基本的生物矿化途径分析可能存在的通路。从已有的分析，我们可以知道生物矿化可能的通路是，在细胞外环境中，首先形成有机基质，然后诱导形成结晶矿物。这种矿物通常不是从饱和溶液中形成的，而是从细胞内小泡中形成的无序前驱体相，然后以某种方式运输到结晶的位置。但其中的热力学分析由于成分和环境过于复杂，少见报道。也有部分研究从分子动力学角度分析可能的热力学通路[67]。但更为重要的是，生物矿化的通路与生命体内组织形成或者修复的信号通路之间的相关性，具体地讲，在骨组织再生修复中，骨修复相关的信号通路是如何转导相关分子，在特定部位特定时间特定空间开展特定的生物矿化活动，从而实现组织的修复。因此，寻找信号通路与生物矿化通路之间的桥梁，是全面了解生物矿化通路的重要环节，是生物矿化通路能够指导组织修复的本质所在。

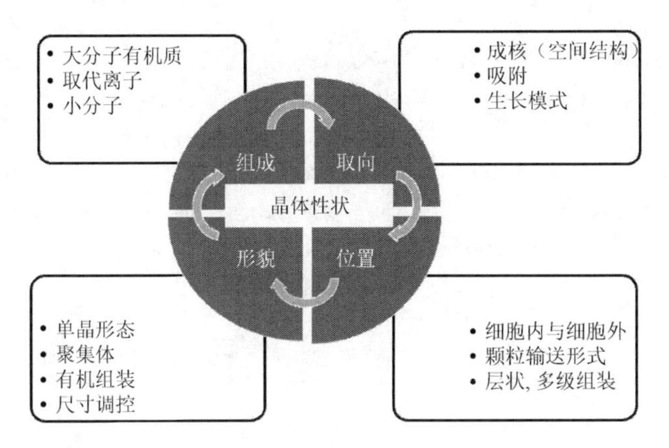

图 6.12　晶体性状在生物矿化过程中的调控因素

参 考 文 献

[1] Luo N，Balko J M. Role of JAK-STAT pathway in cancer signaling[J]. Predictive Biomarkers in Oncology，2019：311-319.

[2] Falk S，Wurdak H，Ittner L M，et al. Brain area-specific effect of TGF-β signaling on Wnt-dependent neural stem cell expansion[J]. Cell Stem Cell，2008，2（5）：472-483.

[3] 陈罗萍，郑丽沙，樊瑜波. Wnt 信号通路对氢氧化钙促进人牙髓干细胞成骨向分化的调控[J]. 国际生物医学工程杂志，2019（2）：120-124.

[4] Rabbani P，Takeo M，Chou W，et al. Coordinated activation of Wnt in epithelial and melanocyte stem cells initiates pigmented hair regeneration[J]. Cell，2011，145（6）：941-955.

[5] Vermeulen L，Melo F，van der Heijden M，et al. Wnt activity defines colon cancer stem cells and is regulated by the microenvironment[J]. Nature Cell Biology，2010，12（5）：468-U121.

[6] Barker N，Clevers H. Catenins，Wnt signaling and cancer[J]. Bioessays，2000，22（11）：961-965.

[7] 邱晓霞，李逸朗，梁关凤，等. 经典 Wnt/β-catenin/TCF7L2 信号通路在 1 型糖尿病心肌病中的作用[J]. 中国药理学通报，2019，35（8）：1104-1109.

[8] 张军，葛正行，杨义. 细胞增殖抑制基因调控慢性阻塞性肺疾病大鼠 Wnt/PCP 通路抑制气道成纤维细胞增殖的相关性[J]. 基础医学与临床，2019，39（10）：1393-1396.

[9] 刘镕，赵琴平，董惠芬，等. TGF-β 信号传导通路及其生物学功能[J]. 中国病原生物学杂志，2014，9（1）：77-83.

[10] Brand T，Schneider M D. Transforming growth factor-beta signal transduction[J]. Circulation Research，1996，78（2）：173-179.

[11] Wu M，Hill C S. TGF-β superfamily signaling in embryonic development and homeostasis[J]. Developmental

Cell，2009，16（3）：329-343.

[12] Runyan R B，Potts J D，Weeks D L. TGF-β3-mediated tissue interaction during embryonic heart development[J]. Molecular Reproduction and Development，1992，32（2）：152-159.

[13] Javelaud D，Mauviel A. Transforming growth factor-*β*s：Signalisation et rôles physiopathologiques[J]. Pathologie Biologie，2004，52（1）：50-54.

[14] Beck L S，DeGuzman L，Lee W P，et al. One systemic administration of transforming growth factor-beta 1 reverses age- or glucocorticoid-impaired wound healing[J]. The Journal of Clinical Investigation，1993，92（6）：2841-2849.

[15] Ying Q，Nichols J，Chambers I，et al. BMP induction of Id proteins suppresses differentiation and sustains embryonic stem cell self-renewal in collaboration with STAT3[J]. Cell，2003，115（3）：281-292.

[16] He X，Zhang J，Tong W，et al. BMP signaling inhibits intestinal stem cell self-renewal through suppression of Wnt–β-catenin signaling[J]. Nature Genetics，2004，36（10）：1117-1121.

[17] 石芳，廖霞，李瑶，等. 植物多酚通过 PI3K/Akt 信号通路抗肿瘤作用研究进展[J]. 食品科学，2016，37（15）：259-264.

[18] 迟毓婧，李晶，管又飞，等. PI3K-Akt 信号传导通路对糖代谢的调控作用[J]. 中国生物化学与分子生物学报，2010，26（10）：879-885.

[19] Mackay H J，Eisenhauer E A，Kamel-Reid S，et al. Molecular determinants of outcome with mammalian target of rapamycin inhibition in endometrial cancer[J]. Cancer，2014，120（4）：603-610.

[20] Mayer I A，Arteaga C L. The PI3K/AKT pathway as a target for cancer treatment[J]. Annual Review of Medicine，2016，67：11-28.

[21] 赵婧，屈艺，母得志. PTEN/PI3K/AKT 信号节点与血管生成研究进展[J]. 广东医学，2010，31（19）：2595-2597.

[22] Gordon M D，Nusse R. Wnt signaling：Multiple pathways，multiple receptors，and multiple transcription factors[J]. Journal of Biological Chemistry，2006，281（32）：22429-22433.

[23] Liu Y，Zhang C，Zhou C. Dual-role regulations of canonical Wnt/beta-catenin signaling pathway[J]. Journal of Peking University（Health Sciences），2010，42（2）：238-242.

[24] Hill T P，Später D，Taketo M M，et al. Canonical Wnt/β-catenin signaling prevents osteoblasts from differentiating into chondrocytes[J]. Developmental Cell，2005，8（5）：727-738.

[25] Glass Ⅱ D A，Bialek P，Ahn J D，et al. Canonical Wnt signaling in differentiated osteoblasts controls osteoclast differentiation[J]. Developmental Cell，2005，8（5）：751-764.

[26] Mbalaviele G，Sheikh S，Stains J P，et al. β-Catenin and BMP-2 synergize to promote osteoblast differentiation and new bone formation[J]. Journal of Cellular Biochemistry，2005，94（2）：403-418.

[27] Liu T，Gao Y，Sakamoto K，et al. BMP-2 promotes differentiation of osteoblasts and chondroblasts in Runx2-deficient cell lines[J]. Journal of Cellular Physiology，2007，211（3）：728-735.

[28] Jeon E J，Lee K Y，Choi N S，et al. Bone morphogenetic protein-2 stimulates Runx2 acetylation[J]. Journal of Biological Chemistry，2006，281（24）：16502-16511.

[29] Lee M H，Kim Y J，Kim H J，et al. BMP-2-induced Runx2 expression is mediated by Dlx5，and TGF-β1 opposes the BMP-2-induced osteoblast differentiation by suppression of Dlx5 expression[J]. Journal of Biological Chemistry，2003，278（36）：34387-34394.

[30] 乔建瓯，宁光，王铸钢. Osterix：与成骨细胞分化和骨形成有关的转录因子[J]. 国外医学：内分泌学分册，2004（4）：252-254.

[31] Matsubara T，Kida K，Yamaguchi A，et al. BMP2 regulates Osterix through Msx2 and Runx2 during osteoblast differentiation[J]. Journal of Biological Chemistry，2008，283（43）：29119-29125.

[32] Lee M H，Kwon T G，Park H S，et al. BMP-2-induced Osterix expression is mediated by Dlx5 but is independent of Runx2[J]. Biochemical and Biophysical Research Communications，2003，309（3）：689-694.

[33] Picherit C，Chanteranne B，Bennetau-Pelissero C，et al. Dose-dependent bone-sparing effects of dietary isoflavones in the ovariectomised rat[J]. British Journal of Nutrition，2001，85（3）：307-316.

[34] Maruyama Z，Yoshida C，Furuichi T，et al. Runx2 determines bone maturity and turnover rate in postnatal bone development and is involved in bone loss in estrogen deficiency[J]. Developmental Dynamics：An Official Publication of the American Association of Anatomists，2007，236（7）：1876-1890.

[35] Liu T，Lee E H. Transcriptional regulatory cascades in Runx2-dependent bone development[J]. Tissue Engineering Part B：Reviews，2013，19（3）：254-263.

[36] Choi K Y，Kim H J，Lee M H，et al. Runx2 regulates FGF2-induced Bmp2 expression during cranial bone development[J]. Developmental Dynamics，2005，233（1）：115-121.

[37] 张奇，白晓东，付小兵. p38MAPK 信号通路研究进展[J]. 感染、炎症、修复，2005，(2)：121-123.

[38] Hu Y，Chan E，Wang S X，et al. Activation of p38 mitogen-activated protein kinase is required for osteoblast differentiation[J]. Endocrinology，2003，144（5）：2068-2074.

[39] Isomoto S，Hattori K，Ohgushi H，et al. Rapamycin as an inhibitor of osteogenic differentiation in bone marrow-derived mesenchymal stem cells[J]. Journal of Orthopaedic Science，2007，12（1）：83-88.

[40] Salhotra A，Shah H N，Levi B，et al. Mechanisms of bone development and repair[J]. Nature Reviews Molecular Cell Biology，2020，21（11）：696-711.

[41] 吴少鹏，孙正平，邓崇礼，等. 补肾活血方含药血清通过 PI3K/Akt 信号通路促进成骨细胞增殖分化研究[J]. 湖南中医杂志，2014，30（11）：154-156.

[42] 宋世雷，陈跃平，章晓云. PI3K/AKT 信号通路调控股骨头坏死的相关机制[J]. 中国组织工程研究，2020，24（3）：408-415.

[43] Lauzon M A，Drevelle O，Daviau A，et al. Effects of BMP-9 and BMP-2 on the PI3K/Akt pathway in MC3T3-E1 preosteoblasts[J]. Tissue Engineering Part A，2016，22（17-18）：1075-1085.

[44] Thanh N T，Maclean N，Mahiddine S. Mechanisms of nucleation and growth of nanoparticles in solution[J]. Chemical Reviews，2014，114（15）：7610-7630.

[45] 刘昭明. 生物矿化中晶体生长机理及应用[D]. 杭州：浙江大学，2017.

[46] Xu A，Ma Y，Cölfen H. Biomimetic mineralization[J]. Journal of Materials Chemistry，2007，17（5）：415-449.

[47] Gower L B. Biomimetic model systems for investigating the amorphous precursor pathway and its role in biomineralization[J]. Chemical Reviews，2008，108（11）：4551-4627.

[48] Gower L B，Odom D J. Deposition of calcium carbonate films by a polymer-induced liquid-precursor（PILP）process[J]. Journal of Crystal Growth，2000，210（4）：719-734.

[49] Bewernitz M A，Gebauer D，Long J，et al. A metastable liquid precursor phase of calcium carbonate and its interactions with polyaspartate[J]. Faraday Discussions，2012，159（1）：291-312.

[50] Dey A，Bomans P H，Müller F A，et al. The role of prenucleation clusters in surface-induced calcium phosphate crystallization[J]. Nature Materials，2010，9（12）：1010-1014.

[51] Habraken W J，Tao J，Brylka L J，et al. Ion-association complexes unite classical and non-classical theories for the biomimetic nucleation of calcium phosphate[J]. Nature Communications，2013，4（1）：1-12.

[52] Addadi L，Weiner S. Interactions between acidic proteins and crystals：Stereochemical requirements in biomineralization[J]. Proceedings of the National Academy of Sciences，1985，82（12）：4110-4114.

[53] Shaw W J，Campbell A A，Paine M L，et al. The COOH terminus of the amelogenin，LRAP，is oriented next to

the hydroxyapatite surface[J]. Journal of Biological Chemistry，2004，279（39）：40263-40266.

[54] Chen X，Wang Q，Shen J，et al. Adsorption of leucine-rich amelogenin protein on hydroxyapatite（001）surface through —COO^- claws[J]. The Journal of Physical Chemistry C，2007，111（3）：1284-1290.

[55] Aoba T，Fukae M，Tanabe T，et al. Selective adsorption of porcine-amelogenins onto hydroxyapatite and their inhibitory activity on hydroxyapatite growth in supersaturated solutions[J]. Calcified Tissue International，1987，41（5）：281-289.

[56] Weiner S，Addadi L. Crystallization pathways in biomineralization[J]. Annual Review of Materials Research，2011，41：21-40.

[57] Kerschnitzki M，Akiva A，Shoham A B，et al. Bone mineralization pathways during the rapid growth of embryonic chicken long bones[J]. Journal of Structural Biology，2016，195（1）：82-92.

[58] Mahamid J，Addadi L，Weiner S. Crystallization pathways in bone[J]. Cells Tissues Organs，2011，194（2-4）：92-97.

[59] Mahamid J，Sharir A，Gur D，et al. Bone mineralization proceeds through intracellular calcium phosphate loaded vesicles：A cryo-electron microscopy study[J]. Journal of Structural Biology，2011，174（3）：527-535.

[60] Schraer H，Gay C V. Matrix vesicles in newly synthesizing bone observed after ultracryotomy and ultramicroincineration[J]. Calcified Tissue Research，1977，23（1）：185-188.

[61] Boonrungsiman S，Gentleman E，Carzaniga R，et al. The role of intracellular calcium phosphate in osteoblast-mediated bone apatite formation[J]. Proceedings of the National Academy of Sciences，2012，109（35）：14170-14175.

[62] Crane N J，Popescu V，Morris M D，et al. Raman spectroscopic evidence for octacalcium phosphate and other transient mineral species deposited during intramembranous mineralization[J]. Bone，2006，39（3）：434-442.

[63] Anderson H C，Garimella R，Tague S E. The role of matrix vesicles in growth plate development and biomineralization[J]. Frontiers in Bioscience，2005，10（1）：822-837.

[64] Kerschnitzki M，Akiva A，Shoham A B，et al. Transport of membrane-bound mineral particles in blood vessels during chicken embryonic bone development[J]. Bone，2016，83：65-72.

[65] Beniash E，Aizenberg J，Addadi L，et al. Amorphous calcium carbonate transforms into calcite during sea urchin larval spicule growth[J]. Proceedings of the Royal Society of London Series B：Biological Sciences，1997，264（1380）：461-465.

[66] Beniash E，Addadi L，Weiner S. Cellular control over spicule formation in sea urchin embryos：A structural approach[J]. Journal of Structural Biology，1999，125（1）：50-62.

[67] Shen J，Wu T，Wang Q，et al. Molecular simulation of protein adsorption and desorption on hydroxyapatite surfaces[J]. Biomaterials，2008，29（5）：513-532.

第 7 章　生物矿化在口腔修复中的应用

牙体缺损、牙列缺损及缺失、颌面部缺损和牙周病等是常见病，影响人体的咀嚼功能、面部形态、语言功能，甚至影响视觉和脑部功能。针对上述口腔、颌面部的组织缺损，采用人工制作的修复体所进行的治疗是口腔修复的主要内容，包括通过修复手段对牙周病和颞下颌关节病的治疗。牙齿及颌面等口腔部位的硬组织也是生物矿化的产物，因此，探讨生物矿化在口腔修复领域的应用对研究新型口腔修复治疗技术具有重要意义。本章将介绍生物矿化在牙釉质、牙本质及牙周组织缺损方面的应用。

7.1　生物矿化在牙釉质修复中的应用

牙釉质是人体内矿化程度最高的组织。牙釉质脱矿导致的龋病是人类的常见病、多发病，而且如果不及时治疗，可导致咬合关系的破坏，影响咀嚼功能和消化功能以及牙颌系统的发育，甚至对全身健康造成危害。流行病学调查已证实[1]，早期未成洞釉质龋的发病率明显高于已形成龋洞的发病率，龋病的早期治疗可以避免传统牙体手术，最大限度减少对牙体结构的破坏。利用诱导组织再生以及仿生矿化等理论和技术寻找一种更加经济、有效、安全的再矿化方法替代传统的方法，对于龋病的早期预防与控制以及早期治疗具有重要的现实意义。

牙釉质的脱矿与再矿化在龋病早期的发生、发展、愈合的过程中发挥着重要的作用。发育好、矿化程度高、硬度大的牙釉质的抗龋病能力强。因此如何减少牙釉质的脱矿，增强牙釉质的再矿化，提高牙釉质的矿化程度是龋病的早期预防与控制以及早期治疗的手段和策略之一。

龋洞一旦形成以后，由于成釉细胞的消失，牙釉质无法再生修复，只能采取填充修复的方法。如何获得组成、结构和性能与自然牙釉质一样的修复效果，也是牙釉质修复的核心问题所在。

7.1.1　龋病发生的化学过程及治疗方法

龋病的本质是去矿化（demineralization），也称脱矿。去矿化是指在酸的作用下，牙齿中的矿物质发生溶解，钙和磷酸盐等无机离子从牙齿中脱出；由于牙釉质晶体中存在着 Mg^{2+}、CO_3^{2-} 等离子，所以更容易被酸溶解[2]。

1. 龋病形成的过程

唾液蛋白质吸附于釉质表面，形成了获得性膜，细菌吸附膜上形成菌斑。菌斑中的细菌在适宜的碳水化合物的存在下，无氧酵解糖类产生有机酸。当菌斑产酸使菌斑液 pH 降低到临界 pH（5.5 左右）以下时，有机酸解离成一定数量的 H^+ 和酸根离子，并扩散到釉质表面。酸根离子可以络合 HAP 的钙离子，并可以向釉质内部扩散。而 H^+ 则具有攻击性，它首先攻击 Mg^{2+}、CO_3^{2-} 等离子所在的比较薄弱的晶体部位，导致 Ca^{2+}、OH^-、PO_4^{3-}、F^- 等先后从晶格中移出并扩散到晶体间的液相环境中，从而破坏了晶格的完整性，造成牙釉质的脱矿。随着酸的不断产生，釉质的表层溶解继续进行，再矿化速度不及矿物质的丧失速度，晶体结构发生更为广泛的破坏，最终形成龋洞。由于羟基和碳酸根沿羟基磷灰石晶体中央长轴即 c 轴排列，故晶体中央溶解是沿晶体轴方向进行的。晶体周缘溶解造成晶体间隙增大。晶体中央溶解造成晶体中心区穿孔，穿孔周围未溶解部分晶格条纹发生改变，说明晶体结构已有所变化。晶体溶解区不断扩大，相邻晶体的穿孔溶解区相互融合，造成多个晶体的破坏，最终造成大面积的晶体结构崩解[3]。

临床根据龋病病变的深度可分为：浅、中、深三度龋。早期釉质龋未脱矿的磨片，在光镜下结合使用偏振光显微镜及显微放射摄影术观察，其病损区可区分为四层：透明层、暗层、病损体部和表层。浅龋亦称釉质龋，龋坏局限于釉质。龋齿的发展过程为正常牙—龋洞—牙髓炎—牙髓坏死及根尖周炎—脓瘘，所以临床上要尽早治疗龋病，阻断疾病的发展，防止恶化，避免填充修复牙体、牙列缺损及由此引起的其他疾病。

在龋损过程中不但发生着晶体的溶解，还存在着一系列再矿化现象，脱矿和再矿化是不断交替的过程。影响釉晶稳定性的主要因素包括周围环境的 pH、钙、磷、氟浓度。当 pH 较高时，局部钙、磷离子达到一定浓度，就趋向于晶体形成和稳定；而当局部 pH 降低时，则导致晶体溶解。在进食碳水化合物后，由于酸沿晶体间微隙扩散，加上唾液缓冲作用导致局部 pH 回升，溶出的钙、磷离子由于釉质表面菌斑的阻遏使局部微环境中的钙、磷浓度达过饱和状态，可重新形成新的晶体，或在晶体上有新的晶格生长。在龋损表层和暗层（此层紧接在透明层的表面，呈现结构混浊、模糊不清）可见比正常釉质中大的晶体，这些都是再矿化现象。新形成的晶体可以是磷酸氢钙或其他磷酸盐[4]。

图 7.1（a）为打磨后的未腐蚀的牙釉质的形貌，可观察到釉柱单元结构以及围绕釉柱的釉柱间质部分，表面平整光滑。图 7.1（b）、图 7.1（c）和图 7.1（d）为酸蚀后的浅龋模型缺损面不同放大倍数的 SEM 照片，图 7.1（b）可观察到牙釉

质表面腐蚀均匀，釉柱单元结构沿 c 轴近似平行排列，尺寸约 8 μm，釉柱之间凹陷部分是釉柱间质，因为其无机物含量稍低于牙釉质，所以被酸腐蚀强度大，形成明显的空隙；从图 7.1（d）高倍照片中，可观察到组成釉柱的纳米棒状 HAP 晶体，直径 80 nm，长度超过 1 μm。经过腐蚀后，原本紧密组装的纳米 HAP 棒，结构变得疏松。

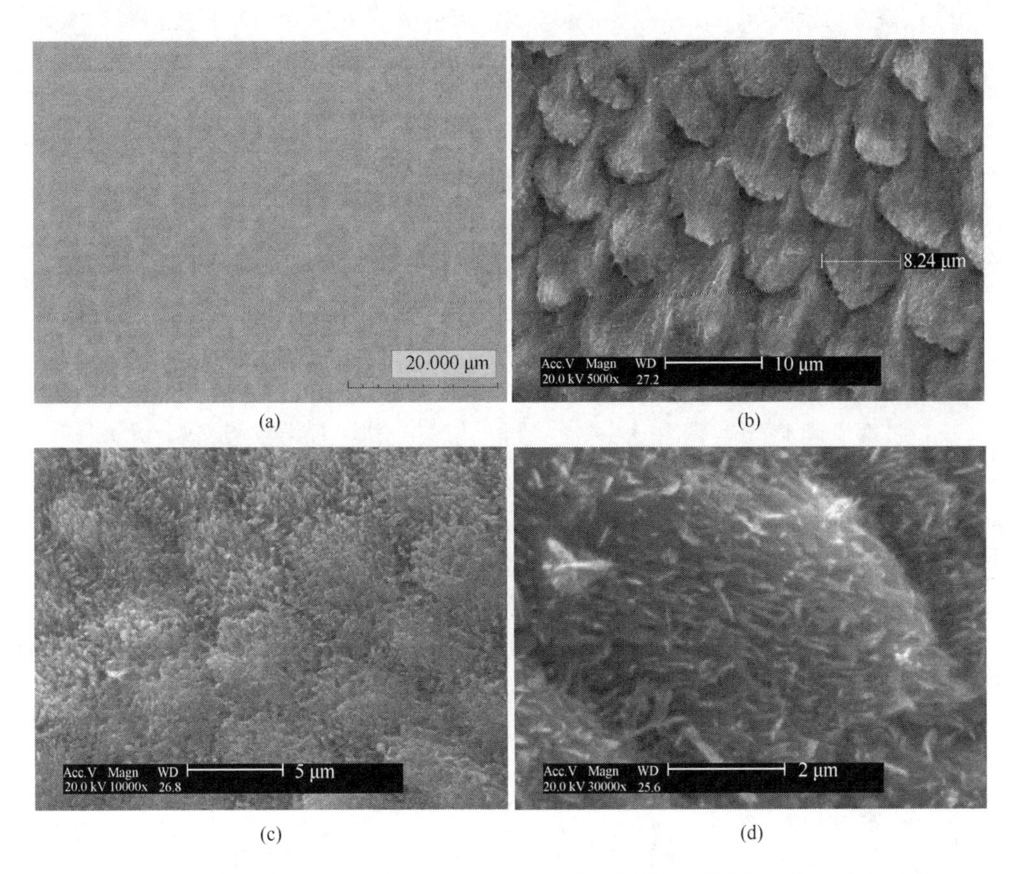

(a) (b) (c) (d)

图 7.1　（a）未被腐蚀的牙釉质形貌；（b）（c）（d）牙釉质浅龋模型缺损面不同放大倍数的 SEM 照片[5]，可以看出釉丛间的空隙及结构不再紧密的釉柱

2. 龋病的治疗方法

现有龋病的治疗方法大致可分为以下四类[6]：①化学疗法，用化学药物处理龋损，使病变终止或消除的方法，一般用于早期龋变。②再矿化疗法，用人工方法使已经脱矿、变软的釉质发生再矿化、恢复硬度，使早期釉质龋终止或消除的方法。③窝沟封闭，准确地说是窝沟龋齿的预防方法。封闭剂作为屏障，使窝沟与口腔环境隔绝阻止细菌、食物残渣及酸性产物等致龋因子进入窝沟。主要用于

治疗窝沟可疑龋。④修复性治疗，用手术的方法去除龋坏组织形成一定洞形，然后选用适宜的修复材料修复缺损部分，恢复牙的形态和功能。根据患牙部位和龋损类型，可选用不同的修复材料和方法[7]。

3. 龋洞修复材料

在口腔临床医学上，龋洞和牙体、牙列缺损后常用的修复材料主要有银汞合金、复合树脂和烤瓷材料等。

（1）银汞合金

银汞合金是一种特殊的合金，由汞、银等组成。汞在室温下为液态，能与其他许多金属在室温下形成合金而固化。汞与其他金属形成合金的过程叫汞齐化。银汞合金与牙体结合较好，被广泛用作龋病填充修复材料。

长期以来，银汞合金以其有较大的抗压强度，能承受较大的咀嚼压力、扭力和冲击力，经久耐用，可塑性好，操作方便等特点，作为一类重要的牙修复材料被广泛应用。但它与牙齿间无化学性黏结，对牙髓有一定的刺激性和细胞毒性，并且存在汞污染和电腐蚀等问题。

（2）复合树脂

复合树脂是一种由有机树脂基质和经过表面处理的无机填料，以及引发体系组合而成的一类牙体修复材料[8]。20 世纪 60 年代，Bowen 首次开发了以双酚 A 甲基丙烯酸缩水甘油酯（Bis-GMA）为主要树脂基质成分的复合树脂。由于其有与牙体组织相似的色泽，较好的力学性能，易于操作等优点，从 70 年代开始，基本上取代了以甲基丙烯酸树脂为主体的自固化树脂硅水门汀，成为主要的修复材料[9]。但目前还未能取代银汞合金，有以下原因[10]：①耐磨性能低于银汞合金；②聚合收缩较大；③线膨胀系数大于天然牙；④聚合不全导致存在残留单体；⑤与牙体组织黏结性能有待改善和提高；⑥复合树脂在口腔环境中机械性能降低。

（3）烤瓷材料

烤瓷修复是指在口腔修复治疗中，直接采用各种瓷粉经过烧结制作陶瓷修复体的一种工艺过程。烤瓷材料实际就是一种陶瓷修复体的瓷料，现在习惯称为烤瓷材料，又称烤瓷粉，一般适用于制作嵌体、冠、牙面等牙体。烤瓷材料根据不同熔点范围分为三类：①高熔烤瓷材料（1200～1450℃）；②中熔烤瓷材料（1050～1200℃）；③低熔烤瓷材料（850～1050℃）。按材料成分的性质又可分为：长石质烤瓷和氧化铝烤瓷。经烧结后的烤瓷材料硬度接近于牙釉质，与牙釉质物理机械性能相当，耐磨性优良，其化学性能相当稳定，长期在口腔环境内也不会发生不良变化，表面光洁性高，能获得牙体组织的天然色泽，并且具有惰性无毒、无刺激性、无致敏性、生物性能良好等优点，适合作为牙体修复材料，目前在临床上得到广泛使用。但由于修复体和自然牙之间需要通过黏结来实现结合，因此存在结合强度不高的问题，而且由于细菌可能会进入结合层，导致继发龋或细菌感染。

目前牙科界针对龋损的早期治疗提出了微创牙科学的修复治疗理念[11]。微创牙科学是指采用生物学方法而不是传统的牙体手术处理龋病，以最大限度地减少对牙体结构的破坏。这种新的龋病处理方法，将过去强调的视龋损为“洞”而反复充填的理念，转变为阻止龋病进程，然后修复缺失的牙体结构和功能，最大限度地发挥牙体的愈合潜能。再矿化，即防止龋损形成并逆转未形成“洞”的浅龋，是微创牙科治疗的最重要的方法之一[12]。

7.1.2　牙釉质再矿化

牙釉质的再矿化是指钙、磷和其他矿物离子沉积在正常或者部分脱矿的釉质表面，形成 HAP 或氟羟基磷灰石晶体的过程。早在 1912 年，Head 发现人工酸蚀的牙齿浸泡于唾液中可发生再矿化现象。实际上，釉质表面存在着磷酸钙盐的沉淀-溶解平衡，即处于脱矿和再矿化的频繁交替过程中。如再矿化强于脱矿，则龋病有愈合的可能。再矿化的过程受唾液中 Ca^{2+}、OH^-，氟化物，菌斑，pH，食物和牙面的获得性膜等因素的影响。

①唾液：唾液中的 Ca^{2+}和 PO_4^{3-} 是矿化的物质基础，它们的浓度越高，越有利于再矿化的发生。因此，再矿化液中所含 Ca^{2+}、PO_4^{3-} 可以促进釉质发生再矿化，长时间临床应用低浓度的 Ca^{2+}、PO_4^{3-} 会促进龋病病损深处发生再矿化。

②氟化物：微环境中 F^-浓度的升高将导致生成氟羟基磷灰石和氟磷灰石[FAP，$Ca_{10}(PO_4)_6F_2$]。由于 F^-半径较小，电负性较大，F^-取代 OH^-之后，F-Ca 之间的结合力大于 O-Ca 之间的结合力，从而使晶体结构紧缩，稳定性提高，因此氟取代结构具有更大的稳定性，它的晶体大小及有序程度比无氟磷灰石具有更大的稳定性，溶解度和溶解速率均低。因此，氟化物有增加釉质的抗龋能力和促进釉质再矿化的作用。不同渗透能力的氟化物对龋损的不同部位起作用，单氟磷酸钠主要作用于龋损的表层，而氟化钠则促进内部受损部位的再矿化。局部高浓度氟处理将生成 CaF_2，它在口腔环境中有一定的抗溶解性，并且在高酸度时释放 F^- 从而具有长期的防龋效应。但有文献报道认为，氟在体内含量偏高对人体其他组织有损害。

③菌斑的 pH：一般而言，菌斑的 pH 越高，越有利于再矿化。唾液的 pH 介于 6.6 与 7.1 之间，此 pH 不利于矿化物的形成。采用漱口水或者牙膏使菌斑内的 pH 升高，对再矿化有一定用处。

④食物：食物中的糖可以使菌斑的 pH 下降，不利于再矿化。而蛋白类食物可以使菌斑的 pH 升高，有利于再矿化。

⑤牙面的获得性膜：获得性膜的存在可以使再矿化的速度减缓，并阻碍唾液或矿化液中的离子进入釉质，抑制晶体的生长，不利于再矿化。

7.1.3　牙釉质的仿生修复

生物体内的矿化过程是在细胞和基因参与下，以及在多种调控情况下以蛋白质为有机质构架完成的比较复杂而有序的矿化过程。仿生矿化是指将生物矿化的机理引入材料合成过程中，在体外模拟机体环境，以有机基质为模板，形成并控制无机物的矿化物的形成过程及成分，从而制备具有独特显微结构特点及优异性能的材料[13]。仿生合成是近年来受生物矿化原理启示而发展起来的一个崭新领域，其合成过程具有高效、有序及自动化等特点。为了研制组成和形态上与牙釉质结构相近的活性材料，越来越多的研究者将仿生矿化应用到修复领域，即模仿生物原理来建造修复材料合成的技术系统。

1. *涂层法*

涂层法指在牙釉质表面形成 HAP 晶体层，用于修复釉质龋损。

Busch 首次利用仿生矿化技术，在牙釉质表面涂布含磷酸根离子的明胶凝胶层作为矿化模板，此层表面再涂布一层不含磷酸根的明胶凝胶作为屏蔽层，再在含钙的中性溶液中矿化，最后在牙釉质表面形成氟羟基磷灰石（FHA）[14]。晶体平行致密排列，并且垂直于釉质表面，晶体结构与牙釉质相似。但是其设计的有机模板与天然牙釉质矿化的有机质结构有较大区别，且没有力学性能的分析。难以考核其临床应用疗效。廖颖敏等以含 $Ca(NO_3)_2$、$NH_4H_2PO_4$ 和 $NaNO_3$ 组成的溶液作为电解液，在人牙釉质表面电诱导制备了 HAP 涂层[15]。研究了电解液初始 pH、电流、密度和温度的变化对涂层的组成、结构和形貌的影响。研究结果表明这些因素对涂层的组分（HAP）没有显著影响，而对涂层中 HAP 晶体 c 轴的择优取向度的影响较显著。当控制电解液的初始 pH 为 6、电流密度为 0.5 mA/cm^2、温度为 55℃的时候，涂层中 HAP 晶体沿 c 轴方向择优取向生长，且择优取向度和牙釉柱的 HAP 较为接近。马英等采用 α-磷酸三钙（α-TCP）水解法在经预处理的牙釉质表面制备 HAP 涂层[16]。结果显示，α-TCP 在 37℃条件下水解 6 h，即可在牙釉质表面得到厚度约 20 μm 的 HAP 涂层，此涂层与牙釉质表面结合紧密，涂层的硬度与正常牙釉质无明显的差异，并且具有良好的耐磨性。

上述方法都获得了在组成上与牙釉质相同的矿化物，但结构上并不具有相互交错的釉柱结构。更重要的是，需要一定的外界条件才能合成矿化物，在临床上的应用受限。

2. 有机质诱导仿生矿化

从生物体中提取有机质，即直接采用生物体内的模板进行体外模拟合成，这种方法可以克服人工有机模板功能性较差的缺点[17]。牙釉质生物矿化过程离不开牙釉基质蛋白等生物大分子的作用，因此，对牙釉质矿化的仿生研究主要集中于直接利用生物大分子诱导仿生矿化物的形成和利用类似物模拟生物大分子在矿化中的作用来诱导矿化。

（1）牙釉基质蛋白

王志伟等利用石英晶体微天平技术研究牙釉基质蛋白在牙釉质表面的吸附行为，以及在 37℃模拟人工体液中诱导牙釉质表面 HAP 晶体的形成和生长。研究发现，牙釉基质蛋白对 HAP 晶体的成核、取向和生长起着重要的作用[18]。熊鹏等采用鼠尾 I 型胶原自组装形成的液晶胶原薄膜作为模板，在猪源性 EMP（由釉原蛋白、成釉蛋白、釉蛋白等组成的复合蛋白）调控下进行生物矿化研究[19]。研究发现，加入 EMP 后，液晶胶原的有序化结构保持稳定；EMP 对钙磷盐的成核有很好的促进作用，且形成的钙磷盐以胶原纤维为模板沉析；矿化产物主要成分为 HAP，受溶液中各种吸附的影响，矿化物以花簇状团聚体为主要形貌[20]。

牙釉基质蛋白发育期牙釉质中的一系列釉基质物质及其衍生物，具有促进周组织再生和生物矿化以及骨诱导等生物学活性。其中富含釉原蛋白、釉蛋白和成釉蛋白等多种蛋白质成分；釉原蛋白就是重要的牙釉基质蛋白之一。由于釉原蛋白 cDNA 的克隆及其重组蛋白在大肠埃希菌（*Escherichia coli*）中的成功表达、纯化，以及后来一些新的提纯方法的出现，高纯度重组釉原蛋白的获得为进一步研究蛋白质功能奠定了基础，推动了对其生物化学研究的深入。1994 年，Moradian-Oldak 等发现，重组鼠釉原蛋白（rM179）自组装构成直径 15～20 nm 大小的“纳米球”状结构，与釉质晶体的侧面对齐，这些结构后来在鼠磨牙釉质发育阶段早期的组织切片中被证实，因此认为釉原蛋白“纳米球”为牙釉质晶体的发生和成长方向提供了一个有机的微观结构[21]。Aichmayer 等研究发现，悬浮状态的重组全长猪 rP172 和鼠 rM179 形成的“纳米球”呈椭圆形而非以前研究描述的球形颗粒，而且在接近生理条件下，能够进一步地集聚[22]。这种椭圆形的“纳米球”是构成高度有序各向异性的长链状结构的关键，同时证实这种长链状结构在纳米水平调控釉质晶体构成，为牙釉质晶体的成核和定向生长提供了有序的功能支架。在晶体生长过程中，蛋白纳米微球结合在晶体的特定结晶表面而抑制晶体沿该晶向的生长，因此牙釉质中的 HAP 沿晶体 *c* 轴方向择优生长。

磷酸八钙（OCP）的晶体单位包含有像 HAP 一样的结构和水层结构[23]。有研究认为，条带样的釉质晶体形成初期是以 OCP 形式存在的，然后由 OCP 转变成 HAP[24]。因此，为了验证前面提到的假说——釉原蛋白调控晶体形态，有学者首先就釉原蛋白与 OCP 晶体的相互作用进行了研究。将不同浓度（0%～2%）的釉原蛋白溶在 10%明胶凝胶中。结果发现，含有釉原蛋白的明胶实验组其 OCP 晶体明显变长，而且釉原蛋白对 OCP 晶体形态的影响具有剂量依赖性，釉原蛋白浓度越高，OCP 晶体变长越明显[25]。黄微雅模拟牙釉质的矿化过程，在凝胶扩散体系中加入提取的大鼠牙釉基质蛋白进行仿生合成，制备了长径比很大的带状 OCP 晶体（其形貌类似最初沉积在基质中的牙釉质晶体），如图 7.2 所示[26]。通过体外模拟证实了牙釉基质蛋白在矿化过程中可能通过与晶体晶面的作用而提高其长径比。分析原因可能是釉原蛋白“纳米球”可能是同 OCP 晶体的（010）面相互作用致使晶体平行于其 c 轴快速生长，进而导致其明显变长。

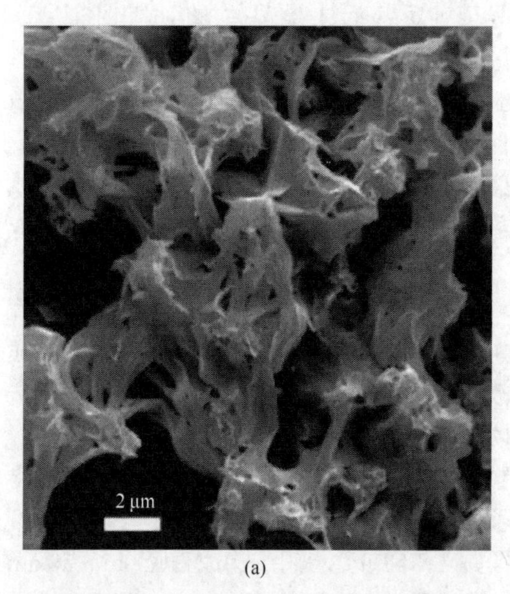

(a)

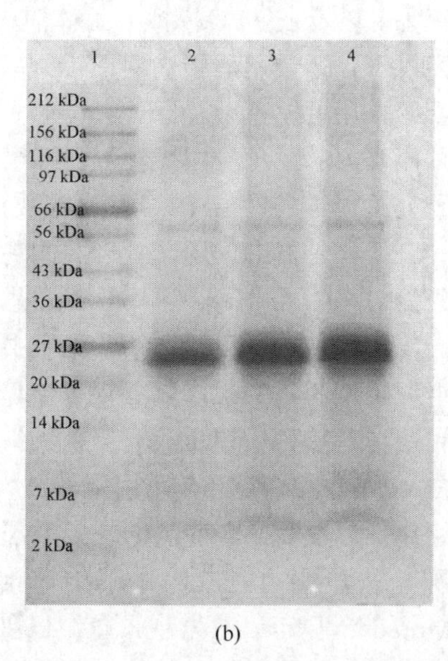

(b)

图 7.2　凝胶扩散体系中牙釉基质蛋白调控的 OCP 带状结构（a）和提取的大鼠牙釉基质蛋白的 SDS-PAGE 图（b）

基于生物分子介导矿化过程的机理可以分析牙釉质的仿生矿化，但蛋白质的组装与生理 pH、温度和离子强度等条件密切相关，组装结构与 OCP、ACP、HAP 的相互作用，还未系统了解，因此釉原蛋白在矿物质形成期是否能够稳定地保持定向的高度有序的结构，钙离子在釉质基质自组装中的角色，其他牙釉基质蛋白对矿化驱动力的调控等还需进一步阐明。

（2）仿生大分子类似物

仿生大分子一般是指带有不同功能基团的大分子聚合物，一般是树枝状聚合物，又称树枝化聚合物，即每个重复单元上带有树枝化基元的线状聚合物。树枝状聚合物可被设计成不同的代数和结构，带有不同功能的端基如胺、羧酸和乙酰胺基团，已被用作“人工蛋白质”，从而可模拟多种蛋白质结构和功能。同时具有规整的二级结构，是一类性能优异、适用于模拟生物矿化的生物大分子类似物。用于模拟生物矿化研究的树枝状聚合物主要有聚酰胺-胺（PAMAM）、聚丙烯亚胺（PPI）及少量其他类型树枝状聚合物[27]。

树枝状聚合物具有诱导溶液中金属离子和阴离子成为矿物晶体的能力。Khopade 等用表面为羧基的 3.5 代和 4.5 代 PAMAM 树枝状聚合物为模板，在含 Na_3PO_4 的模拟体液（SBF）中用自沉淀法制备了球状的 HAP[28]。可能是由于表面的羧基能结合钙离子，或由于其两亲性而形成了超分子聚集体，半代 PAMAM 起到成核位点的作用。Lungu 等发现阳离子树枝状聚合物同样有诱导矿化的能力。他们制备了一种甲基丙烯酸羟乙酯（HEMA）和环氧丙基丙烯酸甲酯（EPM）的共聚物水凝胶，将其作为聚合物基质，通过开环反应使端基为氨基的 2.0 代和 4.0 代 PAMAM 与之结合，发现结合了 PAMAM 的两种水凝胶都有诱导磷灰石晶体形成的能力，且 4.0 代 PAMAM 组诱导矿化能力更强；FTIR 检测结果表明，在共混物水凝胶中发生的早期矿化过程是由氨基和酰胺基组分共同引发的[29]。

PAMAM 中不带电荷的乙酰胺基团很容易从晶体中去除，其与晶体的结合亲和力较低，而带负电的羧基端树枝状大分子表现出较高的亲和力，带正电的胺封端树枝状大分子表现出最高的亲和力。这些树状大分子还能形成纳米球，可能在引导晶体生长中起作用，类似于牙釉质中的釉原蛋白纳米球[30]。在循环人工唾液/脱矿溶液中，使用唾液蛋白激发的聚酰胺-胺树状大分子（SN15-PAMAM）和含有无定形磷酸钙纳米颗粒的黏合剂可实现牙釉质的再矿化，恢复其 90%的强度[31]。

在生理条件下，釉原蛋白自组装成“纳米球”的超分子结构，它是釉质晶体结构的基础，其氨基端富含疏水的氨基酸，占据了釉原蛋白分子的大部分；羧基端由带电荷的亲水氨基酸组成，它们具有高度的同源性。基于这种两亲结构，两亲性多肽（peptide amphiphiles，PAs）分子有作为釉原蛋白类似物的可能。刘来奎等受釉原蛋白分子在生理条件下能矿化成核的启发，构建一种自组装类釉原蛋白两亲性寡肽，作为釉质仿生矿化的有机模板等[32]。多肽保留了羧基端的氨基酸序列（-Thr-Lys-Arg-Glu-Glu-Val-Asp），此序列在釉质形成中对 HAP 的成核、生长扮演重要角色。为此选择此氨基酸序列作为两亲性寡肽分子的“头部”；另选择拥有 18 碳烷基链的脂肪酸 $C_{18}H_{35}COOH$ 作为两亲性寡肽分子的“尾巴”，接枝在寡肽序列苏氨酸残基（-Thr）的氨基端。这样就构建了类釉原蛋白两亲性寡肽分子 $C_{18}H_{35}O$-Thr-Lys-Arg-Glu-Glu-Val-Asp。通过交替矿化发现，组装后的类釉原蛋白两亲性寡肽能聚集溶液中的钙磷离子，在寡肽纳米纤维表面成核矿化，形成磷灰石晶体。Stupp 等发明了一种自组装两亲性多肽分子，它是由一个疏水尾连接到一个带静电的肽序列组成。当肽序列包含具有片状倾向的 β-氨基酸时，可观察到大长径比圆柱形纳米纤维，其可模拟胶原纤维的结构[33]。通过改变 pH 或离子强度的变化筛选带电基团，从而形成纳米纤维的缠结网络，从宏观上观察为自支撑凝胶网络。将类成釉细胞（line LS8）和牙釉质原代内皮（EOE）细胞与 PAs 纳米纤维凝胶共培养，发现其表达釉原蛋白和整合素 α6。将 PAs 注射入牙釉质发育期的胚胎小鼠切牙中，在注射部位发现 EOE 细胞增殖并分化为成釉细胞。生化分析和超微结构分析表明 PAs 纳米纤维在细胞外基质内形成，并与参与釉质形成的上皮细胞接触[34]。因此，这种多肽 RGD 修饰的纳米纤维可能参与整合素介导的细胞与基质的结合，并为釉质形成提供信号。

3. *自组装单层膜法*

自组装单层膜（SAM）技术是自 20 世纪 80 年代以来快速发展起来的一个新型有机成膜技术。SAM 是通过固-液面间的化学吸附和化学反应中吸附活性物质，进而在衬底表面形成化合的、取向紧密排列的二维有序单层膜，SAM 包括头基、烷基链和尾基三部分。尾基能使 SAM 具有特殊的物理化学性质和功能，常见的尾基有—OH、—PO_4H_2、—COOH、—NH_2、—CH_3 等。这些有机官能团可以作为“模板”来诱导特定的无机质在有机质-溶液的界面上形成定向组装。SAM 作为模板可以促进异相成核[35]。

SAM 诱导下的晶体生长具有以下的特点。

①晶体成核及生长速度受膜的尾基所带电荷性质和电荷密度有关。

②由于膜的有序排列结构，晶体的形状和尺寸相当一致，排列有序，具向特定取向性。

③SAM 膜的性质不同，其诱导所得的矿物的晶形和晶相也有所不同。

SAM 诱导晶体成核生长的可能的机理如下。

①SAM 通过尾基电荷的静电作用，可能会提高或者降低某种溶质在膜-液界面的浓度，从而造成局部过饱和度发生变化。

②在晶体生长过程中，SAM 表面功能基团的有序性和表面离子的二维晶格与成核晶体的立体化学匹配有利于晶体的选择性生长。

③SAM 表面存在着氢键作用，由于不同膜成分的氢键作用强度不同，使得晶体以不同的晶面取向生长。

唐娟等将用 H_2SO_4/H_2O_2 预处理过的钛片进行有机官能化，在基体表面形成了带—OH、—PO_4H_2、—COOH 的 SAM，发现表面为—PO_4H_2 和—COOH 的 SAM 能更好地沉积 HAP，且—PO_4H_2 表现出更强的诱导 HAP 成核能力[36]。Qadri 等用一系列有机硅烷对 Si 表面进行修饰，在 Si 表面形成带—NH_2、—COOH 和—PO_4H_2 的超薄硅烷自组装基片，并在上面沉积了碳酸钙晶体，研究发现不同有机官能团对碳酸钙晶体的定向生长有一定的影响[37]。Ishikawa 等[38]在模拟体液中研究了硅衬底上 3-氨基丙基三乙氧基硅烷（APTES）和三甲基氯烷（TMCS）SAM 诱导下

HAP 的成核生长过程，生成的 HAP 颗粒密度随模拟体液中 Ca^{2+}和 PO_4^{3-} 浓度的增大而增大，且受自组装尾基的影响，颗粒密度顺序为—OH，$—CH_3$，$—NH_2$。李兰英等利用分子自组装技术，在牙釉质缺损面修饰—SO_3^- 活性基团，在人工唾液中形成了形貌和牙釉质初始微晶相似的片状 OCP；在含氟人工唾液中，生成了沿 *c* 轴方向择优取向的棒状含氟 HAP 晶体；在低 pH 人工唾液中，活性基团和牙釉质表面缺陷共同作用形成了六方结晶良好与牙釉质形态和成分相似的 HAP[39]。从图 7.3（a）中 SEM 照片可以看出，修饰区和未修饰区都有晶体形成，相对而言，修饰区的晶体数目明显较多。从图 7.3（b）～（d）中可看出，在低 pH 人工唾液中矿化的棒状晶体具有良好的六方棱柱形态，直径 1 μm 左右，长径比大于 10，且集结成簇。因此有理由推测，SAM 的端基可能是 HAP 的成核位点，诱导晶体成核，进而发育形成簇。这一结果也说明在成核位点合适的情况下，在唾液中有可能形成类釉质。

图 7.3　牙釉质缺损面在相对 pH 较低（pH = 5）的人工唾液中矿化 7 天后晶体 SEM 图

（a）修饰区（modified）和未修饰区（unmodified）；（b）（c）（d）为（a）修饰区的放大[37]。

4. 化学法

采用通常的化学合成、制备或者修饰的方法，也可以构建牙釉质的仿生结构。牙釉质中的 HAP 纳米颗粒是长棒状的，陈海峰等首先合成了纳米棒状 HAP，然后将表面活性剂用于纳米级结构的 HAP 合成和自组装，合成了单层表面活性剂修饰的 HAP 纳米棒；这种纳米棒在水/空气界面处自组装成类似釉质的柱状结构。合成的 HAP 纳米棒的尺寸大小可控，已经组成了与人和大鼠牙釉质相似大小的纳米丛[40]。除此之外，陈海峰等还研究了两种方法来合成氟磷灰石[$Ca_{10}(PO_4)_6F_2$]纳米结构。一种是在环境压力下通常生产短的 FAP 纳米棒，这是上述合成 HAP 纳米棒方法的改进。另一种是在低温或温和的水热条件下，通过简单地控制 pH 并在沉淀溶液中使用乙二胺四乙酸（ethylene diamine tetraacetic acid，EDTA）作为稳定剂，来合成不同组成、形状和大小的氟磷灰石纳米棒/纳米线，旨在通过使用氟磷灰石纳米棒或纳米线开发新型有效的防龋材料来模仿牙齿的天然抗龋齿能力[41]。采用 EDTA 辅助在 pH 6.00、37℃、1 atm 条件下在自然牙表面制备了类釉质层的 FHA，这种 FHA 不仅结构有序，而且在反应 5 d 后，测得其维氏硬度高于自然牙[42, 43]。采用水热法，在金属基片表面也合成了类牙釉质的釉丛结构[44]，也为在金属烤瓷牙表面修饰类牙釉质层提供了可能。

此外，浙江大学唐睿康教授团队提出“无机离子寡聚体及其聚合反应”的新概念[45]，实现迅速在实验室里得到厘米尺寸的碳酸钙晶体大块材料，并且这些碳酸钙的制备过程有很强的可塑性，可以像做塑料一样按照模具形状长成各式模样。该研究是把传统有机聚合的方法运用在传统无机材料制备上，通过交联离子低聚物来构建连续结构的无机材料的方法。他们以碳酸钙为模型，把碳酸钙水溶液换成了碳酸钙乙醇溶液，并加入三乙胺，通过氢键的牵线搭桥，三乙胺分子以快于其他碳酸根离子的速度跑向某处高浓度碳酸钙离子聚集体，抢先占领有利它们继续聚集或长大的位置，阻断碳酸根与外界其他碳酸钙的联系，此时三乙胺用作封端剂以稳定低聚物，从而形成无机离子寡聚体，获得了大量具有可控制分子量的低聚物$(CaCO_3)_n$。三乙胺随着乙醇挥发，寡聚体与寡聚体直接聚合相连，只需在浓缩寡聚体后晾干，即可以与塑料类似的方式进行聚合生长，快速构建纯整体碳酸钙。低聚物前驱体的类流体行为使其易于加工或模塑成形状。这种全新方法做出来的材料具有结构连续、完全致密的特点。该团队将碳酸钙寡聚体涂在受损的方解石晶体上就得到与原有单晶完全一致的结构，实现方解石单晶的完美修复。他们将上述理论扩展到牙釉质的修复中，使用一种新的磷酸钙离子簇（calcium phosphate ion cluster，CPIC）来建立仿生晶体-无定形矿化边界，用以诱导牙釉质的外延生长[46]。通过混合含磷酸、含二水合氯化钙及含三乙胺（TEA）的乙醇溶液，得到了 CPIC。TEM 及动态光散射（DLS）结果显示，簇的平均直径为 1.0～

1.6 nm。由于TEA在溶液中起稳定作用，该离子簇可以稳定存在2 d左右。将HAP棒浸入CPIC溶液中可以看到，随着TEA的自然蒸发，连续的ACP层在HAP上形成。其结构与牙釉质高度相似，实验人员用纳米压痕技术测试牙釉质修复层的力学强度。结果显示，人工牙釉质的硬度和弹性模量与天然牙釉质的数值几乎相同。这是目前最接近自然牙釉质的研究成果，有望进入临床。

7.2 生物矿化在牙本质修复中的应用

牙本质和牙釉质一样，一旦损伤，自身难以修复，但又有所不同。牙釉质和牙本质的修复和再矿化有一定的差异。牙釉质损伤再矿化的目的是使先前的脱矿组织再矿化（即将矿物质放回牙釉质上病变表面，最好可穿透病变下区域），再矿化组织要比自然牙釉质更难酸蚀。牙本质再矿化的目的是再生再矿化胶原基质的牙本质微观结构，尤其是形成纤维内HAP，以及形成HAP封闭开放的牙本质小管。为了保护牙本质-牙髓复合体，更理想的修复是形成矿物质沉淀，与天然牙釉质相似，连接并覆盖牙本质表面。牙本质中的磷灰石矿物需要结合到胶原基质上，或者理想情况下结合到胶原纤维中，以机械地强化组织，这种结构是和自然骨组织一样的。因此，牙本质虽然组成上与自然骨相似，在结构上和生理环境上与自然骨又有所差别，因此在修复上也有其特点。

7.2.1 牙本质的结构与组成

牙本质是一种由胶原基质和有序排列的纳米HAP晶体组成的有机基质-无机矿物复合物，这种高度有序排列的分级结构赋予牙体硬组织卓越的力学性能[47]。

1. 牙本质结构

牙本质由牙本质小管、成牙本质细胞突及细胞间质构成。牙本质由成牙本质细胞分泌，主要功能是保护其内部的牙髓和支持其表面的釉质。其冠部和根部表面分别由釉质和牙骨质覆盖。牙本质中央的牙髓腔内有牙髓组织。

①牙本质小管贯通整个牙本质，自牙髓表面向釉质牙本质界呈放射状排列，在牙尖部及根尖部小管较直，而在牙颈部则弯曲呈“～”形，近牙髓端的凸弯向着根尖方向。牙本质小管的内壁衬有一层薄的有机膜，矿化差，称为限制板（lamina limitans），它含有较高的糖胺聚糖（glycosaminoglycan），可调节和阻止牙本质小管矿化。

②成牙本质细胞突是成牙本质细胞的胞质突，该细胞体位于髓腔近牙本质内侧，排列成一排。成牙本质细胞突伸入牙本质小管内，在其整个行程中分出细的

小支伸入小管的分支内，并与邻近的突起分支相联系。成牙本质细胞突和牙本质小管之间有一小的空隙，称为成牙本质细胞突周间隙（periodontoblastic space）。间隙内含组织液和少量有机物，为牙本质物质交换的主要通道。

③细胞间质。牙本质的间质为矿化的间质，其中有很细的胶原纤维，主要为Ⅰ型胶原。纤维的排列大部分与牙表面平行而与牙本质小管垂直，彼此交织成网状。在冠部靠近釉质和根部靠近牙骨质最先形成的牙本质，胶原纤维的排列与小管平行，且与表面垂直，矿化均匀，镜下呈现不同的外观，在冠部者称罩牙本质，厚约 10～15 μm；在根部者称透明层。在罩牙本质和透明层以内的牙本质称髓周牙本质。间质中羟基磷灰石晶体比釉质中的小，这些晶体沉积于基质内，其长轴与胶原纤维平行。间质中的矿化并不是均匀的，在不同区域其钙化程度不同。

2. *牙本质的化学组成*

①无机物（质量占 70%，体积占 50%）：主要也为 HAP 晶体，但其晶体比釉质中的小（长 60～70 nm，宽 20～30 nm，厚 3～4 nm），与自然骨中的磷灰石相似。

②有机物（质量占 20%，体积占 30%）：与牙釉质相比，牙本质含有更多的有机成分，胶原蛋白约占 18%，为所有有机物的 85%～90%，主要为Ⅰ型胶原，还有少量Ⅴ型和Ⅵ型胶原，在发育中的前牙本质中可见Ⅲ型胶原。在发育中的前牙本质中可见Ⅲ型胶原；非胶原蛋白，主要包括牙本质基质蛋白-1、牙本质涎蛋白、牙本质磷蛋白、骨涎蛋白、骨桥蛋白等[48]。

③水（质量占 10%，体积占 20%）：牙本质的有机成分、矿物质含量及硬度等力学特性在不同部位也不尽相同。牙本质的硬度比釉质低，比骨组织稍高。牙本质因其较高的有机物含量及牙本质小管内水分的存在而具有一定的弹性，从而给硬而易碎的釉质提供了一个良好的缓冲环境。

7.2.2 牙本质再矿化

1. *基于经典矿化理论的再矿化研究*

经典的结晶学认为，离子聚集导致表面能下降形成晶核，然后再通过离子之间的吸附作用完成晶核的生长。晶体的形态由晶核和外部环境决定，即使是同一晶胞的晶体，由于外部环境的不同也会形成不同形态的晶体。基于经典的结晶学理论，脱矿牙本质的再矿化应该由牙本质胶原基质中现存磷灰石晶体的外延性生长所决定，而脱矿牙本质中胶原纤维则不具备单独诱导晶体成核的能力[49]。如果胶原基质中现存的晶核很少，甚至无晶核存在，那么理论上将不会出现再矿化现象[50, 51]。基于这种传统理论，牙本质再矿化的方式通常是加入不同浓度的氟化物，并用含有钙离子、磷酸根离子的溶液对脱矿的牙本质进行处理。如酪蛋白磷酸肽稳定无定形磷酸钙（casein phosphopeptide-stabilized amorphous calcium phosphate，CPP-ACP）、生物活性玻璃（bioactive glass，BG），或者氟化物直接和去矿化牙本质接触。

有研究证实，氟化物释放到脱矿牙本质和牙本质载体中会促进矿物质的形成，但牙本质中形成的矿物质可能不会在功能上与有机基质结合，也可能不会增强胶原纤维[52, 53]。玻璃离子水门汀（glass-ionomer cement，GIC）释放的氟化物可恢复牙本质特性的假设在近十年前被否定[54]。虽然通过 GIC 应用观察到牙本质病变中的矿物质形成，但电子显微镜无法识别纤维内矿化，硬度变化也不显著。同样，借助于经典矿化理论成功地诱导了大尺寸磷酸钙晶体沉淀于胶原纤维的表面，这些无序的晶体与正常牙本质胶原纤维内有序排列的晶体相差甚远。牙本质胶原纤维的生物矿化包括胶原纤维内矿化以及胶原纤维间矿化，这与骨中胶原纤维的矿化是一致的。胶原纤维内矿化发生于胶原纤维内部的孔区和孔隙间的内部；胶原纤维间矿化发生于彼此分离的纤维间空隙区域。胶原纤维内部的矿化程度与牙本质的机械性能（如硬度和弹性系数）有密切的关系。Kinney 等对健康人和Ⅱ型牙本质发育不良患者的第三磨牙牙本质的硬度和弹性系数进行比较后发现，牙本质发育不良患者的牙本质矿化率为健康人的 70%～90%，并且其弹性系数和硬度也急剧下降[55]。因此，将矿化沉淀物沉积于胶原纤维的表面作为牙本质成功再矿化的标准，已经受到了许多学者的质疑[56]。因为不均一的矿化沉积物沉积于胶原纤维间并不能使胶原纤维基质完全矿化。Tay 等认为，矿化的胶原纤维构成了牙本质的基本框架，胶原纤维内部矿化粒子的大小、排列方向以及数目都与牙本质的机械性能密切相关；而仅仅依靠磷酸钙晶体沉积于胶原纤维之间或表面并不能完成胶原纤维的高度再矿化，因此并不能认为是真正意义上的再矿化[57]。

2. 基于非经典矿化理论的仿生矿化过程

有关生物体内硬组织的形成机理，有很多非经典矿化理论，比如 PILP。生物矿化实际是活体组织以生物矿物的形式在细胞质中分泌无机物，并通过一系列成熟过程完成的矿化。在牙矿化过程中，由成牙本质细胞分泌的 NCP 以及基质金属蛋白酶（MMP）和其他酶类起到了重要的作用[58]。由于这些 NCP 含有羧基和磷酸官能团，能够结合 Ca^{2+}和 PO_4^{3-} 形成聚集体并进而诱导后续的磷灰石结晶矿化过程[59]。

脱矿牙本质再矿化的目标是形成一种矿化沉淀物覆盖到牙本质表面，进而沉积到牙本质胶原蛋白基质中。有研究表明，当把脱矿的牙本质浸入到再矿化液体中，很少有 HAP 晶体沉积到牙本质胶原蛋白基质中，即使出现了晶体的沉积作用，而这些晶体的分布也是不均衡的[60]。牙本质原始基质主要是Ⅰ型胶原纤维，它能作为生物矿化的模板而在矿化过程中起到非常重要的作用，但仅靠Ⅰ型胶原纤维作为框架诱导特定矿化结构的形成是难以实现的[61]。这一点和骨再生修复相同，因此 NCP 及其仿生类似物在其过程中都发挥作用。

（1）仿生矿化修复

成牙本质细胞是牙本质形成最重要的细胞，这些细胞能通过分泌细胞外基质完成 70%～80%的生物矿化；在这些细胞外基质中可检测到大量带负电荷的 NCP，主要包括 DMP-1、DSP、DPP、BSP 等[62]。大部分 NCP 为酸性，并且富含天冬氨酸、谷氨酸等酸性氨基酸以及磷酸化的丝氨酸残基，其中—COOH、$—PO_4$ 可以作为成核位点启动矿化[63]。由于 NCP 可通过与胶原纤维结合而对牙本质的矿化起重要的调控作用，并影响磷灰石沉积的速度及其晶体的外形，因此，NCP 被认为是生物矿化过程中的成核剂或抑制剂[64]。而当 NCP 的合成相关基因发生突变时，则会导致牙的矿化障碍[65]。

在原位杂交实验中已经证明，DMP-1 的表达与牙本质矿化有关，这种 NCP 启动生物矿化[66]。DMP-1 拥有在生理条件下结合胶原纤维和钙离子的能力，并能诱导 HAP 的形成[67]。DMP-1 缺失可导致牙体组织矿化缺陷，表现为前牙本质向成熟牙本质发育障碍，髓腔增大，前牙本质区增宽以及牙本质小管异常[68]。DMP-1 为强酸性，并且在牙和骨骼中都有表达，其不仅能规律性、周期性地结合于胶原纤维空白区边缘的氨基末端肽，同时还具有很强的结合二价阳离子（如 Ca^{2+}）的能力。通过固相化学分别合成了含有常见胶原结合域和独特钙结合域的 DMP-1 多肽 pA（pA，分子质量 1.726 kDa）和多肽 pB（pB，分子质量 2.185 kDa）；将它们分别涂于经过胶原酶处理的人牙本质上。SEM 显示，pB 比 pA 更能促进晶体的成核；pA∶pB = 1∶4 时，就可以在牙本质表面形成结晶良好的棒状 HAP 晶体。

（2）基于非经典矿化理论的再矿化

研究发现，非经典矿化结晶的过程与溶液中的钙离子、磷酸根离子浓度无直接关系，而且矿化过程中的 pH 改变和渗透压改变等对矿化的影响显著[69]。众所周知，这种传统的再矿化方式不会出现自发性的矿物粒子成核以及基质内矿物沉积，其实质是脱矿牙本质局部剩余的晶核在矿物离子充足的条件下不断生长的过程。脱矿牙本质表面的矿化成分会影响到随后的再矿化过程，包括矿化沉积物的位置、密度等[70]。由于非经典矿化理论的兴起与发展，人工诱导再矿化的方式愈来愈趋向于在缺少磷灰石晶核的条件下使用纳米技术完成基质内的胶原纤维内和胶原纤维间的矿化[71]。仿生再矿化与应用于口腔的传统再矿化方法主要有两点不同：①在矿化过程中的仿生程度的不同，基于非经典矿化理论的仿生再矿化是通过仿生分子诱导 ACP 形成，并将牙本质胶原基质中的游离水以及未紧密结合的水分子置换出来，最终完成胶原纤维内矿化，与自然界中的生物矿化过程更为接近；②仿生再矿化的矿化过程并不依靠于胶原基质中已存在的磷灰石晶核。

虽然NCP在生物矿化的过程中起到了举足轻重的作用，但由于天然NCP的提取非常困难，而且提取后其生物功能有可能丧失，因此科学家们不断寻找能够代替NCP发挥调控作用的仿生分子应用于仿生再矿化中[72]。

3. 仿生分子在牙本质修复中的作用

能够代替NCP在仿生矿化过程发挥调控作用的NCP类似物（即仿生分子），种类繁多。根据其带电性，可分为聚阴离子化合物和聚阳离子化合物。传统的仿生矿化机制认为，带负电的非胶原蛋白（或其类似物）可稳定钙磷溶液，形成带负电荷的矿化前驱体。基于正负电荷相吸的库仑引力理论，带负电荷的矿化前驱体与带正电荷的胶原位点相互吸引，成为进入胶原纤维内矿化的动力。基于这一理论，国内外几乎所有的仿生矿化研究都集中于聚阴离子化合物诱导的胶原纤维内矿化上。聚阴离子化合物主要包括聚天冬氨酸（PASP）、聚丙烯酸（PAA）、富含磷酸基团的聚合物［聚乙烯膦酸（PVPA）和三偏磷酸钠（STMP）］、合成聚电解质［天冬氨酸-丝氨酸-丝氨酸（DSS）序列和聚酰胺-胺（PAMAM）］、聚邻苯二酚[poly(catechols)][73]、聚多巴胺[poly(dopamine)][61]、多聚多巴胺[poly(DOPA)][74]及修饰多肽的儿茶酚系列[75]等。仿生分子可稳定ACP，使其有足够的时间在相变前进入胶原纤维内部并矿化，富含磷酸基团的仿生分子还可使胶原纤维磷酸化，局部富集磷酸根，从而促进矿化进程。

聚阴离子化合物PASP带大量负电荷，可作为DMP-1类似物，是目前应用较广的一类仿生分子[76, 77]。PASP 与最初的矿化前驱体结合形成带大量负电荷的复合物，可与胶原空白区带正电的羧基末端通过静电作用结合，介导ACP渗入胶原纤维内并矿化[78]。Wu等以自酸蚀黏合剂作为ACP载体，以PASP作为成核稳定剂，构建单层胶原纤维模型，证实ACP在树脂水门汀中也能使胶原纤维矿化[79]。PAA也可在体外模拟DMP-1的作用，作为ACP的稳定剂，将具有类液体流动性的ACP前驱体稳定在纳米尺度，使其能在相变为HAP晶体前快速渗入胶原纤维内[80-82]。Hu等用PAA稳定和螯合钙磷，形成具有类液态性质的ACP，同时具有胶原纤维内和胶原纤维外矿化的特性[83]。Sun等用PAA稳定ACP颗粒并在谷氨酸作用下有效促进脱矿牙本质再矿化[84]，修复后牙本质的力学性能也基本接近正常[83, 85]。Wu等将波特兰水门汀（Portland cement）树脂和β-磷酸三钙（β-TCP）均匀分散至亲水性树脂中以制备实验树脂，与PAA结合的两组胶原均发生纤维内矿化，说明使用波特兰水门汀树脂可使聚丙烯酸结合的Ⅰ型胶原纤维矿化[86]。

PVPA 是一类含磷酸基团的聚电解质，可模拟 DMP-1 以及牙本质磷蛋白（DPP）与胶原特定位点结合的作用，使胶原纤维高度磷酸化，最终大量的ACP通过静电作用从胶原分子的空白区进入胶原内部发生再矿化。富含磷酸基团的聚合物和 STMP 均可通过与胶原结合的方式将磷酸基团转移至胶原表面发挥作用[87, 88]。

STMP 的六元环上含 3 个磷的环状结构，Gu 等认为，碱性条件下 STMP 上的磷酸基团可通过共价键转移至胶原表面，使其带大量负电荷[89]，在静电作用下吸引大量钙离子进入胶原内，形成磷酸钙继而矿化[90]。

DSS 是 DPP 中的一个氨基酸重复序列。8DSS 是一种人工合成的由 8 个 DSS 重复序列组成的多肽。Liang 等以完全脱矿的牙本质片为研究模型，用 8DSS 处理，在人工唾液中浸泡 3 周后实现脱矿牙本质再矿化，而对照组几乎无矿物沉积[91]。此外，8DSS 与酸蚀后牙本质有良好的结合能力，并通过诱导矿物质在牙本质小管内沉积显著降低牙本质的渗透性，有效封闭牙本质小管，可为牙本质过敏治疗提供参考[92]。合成聚合物修饰多肽也是常用的方法，比如 DOPA-Ahx-$(Gly)_3$-$(Glu)_5$，这个氨基酸系列可提升聚合物与钙的结合能力，快速诱导磷灰石的形成；在牙本质表面很快形成一层 HAP[75]，但没有胶原纤维内和胶原纤维间矿化的证据。

7.2.3 牙本质仿生修复发展趋势

采用新兴人工材料诱导脱矿的牙本质完成再矿化一直是治疗龋病和牙本质过敏的研究热点。随着对生物再矿化机制研究的不断深入，学者们逐渐意识到牙本质中的有机成分和无机成分的高度有序排列与其机械性能、生物活性密切相关；因此，单纯通过诱导矿物沉积于胶原纤维表面来完成再矿化或封闭暴露的牙本质小管愈来愈不能满足临床需求。对于胶原矿化而言，目前主流观点认为，单纯的矿物相沉积并不是一种矿化，自然界中的矿化是一个井然有序、由有机分子参与并调控的精细过程，精密调节赋予硬组织卓越的生物学和力学性能。仿生矿化的最大优点是模拟自然界中存在的生物矿化过程，利用有机物（仿生分子）调控无机矿物（磷酸钙）的生长，达到胶原纤维间和纤维内矿化，并能从微观和宏观上实现矿物沉积。随着非经典矿化理论的兴起，采用新兴的人工仿生分子诱导脱矿牙本质同时完成胶原纤维内和纤维间的再矿化将成为新的再矿化研究目标。仿生再矿化的最大优点是依靠仿生分子完成自然矿物晶体的自组装和排列，并不需要特殊的设备和严格的条件[93]。

虽然采用仿生分子能在一定程度上成功完成胶原纤维内、胶原纤维间的再矿化，但目前的仿生实验结果表明，仿生再矿化的牙本质无论是矿化程度还是矿化颗粒排列的有序性等均与天然牙本质存在着巨大的差距。此外，绝大多数的再矿化实验均发生在液相环境下，可能会阻碍直接的临床应用，因此后续的仿生矿化实验研究将不仅仅局限于实验室，还将更侧重于临床应用效果方面。此外，根据非经典矿化理论，能够诱导仿生再矿化的人工材料还必须同时拥有良好的胶原纤维特定区域结合能力、纳米晶体尺寸控制能力以及矿物离子吸附能力。

为了获得更加贴近自然硬组织的再矿化结构，仿生矿化领域仍将不断地开发新的具有上述特点的仿生材料，以期为微创牙科的临床治疗提供新的思路和选择。

7.3　生物矿化在颌面修复中的应用

颌面缺损是包括骨与软组织在内的颌面部及其器官的缺损缺失。除牙体中的缺损外，颌面部位的其他部分也会出现硬组织的缺损，包括牙槽骨的缺损，是一种常见病。对人体的主要影响为咀嚼困难、面部形态问题和语言功能的障碍，甚至影响视觉和脑部功能。颌面缺损修复是口腔修复学的一个重要组成部分；当骨骼的正常再生能力超出临界尺寸或不足时，需要植入修复材料进行修复。骨修复通常对于重建颌骨缺损或改善颌面部创伤后的愈合至关重要[94]。

外科医生有许多可用骨移植的选择，包括“金标准”自体骨移植。但是，这种方法并非没有缺点，例如与自体骨采集部位相关的骨科疾病发病率高，并伴有疼痛或感染，且某些患者自体骨的数量较少和质量较差。基于生物矿化的机理，开展仿生矿化引导骨再生材料修复颌面缺损具有很好的发展前景[95]。

7.3.1　引导骨再生术

引导性组织再生术（guided tissue regeneration，GTR）是 20 世纪 80 年代末 90 年代初发展起来的一项新技术，是口腔临床上经常使用的一种治疗骨缺损和获得牙周组织再生的方法，其原理是利用带微孔的生物膜的物理屏障功能将病损区与周围组织隔离，创造一个相对封闭的组织环境，从而使特定组织的再生功能得到最大程度的发挥。GTR 膜根据膜材料是否在体内被吸收、降解，可分为可吸收性膜和不可吸收性膜。不可吸收性膜机械性能好，但组织亲和性差，需要二次手术取出，患者较痛苦且花费较多；可吸收性膜不需要手术取出，理想的可吸收性 GTR 膜材料应该在完成引导组织再生这一过程时被完全降解吸收。

引导骨再生术（guided bone regeneration，GBR）的概念来源于牙周的 GTR。GBR 膜提供细胞黏附、生长和周围组织长入的三维空间结构，利用机械性屏障作用有效地避免骨缺损的纤维愈合，由生长因子诱导干细胞增殖、分化，促使成骨细胞优先向骨缺损区迁移、生长。随着新生骨组织和血管长入，支架材料逐渐降解，最终缺损完全由自体组织充满，进而实现骨再生和修复目的。GBR 膜能够起到保护局部血块稳定、聚集骨诱导因子、进行骨传导等作用。骨诱导是通过仅存在于活骨中的生长因子将未分化的间充质干细胞转化为成骨细胞或成软骨细胞。骨传导是提供生物惰性支架或物理基质的过程，适合于从周围骨骼中沉积新骨骼或促进分化的间充质干细胞沿移植物表面生长。GBR 为颌骨缺损开辟了一个新的治疗领域。

临床上，一般把 GBR 分为以下三类：Ⅰ型是使用带有微粒填充剂的空间保持膜，Ⅱ型是使用块状骨移植物和带有上覆膜的微粒填充剂，Ⅲ型是在保留缺损的微粒填充剂上放置皮质骨块。填充剂材料和 GBR 膜一般根据缺损类型来选择[96]。

1. GBR 膜材料

GBR 膜的材料有以下几类[97]。

①不可吸收性膜：聚四氟乙烯中的膨体聚四氟乙烯（e-PTFE）膜生物相容性好且能保护血凝块，被视为屏障功能材料的金标准。然而，e-PTFE 膜需要二次手术取出，若提前暴露于口腔环境会导致治疗的失败，所以需保证软组织封闭。Dahlin 等进行的动物研究，使用 e-PTFE 膜覆盖手术切除的大鼠下颌角中标准尺寸的骨缺损，并发现 e-PTFE 膜排除了软组织并加速了骨愈合（3～6 周），而即使观察期为 22 周，非 e-PTFE 膜都没有愈合[98]。在具有贯穿性和非贯穿性上颌骨和下颌骨手术造成的骨缺损的猴子中发现了类似的结果。研究发现，与对照组中各种程度结缔组织向内生长的不完全骨愈合相比，在经过 3 个月的愈合后，e-PTFE 阻隔组的成骨作用能够不受其他组织类型的干扰。

②钛网：可以作为屏障膜单独使用或用于加强可吸收胶原膜，有良好的生物机械性能。钛用于 GBR 的灵感来自于使用钛网重建颌面缺损的成功结果[99]。一些研究表明，在种植体植入之前或种植的同时使用钛网和骨修复材料可以有效增大局部牙槽嵴[100-102]。纯钛的生物相容性良好，尽管很少有研究比较钛与其他膜材料的生物相容性；但仍然有实验证据表明，与 e-PTFE 相比，钛引发的持续性炎症更少[103]。

③天然材料：胶原膜是 GBR 最常用的天然衍生膜。由于胶原蛋白是结缔组织的主要成分，故生物相容性极佳。胶原膜配合生长因子，可以诱导新骨形成，但是胶原膜在体内降解周期的不确定会影响成骨效果。Sevor 等在狗的模型实验中发现，将可吸收的胶原屏障膜放置在颊裂开处，同时用 HAP 涂层和喷砂处理植入物周围的组织。在 8 周时，胶原膜治疗组的平均缺损率为 80.29%，而对照组为 38.62%[104]。Simon 等[105]设计了一项研究，以评估 GBR 术后 4 个月的骨结构量是否显著少于手术产生的量。4 个月后的结果显示，牙槽骨宽度（39.1%～67.4%）和高度（无牙区域中心的 14.7%）显著减少，但在 3 mm 的中叶和远端至 3 mm 的范围内则损失了 60.5%～76.3%。除胶原外，壳聚糖和海藻酸也是常用的天然高分子膜材料，都具有良好的生物相容性，但力学性能和降解性能还有待提升。

④可降解聚合物：可降解聚合物膜一般由合成聚酯，如聚乙交酯（PGA）、聚

丙交酯（PLA）或其共聚物组成。PGA、PLA及其共聚物的临床优势是能够通过三羧酸循环将其完全生物降解为二氧化碳和水，但引导骨生成能力较弱。为此，磷酸钙材料复合在上述膜中，可显著提升其成骨能力[106, 107]。另外，生长因子和药物也常复合在聚合物中。何平等发现将作为骨碎补的有效成分的中药（柚皮苷）载入同轴纤维膜中，可以在发挥GBR膜物理屏蔽作用的同时，通过控制药物的释放促进成骨细胞分化。结果表明载药GBR膜可以有效促进碱性磷酸酶的表达[108]。聚乙交酯材料最大的问题是酸性降解，因为酸性降解可能导致周围组织坏死，导致修复失败。

⑤脱细胞真皮基质：脱细胞真皮基质（acellular dermal matrix，ADM）来源于去除表皮和所有真皮细胞后的人类皮肤。研究表明，细胞外基质（ECM）的胶原和弹性蛋白结构以及内源性生长因子在脱细胞后仍保留在ADM中。ADM已在临床上用于保存牙槽嵴和治疗种植体周围缺损[109, 110]。

随着GBR研究的发展，在材料表面引入羧基、磷酸根基团以提供成核位点可以有效引导骨再生修复。这一过程可能的机理为：材料表面的羧基首先与矿化液中的Ca^{2+}螯合生成羧酸钙，羧酸钙进一步吸附溶液中的PO_4^{3-}，从而形成磷灰石晶核[111]。

目前GBR的不足之处在于主要依赖机体自身的生长潜力来修复缺损，干细胞的活性和数量不足，以至于很难预测成骨效果。随着技术的进步，GBR膜也需要有一些新的发展方向：设法提高其成骨能力；提高膜的理化性能，设法延长膜的功能时间；提高组织工程和GBR新生骨稳定性。若能取得快速、稳定的成骨效果，GBR在颌面组织缺损修复领域将具有更广阔的应用。

2. GBR的修复机理

已有充分的实验证据表明GBR膜可促进各类骨缺陷的骨形成。传统的对GBR膜的研究主要集中在膜处理缺损中形成的骨的组织学评估，而关于GBR膜在体内的细胞和分子机制的研究很少。如果从生物矿化的角度分析，GBR的修复更多应该是细胞的作用。但膜的存在如何影响骨愈合、炎症、骨形成和重塑这一系列连续阶段的细胞和分子行为呢？传统上，GBR膜充当软组织入侵的被动屏障，而不是直接促进导致骨骼形成、成熟、重塑的骨再生和填充缺损的过程。虽然早期的研究没有细胞学或者分子学的直接数据，但这些研究的结果为GBR膜发挥骨促进功能机制的研究提供了重要的线索。

在人类牙周骨缺损的GTR治疗中发现，e-PTFE膜的存在刺激了一些骨形成相关基因的更强表达，包括碱性磷酸酶、骨桥蛋白和骨涎蛋白，这些基因表达在有膜缺陷中比无膜缺陷中高[112]。e-PTFE膜还引发组织和骨重塑基因表达增加，包括核因子κB受体激活蛋白配体（RANKL）和MMP-2和MMP-9，以及促炎性细胞因子白介素（IL）-1 和 IL-6[112]。不仅在非降解的 GBR 膜中，而且在降解的膜也发现类似的情况[113]。此外，在后续研究中有一个重要的发现，膜的存在触发了缺陷中两个主要细胞募集因子的早期上调：C-X-C 趋化因子受体 4（CXCR4）和单核细胞趋化蛋白-1（MCP-1）[114]。前者可以募集间充质干细胞，进而分化为成骨细胞[115]；后者可募集破骨细胞[116]。总的来说，这些发现表明，GBR 膜促进了缺陷中不同类型细胞的快速募集，包括成骨细胞和破骨细胞表型，从而在缺陷部位形成了一个利于潜合骨形成和重塑的分子级联环境。

在上述过程中，如果膜只是一个屏蔽作用，那么上述过程有可能就是人体自身在缺陷环境下的自我应答过程。一个重要的疑问是，膜本身是否在提供的屏障功能之外还提供了其他积极的贡献。对胶原膜的研究最能提供数据。体内外的研究证实，含有遗传生长因子［成纤维细胞生长因子-2（FGF-2）］的 ECM 胶原在缺陷部位表达 BMP-2 等与骨形成相关的因子（图 7.4）。在修复过程中，不同细胞（如 CD68 阳性单核细胞/巨噬细胞和骨膜蛋白阳性骨祖细胞）从周围组织迁移注入膜中，迁移到膜中的细胞表达和分泌对骨形成和骨重塑至关重要的因子。通过刺激成骨细胞和破骨细胞（骨形成和重塑的主要细胞）的活性，促进缺陷中骨成熟，重塑骨的发育。膜内的细胞和分子活动与膜下骨缺损的促成骨和骨重塑分子模式相关。与无膜缺损相比，膜的存在及其生物活性促进了更高程度的骨再生和缺损的修复。因此，宿主细胞进入或黏附在胶原膜内（上），通过释放各种信号转导，促进骨缺损的愈合。

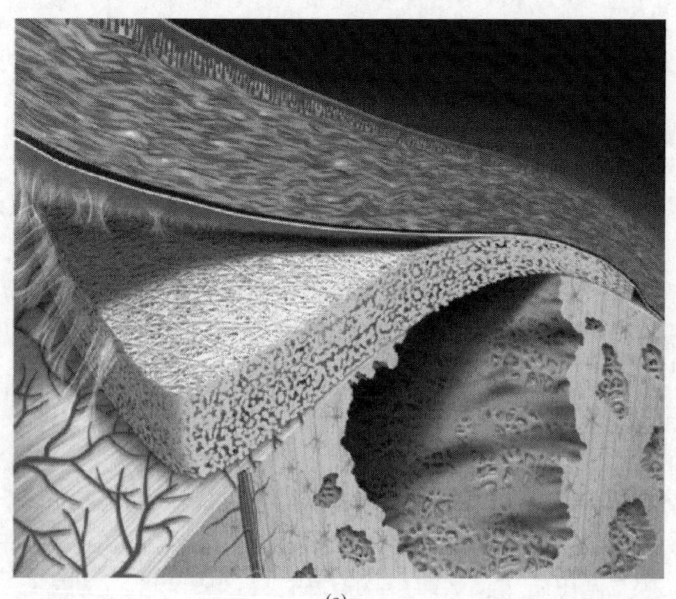

(a)

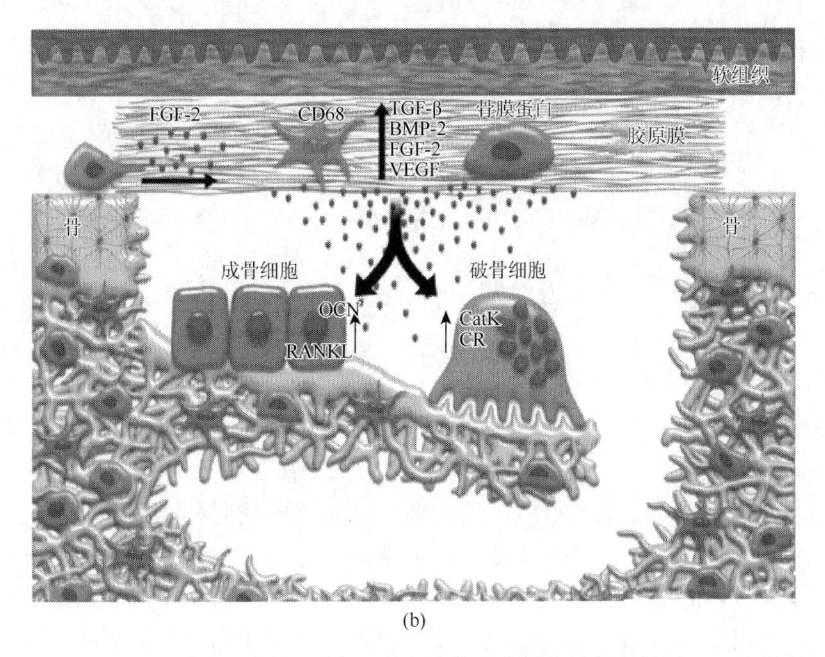

(b)

图 7.4　（a）GBR 应用原理示意图，缺损区填入微粒或者块状骨修复材料；（b）引导骨再生过程中细胞和分子级联的示意图

膜材料为包含有生长因子的猪胶原膜：BMP-2，骨形态发生蛋白-2；CatK，组织蛋白酶 K；CD68，分化簇 68；CR，降钙素受体；FGF-2，成纤维细胞生长因子-2；OCN，骨钙素；RANKL，核因子 κB 受体激活蛋白配体；TGF-β，转化生长因子-β；VEGF，血管内皮生长因子[113]。

目前我们还不知道这种生物活性是否只存在于 ECM 胶原膜中。但从体内取出的 e-PTFE 膜在成骨培养基中可以获得矿化的钙结节。与钙黏附在一起的细胞虽然难以鉴别，但却表达促炎性细胞因子 IL-1、IL-4 和 IL-1β。这些结果说明 e-PTFE 膜黏附细胞至少可以传递炎症信号，可能含有具有再生潜能的细胞。炎症细胞在血管化和膜本身降解中的作用目前还不清晰，但细胞向胶原膜的募集已被证实能强化骨整合和跨膜血管化。

7.3.2　骨填充材料

1. 颗粒或块状填充材料

各种骨替代材料用于促进口腔颌面部的骨重建。动物源的脱蛋白牛骨基质（deproteinized bovine bone matrix，DBBM）和双相磷酸钙（biphasic calcium phosphate，BCP）是两种典型磷酸钙基骨替代物，广泛应用于牙周和种植体周围骨缺损的治疗以及骨增强手术。

DBBM 俗称骨粉。在临床中，代表性产品是 Geistlich Bio-oss，是从牛骨中提取的无机盐材料。经过低热（300℃）化学萃取过程的牛骨，去除所有有机成分，但它保持了骨的自然结构，具有类似于人类骨磷灰石的形态和结构特性。在体内，它的再吸收非常缓慢，或者根本不被吸收[117]。体外和体内测试证明具有促进骨再生的骨传导性[118]。在 GBR 中，Geistlich Bio-oss 和 Bio-gide 联用，是最有效和安全的治疗方案，是口腔治疗中的标准方案之一。目前的实验证实，Geistlich Bio-oss 的修复效果和自体牙颗粒没有差异[119]。

BCP 是合成骨替代物，根据制备和合成程序，具有不同比例的 HAP 和 β-TCP。HAP/β-TCP 比例变化的 BCP 在生物降解和骨传导方面表现出不同的模式。BCP25/75（25%HAP/75%β-TCP）的生物降解性能好，也就是说破骨细胞可以将其分解，从而引发进一步的骨重塑过程[120]。但破骨细胞不吸收 BCP75/25（75%HAP/25%β-TCP）和纯 HAP。粒度对 BCP 吸收和骨传导的影响很大。比较了三种粒度：10～20 μm、80～100 μm 和 200～400 μm，10～20 μm 的粉末提供了最好的骨长入，具有更高的吸收/降解率以及更强的早期炎症反应，200～400 μm 的粉末显示出比 80～100 μm 粉末更高的骨长入，这表明用于骨形成的细胞募集特性和用于骨结合的机械支持可能在这两种骨长入机制中都起作用[121]。BCP 的骨诱导功能一直没有定论，烧结条件、离子取代、颗粒度包括体内实验的动物和植入部位的不同对实验结果影响很大[122]。但这些并不妨碍其在 GBR 膜中或者是其他部位中作为骨填充材料的使用。

2. 磷酸钙骨水泥

磷酸钙骨水泥（calcium phosphate cement，CPC），又称羟基磷灰石骨水泥（hydroxy apatite cement，HAC），最先由 Brown 和 Chow 于 1985 年研制成功[123]，它是一种以各种磷酸钙盐为主要成分，在生理条件下具有固化性及固化过程等温性、降解活性、骨引导活性的无机材料。与其他骨修复材料相比，除具有高度的生物相容性外，可临时塑形及自行固化性能，且固化有较大的力学强度是其突出特点。CPC 作为一种新型的骨组织修复和替代材料，已成为骨外科、整形外科及口腔科等领域的研究和应用热点之一。

（1）CPC 的分类与组成

随着 CPC 研究的发展，CPC 品种、数量繁多。以往人们多按原料组分将 CPC 分为 α-TCP[磷酸三钙 $Ca_3(PO_4)_2$]、TTCP/DCP、CaO/MCPM[一水磷酸一钙 $Ca(H_2PO_4)_2 \cdot H_2O$]等不同体系；或根据原料的钙磷配比归作几种典型的磷酸钙类型，如 TTCP（Ca/P = 2.0）、HAP（1.67）、TCP（1.50）、OCP[磷酸八钙，$Ca_8H_2(PO_4)_6 \cdot 5H_2O$，1.33]和 DCP（1.0）等。近年来，着眼于体内不同的降解性能，更多的研究者倾向于按水化终产物将 CPC 分为磷灰石（包括 HAP、缺钙 HAP 和无定形磷酸钙）和透钙磷石（brushite）两大类别，后者以 DCPD（二水磷酸氢钙，$CaHPO_4 \cdot 2H_2O$）为主要水化产物，在生理条件下具有更快的降解速率。

CPC 由固相和液相两部分组成，固相为粉末状，是几种磷酸钙盐混合物，包括磷酸氢钙、无水磷酸氢钙、磷酸二氢钙、无水磷酸二氢钙、磷酸三钙、磷酸四钙，以及少量 HAP 和氟化物（如氢化钙）。因研制单位和生产厂商的不同，固相中各种磷酸钙盐的含量和比例也不一致，钙磷摩尔比也因此有所不同，通常介于 1.3～2.0。液相即固化液，多为低浓度的磷酸或磷酸盐溶液，也可以是蒸馏水或其他液体，如血浆、胶原溶液、甘油等。固相粉末与固化液按一定比例混合后可调和成能够任意塑形的糊状混合物。混合物在室温或体内生理条件下能够很快自行固化结晶，其水化结晶反应的最终产物是羟基磷灰石结晶，此过程是等温的。

（2）CPC 的矿化成骨过程

CPC 固化体的材料成分为低结晶度的 HAP，同骨组织结构类似，CPC 植入体内后参与机体的代谢反应。CPC 显示了骨传导性。CPC 在植入骨缺损后随时间的延长而逐渐发生降解，在与骨组织接触的表面发生降解吸收。含基质和血管较多的幼稚新生骨沿颗粒间隙长入，直至植入体的表面与植入体形成骨性结合。新生骨在组织学结构上显示为骨质成分多，血管丰富而髓质相对较少。究其形成原因，可能是 CPC 的化学组成同自然骨组织成分相同，植入骨缺损区后，降解成为钙离子和磷酸根离子。宿主机体将其视为自身的钙和磷成分，所以在 CPC 吸收的位置钙和磷为新骨的生成所利用，局部的钙离子和磷酸根离子具有较高的浓度，致使形成相对较多的骨质。也有研究认为 CPC 降解后可以吸引组织液中的钙、磷离子作为新骨形成的原料，从而促进了骨形成的矿化[124]。

CPC 降解与引导成骨的协调性是 CPC 作为一种无机的骨替代材料所特有的性质，且新生骨中主要以致密的皮质骨为主。这些性能与其引导所成的组织结合将会给种植体提供较高的稳定性。另外，CPC 在植入骨缺损 20 min 后自行固化，固化后的力学强度在 35～40 MPa，介于人体的皮质骨和松质骨之间，这是其他骨替代材料所没有的性能[125]。

CPC 的固化结晶反应的化学过程可用公式表示：

$$CaHPO_4 + Ca_4(PO_4)_2O \longrightarrow Ca_5(PO_4)_3OH$$

由于 CPC 固化后的力学强度介于人体的皮质骨和松质骨之间，所以可以设想将 CPC 植入间隙性骨缺损中必将为周围骨缺损修复手术提供一种解决方法。

近年来，随着 CPC 研究工作的深入开展，一些具有特殊结构、性质和功能的新型骨水泥不断开发，例如，含锶磷酸钙骨水泥、含氟磷酸钙骨水泥、含碳纤维的磷酸钙骨水泥及镁 HAP 等。与此同时，广大研究者们在继续致力于对原有骨水泥进行改造性的同时，也开始关注与开发便于临床手术操作，以促进其在包括颌面修复在内的各种骨修复领域的应用。

3. 仿生涂层材料

医用钛及其合金因其优良的生物相容性在医用骨修复材料领域得到广泛的应用。但是由于其生物惰性，与骨组织的界面结合处往往存在纤维结缔组织，界面的结合强度不足。因此，必须对钛合金进行表面生物修饰，以提高其表面骨诱导性。

磷酸钙表面成核需要克服其与基体的结构差别，因此是仿生涂层制备的关键步骤。现有研究基本采用两种途径实现表面成核，即表面处理和高过饱和度。目前广泛采用的表面处理是通过强酸和强碱，将金属表面转化为带有负电荷的氧化物或碱金属盐；负电荷氧化物在过饱和溶液中通过静电吸引 Ca^{2+}引发磷酸钙成核。该方法的缺点是腐蚀性处理造成表面缺陷从而降低力学性能。此外，该法不适用于无负电荷的金属氧化物及碱金属盐，如不锈钢和 Co、Cr、Mo 合金。另一种成核途径是采用很高过饱和度的磷酸钙溶液。仿生涂层技术基于异相成核原理，将植入物浸入过饱和磷酸钙溶液中，磷酸钙在其表面成核并生成涂层。在该过程中，植入物表面模仿了生物矿化中高分子基质的模板作用，为磷酸钙表面成核提供位点。由于仿生涂层是在水溶液中接近生理条件下制备的，因此其成分和结构与天然硬组织中的矿物更接近。高过饱和度可以提供充足的驱动力，使磷酸钙在未经处理的金属表面直接成核。但高过饱和度溶液自身易沉淀，造成涂层困难且不稳定。

王秀红等将一种新的非腐蚀性表面化学处理用于 Ti_6Al_4V 合金表面仿生磷酸钙涂层的制备[126]。将 Ti_6Al_4V 合金从浸入的过饱和磷酸钙溶液中拉出，在空气中挥干表面附着的过饱和转化膜，在 Ti_6Al_4V 表面生成磷酸钙晶体，并且其表面覆盖率随处理次数增加而增加，直至表面完全被覆盖。再将磷酸钙晶体覆盖的 Ti_6Al_4V 浸入过饱和溶液后，表面的磷酸钙晶体迅速生长成为均匀的磷酸钙涂层。该表面化学处理的机理可能是一个蒸发表面结晶过程，其优点在于转化膜干燥为表面成核提供驱动力，因此无需采用表面腐蚀处理或扭曲的高过饱和度溶液处理。

7.4 小　　结

本章介绍了生物矿化在口腔修复中的应用，包括了生物矿化在牙釉质、牙本质和颌面修复中的应用。在上述三部分内容中，牙釉质的仿生修复较少涉及细胞的功能，这是因为成釉细胞在牙釉质成熟后不再存在，因此牙釉质的仿生修复的核心在于牙釉质蛋白或者其类似物或者重组的蛋白修复牙釉质，或者基于化学的原理组装 HAP 晶体。尽管上述探索在临床上还没出现应用的案例，但为仿生材料的制备提供了理论指导，也为新型龋洞修复治疗方案奠定基础。牙本质的修复与骨修复有一定相似性，在此部分，我们特别关注胶原纤维内矿化的研究，因为牙本质的力学性能很大程度上依赖胶原纤维内矿化的程度。因此，在此部分基于生物矿化的结晶理论（经典理论和非经典理论），介绍了生物大分子或者其类似物介导矿化的研究，也较少涉及细胞，但在体内，牙本质的再生有可能和牙髓干细胞、成骨细胞等相关。在临床口腔修复中，应用最广的实际上是第三部分内容，即 GBR 或 GTR，以及骨填充修复材料。尽管这些临床应用，似乎并没有提到生物矿化，但实际上，颌面硬组织的修复，包括牙周缺损、口腔种植等都涉及硬组织的形成、成熟和重塑。我们无法获知其中复杂的物理化学反应，但至少这个过程可能涉及破骨细胞对磷酸钙的分解、成骨细胞骨相关因子的分泌、胶原的组装及矿化等，实际上是细胞调控下的生物矿化。GBR 膜在临床上的应用说明，在空间上的限域和屏蔽，有可能利于人体发挥自身的免疫和应答功能，从细胞和分子途径激活骨形成的一系列反应。以上研究也为仿生修复提供了一条借鉴，如果能够提供高度相似的仿生环境，能否在体外构建矿化组织，从而更有效地快速修复组织。这也是目前类器官发展的一个方向，期待与广大读者共同努力，早日获得性能优异的口腔修复材料。

参考文献

[1] Mertz-Fairhurst E J，Richards E E，Williams J E，et al. Sealed restorations：5-year results[J]. American Journal of Dentistry，1992，5（1）：5-10.

[2] Addadi L，Weiner S，Geva M. On how proteins interact with crystals and their effect on crystal formation[J]. Zeitschrift für Kardiologie，2001，90（3）：92-98.

[3] Liu Y，Tjäderhane L，Breschi L，et al. Limitations in bonding to dentin and experimental strategies to prevent bond degradation[J]. Journal of Dental Research，2011，90（8）：953-968.

[4] 张志愿. 口腔科学[M]. 6 版. 北京：人民卫生出版社，2004.

[5] 李兰英. 牙釉质原位仿生再矿化研究[D]. 广州：暨南大学，2011.

[6] 岳松龄. 现代龋病学[M]. 6 版. 北京：北京医科大学中国协和医科大学联合出版社，1993.

[7] 李斌，刘根娣. 三种材料修复牙齿楔状缺损的疗效观察[J]. 现代医学，2003，31（4）：237-238.

[8] 李潇，朱光第，施长溪. 医用复合树脂的新进展[J]. 国外医学（生物医学工程分册），2004，（5）：318-321.

[9] 李振春，马红梅. 不同因素对光敏复合树脂固化后硬度的影响[J]. 中国医科大学学报，2003，（5）：45-46.

[10] 陈治清. 口腔材料学[M]. 北京：人民卫生出版社，2005：176-185.

[11] Ericson D. The concept of minimally invasive dentistry[J]. Dental Update，2007，34（1）：9-10，12-14，17-18.

[12] Brostek A M，Bochenek A J，Laurence W J. Minimally invasice dentistry：A review and update[J]. Shanghai Journal of Stomatology，2006，15（3）：225-249.

[13] 欧阳健明. 生物矿化的基质调控及其仿生应用[M]. 北京：化学工业出版社，2006.

[14] Busch S. Regeneration of human tooth enamel[J]. Angewandte Chemie International Edition，2004，43（11）：1428-1431.

[15] 廖颖敏，冯祖德，雷彩霞. 电诱导牙釉质表面羟基磷灰石涂层形成的研究[J]. 无机化学学报，2009，25（7）：

1187-1193.

[16] 马英，李思维，冯祖德. α-磷酸三钙水解法修复牙釉质龋[J]. 无机材料学报，2009，24（2）：275-279.

[17] Heuer A H，Fink D J，Laraia V J，et al. Innovative materials processing strategies：A biomimetic approach[J]. Science，1992，255（5048）：1098-1105.

[18] 王志伟，赵月萍，周长忍，等. 牙釉基质蛋白诱导牙釉质的再矿化研究[J]. 四川大学学报（医学版），2008，(4)：579-582.

[19] 熊鹏，李红，郭振招，等. 胶原液晶在 EMPs 诱导下的生物矿化[J]. 稀有金属材料与工程，2014，43（S1）：261-264.

[20] 黄微雅，李红，杨发达，等. 磷酸钙在凝胶体系中的仿生矿化研究[J]. 化学研究与应用，2008，(5)：537-542.

[21] Moradian-Oldak J，Simmer J P，Lau E C，et al. Detection of monodisperse aggregates of a recombinant amelogenin by dynamic light scattering[J]. Biopolymers，1994，34（10）：1339-1347.

[22] Aichmayer B，Wiedemann-Bidlack F B，Gilow C，et al. Amelogenin nanoparticles in suspension：Deviations from spherical shape and pH-dependent aggregation[J]. Biomacromolecules，2010，11（2）：369-376.

[23] Smith J P，Brown W E，Lehr J R，et al. Octacalciumphosphate and hydroxyapatite：Crystallographic and chemical relations between octacalcium phosphate and hydroxyapatite[J]. Nature，1962，(196)：1050-1055.

[24] Miake Y，Shimoda S，Fukae M，et al. Epitaxial overgrowth of apatite crystals on the thin-ribbon precursor at early stages of porcine enamel mineralization[J]. Calcified Tissue International，1993，53（4）：249-256.

[25] Wen H B，Moradian-Oldak J，Fincham A G. Dose-dependent modulation of octacalcium phosphate crystal habit by amelogenins[J]. Journal of Dental Research，2000，79（11）：1902-1906.

[26] 黄微雅. 类牙釉质羟基磷灰石的仿生合成[D]. 广州：暨南大学，2006.

[27] 李佳慧，辛剑宇，李建树. 树枝状聚合物用于模拟生物矿化的研究[J]. 材料导报，2011，25（7）：71-75.

[28] Khopade A J，Khopade S，Jain N K. Development of hemoglobin aquasomes from spherical hydroxyapatite cores precipitated in the presence of half-generation poly(amidoamine) dendrimer[J]. International Journal of Pharmaceutics，2002，241（1）：145-154.

[29] Lungu A，Rusen E，Butac L M，et al. Epoxy-mediated immobilization of PAMAM dendrimers on methacrylic hydrogels[J]. Digest Journal of Nanomaterials Biostructures，2009，4（1）：97-107.

[30] Jaymand M，Meherdad L，Rana L. Functional dendritic compounds：Potential prospective candidates for dental restorative materials and *in situ* re-mineralization of human tooth enamel[J]. RSC Advances，2016，6，43127-43146.

[31] Liang K N，Zhou H，Weir M D，et al. Poly(amido amine) and calcium phosphate nanocomposite remineralization of dentin in acidic solution without calcium phosphate ions[J]. Dental Materials，2017，33（7）：818-829.

[32] 许小会，宁天云，杨聪翀，等. 一种釉质特异性生物矿化模板的构建[J]. 口腔医学，2012，32（9）：513-517.

[33] Palmer L C，Christina J N，Stuart R K，et al. Biomimetic systems for hydroxyapatite mineralization inspired by bone and enamel[J]. Chemical Reviews，2008，108（11）：4754-4783.

[34] Zhan H，Timothy D S，James F H，et al. Bioactive nanofibers instruct cells to proliferate and differentiate during enamel regeneration[J]. Journal of Bone and Mineral Research：The Official Journal of the American Society for Bone and Mineral Research，2008，23（12）：1995 - 2006.

[35] Aizenberg J，Black A J，Whitesides G M. Control of crystal nucleation by patterned self-assembled monolayers[J]. Nature，1999，398（6727）：495-498.

[36] 唐娟，崔振铎，朱胜利，等. 钛及钛合金仿生表面改性研究进展[J]. 功能材料，2005，(1)：19-22.

[37] Qadri B，Archibald D D，Gaber B P. Modified calcite deposition due to ultrathin oragnic films on silicon

substrates[J]. Langmuir，1996，12：538-546.

[38] Ishikawa M，Zhu P X，Seo W S，et al. Initial nucleation process of hydroxyapatite on organosilane self-assembled monolayers[J]. Journal of the Ceramic Society of Japan，2010，108（1260）：714-720.

[39] 李兰英，薛博，李红，等. 表面官能团作用下的牙釉质原位再矿化研究[J]. 无机化学学报，2011，27（8）：1536-1540.

[40] Chen H F，Clarkson B H，Sun K，et al. Self-assembly of synthetic hydroxyapatite nanorods into an enamel prism-like structure[J]. Journal of Colloid and Interface Science，2005，288（1）：97-103.

[41] Chen H F，Sun K，Tang Z，et al. Synthesis of fluorapatite nanorods and nanowires by direct precipitation from solution[J]. Crystal Growth & Design，2006，6（6）：1504-1508.

[42] Feng Z，Xie R，Li S，et al. Phase-sequenced deposition of calcium titanate/hydroxyapatite films with controllable crystallographic texture onto Ti_6Al_4V by triethyl phosphate-regulated hydrothermal crystallization[J]. Crystal Growth Design，2011，11（12）：5206-5214.

[43] Yin Y，Song Y，Fang J，et al. Chemical regeneration of human tooth enamel under near-physiological conditions[J]. Chemical Communications，2009，（39）：5892-5894.

[44] Chen H，Tang Z，Liu J，et al. Acellular synthesis of a human enamel-like microstructure[J]. Advanced Materials，2006，18（14）：1846-1851.

[45] Liu Z，Shao C，Jin B，et al. Crosslinking ionic oligomers as conformable precursors to calcium carbonate[J]. Nature，2019，574（7778）：394-398.

[46] Shao C，Jin B，Zhao M，et al. Repair of tooth enamel by a biomimetic mineralization frontier ensuring epitaxial growth[J]. Science Advances，2019，5（8）：eaaw9569.

[47] Chen Y，Wang J，Sun J，et al. Hierarchical structure and mechanical properties of remineralized dentin[J]. Journal of the Mechanical Behavior of Biomedical Materials，2014，40：297-306.

[48] 林轩东，谢方方. 基于非经典矿化结晶理论的牙本质仿生再矿化机制及仿生分子的研究进展[J]. 牙体牙髓牙周病学杂志，2016，26（8）：507-512.

[49] Saito T，Yamauchi M，Abiko Y，et al. *In vitro* apatite induction by phosphophoryn immobilized on modified collagen fibrils[J]. Journal of Bone and Mineral Research：The Official Journal of the American Society for Bone and Mineral Research，2000，15（8）：1615-1619.

[50] Kawasaki K，Ruben J，Stokroos I，et al. The remineralization of EDTA-treated human dentine[J]. Caries Research，1999，33（4）：275-280.

[51] Lin D，Liu Y，Salameh Z，et al. Can caries-affected dentin be completely remineralized by guided tissue remineralization?[J]. Dental Hypotheses，2011，2（2）：74-82.

[52] Timothy F W，Atmeh A R，Sajini S，et al. Present and future of glass-ionomers and calcium-silicate cements as bioactive materials in dentistry：Biophotonics-based interfacial analyses in health and disease[J]. Dental Materials，2014，30（1）：50-61.

[53] Qi Y P，Nan L，Niu L N，et al. Remineralization of artificial dentinal caries lesions by biomimetically modified mineral trioxide aggregate[J]. Acta Biomaterialia，2012，8（2）：836-842.

[54] Kim Y K，Yiu C K Y，Kim J R，et al. Failure of a glass ionomer to remineralize apatite-depleted dentin[J]. Journal of Dental Research，2010，89（3）：230-235.

[55] Kinney J H，Habelitz S，Marshall S J，et al. The importance of intrafibrillar mineralization of collagen on the mechanical properties of dentin[J]. Journal of Dental Research，2003，82（12）：957-961.

[56] Deng D M，Loveren C，Cate J M. Caries-preventive agents induce remineralization of dentin in a biofilm model[J].

Caries Research，2005，39（3）：216-223.

[57] Tay R F，Pashley D H. Guided tissue remineralisation of partially demineralised human dentine[J]. Biomaterials，2008，29（8）：1127-1137.

[58] Boskey A L. Biomineralization：Conflicts，challenges，and opportunities[J]. Journal of Cellular Biochemistry Supplement，1998，30-31.

[59] Sivakumar G，Narayanan K，Hao J，et al. Matrix macromolecules in hard tissues control the nucleation and hierarchical assembly of hydroxyapatite[J]. Journal of Biological Chemistry，2007，282（2）：1193-1204.

[60] Tencate J M. Remineralization of caries lesions extending into dentin[J]. Journal of Dental Research，2001，80（5）：1407-1411.

[61] Zhou Y Z，Cao Y，Liu W，et al. Polydopamine-induced tooth remineralization[J]. ACS applied materials & interfaces，2012，4（12）：6901-6910.

[62] Hao J，Amsaveni R，George A. Temporal and spatial localization of the dentin matrix proteins during dentin biomineralization[J]. Journal of Histochemistry & Cytochemistry，2009，57（3）：227-237.

[63] Boskey A L. Matrix proteins and mineralization：An Overview[J]. Connective Tissue Research，1996，35（1-4）：357-363.

[64] Hunter G K，Hauschka P V，Poole A R，et al. Nucleation and inhibition of hydroxyapatite formation by mineralized tissue proteins[J]. Biochemical Journal，1996，317（Pt 1）：59-64.

[65] Sun Y，Chen L，Ma S，et al. Roles of DMP1 processing in osteogenesis，dentinogenesis and chondrogenesis[J]. Cells Tissues Organs，2011，194（2-4）：199-204.

[66] Kim Y K，Sui M，Annalisa M，et al. Biomimetic remineralization as a progressive dehydration mechanism of collagen matrices：Implications in the aging of resin-dentin bonds[J]. Acta Biomaterialia，2010，6（9）：3729-3739.

[67] He G，Thomas D，Arthur V，et al. Dentin matrix protein 1 initiates hydroxyapatite formation *in vitro*[J]. Connective Tissue Research，2003，44（1suppl）：240-245.

[68] 刘冬梅，董福生. 牙本质基质蛋白-1 与生物矿化[J]. 国际口腔医学杂志. 2009，36：98-101.

[69] Preston K P，Smith P W，Higham S M. The influence of varying fluoride concentrations on *in vitro* remineralisation of artificial dentinal lesions with differing lesion morphologies[J]. Archives of Oral Biology，2008，53（1）：20-26.

[70] Kawasaki K，Ruben J，Tsuda H，et al. Relationship between mineral distributions in dentine lesions and subsequent remineralization *in vitro*[J]. Caries Research，2000，34（5）：395-403.

[71] Kim Y K，Gu L S，Thomas E B，et al. Mineralisation of reconstituted collagen using polyvinylphosphonic acid/polyacrylic acid templating matrix protein analogues in the presence of calcium，phosphate and hydroxyl ions[J]. Biomaterials，2010，31（25）：6618-6627.

[72] Niu L N，Zhang W，Pashley H D，et al. Biomimetic remineralization of dentin[J]. Dental Materials，2014，30（1）：77-96.

[73] Qian Y，Zhou F，Liu W. Bioinspired catecholic chemistry for surface modification[J]. Chemical Society Reviews，2011，40（7）：3794-3802.

[74] Emilie F，Falentin-Daudré C，Jérôme C，et al. Catechols as versatile platforms in polymer chemistry[J]. Progress in Polymer Science，2013，38（1）：236-270.

[75] de Lima J F M，Mainardi M C A，Puppin-Rontani R M，et al. Bioinspired catechol chemistry for dentin remineralization：A new approach for the treatment of dentin hypersensitivity[J]. Dental Materials，2020，36（4）：501-511.

[76] Gower B L. Biomimetic model systems for investigating the amorphous precursor pathway and its role in biomineralization[J]. Chemical Reviews，2008，108（11）：4451-4627.

[77] Deshpande S A，Beniash E. Bio-inspired synthesis of mineralized collagen fibrils[J]. Crystal Growth & Design，2008，8（8）：3084-3090.

[78] Nudelman F，Koen P，George A，et al. The role of collagen in bone apatite formation in the presence of hydroxyapatite nucleation inhibitors[J]. Nature Materials，2010，9（12）：1004-1009.

[79] Wu Z，Wang X，Wang Z，et al. Self-etch adhesive as a carrier for ACP nanoprecursors to deliver biomimetic remineralization[J]. ACS Applied Materials & Interfaces，2017，9（21）：17710-17717.

[80] Shao C，Zhao R，Jiang S，et al. Citrate improves collagen mineralization via interface wetting：A physicochemical understanding of biomineralization control[J]. Advanced Materials，2018，30（8）：1704876.

[81] Kim D，Lee B，Thomopoulos S，et al. *In situ* evaluation of calcium phosphate nucleation kinetics and pathways during Intra- and extrafibrillar mineralization of collagen matrices[J]. Crystal Growth & Design，2016，16（9）：5359-5366.

[82] Krogstad V D，Wang D，Lin-Gibson S. Polyaspartic acid concentration controls the rate of calcium phosphate nanorod formation in high concentration systems[J]. Biomacromolecules，2017，18（10）：3106-3113.

[83] Hu C，Michael Z，Mei W. Fabrication of intrafibrillar and extrafibrillar mineralized collagen/apatite scaffolds with a hierarchical structure[J]. Journal of Biomedical Materials Research Part A，2016，104（5）：1153-1161.

[84] Jian S，Chen C，Pan H，et al. Biomimetic promotion of dentin remineralization using L-glutamic acid：Inspiration from biomineralization proteins[J]. Journal of Materials Chemistry B，2014，2（28）：4544-4553.

[85] Luo X J，Yang H Y，Niu L N，et al. Translation of a solution-based biomineralization concept into a carrier-based delivery system via the use of expanded-pore mesoporous silica[J]. Acta Biomaterialia，2016，31（2）：378-387.

[86] Wu S Y，Gu L S，Huang Z H，et al. Intrafibrillar mineralization of polyacrylic acid-bound collagen fibrils using a two-dimensional collagen model and Portland cement-based resins[J]. European Journal of Oral Sciences，2017，125（1）.

[87] Dey R E，Wimpenny I，Gough J E，et al. Poly(vinylphosphonic acid-co-acrylic acid)hydrogels：The effect of copolymer composition on osteoblast adhesion and proliferation[J]. Journal of Biomedical Materials Research Part A，2018，106（1）：255-264.

[88] Wang Q G，Wimpenny I，Rebecca E D，et al. The unique calcium chelation property of poly(vinyl phosphonic acid-co-acrylic acid) and effects on osteogenesis *in vitro*[J]. Journal of Biomedical Materials Research Part A，2018，106（1）：168-179.

[89] Gu L S，Kim J，Kim Y K，et al. A chemical phosphorylation-inspired design for type I collagen biomimetic remineralization[J]. Dental Materials，2010，26（11）：1077-1089.

[90] Gonçalves R S，Candia S P M，Ciccone G M，et al. Sodium trimetaphosphate as a novel strategy for matrix metalloproteinase inhibition and dentin remineralization[J]. Caries Research，2018，52（3）：189-198.

[91] Liang K，Xiao S，Shi W，et al. 8DSS-promoted remineralization of demineralized dentin *in vitro*[J]. Journal of Materials Chemistry B，2015，3（33）：6763-6772.

[92] Liang K，Xiao S，Liu H，et al. 8DSS peptide induced effective dentinal tubule occlusion *in vitro*[J]. Dental Materials，2018，34（4）：629-640.

[93] Zhang H，Liu J，Yao Z，et al. Biomimetic mineralization of electrospun poly（lactic-co-glycolic acid）/multi-walled carbon nanotubes composite scaffolds *in vitro*[J]. Materials Letters，2009，63（27）：2313-2316.

[94] Safdar N K，Tomin E，Joseph M L. Clinical applications of bone graft substitutes[J]. Orthopedic Clinics of North

America，2000，31（3）：389-398.
[95] Fabien K，William C P，Fortin M，et al. Biomimetic tissue-engineered bone substitutes for maxillofacial and craniofacial repair：The potential of cell sheet technologies[J]. Advanced Healthcare Materials，2018，7（6）：e1700919.
[96] Retzepi M，Donos N. Guided bone regeneration：Biological principle and therapeutic applications[J]. Clinical Oral Implants Research，2010，21（6）：567-576.
[97] 施少杰，丁锋，宋应亮. GBR 技术引导颌骨再生的研究进展[J]. 口腔医学，2019，39（3）：261-265.
[98] Dahlin C，Linde A，Gottlow J，et al. Healing of bone defects by guided tissue regeneration[J]. Plastic and Reconstructive Surgery，1988，81（5）：672-676.
[99] Boyne P J. Restoration of osseous defects in maxillofacial casualities[J]. Journal of the American Dental Association（1939），1969，78（4）：767-776.
[100] Misch M C，Ole J T，Michael P A，et al. Vertical bone augmentation using recombinant bone morphogenetic protein，mineralized bone allograft，and titanium mesh：A retrospective cone beam computed tomography study[J]. The International Journal of Oral & Maxillofacial Implants，2015，30（1）：202-207.
[101] Poli P P，Beretta M，Cicciù M，et al. Alveolar ridge augmentation with titanium mesh. A retrospective clinical study[J]. The Open Dentistry Journal，2014，8：148-158.
[102] Roccuzzo M，Guglielmo R，Cristina S M，et al. Vertical alveolar ridge augmentation by means of a titanium mesh and autogenous bone grafts[J]. Clinical Oral Implants Research，2004，15（1）：73-81.
[103] Rosengren A，Johansson B R，Danielsen N，et al. Immunohistochemical studies on the distribution of albumin，fibrinogen，fibronectin，IgG and collagen around PTFE and titanium implants[J]. Biomaterials，1996，17（18）：1779-1786.
[104] Sevor J J，Meffert R M，Cassingham R J. Regeneration of dehisced alveolar bone adjacent to endosseous dental implants utilizing a resorbable collagen membrane：Clinical and histologic results[J]. The International Journal of Periodontics & Restorative Dentistry，1993，13（1）：71-83.
[105] Simon B I，Hagen V H，Deasy M J，et al. Changes in alveolar bone height and width following ridge augmentation using bone graft and membranes[J]. Journal of Periodontology，2000，71（11）：1774-1791 .
[106] Basile M A，Gomez A G，Mario M，et al. Functionalized PCL/HA nanocomposites as microporous membranes for bone regeneration[J]. Materials Science & Engineering C，2015，48：457-468 .
[107] Li J，Yi M，Yi Z，et al. *In vitro* and *in vivo* evaluation of a nHA/PA66 composite membrane for guided bone regeneration[J]. Journal of Biomaterials Science：Polymer Edition，2011，22（1-3）：263-275 .
[108] He P，Li Y，Huang Z，et al. A multifunctional coaxial fiber membrane loaded with dual drugs for guided tissue regeneration[J]. Journal of Biomaterials Applications，2020，34（8）：1041-1051 .
[109] Fotek P D，Rodrigo N F，Wang H L. Comparison of dermal matrix and polytetrafluoroethylene membrane for socket bone augmentation：A clinical and histologic study[J]. Journal of Periodontology，2009，80（5）：776-785.
[110] Luczyszyn S M，Papalexiou V，Novaes A B，et al. Acellular dermal matrix and hydroxyapatite in prevention of ridge deformities after tooth extraction[J]. Implant Dentistry，2005，14（2）：176-184.
[111] Yang C R，Wang Y J，Zheng H D，et al. Bone-like apatite formation on modified PCL surfaces under different conditions[J]. Key Engineering Materials，2007，330-332：671-674.
[112] Lima L L，Gonçalves P F，Sallum E A，et al. Guided tissue regeneration may modulate gene expression in periodontal intrabony defects：A human study[J]. Journal of Periodontal Research，2008，43（4）：459-464.
[113] Elgali I，Omar O，Dahlin C，et al. Guided bone regeneration：Materials and biological mechanisms revisited[J].

European Journal of Oral Sciences，2017，125（5）：315-337.

[114] Toshiyuki K，Ito H，Schwarz E M，et al. Stromal cell-derived factor 1/CXCR4 signaling is critical for the recruitment of mesenchymal stem cells to the fracture site during skeletal repair in a mouse model[J]. Arthritis and Rheumatism，2009，60（3）：813-823.

[115] Karp M J，Leng T G S. Mesenchymal stem cell homing：The devil is in the details[J]. Cell Stem Cell，2009，4（3）：206-216.

[116] Binder B N，Birgit N，Hoffmann O，et al. Estrogen-dependent and C-C chemokine receptor-2-dependent pathways determine osteoclast behavior in osteoporosis[J]. Nature Medicine，2009，15（4）：417-424.

[117] Schlegel A K，Donath K. BIO-OSS：A resorbable bone substitute?[J]. Journal of Long-Term Effects of Medical Implants，1998，8（3-4）：201-209.

[118] Schwarz F，M Herten，D Ferrari，et al. Guided bone regeneration at dehiscence-type defects using biphasic hydroxyapatite + beta tricalcium phosphate（Bone Ceramic®）or a collagen-coated natural bone mineral（BioOss Collagen®）：An immunohistochemical study in dogs[J]. International Journal of Oral and Maxillofacial Surgery，2007，36（12）：1198-1206.

[119] Enrique F B，Dedossi G，Asencio O V，et al. Comparison of different bone filling materials and resorbable membranes by means of micro-tomography. A preliminary study in rabbits[J]. Materials，2019，12（8）：1197.

[120] Yamada S，D Heymann，M Bouler J，et al. Osteoclastic resorption of calcium phosphate ceramics with different hydroxyapatite/beta-tricalcium phosphate ratios[J]. Biomaterials，1997，18（15）：1037-1041.

[121] Malard O，Bouler J M，Guicheux J，et al. Influence of biphasic calcium phosphate granulometry on bone ingrowth，ceramic resorption，and inflammatory reactions：Preliminary *in vitro* and *in vivo* study[J]. Journal of Biomedical Materials Research，1999，46（1）：103-111.

[122] Bouler J M，Pilet P，Gauthier O，et al. Biphasic calcium phosphate ceramics for bone reconstruction：A review of biological response[J]. Acta Biomaterialia，2017，53：815-826.

[123] Chow L C，Brown W. A new calcium phosphate，water-setting cement[M]//Brown P W. Cement Research Progress. Wasterville：American Ceram Society，1986：352-379.

[124] 徐刚，耿威，林润台，等. 自固化磷酸钙骨水泥修复牙种植体周围骨缺损实验研究[J]. 口腔医学研究，2006，（4）：353-356.

[125] Fukase Y. Setting reactions and compressive strengths of calcium phosphate cements[J]. Journal of Dental Research，1990，69（12）.

[126] 王秀红，段可，冯波，等. 新表面化学处理用于 Ti_6Al_4V 合金表面仿生磷酸钙涂层的制备[J]. 高等学校化学学报，2009，30（6）：1071-1074.

第 8 章　生物矿化在骨组织修复中的作用

由意外或自身疾病而导致骨损伤或骨缺损是常见病和多发病。在一定的临界尺寸下，人体自身可以修复、重塑受损的骨组织。但由于交通意外、肿瘤或者其他原因导致的临界尺寸之上的骨缺损，需要材料填充修复。人类两千年前就有用木块填充骨缺损的历史，随着科技的进步，骨缺损修复材料发生了巨大的变化，从最早的生物惰性陶瓷或金属，到现在的生物适应性材料，修复理念不断更新。在此过程中，人们也越来越认识到生物矿化的作用。从人体骨矿化机理的角度出发进行了诸多生物材料的设计和研发。本章主要从以下几个方面进行总结：改进材料性质（如表面化学改性、表面形貌设计、成分或结构改性）促进材料的生物矿化；将骨矿化相关生长因子与生物材料相结合或将骨系细胞（如干细胞、成骨细胞）与生物材料相结合以获得骨组织的良好修复。

8.1　骨修复中的生物矿化

8.1.1　生物矿化与骨修复

骨损伤的模式范围包括从骨骼结构完整性的微观破坏（如骨小梁中的微骨折）到骨骼的宏观不连续性（如皮质的断裂）。下面以骨折修复愈合过程为例，简单介绍人体骨修复从炎症到修复、重塑的过程[1]。

炎症阶段：骨折修复的初始阶段涉及骨折部位和周围软组织的出血，形成血肿，这为分泌生长因子提供了造血细胞。成纤维细胞、间充质干细胞和骨祖细胞侵入骨折部位，成骨细胞和成纤维细胞增生，在骨折端形成肉芽组织。

修复阶段：在此阶段，成骨细胞通过不同的过程被激活以形成骨骼。未分化的间充质干细胞（MSC）形成骨祖细胞，在低应变和高氧张力环境中形成成骨细胞。具有诱导分化为骨祖细胞和成骨细胞能力的因子包括骨形态发生蛋白（BMP）、转化生长因子-β（TGF-β）、成纤维细胞生长因子（FGF）、胰岛素样生长因子（IGF）、血小板源性生长因子（PDGF）和白介素。骨祖细胞还能够在中等应变和低氧张力下形成软骨，并在高应变下形成纤维组织。其中 BMP 是衍生自 TGF-β 超家族的骨诱导生长因子。BMP 靶向诱导间充质干细胞，通过丝氨酸/苏氨酸激酶受体发出信号，形成成骨细胞并刺激骨骼形成。BMP 的信号转导介质是称为 Smads 的细胞内分子。TGF-β 靶向成骨细胞促进胶原蛋白的合成，并诱导间充质干细胞产生Ⅱ型胶原蛋白和蛋白聚糖，信号也通过丝氨酸/苏氨酸激酶受体机制发生。IGF-Ⅱ刺激成骨细胞形成骨，细胞增殖，软骨基质合成和Ⅰ型胶原蛋白合成，它通过酪氨酸激酶受体机制发出信号。PDGF 从血小板释放并趋化，通过酪氨酸激酶受体机制发出信号，将炎症细胞吸引至骨折部位。

当骨祖细胞分化为成骨细胞后，主要合成和分泌有机基质，如Ⅰ型胶原和痕量的Ⅴ型胶原单体，这些单体随后将作为三股螺旋原胶原的基本单元进行细胞外组装。成骨细胞能够沉积预矿化的骨基质、类骨质，促进其矿化。其中类骨质基质为无机质提供了有利的结晶环境，成骨细胞通过排出基质囊泡形成新的类骨质，基质囊泡是血浆膜结合的球体（直径 0.1～0.2 mm），具有一个与膜分离的电子致密核，被认为是新骨中晶体形成的位点。它们包含碱性磷酸酶（ALP）和焦磷酸酶。ALP 通过从相邻分子上切割磷酸基团来提高局部磷酸根的浓度，随着局部区域的细胞外液过饱和与 ALP 活性的增加，局部钙和磷酸盐的浓度也明显增高。同时成骨细胞还产生骨钙素，骨钙素能够结合钙，进一步浓缩局部钙含量。成骨细胞对甲状旁腺激素（PTH）、1, 25-二羟维生素 D_3、糖皮质激素、前列腺素和雌激素具有受体-效应物相互作用。它们在这些激素的调节中起间接作用。例如 PTH 能够刺激成骨细胞产生 ALP、Ⅰ型胶原、骨钙素和骨涎蛋白。在此过程中 PTH 激活腺苷酸环化酶，并通过次级信使途径刺激破骨细胞活性。1, 25-二羟维生素 D_3 刺激基质和 ALP 合成，还产生骨特异性蛋白，例如骨钙素[2]。

重塑阶段：在修复阶段形成的编织骨被转化为层状骨，并逐渐聚集骨髓空间。应力和载荷传递通过沃尔夫定律影响重塑，以获得与天然骨骼相匹配的新骨组织。所谓沃尔夫定律就是骨的生长、吸收、重建都与骨的受力状态有关，骨在需要的地方就生长，不需要的地方就吸收。

8.1.2　骨组织再生修复

目前，临床上用于骨修复治疗策略是基于骨修复的类型的（自体移植、同种异体移植、去矿质骨基质和骨修复替代物）[3-5]。自体移植和同种异体移植是该领域最常见的治疗方法。自体移植在不规则形状的缺损中效果较差，存在潜在供体和受体部位之间的形状大小等不匹配而导致的供体部位发病风险，且可移植的材料数量有限，手术过程也可能导致感染和慢性疼痛[3, 4]。当需要修复较大范围的骨时，人们通常采用同种异体移植，尽管它也有局限性，即免疫排斥和病原体从供体转移到宿主的可能性[4]，并且经过处理的同种异体移植物去矿质后，缺乏有效的骨生长诱导因子[2]。由于存在疾病传播或免疫排斥的危险，异种移植物或从不同物种获得的骨移植物也不是一个最优的选择[3]。人造骨移植物［例如磷酸钙

（CaP）陶瓷］以替代患者自己的骨骼和供体的骨骼为目的，临床应用广泛。这些陶瓷骨修复材料由于与骨骼的无机相化学相似性而成为骨移植替代物的主要来源之一[6, 7]。

然而，直至今日，骨修复（替代）材料的应用性和可用性存在问题，甚至其功效都有争议，成本也比较高，更重要的是，目前还没有哪种合成骨替代物具有与自然骨等同的生物学或者力学性能。因此，有必要开发新的治疗方法，作为骨再生修复的标准方法的替代品或辅助物，以克服这些限制。随着生物医学技术的进步，对骨修复材料的研究热点也从开发模仿天然组织生物力学特性的惰性材料，转向能够促进组织自我修复的生物活性材料[8-12]。

科学研究在细胞和分子水平上对骨再生的理解已经取得了巨大进展，并且仍在继续。细胞生物学和分子生物学技术可以开展组织学分析、骨形成细胞的体外和体内表征、鉴定骨再生和骨折修复过程中涉及的基因和蛋白质的转录和翻译谱；转基因动物的发展可以探索在骨修复过程中表达的一些基因的作用，以及它们的时间和组织特异性表达模式。因此对于自然骨生物矿化过程所涉及的细胞、生长因子有了更新的认知。随着相关领域的不断进步，新的治疗方法已被用作传统骨再生修复方法的辅助或替代方法。然而，骨再生的临床需要涉及的基本概念，仍然是：治疗策略应旨在解决最佳骨整合的所有先决条件，包括骨传导基质、骨诱导因子、成骨细胞和力学性能[13]。在此过程，生物矿化理念的应用是解决这一问题的重要途径。

8.2　骨修复（替代）材料中的生物矿化

骨修复（替代）材料是指目前在临床中应用最广泛的假体材料、填充材料等，其最重要的功能是填充骨缺损部位，有些还起着支撑等功能性替代作用。这些材料按来源可分为天然和合成材料，除天然的自体骨和异体骨外，这些材料的生物学性能都有待提升。本节重点介绍为提升这些材料的骨整合能力，基于生物矿化的原理，对材料开展的改性研究。

8.2.1　自体骨和异体骨

在骨科手术中骨修复（替代）材料主要起骨传导和骨诱导两种作用。①骨传导作用：移植的骨修复（替代）材料主要起帮助骨形成支架的作用，即以移植骨为支架，使宿主的血管和细胞进入植入部位，形成新骨，移植骨坏死被吸收，并逐渐被新骨替代；②骨诱导作用：移植骨具有刺激宿主细胞间充质干细胞转化为成骨细胞形成新骨的作用。目前的研究结果认为，自体骨中的松质骨诱导能力最佳，异种皮质骨最差。

自体骨是植入骨的黄金标准，可提供最佳的骨传导性和成骨性[14]。自体移植骨植入后微血管基质开始侵入植入骨，在多孔状松质骨中，侵入迅速，紧跟着新骨直接在骨小梁上形成，并在植入骨的小间隙中生成新骨。随后发生一个重塑相，将渐进性坏死的骨小梁移走，并形成新骨替代它[15]。植入骨的结合依赖于血管侵入的完成，植入骨呈现非活性，但它的存在和结构刺激了周围组织的长入。当然，生长因子、局部细胞分泌的基质，以及其他非胶原蛋白也会辅助此过程的完成，但是移植骨的三维结构是决定结合速度和结合是否完全的主要因素。自体骨移植虽然成骨诱导能力最强，无免疫反应，但其来源有限，取骨区有一定的并发症。据统计有 8.5%～20%的并发症，包括血肿形成、失血、神经损伤、疝气形成、感染、动脉损伤、输尿管损伤、骨折、骨盆不稳定、美容缺陷、肿瘤移植，有时甚至是慢性疼痛[15-19]。同种异体骨也是最常选择的骨替代物，被认为是外科医生的第二选择。为了避免新鲜同种异体移植物具有转移病毒性疾病的风险，对其进行适当加工是非常必要的。最常用的加工方式是冷冻、去矿化、辐照灭菌。然而，冷冻和辐照影响其结构强度，且降低其骨诱导能力[20-22]。同种异体骨同样来源有限，因此在临床的应用也受限。然而就其修复过程而言，是和自体骨相似的。

8.2.2　无机材料

无机钙磷材料和生物玻璃是目前广泛应用的骨修复（替代）材料，它们可以和宿主骨形成所谓的“骨性结合”，其本质实际上是材料表面形成生物活性碳酸羟基磷灰石（CHA）层，其与骨组织结合牢固[23]，也被称为生物活性材料。下面简单介绍一下相关材料及其矿化行为。

1. 生物活性玻璃

Hench 于 1969 年发明了一种能够与骨骼形成化学键的人造材料“生物活性玻璃”[23]。最早的生物活性玻璃 Bioglass®45S5 是无机材料领域中已被商品化应用于临床的材料，并一直为开发用于修复和再生骨组织的生物活性材料提供灵感。这种生物活性玻璃包含四种成分（Na_2O、CaO、P_2O_5 和 SiO_2），已被用作骨修复（替代）材料表面研究的模型 40 年[23, 24]。最初，Hench 对骨-生物活性玻璃界面进行了分析，发现其与骨结合的机制归因于与玻璃表面上 CHA 层的形成。该 CHA 被认为与胶原原纤维相互作用以结合宿主骨。CHA 层是在溶液介导的玻璃溶解后形成的，溶解产物的积累会引起化学成分的变化和溶液 pH 的变化，从而提供适合 CHA 成核的表面位点和 pH。Hench 提出生物活性玻璃在体内或体外的体液或 SBF 中表面形成 CHA 会出现五个阶段（表 8.1）。这一系列的表面反应导致生长因子的吸附，随后周围细胞会由于生长因子以及周围生长环境的变化发生一系列的矿化反应[25]。Hench 和 Wilson 证实，胶原纤维嵌入并结合在 Bioglass®45S5 上的二氧化硅和碳酸羟基磷灰石（CHA）层中，从而形成植入材料与组织的结合[26]。此外，生物活性玻璃在植入 3～6 个月后，与骨骼间形成的生物活性键等于或大于骨骼的强度。生物活性玻璃与硬组织和软组织之间的结合强度大小是由胶原原纤维的矿化决定的，当胶原原纤维中嵌入了纳米级 CHA 晶体时将会获得较大的结合强度，即形成胶原纤维内矿化。进入 20 世纪后，骨组织工程的研究发现生物活性玻璃的溶解产物，特别是 Bioglass®45S5，上调了控制成骨和生长因子产生的基因表达，为成骨细胞的增殖和分化提供了理想的环境，从而促进新骨形成，因此生物活性玻璃又被称为“基因激活材料”[27]。

表 8.1　生物活性玻璃的反应阶段[23]

阶段	反应
1	碱性离子与体液中氢离子的快速离子交换，通常由溶液中 Na^+ 或 K^+ 与 H^+ 或 H_3O^+ 的扩散快速在玻璃表面形成了硅烷醇基。溶液的 pH 增加，在玻璃表面附近形成富含二氧化硅的区域（贫阳离子） $Si–O–Na^+ + H^+ + OH^- \longrightarrow Si–OH^+ + Na^+ + OH^-$
2	由界面反应控制的网络分解，pH 局部显著增加，并导致 OH^- 侵蚀石英玻璃网络，因此 Si—O—Si 键断裂，可溶性二氧化硅以 $Si(OH)_4$ 的形式释放到溶液中，从而在玻璃溶液界面上留下更多的硅烷醇基团： $Si–O–Si + H_2O \longrightarrow Si–OH + OH–Si$
3	当 Si—OH 基团在玻璃表面附近凝结时，发生形成富含二氧化硅的层的再聚合过程： $O-Si(O)(O)-OH + HO-Si(O)(O)-O \longrightarrow O-Si(O)(O)-O-Si(O)(O)-O + H_2O$
4	Ca^{2+} 和 PO_4^{3-} 基团通过富 SiO_2 层迁移到材料表面，在富 SiO_2 层的顶部形成富 $CaO-P_2O_5$ 的薄膜，然后通过掺入无定形钙磷盐使得 $CaO-P_2O_5$ 的薄膜逐渐生长
5	CHA 层的化学吸附和结晶 通过从溶液中引入 OH^-、CO_3^{2-} 或 F^- 等阴离子来形成无定形 $CaO-P_2O_5$ 膜，从而形成羟基、碳酸盐及 CHA 混合层

2. CaP 材料

在寻找替代骨骼的理想材料时，磷酸钙（CaP）可能是最合适的候选者，因为它们的结构和组成与骨骼矿物质 HAP 的结构和组成相同。在 20 世纪 60 年代末和 70 年代初，Hench 等证实生物活性玻璃结合到骨组织上，不会形成周围的纤维组织，而是与宿主形成骨性结合[28]。从那以后，出现了几种类型的钙磷材料，例如烧结 HAP[29]、烧结磷酸三钙、磷灰石/β-磷酸三钙双相陶瓷[30]和 A-W 玻璃陶瓷复合材料[31]也显示出与骨的活性结合，临床上将它们常用于骨组织的重建和再生手术。图 8.1 显示了 HAP 表面诱导新骨形成的过程[32]。

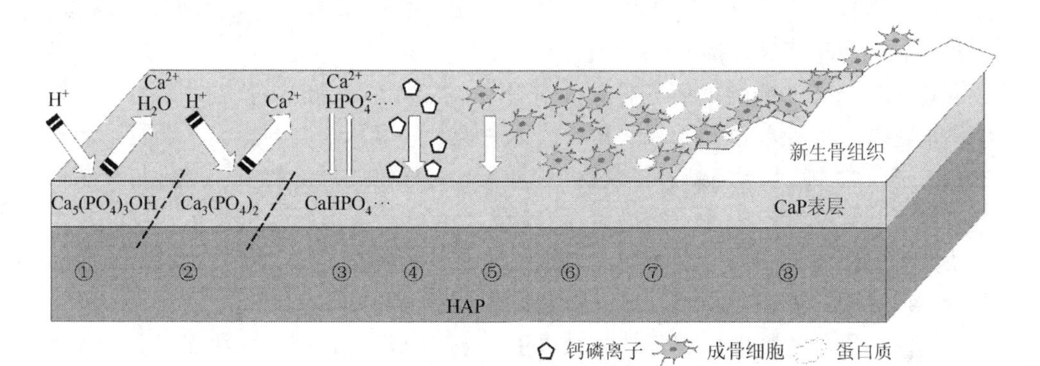

图 8.1　植入后 HAP 的矿化机制

HAP 表面的增溶作用（①和②）；离子交换（③和④）；细胞黏着和蛋白质吸收（⑤和⑥）；新骨生成（⑦和⑧）。基于文献[32]绘制。

由于组成与自然骨相近，CaP 材料与矿化组织中发现的大多数细胞具有良好的生物相容性，例如成骨细胞、破骨细胞、成纤维细胞和牙周膜细胞[33-35]。磷酸钙的性质也影响成骨细胞的生物活性，如黏附、增殖和新骨形成。生物活性的获得很大程度取决于磷酸钙的降解和离子释放。钙和磷离子的局部浓度的提高刺激了磷酸钙表面骨矿物质的形成，也刺激成骨细胞分泌相关因子如 Col I、ALP、BMP、OPN、OCN、BSP 和 Runx2[36-39]。

钙离子以多种方式影响细胞和生命系统。首先，从组成上，钙是矿化组织的主要成分，通过生物矿化形成和成熟骨组织；其次，钙离子可以通过信号通路影响骨再生，钙通过一氧化氮的形成刺激成熟的骨细胞，并诱导骨生长前体细胞再生骨组织；钙离子还通过激活 ERK1/2[40]刺激成骨细胞骨合成途径，并通过激活 PI3K/AKT 途径增加成骨细胞的寿命[41]；最后，钙离子同样调控破骨细胞的形成和吸收骨的能力[42]。

人体内存在大量磷离子。它们参与多种物质的合成，如蛋白质、核酸和三磷酸腺苷等，并影响生理过程。超过 80%的磷离子以磷酸钙的形式存在于骨骼中。磷主要以磷酸盐（PO_4^{3-}）的形式存在，对组织的形成和生长有很大的影响。磷酸盐通过 IGF-1 和 ERK1/2 途径调节成骨细胞和成骨细胞系的分化和生长，并增加 BMP 的表达[43, 44]。此外，磷酸盐在 RANK 配体与其受体信号之间具有负反馈作用，并调节 RANK 配体与骨保护素（OPG）的比率，以抑制破骨细胞分化和骨吸收[45]。

磷酸钙的骨诱导和骨传导特性对骨再生也很重要。[7]骨诱导是指诱导祖细胞分化为成骨细胞系的能力；而骨传导是指骨在材料表面生长的能力。骨诱导和骨传导支持细胞黏附和增殖，细胞黏附受细胞外基质蛋白吸附能力的强烈影响。因此，骨诱导和骨传导受磷酸钙表面特性的影响，如表面粗糙度、结晶度、溶解度、相含量、孔隙率和表面能[7, 46]。

基于钙离子和磷酸根离子对骨再生的影响，CaP 材料的溶解性非常重要。磷酸钙的溶解过程受单位体积表面积、流体对流、酸度和温度的影响。通常，溶解性与 Ca/P 比、纯度、晶体尺寸和表面积成反比。稳定的低溶解度磷酸钙与周围环境的离子交换率低，表面重结晶速度慢，因此可通过带电部位的静电作用确定蛋白质浓度和构象。此外，高溶解性磷酸钙容易改变局部 pH 和离子浓度，从而影响蛋白质黏附。蛋白质黏附导致细胞黏附并影响骨再生的有效性。

磷酸钙因其独特的生物活性和骨再生效果，以涂层、骨水泥和支架等多种形式通过生物矿化用于骨修复。

（1）涂层

磷酸钙涂层可应用于各种材料以增强生物活性。磷酸钙涂层主要采用溶胶-凝胶法和电沉积法。磷酸钙涂层的研究主要针对金属植入物的表面改性，旨在防止植入物腐蚀和提高生物活性。Xu 等研究了镁合金表面涂覆的多孔网状磷酸钙（$CaHPO_4 \cdot 2H_2O$）层[47]。这种涂层技术提高了生物活性、细胞相容性、骨传导性和成骨能力。体内研究将该表面与传统镁合金的表面进行比较，实验结果表明，磷酸钙涂层镁合金具有明显的表面生物活性，更高的 BMP-2 和 TGF-β1 表达。

表面形貌是影响细胞行为的重要因素。当 HAP 晶体为纳米尺寸时，成骨细胞倾向于在由宽纳米片组成的基底上稳定增殖[48]。当 HAP 涂层具有亚微米级别的各向同性形貌时，成骨细胞在粗糙 HAP 表面上比在光滑的表面上具有更明显的增殖和分化能力[49]。HAP 晶体的各向异性显示出结合蛋白的差异并进一步影响细胞反应，如骨粘连蛋白、骨钙素和磷酸化磷酸盐特异性结合 HAP 晶体的（100）面。这表明，使用面积大（100）面的 HAP 作为基本构建块可以促进干细胞发生骨诱导。而较高的晶体取向也会导致较高的结合蛋白量[50]，我们采用电沉积法制备了两种典型形貌的 HAP 涂层，如图 8.2 所示[51]。体外研究结果，却与上述文献不同，棒状 HAP 表面的成骨细胞表达更高的 ALP、Col Ⅰ、OCN 和 Runx2。这些矛盾的结果使得 CaP 涂层的介导骨整合的机理更加复杂。

（2）骨水泥

磷酸钙骨水泥广泛用于填充和修复骨缺损。骨水泥主要与海藻酸钠、几丁质、壳聚糖、纤维素、明胶、胶原等聚合物以及合成聚合物［如聚乙二醇（PEG）、聚乳酸-羟基乙酸共聚物（PLGA）、聚己内酯（PCL）和聚 L-乳酸（PLLA）混合］，或者与生理盐水、自体体液混合[52]，在缺损部位发生自固化反应，可自由塑形填充缺损部位。作为复合物，磷酸钙骨水泥能够控制诸如可注射性、孔隙率、机械性能和降解速率等性能[52]。我们早期用壳聚糖复合磷酸钙骨水泥，将自固化时间调整到 30 min 内，同时降低了固化放热和提高了体系的 pH，使其可以很好地和富含血小板的血清以及干细胞悬液复合，促进骨再生修复[53]。如图 8.3 所示，细胞初期铺展良好，6 d 伪足发育良好，说明其迁移增殖性能优越。

图 8.2　典型 HAP 涂层的表面形貌

棒状 HAP 纳米阵列（a）（b）和片状 HAP（c）（d）。

磷酸钙骨水泥存在一些问题，如骨再生率和降解率之间的协调、孔径限制的内生、缺乏机械强度以及炎症反应。

（3）支架

磷酸钙自身用作支架或者和其他材料复合用作支架使用，主要的特点就是生物活性。磷酸钙支架提供稳定的性能，并允许控制孔隙率和生物相容性。调控支架的孔隙大小可改善血管重建和骨重塑，使细胞和蛋白质能够向内生长，并增强生物相容性，使其适合植入物使用。磷酸钙和多种材料复合，如胶原蛋白、明胶、PCL、PLGA 和 PLLA，可以用作支架材料[54-56]。基于各种复合材料的特性和功能，可以增强机械性能、细胞增殖和成骨分化，提高生物活性。Zhao 等选择含 CaP 材料的水凝胶支架来改善骨再生；由磷酸四钙和磷酸氢钙组成的磷酸钙与包裹人脐带间充质干细胞的海藻酸钠水凝胶微球复合，磷酸钙用以补偿水凝胶中机械强度的不足[57]。

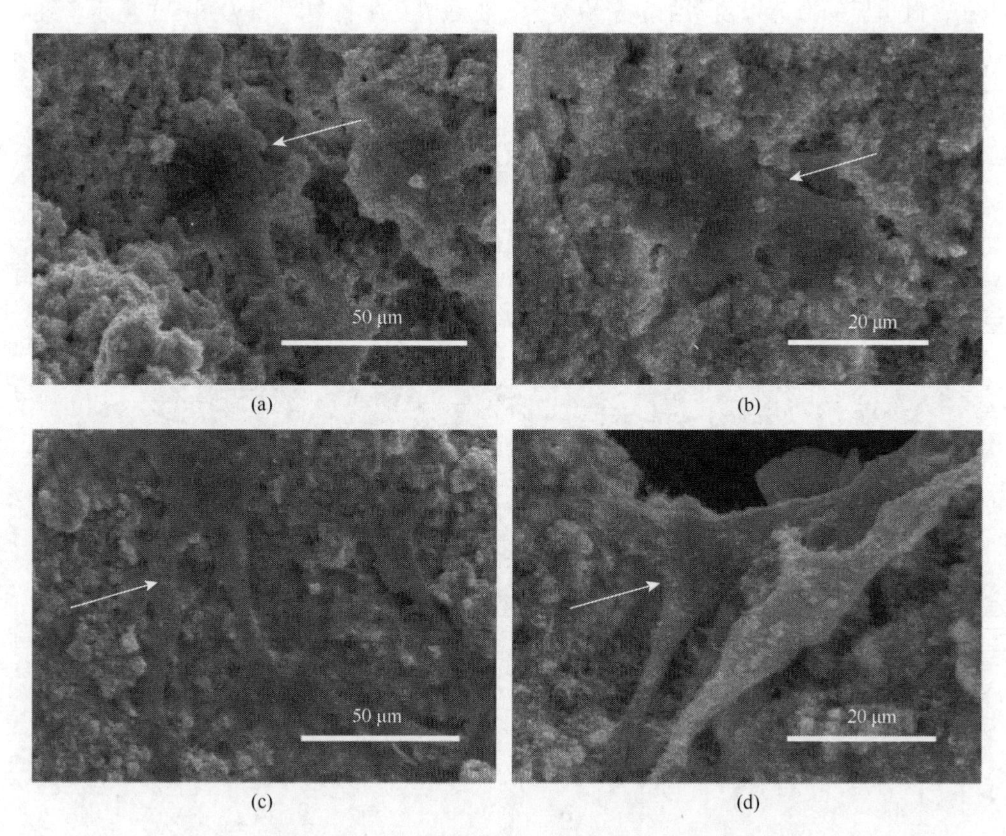

(a)　(b)　(c)　(d)

图 8.3　磷酸钙骨水泥和细胞悬液混合后凝固，继续培养的形貌

（a）和（b）3 d；（c）和（d）6 d；箭头所指为细胞[53]。

8.2.3　金属材料

各种金属材料，例如不锈钢、Co-Cr-Mo 合金、Ti 及其合金已被广泛用作骨科领域的植入物。然而，它们不具有生物活性，不与宿主骨发生骨性结合。为使金属材料植入后，与宿主骨之间界面结合良好，金属材料表面改性是最常用、最有效的方法。表面改性不仅能抑制有害金属粒子的溶出，而且能促进组织的再生和加强材料与组织的结合，赋予植入材料表面良好的生物相容性和生物活性。表面改性方法主要改变植入物表面形态[58, 59]和组成。这些表面改性方法主要包括机械加工、磨削等机械方法[60]，以及化学方法[61]，如酸腐蚀、碱腐蚀和阳极氧化等改变 Ti 表面形貌的方法。表面改性的另一种方法是表面涂层，即在金属表面形成生物活性的涂层材料。通过在金属表面生成一层模拟活骨组织有机和无机成分的涂层，建立非生理金属表面和周围骨组织之间的生理过渡，诱导从组织到种植体表面的连续过渡，从而进一步增强骨替代种植体的固定[62]。Ti 及其合金是普遍的骨修复（替代）金属材料，我们以 Ti 为例，介绍常用的改性涂层以及可能涉及的表面矿化。

常用的 Ti 基涂层有：HAP 涂层、TiO_2 涂层、有机生物分子涂层和复合涂层。

1. *HAP 涂层*

HAP 具有与人体骨骼系统中的磷灰石相似的化学组成和晶体结构，适用于骨替代和重建。因此可以沉积一层 HAP 在金属合金上，以促进植入物与周围组织的骨整合[63]。骨整合是指植入材料与活骨结合，将植入物牢固地固定在原位的现象。在光学显微镜下，植入物与骨组织之间呈现无纤维结缔组织界面层的直接接触。骨整合的关键步骤是植入物的初始组织反应、植入物周围成骨和植入物骨重塑，整个过程是由补体激活和炎症免疫反应引发的，但受植入物表面的组成、形貌等多种因素影响[64]。

Wang 等的研究表明 Ti 基 HAP 植入犬的骨小梁 7 d 后显示了高的骨沉积率，因此认为 HAP 涂层能够通过骨组织的黏结特性实现快速的骨整合[65]。但长时间后，HAP 与金属基体界面会发生机械失效。HAP 涂层溶解的原因是晶体结构不佳，与 Ti 表面的黏附性降低，以及植入物后期严重失效。HAP 本身力学性能较差，弯曲强度小于 100 MPa。因此，可以得出结论，HAP 涂层的稳定性是确保这种类型植入物成功的最关键因素。

从商业角度来看，将 HAP 涂层应用于植入物的最成功方法是等离子喷涂技术，因其具有高沉积速率和涂覆大面积的能力。尽管等离子喷涂涂层的骨传导和骨整合性已被大量研究证实[66, 67]，但仍存在很多不足之处。等离子喷涂涂层的附着力往往较弱，这就需要对基体进行预处理，如喷砂，使基体粗糙化，增加涂层-基体系统的机械联锁。由于等离子体中的高温差异，HAP 粉末颗粒的相变是不可预测的，导致形成不希望的相，例如磷酸四钙、氧化钙和 α-磷酸三钙，且厚度和表面形貌不容易控制[68]。

为了克服等离子喷涂涂层的上述缺点，人们提出了多种沉积方法，如电化学沉积法[69-72]。电化学沉积是在电场的作用下将悬浮液中的颗粒涂覆到电极上的过程。该方法使用设备成本低，易于操作。通过调节沉积条件和陶瓷粉末的尺寸和形态，可以实现对涂层结果的高度控制，例如化学计量沉积的可能性，高纯度材料涂层的可能性以及复杂形状涂层加工的可能性。然而，该技术的局限性是低结合强度。考虑到该技术的所有优点和缺点，电化学沉积仍是可用于 HAP 涂层的有利涂层技术之一。

电化学沉积 HAP 可以在室温或更低温度下进行处理，这避免了非晶相的形成。与等离子喷涂技术相比，使用电化学沉积的 HAP 涂层可改善结合强度。然而，主要缺点是存在孔隙，这些孔隙可能随后导致由于体液渗透到基底中而造成的 Ti 的腐蚀和分层，可以利用后处理高温烧结增加涂层密度来最小化孔隙率。Zhao 等开发了一种独特的室温电化学沉积工艺来沉积纳米结构 HAP 涂层，其结合强度为 50～60 MPa，比等离子喷涂的 HAP 涂层好 2～3 倍，且该纳米结构 HAP 的耐腐蚀性比常规 HAP 涂层高 50～100 倍[72]。Otsuka 等使用电化学沉积法在 Ti-6Al-4V 基板上沉积 HAP，并获得具有良好机械强度的均匀薄涂层[73]。

HAP 涂层形成后，向植入物周围区域释放的 CaP 会增加体液的饱和度，并在植入体表面沉积一种生物磷灰石。这层生物磷灰石含有内源性蛋白质，并作为骨细胞附着和生长的基质，增强植入物周围的骨愈合过程[74]。

2. TiO_2 涂层

Ti 及其合金因其突出的机械性能和生物相容性已广泛用作植入材料，其高生物相容性的原因是在体液中其表面上天然形成了 TiO_2 层。Ti 由于其对氧的高亲和力，在其表面容易形成多种氧化物。然而，有研究表明，这种天然的，几纳米薄的无定形层不能提供足够的长期腐蚀保护，涂层的保护作用随时间降低，并且最终由于生物再吸收而丧失[75]。

人工制备的 TiO_2 涂层由于其化学成分更加稳定，被认为可以改善植入物的生物相容性和生物活性。晶相对生物活性影响显著，研究表明锐钛矿型 TiO_2 的生物活性高于金红石型 TiO_2[76]。TiO_2 对骨细胞的黏附和分化有很大的亲和力。Popat 等的研究表明 TiO_2 表面比 Ti 表面具有更好的细胞生长性能，为骨细胞生长和成骨细胞活性提供了良好的生长环境，并证明通过控制纳米形貌可以显著提高成骨细胞活性[77]。在体内生物相容性研究中，von Wilmowsky 等通过将 TiO_2 植入猪体内，研究了 TiO_2 涂层对骨形成的影响。研究结果表明 TiO_2 涂层增强了成骨细胞的功能和抵抗植入物植入诱发的剪切力[78]。此外，Bjursten 等对 TiO_2 涂层植入物进行了体内研究，证实在兔胫骨植入 4 周后，TiO_2 涂层显著增强了与周围组织的骨结合强度[71]。

目前已有各种用于在 Ti 基材料上合成 TiO_2 涂层的技术，其中用于骨修复功能最常用的方法是水热法和溶胶-凝胶法。水热法一般在高压釜中，控制温度（$T<200$℃）和/或压力（$p<10$ MPa）的水溶液中进行。在 Kasuga 等首次引入水热法制备纳米 TiO_2 后[79]，许多研究小组也采用水热法制备纳米 TiO_2，可以制备出均匀性好、纯度高、晶体对称性好、具有独特性质、粒径分布窄的亚稳态化合物。Brammer 等通过水热法制备的 8 nm 厚的 TiO_2 涂层为骨细胞提供了强黏附的生物活性表面；纳米棒结构上的骨细胞培养显示出丝状伪足延伸的增

加，显著提高了 ALP 活性，且观察到由钙和磷组成的 CaP 沉积[80]。溶胶-凝胶法制备的 TiO_2 凝胶涂层，其可以改善 Ti 植入物的生物活性，因为 TiO_2 凝胶浸泡在 SBF 中可以诱导磷灰石的形成。Li 等用溶胶-凝胶法制备的 TiO_2 凝胶涂层在 SBF 中浸泡 2 周后，骨样 HAP 的厚度可达到 10 μm[81]。在体内植入 12 周后，在 TiO_2 凝胶膜内观察到 CaP。且在 400℃和 500℃之间处理的 TiO_2 凝胶具有锐钛矿结构并表现出优异的生物活性，较高的温度会升高凝胶中的金红石含量并降低生物活性[82]。

TiO_2 涂层与骨良好的结合性能，很大程度上都归因于 Ti—OH，大多数的研究都认为 Ti—OH 导致磷灰石层的形成。二氧化钛在酸性环境中带正电[83]，从而优先吸附 SBF 中带负电的磷酸根离子。随着磷酸根离子的积累，表面带负电，从而吸收带正电的钙离子，形成磷酸钙。该相是亚稳态的，并最终转变为稳定的结晶磷灰石。所以，酸和热处理后，同样显示出与活骨的紧密结合[84]。一些研究尝试比较相同形貌的 TiO_2 和 HAP 涂层的成骨活性，在相同的尺寸、形貌和排列下（图 8.4），两者对纤连蛋白的吸附没有显著性差异，但在第 14 天 HAP 涂层和 TiO_2 涂层之间发生 Col 基因和 Runx2 表达水平的显著差异。与 CaP 材料相比，TiO_2 涂层有可能在骨整合性能上稍逊，但其余 Ti 及其他金属基底的结合性能更好，更能抵御长时间的体液冲蚀，所以仍然是较理想的金属植入物改性涂层。[85]

图 8.4　（a）HAP 涂层和（b）TiO_2 涂层的 SEM 显微照片，它们都具有约 70 nm 的直径[85]

3. 有机生物分子涂层

生物化学方法固定植入材料上的蛋白质、酶和肽也是有效的改性方法[82, 86]。许多不同的生物功能分子可以被固定在 Ti 金属表面上，以增强植入界面的骨再生能力。目前可用的有机涂层包括：细胞外基质（ECM）蛋白和肽序列固定化及酶涂层。

（1）ECM 蛋白和肽序列固定化

由于 ECM 介导的黏附在成骨细胞功能中起着至关重要的作用，因此利用 ECM 蛋白对 Ti 种植体表面进行功能化已得到广泛的研究[87, 88]。细胞与邻近细胞和周围 ECM 的接触是由细胞黏附受体介导的。整合素的细胞膜受体家族参与细胞与 ECM 蛋白的黏附，这些整合素与 ECM 分子中的特定氨基酸序列结合，特别是精氨酸-甘氨酸-天冬氨酸（RGD）序列已被鉴定为多种 ECM 蛋白的细胞黏附基序，包括纤连蛋白（FN）、卵黄蛋白（Vn）、Ⅰ型胶原（ColⅠ）和骨钙素（OCN）[89]。因此，将 ECM 蛋白或肽序列固定在 Ti 种植体材料上，可以产生与黏附受体结合并促进细胞黏附的生物功能表面。此外，ECM 还积极参与调节细胞的过程和反应，通过细胞内信号转导，不仅影响黏附，还影响增殖、迁移、基因表达和细胞存活。

（2）酶涂层

利用酶修饰的 Ti 表面可增强植入物表面的骨矿化。已知碱性磷酸酶（ALP）在骨的矿化过程中起重要作用。ALP 既可以增加硬组织生理矿化所需的无机磷酸盐的局部浓度，又可以降低细胞外焦磷酸盐的浓度，是一种有效的矿化抑制剂[90]。到目前为止，ALP 主要用于组织工程，通过酶表达来预测新组织矿化。de Jonge 等研究了 ALP 在 Ti 表面的电喷雾沉积，使酶介导的矿化作用能够在植入物上实现[91]。电喷雾沉积技术是一种非常成功的生物分子沉积方法。由于电喷雾后的快速脱水，可以在种植体表面沉积一层薄的生物膜，而不会对生物分子的生物活性产生不利影响。在生理条件下，ALP 涂层加速了 Ti 表面的矿化。这些新开发的酶涂层有望成为早期种植体和改进的种植体固定材料。

4. 复合涂层

骨主要由有机质（骨胶原纤维和黏多糖蛋白）和无机质（碱性 CaP）组成。因此，由胶原蛋白和 CaP 制成的复合涂层对植入物表面改性引起了广泛的关注。用于制备无机 CaP 涂层的大多数技术在极高温度或非生理条件下进行，这阻碍了生物分子的掺入。研究人员试图通过将生物制剂吸附到预制无机层的表面上来克服这种困难。然而，这些表面吸附的生物分子在植入后将不可控制地快速释放。因此，将生物分子结合到 CaP 涂层中可减缓生物分子的突释现象[92]。这样，生物分子既能在一定时间内维持其生物活性，模拟 ECM 的成分，同时又能发挥涂层材料的力学性能优势。

（1）胶原蛋白-CaP 复合涂层

由胶原蛋白和 CaP 矿物组成的复合涂层被认为具有生物活性，可以促进 Ti 植入材料的骨生长和固定。胶原蛋白是 ECM 的主要有机成分，在培养过程中对细胞黏附、增殖和多种细胞类型的分化具有积极作用。此外，胶原蛋白具有较高的体内生物降解性和良好的生物相容性[93]。

（2）生长因子-CaP 复合涂层

通过添加骨生长因子可以改善 CaP 涂层的骨传导性。通过将生长因子如 BMP-2 和 TGF-β 固定到植入物表面，可以大大增强 CaP 涂覆的植入物周围的骨再生。CaP 上固定生长因子后，生长因子释放延迟，生长因子的稳定性提高。获得生长因子的持续释放，仿生涂层工艺被证明是一种成功的方法。与生长因子吸附到 CaP 涂覆的表面上相比，该技术将生长因子直接掺入无机层中，有助于保持其生物活性。研究发现将生长因子掺入 CaP 涂层能非常有效地增强组织-植入物界面处的骨形成。另外，生长因子的连续释放对于将植入物整合到愈合骨中具有很大促进作用[94]。

（3）TiO_2-HAP 涂层

HAP 与 TiO_2 复合构成复合涂层，在与基底材料结合的前提下，提升成骨细胞的黏附及随后的骨整合过程[95-97]。纳米管是目前认为较理想的骨整合涂层形貌，用微弧氧化的方法在 Ti 表面构建一层 TiO_2 纳米管，然后再涂上一层 HAP，构成复合涂层。体外细胞培养证实，复合涂层促进成骨细胞的黏附、增殖和分化，与成骨相关的因子 Col Ⅰ、OPN、OCN 和黏着斑蛋白（vinculin）的表达上调。体内动物实验表明，复合涂层能较快完成骨整合过程[95]。

8.3　骨组织工程和生物矿化

组织工程学是应用工程学、生命科学和材料学的原理与方法，将在体外培养、扩增的功能相关的活细胞种植于多孔支架上，细胞在支架上增殖、分化，构建生物替代物，然后将之移植到组织病损部位，达到修复、维持或改善损伤组织功能的一门学科。组织工程的特点是借助工程学方法，由细胞构筑人体组织，明确“组织再生”的核心理念。在一定程度上，组织工程是再生医学的重要部分。通过组织工程学手段在体外培养骨骼组织作为修复材料，已被视为常规使用的骨移植物的潜在替代品。骨组织工程旨在通过生物材料、细胞和生长因子疗法的协同组合来诱导新的功能性骨再生。在这一协同过程中，涉及细胞、生长因子、材料与组织之间复杂的生物矿化反应。本节主要从组织工程三要素：支架材料、生长因子、干细胞出发，讨论这些因素对生物矿化和骨组织再生修复可能的影响和作用。

8.3.1　干细胞

干细胞（stem cell）是在一定条件下具有无限制自我更新与增殖分化能力的一类细胞，能够产生表现型与基因型和自身完全相同的子细胞，也能产生组成机体组织、器官的已特化的细胞，同时还能分化为祖细胞。干细胞可以从骨髓穿刺液、成人外周血、新生儿/脐带血、羊水、骨膜、脂肪和其他各种组织等多种来源中分离获得[98]。各种干细胞包括胚胎干细胞（ESC）、骨髓间充质干细胞（BMMSC）、脐带血间充质干细胞（UCB-MSC）、脂肪干细胞（ADSC）、肌肉干细胞（MDSC）和牙髓干细胞（DPSC）都可以用于骨组织工程。这些干细胞在骨组织工程中应用时，需要诱导其在体外分化为骨形成细胞，即成骨细胞。由于干细胞自发分化会分化为不同谱系的细胞，因此，向成骨谱系细胞的分化需要清晰而准确的方案，才有可能为骨组织工程提供可靠的细胞来源。

表 8.2 给出了部分干细胞常用的分化为成骨细胞的培养基。除基础培养基外和胎牛血清（FBS）和抗坏血酸（ASC）外，还会加入地塞米松（Dex）和β-甘油磷酸盐（β-GP），有些还会加入 BMP 和 1, 25-二羟维生素 D_3 等。抗坏血酸可通过调节Ⅰ型胶原蛋白-α2β1 整合素相互作用来促进成骨细胞分化[99]。β-GP 作为磷酸根离子的主要来源直接影响着细胞源性矿物质沉积物的形成[100]。已经有文献证明，共价附于质膜外表面的 ALP 参与硬组织的矿化[101]；ALP 通过水解 β-GP 来启动生物矿化[102]。BMP 是转化生长因子-β（TGF-β）超家族的成员，结合其 BMP 受体，两种不同的丝氨酸/苏氨酸激酶受体，诱导受体调节型 Smads 蛋白（R-Smads）磷酸化。然后，R-Smads 与 Co-Smads 形成复合物，并进入干细胞核内，与各种蛋白质相互作用。这些蛋白质与包括转录因子、核心结合因子（Cbfα1）在内的多种蛋白质相互作用，随后可调控靶基因的转录[103]。Cbfα1 蛋白可与几个主要在成骨细胞中表达的基因的启动子结合，通过控制Ⅰ型胶原蛋白和骨涎蛋白（骨钙素和骨桥蛋白）的基因表达参与成骨细胞分化。Dex 是一种糖皮质激素药物，长时间、高剂量使用会导致多种骨科副作用，比如骨质疏松、骨关节坏死等，其机理尚不清晰。但在体外，低剂量（＜10 nmol/L）的 Dex 在早期使成骨细胞有高的 ALP 和 Runx2 表达，中晚期则呈浓度依赖型表达 ALP 和 OPN，但不能诱导钙结节的形成，有可能与 Dex 不能表达与骨形成相关的另外一个转录因子 Osterix 有关。[104]

表 8.2　BMMSC，UBC-MSC，ADSC，MDSC 和 DPSC 的诱导成骨的补充剂

细胞	媒介	增添物 1	增添物 2	增添物 3	增添物 4	增添物 5	参考资料
BMMSC	DMEM	10%FBS	50 μmol/L ASC	10^{-7} mmol/L Dex	10 mmol/L β-甘油磷酸钠	10 nmol/L 1, 25-二羟维生素 D_3	[105]
	DMEM	10%FBS	50 μg/mL ASC	10^{-8} mmol/L Dex	10 mmol/L β-GP	1 ng/mL 碱性成纤维细胞生长因子	[106]
	α-MEM	10%FBS	200 μmol/L ASC	10^{-8} mmol/L Dex	10 mmol/L β-甘油磷酸钠		[107]
	α-MEM	10%FCS	100 μmol/L 抗坏血酸-2-磷酸酯	10^{-8} mmol/L 地塞米松磷酸钠	1.8 mmol/L KH_2SO_4		[108]

续表

细胞	媒介	增添物 1	增添物 2	增添物 3	增添物 4	增添物 5	参考资料
UBC-MSC	DMEM	10%FBS	50 μmol/L ASC	10^{-7} mmol/L Dex	10 mmol/L β-GP		[109]
	α-MEM	10%FBS	50 μg/L ASC	10^{-7} mmol/L Dex	10 mmol/L β-GP		[110]
	DMEM	10%FCS	50 μmol/L ASC	10^{-7} mmol/L Dex	10 mmol/L β-GP		[111]
	IMDM	10%FBS	50 ng/L ASC	10^{-7} mmol/L Dex	10 mmol/L β-GP	10 ng/mL FGF9 或 10^{-7} mol/L 维生素 D_2	[112]
ADSC	DMEM	10%FBS	50 μmol/L ASC	10^{-7} mmol/L Dex	10 mmol/L β-GP	250 ng/mL 成骨蛋白 1	[113]
	DMEM	10%FBS	50 μg/L ASC		10 mmol/L β-GP	100 ng/mL BMP-2	[114]
	BGJb	10%FBS	50 μg/L ASC	10^{-8} mmol/L Dex	10 mmol/L β-GP	10 nmol/L 维生素 D_3	[115]
	DMEM	15%FBS	50 μmol/L ASC	10^{-7} mmol/L Dex	10 mmol/L β-GP		[116]
MDSC	α-MEM	20%FBS	50 μg/L ASC		5 mmol/L β-GP		[117]
	DMEM	10%FBS	60 μmol/L ASC	10^{-8} mmol/L Dex	10 mmol/L β-GP		[118]
	DMEM	10%FBS	50 μmol/L ASC	10^{-8} mmol/L Dex	10 mmol/L β-GP		[119]
DPSC	α-MEM	20%FBS	100 μmol/L 抗坏血酸-2-磷酸酯				[120]
	α-MEM	10%FCS	50 μmol/L ASC	10^{-8} mmol/L Dex	10 mmol/L β-GP	100 ng/mL BMP-2	[121]

在培养方式上，各类干细胞有些不同。ESC（胚胎干细胞）通过去除饲养细胞层或白血病抑制因子（LIF）来诱导 ESC 的体外分化，形成 3D 细胞聚集体，称为胚状体（EB）[122]。EB 分化为三个胚层的衍生物：中胚层、外胚层和内胚层，中胚层的形成是向成骨谱系分化的先决条件。也有通过将 ESC 或 HepG2 培养基处理过的ESC作为单细胞悬浮液直接铺在组织培养板上，并在存在β-甘油磷酸盐、抗坏血酸和地塞米松的情况下进行培养，可以不通过形成 EB 将 ESC 直接分化为成骨细胞[122]。

在含有某些外源因素的适当培养条件下，骨髓间充质干细胞（BMMSC）可以用于成骨分化。在进行成骨诱导后，BMMSC 形成了碱性磷酸酶阳性细胞群，该细胞群由长方体细胞组成，并逐渐形成矿化的骨结节。细胞传代数和培养基影响 BMMSC 的成骨能力。对 α-MEM 和 DMEM 中 BMMSC 的成骨活性的比较研究表明，

α-MEM 培养物中的成骨标志物表达和矿化度高于 DMEM 培养物中[122]。还发现在成骨培养条件下，低传代 BMMSC 显示出升高的成骨标志物水平[123]。UCB-MSC 的成骨诱导与 BMMSC 的成骨分化培养条件相似。使用的成骨补充剂主要由 β-甘油磷酸盐、抗坏血酸和地塞米松组成[111]。另一方面，骨的有序二维和三维排列对于 BMMSC 成骨分化及细胞生物矿化的影响也有广泛研究[124-126]。材料与 BMMSC 表面的相互作用是通过多种蛋白质复合物和细胞器进行的，其大小范围从 10 nm 到几微米不等[127]。其中一个很重要的蛋白质复合物是黏着斑蛋白，它是一组整合素，能够将细胞附着在材料表面，这些蛋白质能够同时具有结构和生物活性[128, 129]。独特的纳米结构可以改变这种整合素信号，导致细胞骨架重组和形态变化[130, 131]，分层纳米/微纹理表面可以增加细胞内收缩力并引导 MSC 向骨骼分化[132, 133]。在这一过程中，BMMSC 分泌大量的与骨 ECM 相关的蛋白质［如 I 型胶原、骨桥蛋白（OPN）和骨钙素（OCN）和酶（碱性磷酸酶（ALP)］。从形态学角度看，这些蛋白质和酶有序分布，同时 BMMSC 也有序地排列。这些成骨相关蛋白质的排序，深刻地影响了随后发生的生物矿化和羟基磷灰石的生长[134, 135]。许多研究表明，OPN 和 OCN 在 BMMSC 成骨分化的中期和后期分别作为成骨蛋白标志物[136-138]。OPN 被视为骨形成和矿化的主要调节因子，特别是在骨转换中，而 OCN 具有结合钙的能力，通过介导其与羟基磷灰石的结合来调节钙代谢[139]。同样，ALP 会在此过程中充当调节局部磷浓度的作用，进一步促进生物矿化的发生和 HAP 的形成[140]。

其他的干细胞如脂肪干细胞（ADSC）、牙髓干细胞（DPSC）等在成骨培养基的作用下，可分化为成骨细胞。这些细胞与支架材料复合后，在体内修复实验中，都表现出良好的修复效果。McCullen 等用 β-TCP 晶体和聚丙交酯（PLA）制造了 3D 无纺布支架，在具有较高 β-TCP 负载水平的支架上，ADSC 培养物中的矿化程度更高，这表明局部微环境可以促进 ADSC 的成骨分化[141]。几项动物模型研究还表明，植入的 ADSC 支架构建体在骨缺损区域显示出骨再生能力。在骨缺损处植入 DPSC/多孔磷酸钙陶瓷材料可以生成骨样硬组织，具有明显的同心薄片结构和部分发育的骨髓样造血组织[142]。

利用干细胞进行骨缺损修复，必须要明确骨骼发育过程涉及四个不同的阶段：①具有成骨潜能的间充质干细胞向未来骨骼生成部位的迁移；②间充质-上皮相互作用；③间充质干细胞的凝集（或聚集）；④分化进入成骨谱系[143]。

8.3.2 生长因子与生物矿化

骨修复是骨损伤后修复再生的过程，需要破骨细胞、成骨细胞、生长因子等共同参与[144]。在骨损伤初期，多种细胞因子包括骨形态发生蛋白（BMP)、转化生长因子-β（TGF-β）等被释放，激活骨细胞和破骨细胞，刺激成骨细胞的增殖分化，合成骨蛋白和生长调节因子，诱导骨形成[145, 146]。骨生长因子是一类可以与靶细胞受体相结合，调节细胞内多种生物学过程的多肽类物质，可以刺激骨细胞增殖分化，在骨修复中具有重要作用[147]。目前，研究较多的骨生长因子包括 BMP[148]、TGF-β[149]、成纤维细胞生长因子（FGF）[150]、血小板源性生长因子（PDGF）[151]等，如表 8.3 所示[151]。

表 8.3　骨生长因子来源及作用

骨生长因子	主要来源	主要作用
成纤维细胞生长因子（FGF）	间充质干细胞；成骨细胞；内皮细胞；软骨细胞；炎症细胞	有丝分裂剂，加速软骨修复，促进软骨细胞的增殖、分化、成熟；毛细血管增殖刺激剂，能够有效促进骨折断端毛细血管生长
血小板源性生长因子（PDGF）	血小板；成骨细胞；炎症细胞；内皮细胞	具有促进血管化再生潜力，是血管生成、胚胎发生和癌症发展和进展的必要条件；在骨再生及破骨细胞的迁移、表达作用明显
转化生长因子-β（TGF-β）	血小板；成骨细胞；软骨细胞；内皮细胞；炎症细胞；纤维母细胞	对各种细胞类型均具有广泛的生物学效应，在调节细胞增殖、生长、分化的同时，也能进行抑制
骨形态发生蛋白（BMP）	间充质干细胞；成骨细胞；内皮细胞；软骨细胞	目前发现定向分化诱导的间充质干细胞成为成骨细胞最强力的细胞因子，对神经再生、血管修复应用前景广阔
血管内皮生长因子（VEGF）	血小板；成骨细胞；软骨细	通过血管调节作用调节成骨细胞、破骨细胞的增殖、分化，是生理和病理性血管形成的关键因子
胰岛素样生长因子（IGF）	成骨细胞；软骨细胞；肝细胞；内皮细胞	生物学功能不只局限于有丝分裂刺激作用，它们也能诱导分化或促进分化功能的表达，其中胰岛素样生长因子 2 是人体出生前的主要生长因子，不需生长激素调节，在多种组织器官中表达

1. 骨形态发生蛋白

骨形态发生蛋白（BMP）具有诱导非骨骼中胚层细胞软骨和骨形成的能力，如今作为治疗骨折和牙周骨缺损以及诱导植入物周围骨生长的生长剂[152-154]。现已发现 20 多种 BMP 亚型，其中 BMP-2、BMP-4 和 BMP-7 具有成骨能力，BMP-8 和 BMP-9 与软骨的形成有关，BMP-12、BMP-13 和 BMP-14 参与了韧带和肌腱的形成与修复[155]，BMP-2 至 BMP-7 在结构上与 TGF 相关，是 TGF 超家族的一个亚家族的一部分。BMP 是目前研究最为广泛的生长因子之一，Zhao 等认为 BMP 是骨形成中最重要的可以诱导骨和软骨形成的生长因子，在骨生长和重塑中具有重要作用[156]。例如，在软骨和骨骼的胚胎发育缺陷的短耳小鼠的基因中发现了 BMP-5 基因的缺失[157]。这种基因缺陷导致了短耳小鼠的纵向骨生长减少，血清骨钙素水平降低，直接影响骨骼的形成[158]。BMP-2 和 BMP-7 是两种诱导骨形成能力最强的骨形态发生蛋白亚型，在骨折愈合过程中发挥重要的作用[159]。大量研究显示[160, 161]，BMP-2 能够诱导间充质干细胞的增殖、分化，促进成骨细胞的分化，胶原和骨基质合成，加速骨组织的修复。在骨折愈合早期，BMP-2 水平升高，BMP-7 的表达比 BMP-2 要晚[162]，临床可根据其特性，将其包被入不同的纳米颗粒中，控制释放率，应用于骨修复相关疾病的治疗。

虽然目前 BMP 在体内的作用机制尚未明确，大量研究均显示，BMP 可参与体内多种信号通路表达，调节软骨、骨、血管等的生成。已有研究显示[163]，BMP 可以激活 Smads 信号通路，介导骨分化。BMP 具有 2 种跨膜激酶受体，当 BMP 与细胞膜上的跨膜受体结合后，可以激活细胞内的 Smads 蛋白，进入细胞核，激活下游的靶基因如骨钙素等。Yoo 等的研究显示，BMP 还可以与Ⅰ型受体结合，激活丝裂原活化蛋白激酶（mitogen-activated protein kinase，MAPK）信号通路，参与骨修复过程[164]。BMP 可以通过调节 Smads 信号通路、MAPK 信号通路等参与骨形成和分化过程。同时，BMP 具有良好的骨诱导能力，可以定向诱导间充质干细胞为成骨细胞，对于骨折、骨缺损、骨不连的治疗均有良好的应用效果，在骨科临床应用上受到了研究者的广泛关注。

2. 转化生长因子-β

TGF-β 是一组调节细胞生长和分化的超家族，广泛存在于多种组织和转化细胞中，哺乳动物中至少有 TGF-β1、TGF-β2、TGF-β3、TGF-β1β2 四个亚型。TGF-β 是偶联骨形成与吸收的重要因子，可以促进间充质干细胞和成骨细胞的增殖、分化，通过调节机体相关信号通路蛋白质的表达，促进成纤维细胞分泌纤连蛋白和胶原，加快骨和软骨形成，在骨形成和吸收过程中发挥重要的作用。骨折后，炎症细胞浸润，血小板及巨噬细胞释放 TGF-β，与受体结合形成二聚物，通过丝氨酸-苏氨酸激酶与酪氨酸激酶共同活化作用，诱导相关的转录因子 2（Runx2）与 Smads 蛋白结合形成复合物，刺激成骨细胞增殖分化，促进骨折断端膜内成骨及骨痂形成[165]。由于 TGF-β 诱导了成骨细胞中 BMP-2 的表达[166]，并且增强了 BMP 的骨诱导活性，因此 BMP-2 和 TGF-β 的表达可能受到正反馈系统的调节，该系统会放大由释放和激活引发的骨诱导信号，血小板中的 TGF-β 刺激骨折愈合过程中的软骨和骨形成。在大多数研究中，TGF-β 的增加标志着细胞向成骨分化，尽管 TGF-β 抑制了人类成骨细胞中骨钙素的合成，但 TGF-β 增强了人类成骨细胞中胶原和碱性磷酸酶的表达，并协同增加了 1, 25-二羟维生素 D_3 对碱性磷酸酶的合成诱导[167, 168]。

而在骨膜组织中 TGF-β 的表达随着外部机械负荷的增加而迅速增加[169]。在体外实验中，1, 25-二羟维生素 D_3 和雌激素能够刺激大鼠成骨细胞 TGF-β 的产生[158, 170, 171]；相反地，维生素 D 缺乏和雌激素缺乏会导致皮质骨 TGF-β 含量降低[172]。该证据表明，当骨骼细胞 TGF-β 产生受到抑制时会导致维生素 D 缺乏症和雌激素缺乏症。Shariat 等的研究显示，TGF-β 的作用与其浓度及作用时间有关，低浓度 TGF-β 可以刺激细胞的增殖、分化，高浓度 TGF-β 则具有抑制效应[173]。TGF-β 在体内的浓度变化，可能影响骨折愈合、骨缺损以及椎体退化等过程。在动物实验中，对骨缺损处局部应用 TGF-β 可以促进颅骨和胫骨缺损的骨愈合[23, 174]，但 TGF-β 对免疫系统功能具有一定的抑制作用，这可能会限制其在促进骨修复临床中的应用潜力。

3. 成纤维细胞生长因子

成纤维细胞生长因子（FGF）是由垂体和下丘脑分泌的多肽，广泛存在于人体骨基质中，参与软骨细胞的增殖、分化、成熟和软骨修复过程。在小鼠实验中发现，FGF 可通过 MAPK 及 ERK 介导的软骨细胞通路有效促进 IFT88 的表达，刺激原代纤毛发育，达到修复软骨的功效[175]。同时，成纤维细胞生长因子同样也是一种毛细血管增殖刺激剂，能够有效促进骨折断端毛细血管生长，促进软骨形成，提前重建骨痂血运，加快骨痂的成熟和骨化[176]。FGF 主要包括酸性 FGF（aFGF）和碱性 FGF（bFGF）两种，其中 bFGF 诱导骨形成的能力显著优于 aFGF。已有研究[177]显示，bFGF 可以促进成纤维细胞的分裂、增殖、分化，促进骨和软骨组织的形成，还可协同血管内皮生长因子促进血管的生成，促进创口愈合。bFGF 具有广泛的生物学作用，在骨科领域具有良好的应用前景，受到了研究者的广泛关注。

bFGF 对体内成骨、韧带损伤愈合及腱骨愈合等具有一定的促进作用，已被逐步应用于骨折愈合、骨缺损和骨重塑等的治疗。Lee 等将不同水平 rhFGF-2 应用于双相磷酸钙引导骨再生，发现不同水平的 rhFGF-2 能促进新西兰兔颅骨缺损的骨再生[178]。Song 等的研究显示，FGF 单独应用的效果并不显著，与 BMP 联合应用，可大大提高其临床应用效果，提示可联合 FGF 和 BMP，共同应用于临床骨修复治疗[179]。Kuhn 等采用体外实验发现，FGF-2 与 BMP-2 具有协同刺激作用，可以促进大鼠和老年人的成骨细胞的矿化作用，其联合作用的效果显著优于 FGF-2 或者 BMP-2 单独作用[180]。综上，FGF 可联合 BMP-2 应用于临床骨修复的治疗。

8.3.3　支架对生物矿化的影响

骨支架最初是用于在体外培养时支撑细胞的黏附和生长的，也起到修复塑形的目的。因此骨支架通常由多孔的可降解材料制成，一般要满足下列要求。

①生物相容性。骨支架的主要要求之一是生物相容性。骨支架的生物相容性被描述为支持正常细胞活性的能力，包括分子信号系统，而对宿主组织没有任何

局部和系统毒性作用[181]。理想的骨支架必须具有骨传导性，允许骨细胞在其表面和孔上黏附、增殖并形成细胞外基质，还应该是骨生长因子的载体，无病毒抗原，具有免疫惰性。

②机械性能。理想的骨支架的机械性能应与宿主骨的性能相匹配，包括合理地分散载荷。从松质骨到皮质骨，骨的机械性能差异很大。皮质骨的弹性模量为15～20 GPa，而松质骨的弹性模量为 0.1～2 GPa。皮质骨的抗压强度为 100～200 MPa，而松质骨的抗压强度为 2～20 MPa[182]。因此不同部位的修复支架材料的力学性能要求不同。

③孔隙大小。为使细胞易于在支架内生长，合适的孔隙是必备条件。孔径在200～350 μm 范围内最适合骨组织的生长[183]。最近的研究表明，涉及微观和宏观孔隙的多尺度多孔支架的性能要优于仅宏观多孔支架[184]。

④生物可吸收性。理想的骨支架应能够在体内随时间降解，最好以受控的吸收速率降解，并最终为新的骨组织生长提供空间[181]。支架的降解行为应因应用而异，例如在脊柱融合中支架使用 9 个月或更长时间，在颅颌面应用中使用 3～6 个月。

此外，理想的骨支架需要在植入后的几周内在植入物中或其周围形成血管，以积极支持营养、氧气和废物的转运[182, 185]。

目前，用于组织工程的支架材料按来源可简单地分为四类。

①合成有机材料：聚(α-羟基酸)、聚乙二醇等。

②合成无机材料：HAP、磷酸三钙、硫酸钙。

③天然来源的有机材料：胶原蛋白、纤维蛋白胶、壳聚糖、脱细胞骨等。

④天然来源的无机材料：多孔的珊瑚 HAP、脱钙骨基质等。

从材料组成的角度，上述四种类型的支架和骨修复（替代）材料的组成是相似，甚至有些是完全相同的，因此这些材料对骨组织修复的作用，在此不再赘述。支架材料与传统的骨修复（替代）材料最大的不同在于材料的构型。图 8.5 是一些常用的组织工程支架材料的结构，从中可以看出，支架具有足够的孔隙率以容纳成骨细胞或骨祖细胞，以支持细胞增殖和分化，有的支架孔隙率高达 90%；孔之间的高互连性有助于实现均匀的细胞种植和分布，营养物质向细胞的扩散以及细胞中的代谢。再生矿化骨所需的最小孔径通常被认为是 100 μm 左右。大孔隙（100～150 μm 和 150～200 μm）中会有大量骨长入；较小的孔隙（75～100 μm）引导未矿化的类骨组织向内生长；小的孔隙（10～44 μm 和 44～75 μm）仅被纤维组织穿透。这些结果与直径约为 100～200 μm 的正常骨哈弗斯系统一致[186]。

下面介绍支架的不同制备方式及支架的特性。

1. 溶剂浇铸和颗粒浸出法

溶剂浇铸和颗粒浸出法是制造组织工程支架的一种简单且最常用的方法。该方法将水溶性盐（如氯化钠、柠檬酸钠）颗粒混合到可生物降解的聚合物溶液中。然后将混合物浇铸到所需形状的模具中。通过蒸发或冻干除去溶剂后，将盐颗粒浸出以获得多孔结构。该方法的优点是操作简单，通过盐/聚合物比和添加的盐的粒径适当地控制孔径和孔隙率[187]。但是，孔的形状仅限于盐的立方晶体形状。从聚合物基质内部去除可溶性颗粒难度很大，因而很难制造大尺寸的 3D 支架[188]。实际上，通过溶剂浇铸和颗粒浸出法制备的大多数多孔材料的厚度限制在 0.5～2 mm[189]。此外，它们有限的孔间连通性不好，不利于均匀的细胞和组织生长。Sikavitsas 等将 PLGA/盐复合材料破碎成小块，并将其压缩成型为较厚的样品，然后将盐溶解，以生成用于生物反应器中的骨组织工程研究所需的支架。尽管如此，由于孔的连通性不好，细胞生长和矿化仅限于支架的外部[190]。多孔 CaP 材料也可以采用类似的方法制备，但浸出的颗粒可以采用石蜡[191]。通过乳液技术可以调控石蜡颗粒的大小，获得 400～600 μm、230 μm、100～150 μm 不同孔径的多孔 CaP 支架，植入后都可获得良好的修复效果[192-194]。还可以获得与自然松质骨结构相似的磷酸钙陶瓷材料[195]。

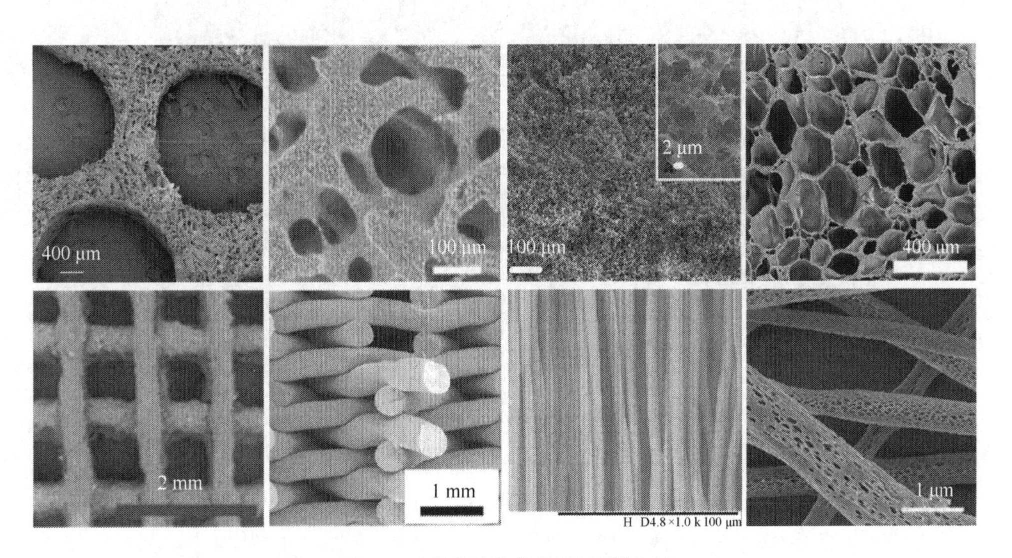

图 8.5　不同形貌的组织工程支架

2. 气体发泡法

气体发泡法（gas foaming technique）包括物理气体发泡法和化学气体发泡法[196]。前者通过改变压力来改变气体在聚合物中的充积而形成气孔，最后形成聚合物支架。物理气体发泡法制备的支架结构和形貌主要依靠聚合物的性质和工艺参数来控制。化学气体发泡法则主要利用碳酸盐的加入与有机溶剂产生气泡，以气体为致孔剂来制备多孔支架。传统的气体发泡易形成闭合气腔，制备的支架孔隙率非常低，因此，多与粒子沥滤法相结合来解决气体发泡法的闭孔问题[197]。超临界二氧化碳技术是目前公认比较好的物理气体发泡方法。聚合物会因某种气体的渗入而导致本身体积的增大，发生溶胀。超临界二氧化碳不仅在多种聚合物中有很好的渗透或溶入作用，而且具有无毒、无残留物质、传质快和黏度低等优点。在用超临界二氧化碳处理的过程中，不但避免了有机溶剂的使用，反应条件温和，超临界二氧化碳的临界温度为 31℃，而且能利用超临界二氧化碳对聚合物的溶胀和对小分子的萃取作用，除去聚合物中的杂质和低聚物。聚合物置于高压 CO_2 中，使聚合物中的 CO_2 饱和。然后，通过从聚合物系统中快速释放出 CO_2 气体，在材料中形成气泡并使其成孔。使用这种技术可以制造孔径为 100 μm 以下，孔隙率高达93%的聚合物海绵，如图 8.6 所示。这种方法的缺点是，它主要产生无孔的表面和闭孔结构，只有 10%～30%的连通孔。通过结合颗粒浸出技术和气体分离技术可以显著改善孔隙率和孔间连通性。

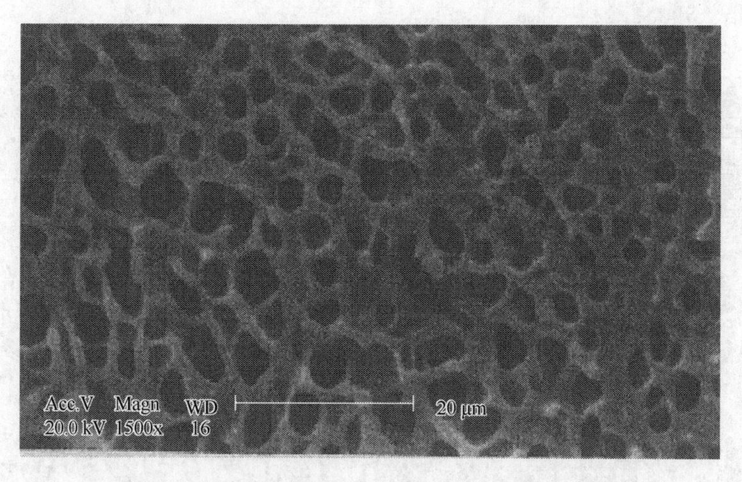

图 8.6　超临界二氧化碳技术制备的 PLA 多孔支架[198]

3. *相分离法/冷冻干燥法*

用于制备组织工程多孔支架的相分离法是指将聚合物溶液、乳液或水凝胶在低温下冷冻，冷冻过程中发生相分离，形成富溶剂相和富聚合物相，然后经冷冻干燥除去溶剂而形成多孔结构的方法。因而相分离法又往往称为冷冻干燥法，按体系形态的不同可简单地分为乳液冷冻干燥法、溶液冷冻干燥法和水凝胶冷冻干燥法。

乳液冷冻干燥法被用于制造高度多孔的高分子支架，通过均质聚合物溶液（在有机溶剂中）和水混合物来形成乳液，然后快速冷却乳液以锁定液态结构，并通过冷冻干燥除去溶剂和水。用这种方法可以制造孔隙率大于90%，孔径范围为20～200 μm 的支架[199]。如图 8.7 所示，壳聚糖和胶原等天然高分子材料，一般直接溶解在酸性溶液中，通过冷冻后真空干燥，可以得到孔隙率高达 90%的多孔材料，孔之间连通性高[200]。通过调节冷冻温度，还可获得不同孔隙的多孔材料[201]。

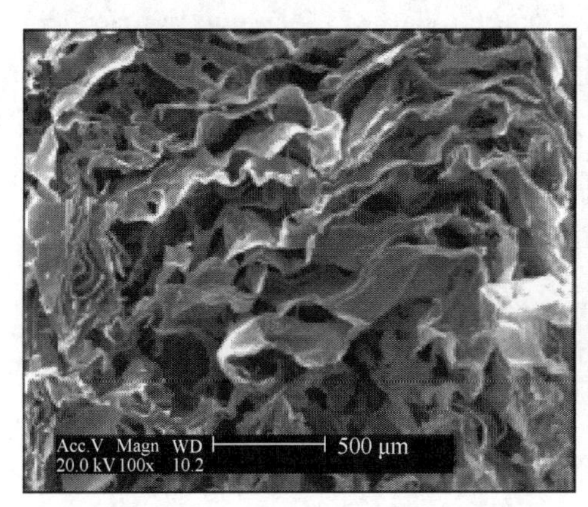

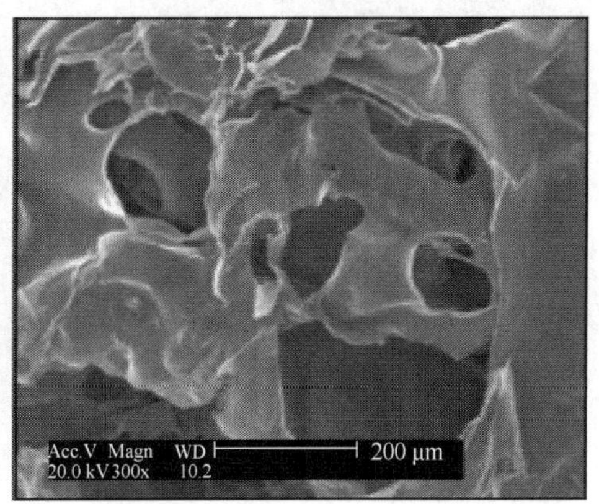

图 8.7　冷冻干燥法制备的壳聚糖多孔支架[200]

热致相分离法也是相分离法的一种，主要用于聚合物高分子 3D 支架的制备[188, 202]。首先将聚合物在高温下溶于适当溶剂中，体系形成聚合物连续相，溶剂为分散相的两相结构。然后在冷冻过程中发生液-液（L-L）相分离或固-液（S-L）相分离，然后使溶剂相在低温下升华形成多孔的支架材料。支架的微观形貌与聚合物的选用、溶剂、聚合物的浓度、溶剂配比、相分离的温度有关。相比非溶剂致相分离法（non-solvent induced phase separation，NIPS），热致相分离法采用迅速的热交换来分相而不是缓慢的溶剂与非溶剂之间的交换，因此更容易获得大孔隙率的支架结构，而且其影响因素较少更容易控制，可制备出具有各同向性、各异相性的多种微观结构[203]。图 8.8 是采用热致相分离法制备多种形貌的 PLLA 支架，有海绵多孔，有分级多孔，也有取向多孔。特别是分级多孔，大孔尺寸为100 μm，小孔尺寸为几个微米，连通性好，特别易于组织修复[202]。

4. 静电纺丝法

静电纺丝法最早可追溯到 20 世纪 30 年代早期。1934 年，Formhals 获得了利用电荷制备人工纤维的技术和设备的第一项发明专利。尽管利用电荷制备人工纤维的实验已经进行了很长时间，但是这个方法直到 Formhals 的发明出现后才得到重视，这是因为早期的一些纺丝技术难题如纤维干燥和收集等在 Formhals 的纺丝过程中得到了解决[204]。

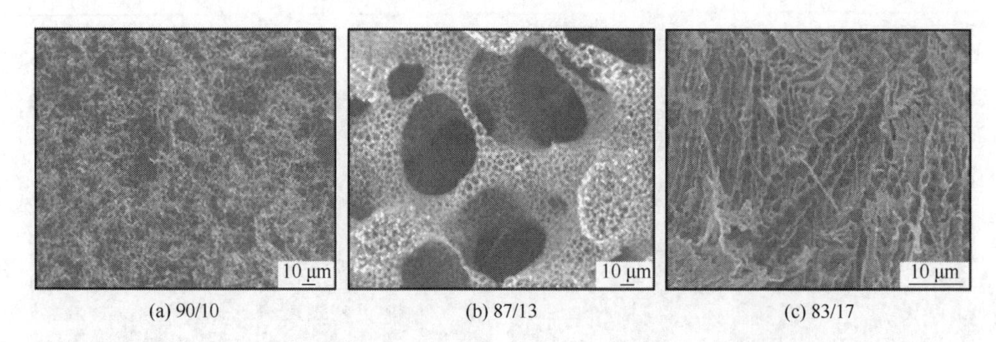

(a) 90/10　(b) 87/13　(c) 83/17

图 8.8　不同溶剂体积比 1, 4-二氧六环/水的 PLLA 支架形貌图

基本的静电纺丝装置主要包括三个部分：高压电源、喷丝头（针头）和接地的收集板（通常是金属板、片材或旋转的滚筒）。装置示意图如图 8.9 所示。制备支架材料的过程中，将聚合物在高压静电的作用下，在针头末端形成悬挂的液滴。随着所加电压的增大，液滴发生变形，在电场线方向上呈现倒锥形，称之为泰勒（Taylor）锥。当所加的电场超过某一临界值时，聚合物所受的电场力足够克服液滴表面张力，形成带电射流，在电场力的作用下，飞向收集板。在这个过程中，溶剂快速挥发，在收集板上形成较大的比表面积和微米级孔径的无纺布纤维。纤维的厚度和形貌可由许多因素控制：溶剂的特性（聚合物分子量、溶液浓度、黏弹性、溶液的导电性、表面张力、溶剂的性质等）和操作工艺参数（电场强度、溶液进料速率、针头和收集板间距离、纺丝环境温度和湿度等）[205]。

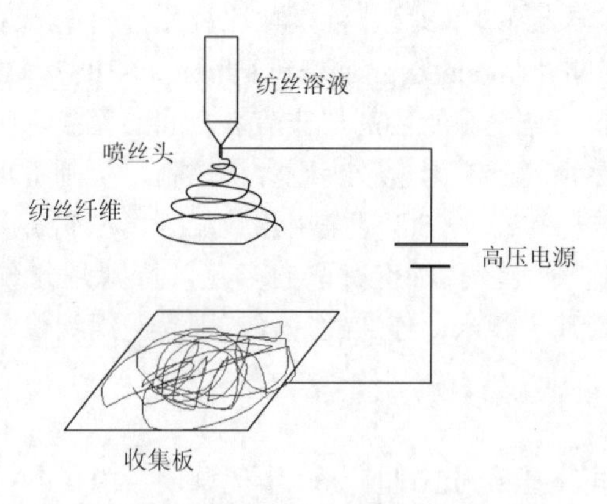

图 8.9　静电纺丝装置示意图

静电纺丝法操作简单，工艺可控性强，制得的纤维比表面积大，孔隙率高（图 8.10）。静电纺丝法可以制备与细胞外基质组分和结构类似的支架材料，为

细胞的增殖、分化提供了有效的载体。已有不少于 100 种天然的或者合成的聚合物应用静电纺丝法成功制备出各种支架[205]。表 8.4 中列出部分可用于静电纺丝的聚合物。

表 8.4　可静电纺丝的聚合物

天然高分子	溶剂	合成高分子	溶剂
胶原[206]	HFP	PLGA[207]	TFE/DMF
胶原/PEO[208]	HCl	PLA[209]	氯仿
胶原/PLGA[210]	HFP	PCL[211]	DCM/甲醇
明胶[212]	甲酸	PGA[213]	HFP
明胶/PCL[214]	TFE	PVA[215]	水
明胶/PVA[216]	甲酸/水	PEO/丝素蛋白[217]	HFP
丝素蛋白[218]	甲酸	PLA/PCL[219]	氯仿
丝素蛋白/壳聚糖[220]	甲酸	PLGA/HAP[221]	DCM/水
壳聚糖[222]	TFA	胶原/HAP[223]	HFP
壳聚糖/PEO[224]	乙酸	PCL/胶原/HAP[225]	HFP
壳聚糖/PVA[226]	乙酸	PVP/PLA[227]	DMF/丙酮
胶原/壳聚糖[228]	HFP		

注：HFP，六氟异丙醇；PEO，聚氧化乙烯；PCL，聚己内酯；TFE，三氟乙醇；TFA，三氟乙酸；PVA，聚乙烯醇；PLGA，聚乳酸-羟基乙酸共聚物；PLA，聚丙交酯；PGA，聚乙交酯；DCM，二氯甲烷；DMF，N, N-二甲基甲酰胺；PVP，聚乙烯吡咯烷酮。

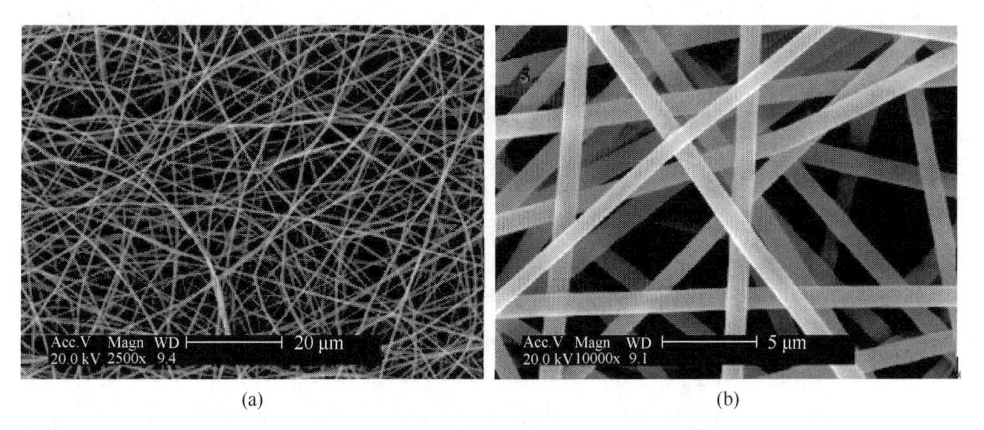

图 8.10　PCL/明胶共混静电纺丝纤维形貌

（a）纤维构成多孔结构；（b）纤维尺寸均匀，孔隙率高。

5. 快速成型技术

以 3D 打印技术为代表的快速成型技术是基于计算机科学和制造业的发展而开发的技术，由于其快速，可个性化加工，在组织修复领域颇受关注，已开始被应用于器官模型的制造与手术分析策划、个性化组织工程支架材料和假体植入物的制造，以及细胞或组织打印等方面。尤其是在组织工程方面，该技术可以携带细胞对组织缺损部位进行原位细胞打印，不仅能实现材料与患者病变部位的完美匹配，而且能在微观结构上调控材料的结构，以及细胞的排列，更有利于促进细胞的生长与分化，获得理想的组织修复效果[230]。目前应用较多的 3D 打印技术主要包括光固化立体印刷（SLA）、熔融沉积成型（FDM）和选择性激光烧结（SLS）和静电场辅助微挤出法等[231]。但这类技术采用的材料往往生物活性不够，因此常对其进行各种修饰以提高骨组织再生修复性能。如图 8.11 所示，在 CaP 溶液或者 SBF 中矿化，表面形成 CaP 层是常用的方法之一。

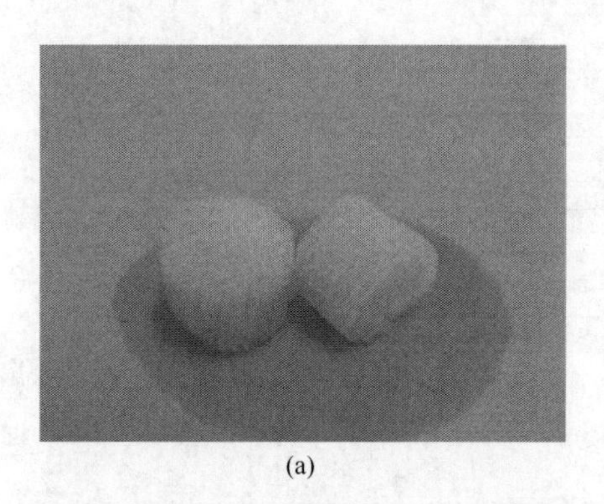
(a)

(b)

图 8.11　基于快速成型技术制备的壳聚糖支架（a）以及 CaP 溶液矿化后的支架（b）[229]

光固化立体印刷（SLA）技术使用的原料为液态光敏树脂，也可在其中加入其他材料形成复合材料。目前常用于 SLA 技术制备生物可降解支架材料的高分子原料包括光敏分子修饰的聚富马酸二羟丙酯（PPF）、聚丙交酯（PLA）、聚己内酯（PCL）、聚碳酸酯，以及蛋白质、多糖等天然高分子等。该技术获得的 3D 成型材料具有可调控的孔尺寸、孔隙率、贯通性和孔分布[232]。目前，直接携带细胞的打印技术也以光固化打印水凝胶材料为主。以双键封端的 PEG 如 PEG-DA 或甲基丙烯酸酯封端的 PEG（PEG-DMA）水溶液与含有细胞的培养液混合，形成可光固化高分子/细胞混合溶液，然后通过立体印刷技术，打印成型包覆细胞的 3D 水凝胶[233]。为了提高水凝胶骨架与细胞间的相互作用，可以引入 RGD 修饰的共聚单体[234]。

熔融沉积成型（FDM）是采用热熔喷头，使得熔融状态的材料按计算机控制的路径挤出、沉积，并凝固成型，经过逐层沉积、凝固，最后除去支撑材料，得到所需的三维产品。FDM 通常以脂肪族聚酯为原料，制备生物可降解的支架。比如，使用 PCL 为原料，通过 FDM 技术制备了蜂窝状、内部完全贯通的可降解 3D 组织工程支架[235]。材料的通道尺寸为 160～700 μm，孔隙率为 48%～77%。

选择性激光烧结（SLS）常用于陶瓷和金属等的加工。南洋理工大学的 Wiria 等利用 SLS 技术，将尺寸为 125～250 μm 的 PLGA（95/5）和 HAP/TCP 混合粉末烧结，制备了人第四中节指骨支架模型[236]。香港大学 Wang 等以聚(羟基丁酸酯-羟基戊酸酯)（PHBV）/磷酸钙（CaP）纳米复合微球为原料，制备了人近端股骨髁 3D 多孔支架[237]。

静电场辅助微挤出法是近年来发展起来的新型方法。在电场作用下，电纺纤维可以打印成规则的不同层次的图案；还可以在聚酯中加入纳米 HAP，提供具有良好生物相容性的支架，并促进体外细胞排列和增殖。这种方法将 3D 打印和静电纺丝两种方法的优点结合起来，可以实现宏观图案和微观的仿细胞外基质纳米纤维的结构复合于一体[238]。He 等通过近场静电纺丝制备了一种具有均匀孔径的层状结构 HAP/PCL 支架，适用于 3D 细胞培养[239]。结果表明，该支架的平均孔径为 167 μm，可根据需要进行调整；降解速率是可控的，取决于 PCL 与 HAP 的比例。支架没有毒性，MC3T3-E1 细胞可以在支架的三维骨架中有效附着、增殖和分化。

上述技术各有优缺点，在选择不同方法制备支架材料时，还需结合原料的特点以及对成型产品的性能要求，进行设计和加工。特别是，骨组织各个部位的负载、形态各不相同，采用组织工程修复骨时，要考虑到力学的适配、形态的适配以及功能的适配。骨组织修复的过程是一个生物矿化的过程，相对过程较长，在此过程中，支架材料可能对矿化也有影响，这些因素也需要进一步去探索。

8.4　外部刺激与生物矿化

骨骼对机械力或负荷的反应，对了解骨骼再生修复中的矿化过程和设计骨修复材料有重要意义。早期研究表明，包括压力和电活动在内的身体刺激对骨诱导具有直接或间接的影响[240, 241]。

8.4.1　机械刺激

细胞的机械转导涉及细胞膜与基因链接的蛋白质以及将信号转导和扩散的信号通路等一系列过程。普遍认为，机械信息是通过一系列变形、构象变化和易位从骨骼传递到基因的。负载引起的骨骼变形被转换为传感器细胞膜的变形，从而驱动膜蛋白的构象变化，其中一些膜蛋白与固态信号转导支架相关，该支架会释放能够将机械信息带入细胞核的蛋白复合物。这些机械体将这些信息转化为靶基因 DNA 5'调控区的几何形状变化，从而改变基因活性。多年以来，学界使用各种分子生物学和组织形态学分析方法，研究了在体外环境下受到不同强度的不同物理和电信号刺激作用的细胞和组织。在骨细胞上研究了各种类型的刺激下信号转导中激活的生化途径[242]。并借助大鼠、兔子、犬类、绵羊等的骨折模型，评估力学刺激对骨组织重建的影响。研究结果表明，通过施加机械载荷作用在骨骼上的压力和张力不仅使细胞变形，还使它们周围组织液因小管间隙的运动而对细胞产生剪切应力，同时引起电势变化[243]，且骨细胞膜响应于这些机械力和电力而进一步变形。

正如前文所述，机械转导涉及通过细胞膜中机械活化的离子通道，细胞骨架的黏着斑蛋白或 G 蛋白偶联的机械感受器进行信号转导。在成骨细胞中，流体剪切应力会在几分钟内动员细胞内钙。细胞内钙动员触发 MAPK 信号转导途径，该途径与骨桥蛋白的表达有关[244]。从包括成纤维细胞、上皮细胞、内皮细胞、嗜中性粒细胞和成骨细胞在内的各种细胞类型获得的证据表明，α-肌动蛋白是介导肌动蛋白丝与整联蛋白胞质结构域连接的关键分子[245]。施加于成骨细胞的流体流动或机械拉伸会诱导整联蛋白募集至黏着斑蛋白，并使细胞内的肌动蛋白丝重组为大束肌动蛋白丝，称为应力纤维[246, 247]。免疫荧光显微镜显示，机械应变导致肌动蛋白应力纤维的形成和增厚，微管中出现相应的解离，细胞外周边缘的黏着斑蛋白明显增加，表明机械应变导致细胞骨架和细胞外基质蛋白的协调变化，这将促进成骨细胞与其细胞外基质的紧密黏附[247]。这些因素从各个角度调控成骨细胞的细胞外基质分泌，最终会与沃尔夫定律一致，即力学刺激促进骨形成。

8.4.2 电刺激

一些研究尝试通过利用低强度脉冲超声刺激早期细胞外基质蛋白（软骨中的聚集蛋白）合成来增强骨折愈合[248]。另有研究证明，脉冲电磁场刺激，可以通过上调成骨细胞中的 BMP-2 和 BMP-4 诱导成骨作用[249]。运用直流电刺激可以降低局部组织中的氧气浓度，这可以将多态性细胞转化为骨细胞[250]。这种机制也适用于与骨折血肿相关的间充质细胞。

8.4.3 超声刺激

体内和体外研究表明，超声可以通过多种方式影响骨折愈合。它可以通过促进细胞增殖，对细胞进行预处理以在培养过程中定向其分化[251, 252]或通过细胞转染[253]来作用于再生过程的生物成分。超声可以通过触发生长因子的传递或基因在工程细胞中的表达来调节微环境[254, 255]，或者通过热沉积或机械刺激来调节物理环境[256]。通过作用于支架以改善支架整合，表征和控制支架降解率，超声在组织工程方法中也有应用[251, 256, 257]。目前利用超声刺激法引导骨修复有几种选择：直接物理作用（如低强度脉冲超声），传递生物活性分子（如生长因子）或用成骨质粒转染细胞。

低强度脉冲超声是最广泛研究的技术，旨在通过机械刺激调节细胞的物理环境。超声刺激引起的骨修复反应机制包括直接和间接的机械效应，例如声辐射力、声流和表面波的传播，流体流动引起的循环以及营养物、氧气和信号分子的重新分布。超声治疗与生物成分的结合也可能会改善骨愈合，例如生长因子、支架、基因疗法或药物传递载体，其作用可通过超声增强。

超声还显示出在骨组织工程学策略中的潜力。与微泡相关的超声，例如声学造影剂，一种旨在瞬时改变细胞膜通透性的技术，即所谓的声穿孔，是诱导遗传物质内在化的有效方法[258]。该方法已通过将编码成骨基因（rhBMP-9）的裸 DNA 声波穿透到小鼠大腿肌肉中来诱导异位骨形成[253]。此外，超声可用于监测和控制支架降解率，用于制造支架，表征支架特性及其质量控制以及用于改善支架集成度。

超声还可用于控制生长因子的传递或工程细胞的基因表达，也可通过热沉积或机械刺激来调节物理环境，以促进再生。将生物活性分子作为指导信号传递到工程组织也可以受益于超声介导的传递技术的特异性[254]。有研究提出了一种利用超声技术实现的输送系统，该系统由掺有生长因子的双乳胶掺杂的纤维蛋白水凝胶组成，可用于组织再生和生长因子的按需释放[255]。

8.5　本 章 小 结

生物矿化过程导致有机/无机杂化材料具有复杂的形状、层次结构和优异的材料性能。受这些过程启发的合成模拟物旨在模仿生物矿化原理，并将其转移到结晶过程的一般控制中。但是，当前的生物启发式自下而上矿化方法的主要局限性在于，除非提供外部模板，否则它们只能产生高达微米级的自组装结构。在生物矿物中可以发现的更高的结构水平是受细胞作用控制的，到目前为止，还没有相似的合成模拟物。至今为止，只有结构化的模板（如带图案的单层膜或生物矿物基质）能应用于实现宏观结构化，但无法达到自然骨组织的多级有序结构。尽管存在这些局限性，但对生物启发性矿化和自组装过程的研究仍有助于理解骨骼矿化的各个部分，探索将生物矿化原理用于合成高级生物材料的方法。即使使用非常简单的合成系统，模仿天然骨骼的结构，也已经在涉及复杂矿物形态的生成和结晶控制方面。

受生物矿化的启发，研究人员过去几十年在模仿骨骼的某些关键结构和生化功能方面取得了巨大进步，研发了惰性、生物活性以及生物响应性的各种材料。骨骼中磷灰石矿化的钙和磷酸盐浓度受细胞活动控制，而细胞活动难以重建，因此支架材料的作用不再是力学支撑或者是填充，更应该是募集干细胞，刺激细胞分化，可以指导细胞产生在人体骨骼中实现的矿物质和有机相的复杂整合，并能够触发其在体内的再生修复。

参 考 文 献

[1] Kenkre J，Bassett J. The bone remodelling cycle[J]. Annals of Clinical Biochemistry，2018，55（3）：308-327.

[2] Jayakumar P，Di Silvio L. Osteoblasts in bone tissue engineering[J]. Proceedings of the Institution of Mechanical Engineers，Part H：Journal of Engineering in Medicine，2010，224（12）：1415-1440.

[3] Drosse I，Volkmer E，Capanna R，et al. Tissue engineering for bone defect healing：An update on a multi-component approach[J]. Injury，2008，39：S9-S20.

[4] Giannoudis P V，Dinopoulos H，Tsiridis E. Bone substitutes：An update[J]. Injury，2005，36（3）：S20-S27.

[5] Schroeder J E，Mosheiff R. Tissue engineering approaches for bone repair：Concepts and evidence[J]. Injury，2011，42（6）：609-613.

[6] Hoppe A，Güldal N S，Boccaccini A R. A review of the biological response to ionic dissolution products from bioactive glasses and glass-ceramics[J]. Biomaterials，2011，32（11）：2757-2774.

[7] Samavedi S，Whittington A R，Goldstein A S. Calcium phosphate ceramics in bone tissue engineering：A review of properties and their influence on cell behavior[J]. Acta Biomaterialia，2013，9（9）：8037-8045.

[8] He J，Genetos D C，Leach J K. Osteogenesis and trophic factor secretion are influenced by the composition of hydroxyapatite/poly(lactide-co-glycolide)composite scaffolds[J]. Tissue Engineering Part A，2010，16（1）：127-137.

[9] Ríos C N，Skoracki R J，Miller M J，et al. *In vivo* bone formation in silk fibroin and chitosan blend scaffolds via ectopically grafted periosteum as a cell source：A pilot study[J]. Tissue Engineering Part A，2009，15（9）：2717-2725.

[10] Xia Z，Villa M，Wei M. A biomimetic collagen-apatite scaffold with a multi-level lamellar structure for bone tissue engineering[J]. Journal of Materials Chemistry B，2014，2（14）：1998-2007.

[11] Wang G，Zheng L，Zhao H，et al. *In vitro* assessment of the differentiation potential of bone marrow-derived mesenchymal stem cells on genipin-chitosan conjugation scaffold with surface hydroxyapatite nanostructure for bone tissue engineering[J]. Tissue Engineering Part A，2011，17（9-10）：1341-1349.

[12] Yeo M G，Kim G H. Preparation and characterization of 3D composite scaffolds based on rapid-prototyped PCL/β-TCP struts and electrospun PCL coated with collagen and HA for bone regeneration[J]. Chemistry of Materials，2012，24（5）：903-913.

[13] Ansari M. Bone tissue regeneration：Biology，strategies and interface studies[J]. Progress in Biomaterials，2019，

8（4）：223-237.

[14] Albrektsson T，Johansson C. Osteoinduction，osteoconduction and osseointegration[J]. European Spine Journal，2001，10（2）：S96-S101.

[15] Arrington E D，Smith W J，Chambers H G，et al. Complications of iliac crest bone graft harvesting[J]. Clinical Orthopaedics and Related Research，1996，329：300-309.

[16] Banwart J C，Asher M A，Hassanein R S. Iliac crest bone graft harvest donor site morbidity. A statistical evaluation[J]. Spine，1995，20（9）：1055-1060.

[17] Tacconi R L，Miles J B. Heterotopic bone formation causing recurrent donor site pain following iliac crest bone harvesting[J]. British Journal of Neurosurgery，2000，14（5）：476-479.

[18] Seiler 3rd J，Johnson J. Iliac crest autogenous bone grafting：Donor site complications[J]. Journal of the Southern Orthopaedic Association，2000，9（2）：91-97.

[19] Skaggs D L，Samuelson M A，Hale J M，et al. Complications of posterior iliac crest bone grafting in spine surgery in children[J]. Spine，2000，25（18）：2400-2402.

[20] Bos G，Goldberg V，Zika J，et al. Immune responses of rats to frozen bone allografts[J]. The Journal of Bone and Joint Surgery：American Volume，1983，65（2）：239-246.

[21] Damien C J，Parsons J R. Bone graft and bone graft substitutes：A review of current technology and applications[J]. Journal of Applied Biomaterials，1991，2（3）：187-208.

[22] Goldberg V. Biology of autografts and allografts[J]. Bone and Cartilage Allografts：Biology and Clinical Applications，1989：3-12.

[23] Hench L L. Bioceramics：From concept to clinic[J]. Journal of the American Ceramic Society，1991，74（7）：1487-1510.

[24] Jones J R. Review of bioactive glass：From Hench to hybrids[J]. Acta Biomaterialia，2013，9（1）：4457-4486.

[25] Hench L L. Biomaterials：A forecast for the future[J]. Biomaterials，1998，19（16）：1419-1423.

[26] Hench L L，Wilson J. Surface-active biomaterials[J]. Science，1984，226（4675）：630-636.

[27] Xynos I D，Edgar A J，Buttery L D，et al. Ionic products of bioactive glass dissolution increase proliferation of human osteoblasts and induce insulin-like growth factor Ⅱ mRNA expression and protein synthesis[J]. Biochemical and Biophysical Research Communications，2000，276（2）：461-465.

[28] Hench L L，Splinter R J，Allen W，et al. Bonding mechanisms at the interface of ceramic prosthetic materials[J]. Journal of Biomedical Materials Research，1971，5（6）：117-141.

[29] Jarcho M，Kay J F，Gumaer K I，et al. Tissue，cellular and subcellular events at a bone-ceramic hydroxylapatite interface[J]. Journal of Bioengineering，1977，1（2）：79-92.

[30] LeGeros R，Lin S，Rohanizadeh R，et al. Biphasic calcium phosphate bioceramics：Preparation，properties and applications[J]. Journal of Materials Science：Materials in Medicine，2003，14（3）：201-209.

[31] Kitsugi T，Yamamuro T，Nakamura T，et al. Bone bonding behavior of three kinds of apatite containing glass ceramics[J]. Journal of Biomedical Materials Research，1986，20（9）：1295-1307.

[32] Bertazzo S，Zambuzzi W F，Campos D D，et al. Hydroxyapatite surface solubility and effect on cell adhesion[J]. Colloids and Surfaces B：Biointerfaces，2010，78（2）：177-184.

[33] Midy V，Dard M，Hollande E. Evaluation of the effect of three calcium phosphate powders on osteoblast cells[J]. Journal of Materials Science：Materials in Medicine，2001，12（3）：259-265.

[34] Heymann D，Guicheux J，Rousselle A. Ultrastructural evidence *in vitro* of osteoclastinduced degradation of calcium phosphate ceramic by simultaneous resorption and phagocytosis mechanisms[J]. Histology and

Histopathology，2001，16（1）：37-44.

[35] Suzuki T，Ohashi R，Yokogawa Y，et al. Initial anchoring and proliferation of fibroblast L-929 cells on unstable surface of calcium phosphate ceramics[J]. Journal of Bioscience and Bioengineering，1999，87（3）：320-327.

[36] Frank O，Heim M，Jakob M，et al. Real-time quantitative RT-PCR analysis of human bone marrow stromal cells during osteogenic differentiation *in vitro*[J]. Journal of Cellular Biochemistry，2002，85（4）：737-746.

[37] Shea J E，Miller S C. Skeletal function and structure：Implications for tissue-targeted therapeutics[J]. Advanced Drug Delivery Reviews，2005，57（7）：945-957.

[38] Whited B M，Skrtic D，Love B J，et al. Osteoblast response to zirconia-hybridized pyrophosphate-stabilized amorphous calcium phosphate[J]. Journal of Biomedical Materials Research Part A，2006，76（3）：596-604.

[39] Komori T. Regulation of osteoblast differentiation by Runx2[M]. Advance in Experimental Medicine and Biology，2010，658（1）：43-49.

[40] Liu D，Genetos D C，Shao Y，et al. Activation of extracellular-signal regulated kinase（ERK1/2）by fluid shear is Ca^{2+}- and ATP-dependent in MC3T3-E1 osteoblasts[J]. Bone，2008，42（4）：644-652.

[41] Danciu T E，Adam R M，Naruse K，et al. Calcium regulates the PI3K-Akt pathway in stretched osteoblasts[J]. FEBS Letters，2003，536（1-3）：193-197.

[42] Asagiri M，Takayanagi H. The molecular understanding of osteoclast differentiation[J]. Bone，2007，40（2）：251-264.

[43] Julien M，Khoshniat S，Lacreusette A，et al. Phosphate-dependent regulation of MGP in osteoblasts：Role of ERK1/2 and Fra-1[J]. Journal of Bone and Mineral Research，2009，24（11）：1856-1868.

[44] Tada H，Nemoto E，Foster B L，et al. Phosphate increases bone morphogenetic protein-2 expression through cAMP-dependent protein kinase and ERK1/2 pathways in human dental pulp cells[J]. Bone，2011，48（6）：1409-1416.

[45] Mozar A，Haren N，Chasseraud M，et al. High extracellular inorganic phosphate concentration inhibits RANK-RANKL signaling in osteoclast-like cells[J]. Journal of Cellular Physiology，2008，215（1）：47-54.

[46] Jeong J，Kim J H，Shim J H，et al. Bioactive calcium phosphate materials and applications in bone regeneration[J]. Biomaterials Research，2019，23（1）：1-11.

[47] Xu L，Pan F，Y G，et al. *In vitro* and *in vivo* evaluation of the surface bioactivity of a calcium phosphate coated magnesium alloy[J]. Biomaterials，2009，30（8）：1512-1523.

[48] Okada S，Ito H，Nagai A，et al. Adhesion of osteoblast-like cells on nanostructured hydroxyapatite[J]. Acta Biomaterialia，2010，6（2）：591-597.

[49] Costa D O，Prowse P D，Chrones T，et al. The differential regulation of osteoblast and osteoclast activity by surface topography of hydroxyapatite coatings[J]. Biomaterials，2013，34（30）：7215-7226.

[50] Lin K，Xia L，Gan J，et al. Tailoring the nanostructured surfaces of hydroxyapatite bioceramics to promote protein adsorption，osteoblast growth，and osteogenic differentiation[J]. ACS applied materials & interfaces，2013，5（16）：8008-8017.

[51] Pang S，He Y，He P，et al. Fabrication of two distinct hydroxyapatite coatings and their effects on MC3T3-E1 cell behavior[J]. Colloids and Surfaces B：Biointerfaces，2018，171：40-48.

[52] Perez R A，Kim H W，Ginebra M P. Polymeric additives to enhance the functional properties of calcium phosphate cements[J]. Journal of Tissue Engineering，2012，3（1）：2041731412439555.

[53] 刘华. 骨诱导型可注射磷酸钙基骨修复材料的制备及性能研究[D]. 广州：暨南大学，2007.

[54] Ruhe P Q，Hedberg E L，Padron N T，et al. rhBMP-2 release from injectable poly(DL-lactic-co-glycolic acid)/calcium-phosphate cement composites[J]. The Journal of Bone and Joint Surgery：American Volume，2003，85（3suppl）：75-81.

[55] Erbe E，Marx J，Clineff T，et al. Potential of an ultraporous β-tricalcium phosphate synthetic cancellous bone void filler and bone marrow aspirate composite graft[J]. European Spine Journal，2001，10（2）：S141-S146.

[56] Nouri-Felekori M，Mesgar A S-M，Mohammadi Z. Development of composite scaffolds in the system of gelatin-calcium phosphate whiskers/fibrous spherulites for bone tissue engineering[J]. Ceramics International，2015，41（4）：6013-6019.

[57] Zhao L，Weir M D，Xu H H. An injectable calcium phosphate-alginate hydrogel-umbilical cord mesenchymal stem cell paste for bone tissue engineering[J]. Biomaterials，2010，31（25）：6502-6510.

[58] Nishimura T，Ogino Y，Ayukawa Y，et al. Influence of the wettability of different titanium surface topographies on initial cellular behavior[J]. Dental Materials Journal，2018，37（4）：650-658.

[59] Zwahr C，Günther D，Brinkmann T，et al. Laser surface pattering of titanium for improving the biological performance of dental implants[J]. Advanced Healthcare Materials，2017，6（3）：1600858.

[60] Matthes R，Duske K，Kebede T G，et al. Osteoblast growth，after cleaning of biofilm-covered titanium discs with air-polishing and cold plasma[J]. Journal of Clinical Periodontology，2017，44（6）：672-680.

[61] Ganiyu S O，Oturan N，Raffy S，et al. Use of sub-stoichiometric titanium oxide as a ceramic electrode in anodic oxidation and electro-Fenton degradation of the beta-blocker propranolol：Degradation kinetics and mineralization pathway[J]. Electrochimica Acta，2017，242：344-354.

[62] Zinger O，Anselme K，Denzer A，et al. Time-dependent morphology and adhesion of osteoblastic cells on titanium model surfaces featuring scale-resolved topography[J]. Biomaterials，2004，25（14）：2695-2711.

[63] Mohseni E，Zalnezhad E，Bushroa A R. Comparative investigation on the adhesion of hydroxyapatite coating on Ti-6Al-4V implant：A review paper[J]. International Journal of Adhesion and Adhesives，2014，48：238-257.

[64] Lee J W Y，Bance M L. Physiology of osseointegration[J]. Otolaryngologic Clinics of North America，2019，52（2）：231-242.

[65] Wang H，Eliaz N，Xiang Z，et al. Early bone apposition *in vivo* on plasma-sprayed and electrochemically deposited hydroxyapatite coatings on titanium alloy[J]. Biomaterials，2006，27（23）：4192-4203.

[66] Vahabzadeh S，Roy M，Bandyopadhyay A，et al. Phase stability and biological property evaluation of plasma sprayed hydroxyapatite coatings for orthopedic and dental applications[J]. Acta Biomaterialia，2015，17：47-55.

[67] Guimond-Lischer S，Ren Q，Braissant O，et al. Vacuum plasma sprayed coatings using ionic silver doped hydroxyapatite powder to prevent bacterial infection of bone implants[J]. Biointerphases，2016，11（1）：011012.

[68] Heimann R B. Plasma-sprayed hydroxylapatite-based coatings：Chemical，mechanical，microstructural，and biomedical properties[J]. Journal of Thermal Spray Technology，2016，25（5）：827-850.

[69] Sul Y T. The significance of the surface properties of oxidized titanium to the bone response：Special emphasis on potential biochemical bonding of oxidized titanium implant[J]. Biomaterials，2003，24（22）：3893-3907.

[70] Shibata Y，Suzuki D，Omori S，et al. The characteristics of *in vitro* biological activity of titanium surfaces anodically oxidized in chloride solutions[J]. Biomaterials，2010，31（33）：8546-8555.

[71] Bjursten L M，Rasmusson L，Oh S，et al. Titanium dioxide nanotubes enhance bone bonding *in vivo*[J]. Journal of Biomedical Materials Research Part A，2010，92（3）：1218-1224.

[72] Zhao L，Mei S，Chu P K，et al. The influence of hierarchical hybrid micro/nano-textured titanium surface with titania nanotubes on osteoblast functions[J]. Biomaterials，2010，31（19）：5072-5082.

[73] Otsuka Y，Kawaguchi H，Mutoh Y. Cyclic delamination behavior of plasma-sprayed hydroxyapatite coating on Ti-6Al-4V substrates in simulated body fluid[J]. Materials Science and Engineering C，2016，67：533-541.

[74] Liu X，Li M，Zhu Y，et al. The modulation of stem cell behaviors by functionalized nanoceramic coatings on Ti-based implants[J]. Bioactive Materials，2016，1（1）：65-76.

[75] Sarmiento-González A，Encinar J R，Marchante-Gayón J M，et al. Titanium levels in the organs and blood of rats with a titanium implant，in the absence of wear，as determined by double-focusing ICP-MS[J]. Analytical and Bioanalytical Chemistry，2009，393（1）：335-343.

[76] Drnovšek N，Rade K，Milačič R，et al. The properties of bioactive TiO_2 coatings on Ti-based implants[J]. Surface and Coatings Technology，2012，209：177-183.

[77] Popat K C，Leoni L，Grimes C A，et al. Influence of engineered titania nanotubular surfaces on bone cells[J]. Biomaterials，2007，28（21）：3188-3197.

[78] von Wilmowsky C，Bauer S，Lutz R，et al. *In vivo* evaluation of anodic TiO_2 nanotubes：An experimental study in the pig[J]. Journal of Biomedical Materials Research Part B，2009，89（1）：165-171.

[79] Kasuga T，Hiramatsu M，Hoson A，et al. Formation of titanium oxide nanotube[J]. Langmuir，1998，14（12）：3160-3163.

[80] Brammer K S，Kim H，Noh K，et al. Highly bioactive 8 nm hydrothermal TiO_2 nanotubes elicit enhanced bone cell response[J]. Advanced Engineering Materials，2011，13（3）：B88-B94.

[81] Li P，Kangasniemi I，de Groot K，et al. Bonelike hydroxyapatite induction by a gel-derived titania on a titanium substrate[J]. Journal of the American Ceramic Society，1994，77（5）：1307-1312.

[82] Wang X X，Hayakawa S，Tsuru K，et al. Bioactive titania gel layers formed by chemical treatment of Ti substrate with a H_2O_2/HCl solution[J]. Biomaterials，2002，23（5）：1353-1357.

[83] Gold J. XPS study of amino acid adsorption to titanium surfaces[J]. Helvetica Physica Acta，1989，62：246-249.

[84] Kawai T，Takemoto M，Fujibayashi S，et al. Bone-bonding properties of Ti metal subjected to acid and heat treatments[J]. Journal of Materials Science：Materials in Medicine，2012，23（12）：2981-2992.

[85] 庞舒敏. 两种典型仿生形貌羟基磷灰石的制备及其生物学性能研究[D]. 广州：暨南大学，2019.

[86] Sugimoto K，Tsuchiya S，Omori M，et al. Proteomic analysis of bone proteins adsorbed onto the surface of titanium dioxide[J]. Biochemistry and Biophysics Reports，2016，7：316-322.

[87] Nyström L，Strömstedt A A，Schmidtchen A，et al. Peptide-loaded microgels as antimicrobial and anti-inflammatory surface coatings[J]. Biomacromolecules，2018，19（8）：3456-3466.

[88] Fraioli R，Rechenmacher F，Neubauer S，et al. Mimicking bone extracellular matrix：Integrin-binding peptidomimetics enhance osteoblast-like cells adhesion，proliferation，and differentiation on titanium[J]. Colloids and Surfaces B：Biointerfaces，2015，128：191-200.

[89] Trino L D，Bronze-Uhle E S，Ramachandran A，et al. Titanium surface bio-functionalization using osteogenic peptides：Surface chemistry，biocompatibility，corrosion and tribocorrosion aspects[J]. Journal of the Mechanical Behavior of Biomedical Materials，2018，81：26-38.

[90] Aye S-S S，Li R，Boyd-Moss M，et al. Scaffolds formed via the non-equilibrium supramolecular assembly of the synergistic ECM peptides RGD and PHSRN demonstrate improved cell attachment in 3D[J]. Polymers，2018，10（7）：690.

[91] de Jonge L T，Leeuwenburgh S C，van den Beucken J J，et al. Electrosprayed enzyme coatings as bioinspired

alternatives to bioceramic coatings for orthopedic and oral implants[J]. Advanced Functional Materials，2009，19（5）：755-762.

[92] Xu K H H，Weir D M，Simon G C. Injectable and strong nano-apatite scaffolds for cell/growth factor delivery and bone regeneration[J]. Dental Materials，2008，24（9）：1212-1222.

[93] Zan X，Sitasuwan P，Feng S，et al. Effect of roughness on *in situ* biomineralized CaP-collagen coating on the osteogenesis of mesenchymal stem cells[J]. Langmuir，2016，32（7）：1808-1817.

[94] Xie C M，Lu X，Wang K F，et al. Silver nanoparticles and growth factors incorporated hydroxyapatite coatings on metallic implant surfaces for enhancement of osteoinductivity and antibacterial properties[J]. ACS Applied Materials & Interfaces，2014，6（11）：8580-8589.

[95] Li Y，Li B，Song Y，et al. Improved osteoblast adhesion and osseointegration on TiO_2 nanotubes surface with hydroxyapatite coating[J]. Dental Materials Journal，2019，38（2）：278-286.

[96] Vemulapalli A K，Penmetsa R M R，Nallu R，et al. HAp/TiO_2 nanocomposites：Influence of TiO_2 on microstructure and mechanical properties[J]. Journal of Composite Materials，2020，54（6）：765-772.

[97] Lin Q X，Zhou Y J，Yin M，et al. Hydroxyapatite/tannic acid composite coating formation based on Ti modified by TiO_2 nanotubes[J]. Colloids and Surfaces B：Biointerfaces，2020，196：111304.

[98] Bajada S，Mazakova I，Richardson J B，et al. Updates on stem cells and their applications in regenerative medicine[J]. Journal of Tissue Engineering and Regenerative Medicine，2008，2（4）：169-183.

[99] Ishikawa S，Iwasaki K，Komaki M，et al. Role of ascorbic acid in periodontal ligament cell differentiation[J]. Journal of Periodontology，2004，75（5）：709-716.

[100] Chang Y L，Stanford C M，Keller J C. Calcium and phosphate supplementation promotes bone cell mineralization：Implications for hydroxyapatite（HA）-enhanced bone formation[J]. Journal of Biomedical Materials Research Part A，2000，52（2）：270-278.

[101] Akifumi T，Seiichi A，Michitsugu A，et al. Inhibition of *in vitro* mineralization in osteoblastic cells and in mouse tooth germ by phosphatidylinositol-specific phospholipase C[J]. Biochemical Pharmacology，1993，46（9）：1668-1670.

[102] Sugawara Y，Suzuki K，Koshikawa M，et al. Necessity of enzymatic activity of alkaline phosphatase for mineralization of osteoblastic cells[J]. Japanese Journal of Pharmacology，2002，88（3）：262-269.

[103] Miyazono K，Maeda S，Imamura T. BMP receptor signaling：Transcriptional targets，regulation of signals，and signaling cross-talk[J]. Cytokine & Growth Factor Reviews，2005，16（3）：251-263.

[104] 庞金辉，黄煌渊，张权，等. 不同浓度地塞米松对人骨髓间充质干细胞体外增殖及凋亡的影响[J]. 中国现代医药杂志，2008，（11）：20-23.

[105] Bosnakovski D，Mizuno M，Kim G，et al. Isolation and multilineage differentiation of bovine bone marrow mesenchymal stem cells[J]. Cell and tissue research，2005，319（2）：243-253.

[106] Costa-Pinto A R，Correlo V M，Sol P C，et al. Osteogenic differentiation of human bone marrow mesenchymal stem cells seeded on melt based chitosan scaffolds for bone tissue engineering applications[J]. Biomacromolecules，2009，10（8）：2067-2073.

[107] Nakase I，Niwa M，Takeuchi T，et al. Cellular uptake of arginine-rich peptides：Roles for macropinocytosis and actin rearrangement[J]. Molecular Therapy，2004，10（6）：1011-1022.

[108] Gronthos S，Graves S，Ohta S，et al. The STRO-1+ fraction of adult human bone marrow contains the osteogenic precursors[J]. Blood，1994，84（12）：4164-4173.

[109] Gang E J，Jeong J A，Hong S H，et al. Skeletal myogenic differentiation of mesenchymal stem cells isolated from

human umbilical cord blood[J]. Stem Cells，2004，22（4）：617-624.

[110] Diao M，Yao M. Use of zero-valent iron nanoparticles in inactivating microbes[J]. Water Research，2009，43（20）：5243-5251.

[111] Kestendjieva S，Kyurkchiev D，Tsvetkova G，et al. Characterization of mesenchymal stem cells isolated from the human umbilical cord[J]. Cell Biology International，2008，32（7）：724-732.

[112] Toai T C，Thao H D，Thao N P，et al. *In vitro* culture and differentiation of osteoblasts from human umbilical cord blood[J]. Cell and Tissue Banking，2010，11（3）：269-280.

[113] Al-Salleeh F，Petro T M. Promoter analysis reveals critical roles for SMAD-3 and ATF-2 in expression of IL-23 p19 in macrophages[J]. The Journal of Immunology，2008，181（7）：4523-4533.

[114] Jurgens W J，Oedayrajsingh-Varma M J，Helder M N，et al. Effect of tissue-harvesting site on yield of stem cells derived from adipose tissue：Implications for cell-based therapies[J]. Cell and Tissue Research，2008，332（3）：415-426.

[115] Gronthos S，Franklin D M，Leddy H A，et al. Surface protein characterization of human adipose tissue-derived stromal cells[J]. Journal of Cellular Physiology，2001，189（1）：54-63.

[116] Hattori N，Nishino K，Ko Y G，et al. Epigenetic control of mouse Oct-4 gene expression in embryonic stem cells and trophoblast stem cells[J]. Journal of Biological Chemistry，2004，279（17）：17063-17069.

[117] Sun C，Li H，Zhang H，et al. Controlled synthesis of CeO_2 nanorods by a solvothermal method[J]. Nanotechnology，2005，16（9）：1454.

[118] Kim W，Egan J M. The role of incretins in glucose homeostasis and diabetes treatment[J]. Pharmacological Reviews，2008，60（4）：470-512.

[119] Bueno E M，Glowacki J. Cell-free and cell-based approaches for bone regeneration[J]. Nature Reviews Rheumatology，2009，5（12）：685-697.

[120] Laino G，d'Aquino R，Graziano A，et al. A new population of human adult dental pulp stem cells：A useful source of living autologous fibrous bone tissue（LAB）[J]. Journal of Bone and Mineral Research，2005，20（8）：1394-1402.

[121] Yang Y J，Qian H Y，Huang J，et al. Combined therapy with simvastatin and bone marrow-derived mesenchymal stem cells increases benefits in infarcted swine hearts[J]. Arteriosclerosis，Thrombosis，and Vascular Biology，2009，29（12）：2076-2082.

[122] Itskovitz-Eldor J，Schuldiner M，Karsenti D，et al. Differentiation of human embryonic stem cells into embryoid bodies comprising the three embryonic germ layers[J]. Molecular Medicine，2000，6（2）：88-95.

[123] Sugiura F，Kitoh H，Ishiguro N. Osteogenic potential of rat mesenchymal stem cells after several passages[J]. Biochemical and Biophysical Research Communications，2004，316（1）：233-239.

[124] Joy A，Cohen D M，Luk A，et al. Control of surface chemistry，substrate stiffness，and cell function in a novel terpolymer methacrylate library[J]. Langmuir，2011，27（5）：1891-1899.

[125] Olivares-Navarrete R，Hyzy S L，Hutton D L，et al. Direct and indirect effects of microstructured titanium substrates on the induction of mesenchymal stem cell differentiation towards the osteoblast lineage[J]. Biomaterials，2010，31（10）：2728-2735.

[126] Olivares-Navarrete R，Hyzy S L，Gittens R A，et al. Rough titanium alloys regulate osteoblast production of angiogenic factors[J]. The Spine Journal，2013，13（11）：1563-1570.

[127] Long E G，Buluk M，Gallagher M B，et al. Human mesenchymal stem cell morphology，migration，and differentiation on micro and nano-textured titanium[J]. Bioactive Materials，2019，4：249-255.

[128] Zaidel-Bar R，Geiger B. The switchable integrin adhesome[J]. Journal of cell science，2010，123（9）：1385-1388.

[129] Kritikou E. The complexity of adhesion[J]. Nature Reviews Molecular Cell Biology，2007，8（9）：674-675.

[130] Kilian K A，Bugarija B，Lahn B T，et al. Geometric cues for directing the differentiation of mesenchymal stem cells[J]. Proceedings of the National Academy of Sciences，2010，107（11）：4872-4877.

[131] Engler A J，Sen S，Sweeney H L，et al. Matrix elasticity directs stem cell lineage specification[J]. Cell，2006，126（4）：677-689.

[132] Ozdemir T，Bowers D T，Zhan X，et al. Identification of key signaling pathways orchestrating substrate topography directed osteogenic differentiation through high-throughput siRNA screening[J]. Scientific Reports，2019，9（1）：1-13.

[133] Higgins A，Banik B，Brown J. Geometry sensing through POR1 regulates Rac1 activity controlling early osteoblast differentiation in response to nanofiber diameter[J]. Integrative Biology，2015，7（2）：229-236.

[134] Alford A I，Kozloff K M，Hankenson K D. Extracellular matrix networks in bone remodeling[J]. The International Journal of Biochemistry & Cell Biology，2015，65：20-31.

[135] Rogel M R，Qiu H，Ameer G A. The role of nanocomposites in bone regeneration[J]. Journal of Materials Chemistry，2008，18（36）：4233-4241.

[136] Bassaw B，Roopnarinesingh S. The efficacy of cervical cerclage[J]. The West Indian Medical Journal，1990，39（1）：39-42.

[137] Meskini R E，Iacovelli A，Kulaga A，et al. A preclinical orthotopic mouse model for human GBM：Recapitulation of features of GEM model of origin and potency of PI3K inhibitors[Z]. AACR，2011.

[138] Yang M，Shuai Y，Zhang C，et al. Biomimetic nucleation of hydroxyapatite crystals mediated by *Antheraea pernyi* silk sericin promotes osteogenic differentiation of human bone marrow derived mesenchymal stem cells[J]. Biomacromolecules，2014，15（4）：1185-1193.

[139] Singh A，Gill G，Kaur H，et al. Role of osteopontin in bone remodeling and orthodontic tooth movement：A review[J]. Progress in Orthodontics，2018，19（1）：1-8.

[140] Berendsen A D，Smit T H，Hoeben K A，et al. Alkaline phosphatase-induced mineral deposition to anchor collagen fibrils to a solid surface[J]. Biomaterials，2007，28（24）：3530-3536.

[141] McCullen S，Zhu Y，Bernacki S，et al. Electrospun composite poly(L-lactic acid)/tricalcium phosphate scaffolds induce proliferation and osteogenic differentiation of human adipose-derived stem cells[J]. Biomedical Materials，2009，4（3）：035002.

[142] Yang X，Walboomers X F，van den Beucken J J，et al. Hard tissue formation of STRO-1-selected rat dental pulp stem cells *in vivo*[J]. Tissue Engineering Part A，2009，15（2）：367-375.

[143] Heng B C，Cao T，Stanton L W，et al. Strategies for directing the differentiation of stem cells into the osteogenic lineage *in vitro*[J]. Journal of Bone and Mineral Research，2004，19（9）：1379-1394.

[144] Rocha F S，Dias P C，Limirio P H J O，et al. High doses of ionizing radiation on bone repair：Is there effect outside the irradiated site?[J]. Injury，2017，48（3）：671-673.

[145] Quinlan E，López-Noriega A，Thompson E M，et al. Controlled release of vascular endothelial growth factor from spray-dried alginate microparticles in collagen-hydroxyapatite scaffolds for promoting vascularization and bone repair[J]. Journal of Tissue Engineering and Regenerative Medicine，2017，11（4）：1097-1109.

[146] Shirani G，Abbasi A J，Mohebbi S Z，et al. Comparison between autogenous iliac bone and freeze-dried bone allograft for repair of alveolar clefts in the presence of plasma rich in growth factors：A randomized clinical trial[J]. Journal of Cranio-Maxillofacial Surgery，2017，45（10）：1698-1703.

[147] Tian H，Du J，Wen J，et al. Growth-factor nanocapsules that enable tunable controlled release for bone regeneration[J]. ACS Nano，2016，10（8）：7362-7369.

[148] Chemel M，Brion R，Segaliny A I，et al. Bone morphogenetic protein 2 and transforming growth factor β1 inhibit the expression of the proinflammatory cytokine IL-34 in rheumatoid arthritis synovial fibroblasts[J]. The American Journal of Pathology，2017，187（1）：156-162.

[149] Ağralı Ö，Kuru B，Yarat A，et al. Evaluation of gingival crevicular fluid transforming growth factor-β1 level after treatment of intrabony periodontal defects with enamel matrix derivatives and autogenous bone graft：A randomized controlled clinical trial[J]. Nigerian Journal of Clinical Practice，2016，19（4）：535-543.

[150] Charoenphandhu N，Suntornsaratoon P，Krishnamra N，et al. Fibroblast growth factor-21 restores insulin sensitivity but induces aberrant bone microstructure in obese insulin-resistant rats[J]. Journal of Bone and Mineral Metabolism，2017，35（2）：142-149.

[151] Bayer E A，Fedorchak M V，Little S R. The influence of platelet-derived growth factor and bone morphogenetic protein presentation on tubule organization by human umbilical vascular endothelial cells and human mesenchymal stem cells in coculture[J]. Tissue Engineering Part A，2016，22（21-22）：1296-1304.

[152] Reddi A H，Cunningham N S. Initiation and promotion of bone differentiation by bone morphogenetic proteins[J]. Journal of Bone and Mineral Research，1993，8（S2）：S499-S502.

[153] Urist M R. The search for and discovery of bone morphogenetic protein（BMP）[M]//Urist M R，O'Connor B T，Burwell R G. Bone Grafts，Derivatives，and Substitutes. Oxford：Butter worth Heinemann，1994.

[154] Wozney J M. The bone morphogenetic protein family and osteogenesis[J]. Molecular Reproduction and Development，1992，32（2）：160-167.

[155] Pallotta I，Sun B，Lallos G，et al. Contributions of bone morphogenetic proteins in cardiac repair cells in three-dimensional *in vitro* models and angiogenesis[J]. Journal of Tissue Engineering and Regenerative Medicine，2018，12（2）：349-359.

[156] Zhao Y G，Meng F X，Li B W，et al. Gelatinases promote calcification of vascular smooth muscle cells by up-regulating bone morphogenetic protein-2[J]. Biochemical and Biophysical Research Communications，2016，470（2）：287-293.

[157] King J A，Marker P C，Seung K J，et al. BMP5 and the molecular，skeletal，and soft-tissue alterations in short ear mice[J]. Developmental Biology，1994，166（1）：112-122.

[158] Linkhart T A，Mohan S，Baylink D J. Growth factors for bone growth and repair：IGF，TGFβ and BMP[J]. Bone，1996，19（1）：S1-S12.

[159] Zhang X，Liu Y，Lv L，et al. Promoted role of bone morphogenetic protein 2/7 heterodimer in the osteogenic differentiation of human adipose-derived stem cells[J]. Journal of Peking University Health Sciences，2016，48（1）：37-44.

[160] Agrawal V，Sinha M. A review on carrier systems for bone morphogenetic protein-2[J]. Journal of Biomedical Materials Research Part B：Applied Biomaterials，2017，105（4）：904-925.

[161] Bach F C，Miranda-Bedate A，Van Heel F W，et al. Bone morphogenetic protein-2，but not mesenchymal stromal cells，exert regenerative effects on canine and human nucleus pulposus cells[J]. Tissue Engineering Part A，2017，23（5-6）：233-242.

[162] Dolanmaz D，Saglam M，Inan O，et al. Monitoring bone morphogenetic protein-2 and -7，soluble receptor activator of nuclear factor-κB ligand and osteoprotegerin levels in the peri-implant sulcular fluid during the osseointegration of hydrophilic-modified sandblasted acid-etched and sandblasted acid-etched surface dental implants[J]. Journal of Periodontal Research，2015，50（1）：62-73.

[163] Reader K L，Mottershead D G，Martin G A，et al. Signalling pathways involved in the synergistic effects of human growth differentiation factor 9 and bone morphogenetic protein 15[J]. Reproduction，Fertility and Development，2016，28（4）：491-498.

[164] Yoo H S，Kim G-J，Song D H，et al. Calcium supplement derived from Gallus gallus domesticus promotes BMP-2/RUNX2/SMAD5 and suppresses TRAP/RANK expression through MAPK signaling activation[J]. Nutrients，2017，9（5）：504.

[165] Wrana J L，Attisano L，Wieser R，et al. Mechanism of activation of the TGF-β receptor[J]. Nature，1994，370（6488）：341-347.

[166] Harris S，Bonewald L，Harris M，et al. Effects of transforming growth factor β on bone nodule formation and expression of bone morphogenetic protein 2，osteocalcin，osteopontin，alkaline phosphatase，and type I collagen mRNA in long-term cultures of fetal rat calvarial osteoblasts[J]. Journal of Bone and Mineral Research，1994，9（6）：855-863.

[167] Ingram R T，Bonde S K，Riggs B L，et al. Effects of transforming growth factor beta（TGFβ）and 1，25 dihydroxyvitamin D3 on the function，cytochemistry and morphology of normal human osteoblast-like cells[J]. Differentiation，1994，55（2）：153-163.

[168] Strong D D，Beachler A L，Wergedal J E，et al. Insulinlike growth factor Ⅱ and transforming growth factor β regulate collagen expression in human osteoblastlike cells *in vitro*[J]. Journal of Bone and Mineral Research，1991，6（1）：15-23.

[169] Raab-Cullen D，Thiede M，Petersen D，et al. Mechanical loading stimulates rapid changes in periosteal gene expression[J]. Calcified Tissue International，1994，55（6）：473-478.

[170] Centrella M，Horowitz M C，Wozney J M，et al. Transforming growth factor-β gene family members and bone[J]. Endocrine Reviews，1994，15（1）：27-39.

[171] Finkelman R D，Linkhart T A，Mohan S，et al. Vitamin D deficiency causes a selective reduction in deposition of transforming growth factor beta in rat bone：Possible mechanism for impaired osteoinduction[J]. Proceedings of the National Academy of Sciences，1991，88（9）：3657-3660.

[172] Finkelman R D，Bell N H，Strong D D，et al. Ovariectomy selectively reduces the concentration of transforming growth factor beta in rat bone：Implications for estrogen deficiency-associated bone loss[J]. Proceedings of the National Academy of Sciences，1992，89（24）：12190-12193.

[173] Shariat M，Abedinia N，Rezaei N，et al. Increase concentration of transforming growth factor beta（TGF-β）in breast milk of mothers with psychological disorders[J]. Acta Medica Iranica，2017：429-436.

[174] Tarafder S，Balla V K，Davies N M，et al. Microwave-sintered 3D printed tricalcium phosphate scaffolds for bone tissue engineering[J]. Journal of Tissue Engineering and Regenerative Medicine，2013，7（8）：631-641.

[175] Zhan D，Xiang W，Guo F，et al. Basic fibroblast growth factor increases IFT88 expression in chondrocytes[J]. Molecular Medicine Reports，2017，16（5）：6590-6599.

[176] Yu P，Wilhelm K，Dubrac A，et al. FGF-dependent metabolic control of vascular development[J]. Nature，2017，545（7653）：224-228.

[177] Gonciulea A R，de Beur S M J. Fibroblast growth factor 23-mediated bone disease[J]. Endocrinology and Metabolism Clinics，2017，46（1）：19-39.

[178] Lee S H，Park Y B，Moon H S，et al. The role of rhFGF-2 soaked polymer membrane for enhancement of guided bone regeneration[J]. Journal of Biomaterials Science：Polymer Edition，2018，29（7-9）：825-843.

[179] Song R，Wang D，Zeng R，et al. Synergistic effects of fibroblast growth factor-2 and bone morphogenetic protein-2 on bone induction[J]. Molecular Medicine Reports，2017，16（4）：4483-4492.

[180] Kuhn L T，Ou G，Charles L，et al. Fibroblast growth factor-2 and bone morphogenetic protein-2 have a synergistic stimulatory effect on bone formation in cell cultures from elderly mouse and human bone[J]. Journal of Gerontology Series A：Biomedical Sciences and Medical Sciences，2013，68（10）：1170-1180.

[181] Williams D F. On the mechanisms of biocompatibility[J]. Biomaterials，2008，29（20）：2941-2953.

[182] Olszta M J，Cheng X，Jee S S，et al. Bone structure and formation：A new perspective[J]. Materials Science and Engineering R：Reports，2007，58（3-5）：77-116.

[183] Murphy C M，Haugh M G，O'brien F J. The effect of mean pore size on cell attachment，proliferation and migration in collagen-glycosaminoglycan scaffolds for bone tissue engineering[J]. Biomaterials，2010，31（3）：461-466.

[184] Woodard J R，Hilldore A J，Lan S K，et al. The mechanical properties and osteoconductivity of hydroxyapatite bone scaffolds with multi-scale porosity[J]. Biomaterials，2007，28（1）：45-54.

[185] Jain R K，Au P，Tam J，et al. Engineering vascularized tissue[J]. Nature Biotechnology，2005，23（7）：821-823.

[186] Hulbert S，Young F，Mathews R，et al. Potential of ceramic materials as permanently implantable skeletal prostheses[J]. Journal of Biomedical Materials Research，1970，4（3）：433-456.

[187] Mikos A G，Thorsen A J，Czerwonka L A，et al. Preparation and characterization of poly(L-lactic acid)foams[J]. Polymer，1994，35（5）：1068-1077.

[188] Nam Y S，Park T G. Porous biodegradable polymeric scaffolds prepared by thermally induced phase separation[J]. Journal of Biomedical Materials Research Part A，1999，47（1）：8-17.

[189] Liao C J，Chen C F，Chen J H，et al. Fabrication of porous biodegradable polymer scaffolds using a solvent merging/particulate leaching method[J]. Journal of Biomedical Materials Research Part A，2002，59（4）：676-681.

[190] Sikavitsas V I，Bancroft G N，Mikos A G. Formation of three-dimensional cell/polymer constructs for bone tissue engineering in a spinner flask and a rotating wall vessel bioreactor[J]. Journal of Biomedical Materials Research Part A，2002，62（1）：136-148.

[191] Karageorgiou V，Kaplan D. Porosity of 3D biomaterial scaffolds and osteogenesis[J]. Biomaterials，2005，26（27）：5474-5491.

[192] Damien E，Hing K，Saeed S，et al. A preliminary study on the enhancement of the osteointegration of a novel synthetic hydroxyapatite scaffold *in vivo*[J]. Journal of Biomedical Materials Research Part A，2003，66（2）：241-246.

[193] Chen F，Mao T，Tao K，et al. Bone graft in the shape of human mandibular condyle reconstruction via seeding marrow-derived osteoblasts into porous coral in a nude mice model[J]. Journal of Oral and Maxillofacial Surgery，2002，60（10）：1155-1159.

[194] Zhang C，Wang J，Feng H，et al. Replacement of segmental bone defects using porous bioceramic cylinders：A biomechanical and X-ray diffraction study[J]. Journal of Biomedical Materials Research Part A，2001，54（3）：407-411.

[195] Tancred D，McCormack B，Carr A. A synthetic bone implant macroscopically identical to cancellous bone[J]. Biomaterials，1998，19（24）：2303-2311.

[196] 陈祥，李言祥. 金属泡沫材料研究进展[J]. 材料导报，2003，17（5）：5-8.

[197] Harris L D，Kim B S，Mooney D J. Open pore biodegradable matrices formed with gas foaming[J]. Journal of Biomedical Materials Research Part A，1998，42（3）：396-402.

[198] 张润，邓政兴，李立华，等. 用超临界 CO_2 法制备聚乳酸三维多孔支架材料[J]. 材料研究学报，2003，17（6）：665-672.

[199] Whang K，Thomas C，Healy K，et al. A novel method to fabricate bioabsorbable scaffolds[J]. Polymer，1995，36（4）：837-842.

[200] 李红，朱敏鹰，周长忍. 原位水化法制备羟基磷灰石/壳聚糖复合支架材料[J]. 功能材料，2010，(2)：256-259.

[201] Park S N，Park J C，Kim H O，et al. Characterization of porous collagen/hyaluronic acid scaffold modified by 1-ethyl-3-(3-dimethylaminopropyl)carbodiimide cross-linking[J]. Biomaterials，2002，23（4）：1205-1212.

[202] 薄冬营，郭振招，李红，等. 分级多孔结构聚乳酸支架的制备与性能研究[J]. 功能材料，2016，47（4）：210-213.

[203] 薄冬营. 双载药 PLLA 支架的制备及其在 GBR 中的应用研究[D]. 广州：暨南大学，2016.

[204] Anton F. Process and apparatus for preparing artificial threads：US1975504A[P]. 1934.

[205] Liang D，Hsiao B S，Chu B. Functional electrospun nanofibrous scaffolds for biomedical applications[J]. Advanced Drug Delivery Reviews，2007，59（14）：1392-1412.

[206] Matthews J A，Wnek G E，Simpson D G，et al. Electrospinning of collagen nanofibers[J]. Biomacromolecules，2002，3（2）：232-238.

[207] Li W J，Laurencin C T，Caterson E J，et al. Electrospun nanofibrous structure：A novel scaffold for tissue engineering[J]. Journal of Biomedical Materials Research，2002，60（4）：613-621.

[208] Huang L，Nagapudi K，Apkarian R P，et al. Engineering collagen：PEO nanofibers and fabrics[J]. Journal of Biomaterials Science：Polymer Edition，2001，12（9）：979-993.

[209] You Y，Min B M，Lee S J，et al. *In vitro* degradation behavior of electrospun polyglycolide，polylactide，and poly(lactide-co-glycolide)[J]. Journal of Applied Polymer Science，2005，95（2）：193-200.

[210] Liu S J，Kau Y C，Chou C Y，et al. Electrospun PLGA/collagen nanofibrous membrane as early-stage wound dressing[J]. Journal of Membrane Science，2010，355（1-2）：53-59.

[211] Yoshimoto H，Shin Y M，Terai H，et al. A biodegradable nanofiber scaffold by electrospinning and its potential for bone tissue engineering[J]. Biomaterials，2003，24（12）：2077-2082.

[212] Ki C S，Baek D H，Gang K D，et al. Characterization of gelatin nanofiber prepared from gelatin-formic acid solution[J]. Polymer，2005，46（14）：5094-5102.

[213] Boland E D，Telemeco T A，Simpson D G，et al. Utilizing acid pretreatment and electrospinning to improve biocompatibility of poly(glycolic acid) for tissue engineering[J]. Journal of Biomedical Materials Research Part B：Applied Biomaterials，2004，71B（1）：144-152.

[214] Zhang Y Z，Ouyang H W，Lim C T，et al. Electrospinning of gelatin fibers and gelatin/PCL composite fibrous scaffolds[J]. Journal of Biomedical Materials Research Part B：Applied Biomaterials，2005，72B（1）：156-165.

[215] Ding B，Kim H Y，Lee S C，et al. Preparation and characterization of a nanoscale poly(vinyl alcohol)fiber aggregate produced by an electrospinning method[J]. Journal of Polymer Science Part B：Polymer Physics，2002，40（13）：1261-1268.

[216] Yang D，Li Y，Nie J. Preparation of gelatin/PVA nanofibers and their potential application in controlled release of drugs[J]. Carbohydrate Polymers，2007，69（3）：538-543.

[217] Jin H J，Fridrikh S V，Rutledge G C，et al. Electrospinning Bombyx mori silk with poly(ethylene oxide)[J]. Biomacromolecules，2002，3（6）：1233-1239.

[218] Zhang X，Baughman C B，Kaplan D L. *In vitro* evaluation of electrospun silk fibroin scaffolds for vascular cell growth[J]. Biomaterials，2008，29（14）：2217-2227.

[219] Haroosh H J，Chaudhary D S，Dong Y. Electrospun PLA/PCL fibers with tubular nanoclay：Morphological and structural analysis[J]. Journal of Applied Polymer Science，124（5）：3930-3939.

[220] Park W H，Jeong L，Yoo D I，et al. Effect of chitosan on morphology and conformation of electrospun silk fibroin nanofibers[J]. Polymer，2004，45（21）：7151-7157.

[221] Jose M V，Thomas V，Johnson K T，et al. Aligned PLGA/HA nanofibrous nanocomposite scaffolds for bone tissue engineering[J]. Acta Biomaterialia，2009，5（1）：305-315.

[222] Ohkawa K，Cha D I，Kim H，et al. Electrospinning of chitosan[J]. Macromolecular Rapid Communications，2004，25（18）：1600-1605.

[223] Teng S H，Lee E J，Wang P，et al. Collagen/hydroxyapatite composite nanofibers by electrospinning[J]. Materials Letters，2008，62（17-18）：3055-3058.

[224] Duan B，Dong C H，Yuan X Y，et al. Electrospinning of chitosan solutions in acetic acid with poly(ethylene oxide)[J]. Journal of Biomaterials Science：Polymer Edition，2004，15（6）：797-811.

[225] Phipps M C，Clem W C，Grunda J M，et al. Increasing the pore sizes of bone-mimetic electrospun scaffolds comprised of polycaprolactone，collagen I and hydroxyapatite to enhance cell infiltration[J]. Biomaterials，33（2）：524-534.

[226] Zhou Y，Yang D，Chen X，et al. Electrospun water-soluble carboxyethyl chitosan/poly(vinyl alcohol) nanofibrous membrane as potential wound dressing for skin regeneration[J]. Biomacromolecules，2008，9（1）：349-354.

[227] Bognitzki M，Frese T，Steinhart M，et al. Preparation of fibers with nanoscaled morphologies：Electrospinning of polymer blends[J]. Polymer Engineering and Science，2001，41（6）：982-989.

[228] Chen Z，Mo X，Qing F. Electrospinning of collagen-chitosan complex[J]. Materials Letters，2007，61（16）：3490-3494.

[229] 赵要武，陈洁，李立华，等. 木垛型壳聚糖多孔支架的磷酸化改性和仿生矿化[J]. 复合材料学报，2013，(3)：76-81.

[230] Wang P，Sun Y，Shi X，et al. 3D printing of tissue engineering scaffolds：A focus on vascular regeneration[J]. Bio-Design and Manufacturing，2021，(2)：1-35.

[231] Wang C，Huang W，Zhou Y，et al. 3D printing of bone tissue engineering scaffolds[J]. Bioactive Materials，2020，5（1）：82-91.

[232] Casavola C，Cazzato A，Moramarco V，et al. Orthotropic mechanical properties of fused deposition modelling parts described by classical laminate theory[J]. Materials & Design，2016，90：453-458.

[233] Dhariwala B，Hunt E，Boland T. Rapid prototyping of tissue-engineering constructs，using photopolymerizable hydrogels and stereolithography[J]. Tissue Engineering，2004，10（9-10）：1316-1322.

[234] Chan V，Zorlutuna P，Jeong J H，et al. Three-dimensional photopatterning of hydrogels using stereolithography for long-term cell encapsulation[J]. Lab on a Chip，2010，10（16）：2062-2070.

[235] Hutmacher D W，Schantz T，Zein I，et al. Mechanical properties and cell cultural response of polycaprolactone scaffolds designed and fabricated via fused deposition modeling[J]. Journal of Biomedical Materials Research Part A，2001，55（2）：203-216.

[236] Simpson R L，Wiria F E，Amis A A，et al. Development of a 95/5 poly(L-lactide-co-glycolide)/hydroxylapatite and beta-tricalcium phosphate scaffold as bone replacement material via selective laser sintering[J]. Journal of Biomedical Materials Research Part B：Applied Biomaterials，2008，84（1）：17-25.

[237] Duan B，Wang M. Customized Ca-P/PHBV nanocomposite scaffolds for bone tissue engineering：Design，fabrication，surface modification and sustained release of growth factor[J]. Journal of the Royal Society Interface，2010，7（5suppl）：S615-S29.

[238] Kim M，Yun H S，Kim G H. Electric-field assisted 3D-fibrous bioceramic-based scaffolds for bone tissue

regeneration：Fabrication，characterization，and *in vitro* cellular activities[J]. Scientific Reports，2017，7（1）：1-13.

[239] He F L，Li D W，He J，et al. A novel layer-structured scaffold with large pore sizes suitable for 3D cell culture prepared by near-field electrospinning[J]. Materials Science and Engineering：C，2018，86：18-27.

[240] Boyan B D，Hummert T W，Dean D D，et al. Role of material surfaces in regulating bone and cartilage cell response[J]. Biomaterials，1996，17（2）：137-146.

[241] Keller J C，Stanford C M，Wightman J P，et al. Characterizations of titanium implant surfaces. III[J]. Journal of Biomedical Materials Research，1994，28（8）：939-946.

[242] Brighton C T，Wang W，Seldes R，et al. Signal transduction in electrically stimulated bone cells[J]. The Journal of Bone and Joint Surgery：American Volume，2001，83（10）：1514-1523.

[243] Chakkalakal D A. Mechanoelectric transduction in bone[J]. Journal of Materials Research，1989，4（4）：1034-1046.

[244] You J，Reilly G C，Zhen X，et al. Osteopontin gene regulation by oscillatory fluid flow via intracellular calcium mobilization and activation of mitogen-activated protein kinase in MC3T3-E1 osteoblasts[J]. Journal of Biological Chemistry，2001，276（16）：13365-13371.

[245] Pavalko F M，Burridge K. Disruption of the actin cytoskeleton after microinjection of proteolytic fragments of alpha-actinin[J]. The Journal of Cell Biology，1991，114（3）：481-491.

[246] Pavalko F M，Chen N X，Turner C H，et al. Fluid shear-induced mechanical signaling in MC3T3-E1 osteoblasts requires cytoskeleton-integrin interactions[J]. American Journal of Physiology，1998，275（6）：C1591-C1601.

[247] Meazzini M，Toma C，Schaffef J，et al. Osteoblast cytoskeletal modulation in response to mechanical strain *in vitro*[J]. Journal of Orthopaedic Research，1998，16（2）：170-180.

[248] Yang Z. Among-site rate variation and its impact on phylogenetic analyses[J]. Trends in Ecology & Evolution，1996，11（9）：367-372.

[249] Bodamyali T，Bhatt B，Hughes F，et al. Pulsed electromagnetic fields simultaneously induce osteogenesis and upregulate transcription of bone morphogenetic proteins 2 and 4 in rat osteoblasts *in vitro*[J]. Biochemical and Biophysical Research Communications，1998，250（2）：458-461.

[250] Brighton C T，Hunt R M. Histochemical localization of calcium in the fracture callus with potassium pyroantimonate. Possible role of chondrocyte mitochondrial calcium in callus calcification[J]. The Journal of Bone and Joint Surgery：American Volume，1986，68（5）：703-715.

[251] Padilla F，Puts R，Vico L，et al. Stimulation of bone repair with ultrasound：A review of the possible mechanic effects[J]. Ultrasonics，2014，54（5）：1125-1145.

[252] Cui J H，Park S R，Park K，et al. Preconditioning of mesenchymal stem cells with low-intensity ultrasound for cartilage formation *in vivo*[J]. Tissue Engineering，2007，13（2）：351-360.

[253] Sheyn D，Kimelman-Bleich N，Pelled G，et al. Ultrasound-based nonviral gene delivery induces bone formation *in vivo*[J]. Gene Therapy，2008，15（4）：257-266.

[254] Chappell J C，Song J，Burke C W，et al. Targeted delivery of nanoparticles bearing fibroblast growth factor-2 by ultrasonic microbubble destruction for therapeutic arteriogenesis[J]. Small，2008，4（10）：1769-1777.

[255] Fabiilli M L，Wilson C G，Padilla F，et al. Acoustic droplet-hydrogel composites for spatial and temporal control of growth factor delivery and scaffold stiffness[J]. Acta Biomaterialia，2013，9（7）：7399-7409.

[256] Kruse D，Mackanos M，O'Connell-Rodwell C，et al. Short-duration-focused ultrasound stimulation of Hsp70 expression *in vivo*[J]. Physics in Medicine & Biology，2008，53（13）：3641.

[257] Winterroth F, Lee J, Kuo S, et al. Acoustic microscopy analyses to determine good vs. failed tissue engineered oral mucosa under normal or thermally stressed culture conditions[J]. Annals of Biomedical Engineering, 2011, 39(1): 44-52.

[258] Mehier-Humbert S，Yan F，Frinking P，et al. Ultrasound-mediated gene delivery：Influence of contrast agent on transfection[J]. Bioconjugate Chemistry，2007，18（3）：652-662.

第9章　病理性矿化

动物和人类在不同的组织和环境中都经历生物矿化过程。矿化是一个重要的生物过程，在正常条件下，它负责硬组织（如骨、软骨和牙齿）的发育及其愈合，我们称之为生理性矿化。然而还有一种矿化，它发生在几乎所有与软组织相关的疾病中，称为病理性矿化或钙化（pathological mineralization 或 calcification）。近年来，疾病相关的矿化物越来越被认为是多种疾病的重要组成部分，了解有机物和矿化物相互作用已成为掌握相关疾病病理学的核心所在。然而，这一研究途径需要多学科专业知识，其中包括有关矿化物的一般物理化学信息（例如它们的组成、结晶度、相和形态）以及重要的细胞和细胞外基质的信息，特别是在探讨疾病发生和发展的机理方面。本章简单介绍常见的病理性矿化的特点及研究状况，为相关疾病的研究提供借鉴。

9.1　病理性矿化物

病理性矿化物和生理性矿化物一样，以钙盐为主，主要为磷酸钙盐、碳酸钙盐和草酸钙盐。尽管在大多数矿化疾病中提出了许多病理性矿化的分子机制，但迄今为止，在其所在软组织中发现的矿化物的确切原因和完整形成机制尚不完全清楚。病理性矿化的研究基本上是矿化物成分的间接研究[1-4]，通过使用材料表征方法（包括电子显微镜[5]和光谱法[6]）直接分析表征，大部分的研究未考虑体内矿化物的环境及细胞相关因素。尽管如此，这些研究方法还是可以更好地理解导致受相关疾病影响的软组织中矿化物形成的作用、机制和原因。表 9.1 是常见矿化物及其相关疾病[7]。

表 9.1　常见矿化物及其相关疾病

疾病	矿化位置	矿化物成分
乳腺癌	乳房	HAP，草酸钙，镁取代磷酸钙
前列腺癌	前列腺	碳酸磷酸钙，羟基磷灰石，一水草酸钙，二水草酸钙，白磷灰石
慢性肾脏病	血管组织	HAP，磷酸钙
良性前列腺肥大	前列腺	HAP，一水草酸钙，二水草酸钙
胰癌	胰脏	方解石

续表

疾病	矿化位置	矿化物成分
卵巢癌	卵巢	磷酸钙
甲状腺癌	甲状腺	碳酸磷酸钙，HAP，ACP，钙磷灰石，五水磷酸八钙，透磷钙石，一水草酸钙，二水草酸钙，碳氧钙石
法尔综合征	基底核	磷酸钙，碳酸钙
系统性硬化症（硬皮症）	结缔组织	HAP
钙化肌腱炎	肌腱	碳酸磷灰石，羟基磷灰石
肾结石	肾脏	磷酸镁铵，羟基磷灰石，一水草酸石，二水草酸石，尿酸结石，胱氨酸
尿停滞	膀胱	一水草酸石，磷酸镁铵，尿酸结石，胱氨酸，碳酸磷灰石
甲状旁腺机能减退	基底核	磷酸钙
动脉粥样硬化症	动脉	HAP，白磷钙石
钙化性主动脉瓣疾病	心血管	HAP
年龄相关性黄斑变性	肺脏	磷灰石，白磷钙石
阿尔茨海默病	大脑	氧化铁，钙盐
结核病	肺部	磷酸钙
脑膜瘤	大脑	钙盐
涎石	唾液腺	碳酸磷灰石，一水草酸石，二水草酸石，透磷钙石，磷酸镁铵
髓石	牙髓	磷酸钙

病理性矿化物的组成和生理性矿化物一样，成分是复杂多变的。比如，HAP中的羟基，实际上被其他离子取代的程度更大，比如碳酸根；钙离子会被镁离子所取代。不同部位的组成相近的钙磷盐也变化多样，如肾结石中低 Ca/P 的磷酸盐主要由无定形磷酸钙组成，而高 Ca/P 的磷酸盐则由结晶性较差的 HAP 组成，可部分被碳酸根取代。有机质可能进入矿化物结构中，也有些矿化物不含有机质。病理性矿化物的多样性意味着在其形成和发育过程中存在复杂的外部条件。

9.2　心血管系统的病理性矿化

9.2.1　心血管系统病理性矿化的类型

人体心血管系统中的钙化，根据发生部位的不同可分为心脏瓣膜钙化和动脉血管钙化[8]。临床上则分为四种不同类型的心血管钙化：动脉粥样硬化钙化、内侧动脉钙化、心脏瓣膜钙化和血管钙化松弛。

动脉粥样硬化钙化发生在粥样硬化斑块部位，该部位同时存在细胞坏死、炎症和胆固醇沉积[11]。低密度脂蛋白被氧化后，会招募 T 细胞和巨噬细胞到病变部位。钙化的形成过程类似于软骨内骨化，软骨内骨化先于成骨细胞诱导和板层骨形成。随着病变的进展，成骨作用明显，有时相当严重，在一些病理标本中可见骨髓形成。相关蛋白质的表达早在病变的内膜黄瘤阶段就存在[12]，并且一旦形成脂质核心，即可检测到钙化的组织学证据[13]。

内侧动脉钙化与动脉粥样硬化钙化相反，内侧动脉钙化是通过一个类似于基质囊泡介导的膜内骨形成的过程进行，不需要软骨中间物[14]。这种情况在糖尿病、慢性肾脏病（chronic kidney disease，CKD）和其他老年疾病中很常见。Vattikuti 和 Towler 在他们关于糖尿病血管钙化的综述中认为内侧动脉钙化是外膜肌成纤维细胞受到刺激群体迁移的结果，这些细胞通过血管平滑肌细胞（vascular smooth muscle cell，VSMC）对骨钙素获得成骨表型[15]。

心脏瓣膜钙化是指钙磷盐在瓣膜上的堆积，如 9.1 图（a）所示，从而引起主动脉瓣狭窄，瓣膜结构改变，合并皱襞，并引发心脏衰竭。心脏瓣膜钙化与内侧动脉钙化和动脉粥样硬化钙化都有相似之处，但是一个更复杂的过程。瓣膜钙化的主要刺激因素可能是机械应力和瓣膜炎症的结合。正在钙化的瓣膜最初有巨噬细胞和 T 细胞浸润，以应对内皮损伤[11]。BMP-2 和 BMP-4 随后由肌成纤维细胞和邻近淋巴细胞传递到前成骨细胞，进而表达成骨促进矿化。此外，心脏瓣膜表达成骨细胞分化的标志物，包括 Cbfα1 和骨钙素[16]。这些瓣膜也以类似于成骨的方式钙化，在大多数病理标本中可见板层骨样组织[11]。二叶主动脉瓣钙化的分子机制研究认为，转录调节因子 NOTCH1 的突变导致主动脉瓣异常和严重钙化，因为成骨细胞的刺激因子 Runx2 的抑制功能受损[17]。

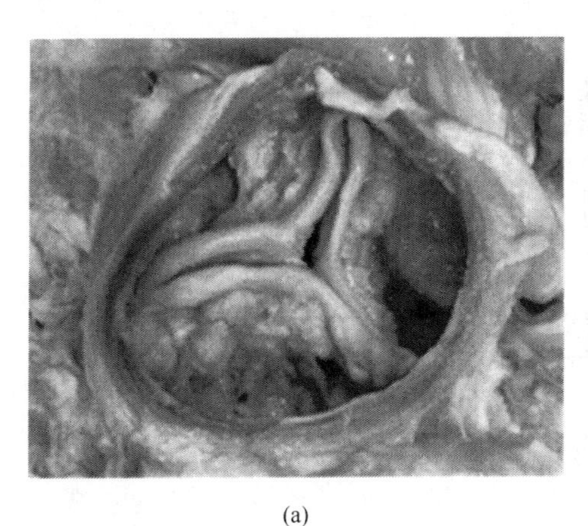

(a)

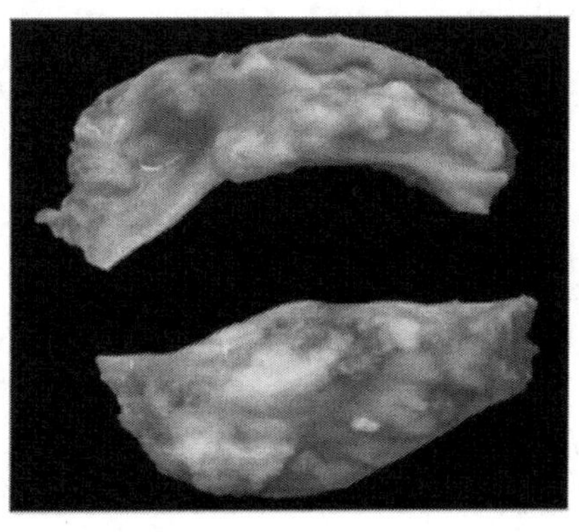

(b)

图 9.1　心脏瓣膜钙化（a）[9]和动脉血管钙化（b）[10]

血管钙化松弛与其他类型的血管钙化不同，血管钙化疏松症或钙化性尿毒症是一种更系统的过程，其特征是中小型动脉和小动脉的中膜弥漫性钙化，内膜增生导致组织坏死。这种现象表现为普遍的皮下软组织钙化，当超过生理性磷酸钙溶解度阈值（＞60 mg^2/dL^2）时发生，并且不依赖于细胞活跃的成骨过程[10]。

动脉血管钙化包括了动脉粥样硬化钙化和内侧动脉钙化等，是高血压、糖尿病血管病变、血管损伤、慢性肾脏病和衰老等普遍存在的病理表现［图 9.1（b）］。动脉血管钙化主要存在血管的内膜和中膜中，内膜矿化呈现弥散性斑点，多半存在钙矿物的沉积，而矿物的沉积会进一步加剧矿化区域的生长。部分研究表明，这些矿物有时会出现跟骨相似的特征。尽管目前血管矿化的机理不清楚，但是大量研究表明血管钙化是一种与骨生长类似的由有机质调控的主动过程，并非单纯的钙磷被动沉积，而是一种类似于生理性矿化的主动的、可逆的、受到高度调控的过程[7]。其特征包括基质小泡的出现、细胞内碱性磷酸酶活性增加、各种与骨分化相关蛋白的出现以及血管细胞发生成骨细胞样表型的转化等。

9.2.2 心血管系统病理性矿物组成

矿物学方法初步研究结果表明，心脏瓣膜钙化灶中的矿物相是一个含有多相磷酸钙的混合体系，主要成分是磷酸八钙（OCP）和碳酸羟基磷灰石（CHA）。矿物呈纳米柱状晶簇或不规则团块状产出，且含有高达 4.5%的 SiO_2 杂质[18, 19]。这些纳米尺度的磷酸盐矿物与骨骼和牙齿中的磷灰石很类似。而动脉粥样硬化的主要成分是 HAP，病理检查发现粥样硬化斑块中央为含有无定形胆固醇晶体和磷灰石的坏死区[20]。

但与骨骼不同的是，电子显微镜分析表明血管钙化是不可逆的，由三种不同的组分形成：矿化纤维、钙化颗粒和无明确形态的大型矿物颗粒[7]。更令人惊讶的是这些结构具有独特的结晶性，大的矿物呈现出较低的结晶度，电子衍射分析显示，钙化颗粒还可分裂成单晶[5]。

在动脉粥样硬化斑的形成过程中，同时伴有粥样斑块的钙化；随着粥样硬化的发展，钙化程度也不断加重。过去认为这是一种被动的钙盐（磷酸钙）沉积过程，而近年来的分子生物学和免疫组化研究表明，动脉粥样硬化的钙化是一个有组织、有调控的主动性过程。在这个过程中有多种功能复杂的糖蛋白、信使 RNA（mRNA）、γ-谷氨酸羧化酶（γ-glutamate carboxylase）等参与，这些糖蛋白主要是与新骨生成和钙化有关的蛋白质，如骨桥蛋白、骨粘连蛋白、骨钙素和 BMP-2 等。因此目前认为动脉粥样硬化斑的钙化是一种与新骨形成极为相似的受调控的主动性代谢过程，其钙盐的主要成分是 HAP，而不是原来认为的磷酸钙。而且一般情况下，骨中磷灰石的钙磷摩尔比小于 1.7，但血管矿化物的钙磷摩尔比大于 1.7[21, 22]。

9.2.3　心血管系统病理性矿化的机制

血管钙化时 VSMC、内皮细胞、间充质细胞和造血干细胞等相互作用，激活骨发生信号导致血管钙化发生，其中关键现象是 VSMC 在各种刺激因素后由收缩表型向成骨细胞表型转化。此外，从早期矿物的表征和病理分析结果可以得出，这些矿化与血管平滑肌细胞中分泌的基质囊泡有关，在囊泡中或者囊泡表面会含有残缺的细胞器组分；同样的囊泡在骨和软骨组织中也被大量发现，在骨组织中，这些囊泡从软骨细胞和成骨细胞中分泌出来，会成为钙矿物的成核位点。在血管平滑肌细胞凋亡后，凋亡小体释放的过程中会发生矿化，进一步说明平滑肌细胞分泌的囊泡与血管的矿化存在一定的联系[23]。

血管在发生矿化的区域，骨生长相关的蛋白质如骨桥蛋白、骨钙素、I 型/II 型胶原蛋白、碱性磷酸酶、骨涎蛋白、BMP 等会大量存在于细胞外基质中，这些蛋白质在骨的生长中为矿化提供成核位点和促进磷酸钙矿物生长。尽管没有明确的结论指出这些蛋白质在血管壁上的作用是否与骨相同，但研究表明[24]，提高血管平滑肌细胞内这些基因的表达量会促使平滑肌细胞呈现骨细胞的表型。

从生理学角度，影响血管钙化发生的因素主要有以下几种[24]：剪切应力和内皮损伤与修复、氧化应激、基因和遗传因素、感染、药物等。因素虽然是多样的，但其本质仍然是在血管内出现了骨细胞的表型。由于矿化物形态、组成的多样性，其矿化机理可能也是多样的，而且与骨的形成不同。

导致心脏瓣膜钙化的细胞和分子机理如图 9.2（a）所示，相应组织病理学形态和功能变化也在图 9.2（b）中示意。在年轻健康人中，瓣膜间质细胞中 α-平滑肌肌动蛋白表达阴性，即 αSMA^-，瓣膜阀孔面积正常。在瓣膜疾病的早期阶段，出现球状纳米颗粒（图 9.2 中黄色颗粒）可能会启动 α-VIC 激活平滑肌肌动蛋白，即 αSMA^+，还没有出现肉眼可见的瓣膜钙化或阀孔面积减少的情况。随着球状纳米颗粒的进一步积累，成骨基因表达变得明显，通常出现肉眼可见的瓣膜钙化和/或瓣膜硬化。在钙化性主动脉瓣疾病的晚期，有证据表明大量球状纳米颗粒堆积，大片致密钙化，宏观钙化，主动脉瓣孔面积显著减少，即主动脉瓣狭窄[25]。

细胞学和分子生物学研究认为，钙化性主动脉瓣疾病的潜在形成途径可能如图 9.3 所示[26]：T 细胞和巨噬细胞渗透内皮并释放因子，这些因子作用于瓣膜成纤维细胞的细胞因子，以促进细胞增殖和细胞外基质重塑。瓣膜成纤维细胞的肌层分化为肌成纤维细胞，肌成纤维细胞具有平滑肌细胞特征。进入内皮下层的低密度脂蛋白（low density lipoprotein，LDL）被氧化修饰并被巨噬细胞吸收成为泡沫细胞。

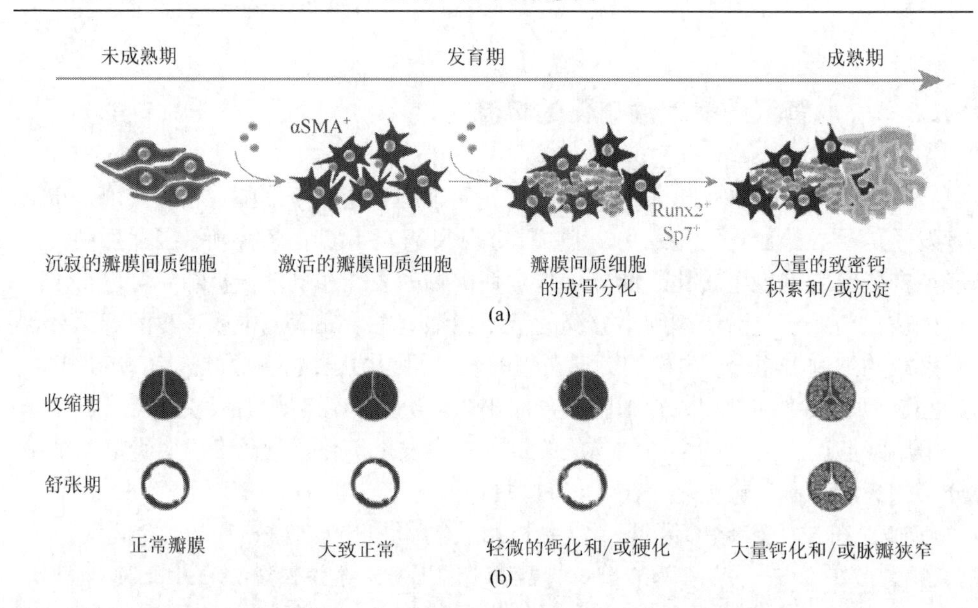

图 9.2　导致心脏瓣膜钙化和狭窄的细胞和分子机理（后附彩图）

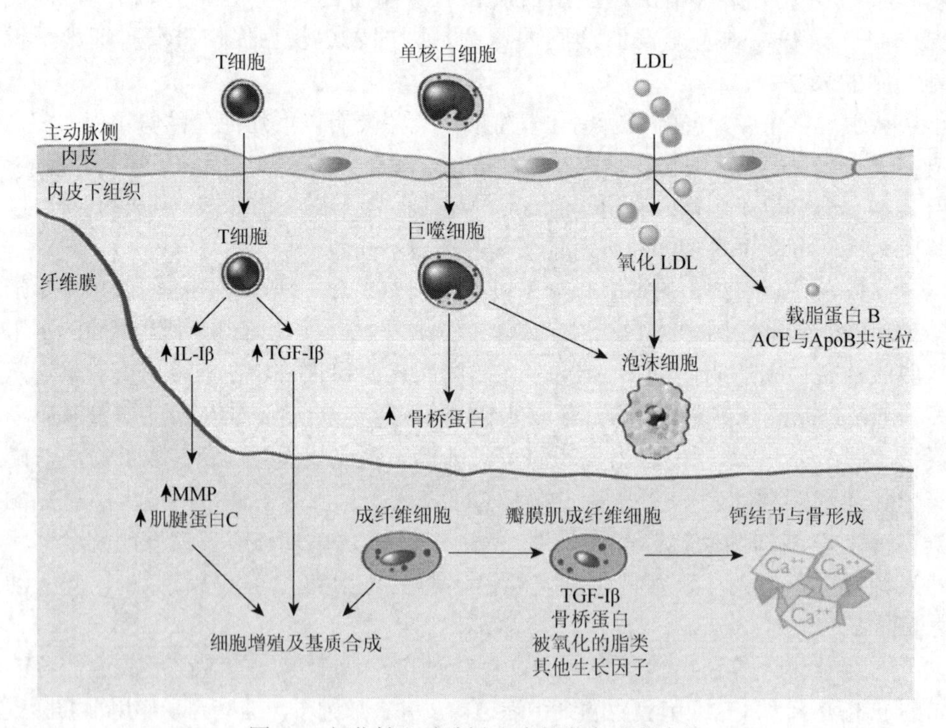

图 9.3　钙化性主动脉瓣疾病的潜在形成途径

血管紧张素转化酶（angiotensin converting enzyme，ACE）与载脂蛋白 B（apolipoprotein，ApoB）共定位，促进血管紧张素Ⅱ（AngⅡ）的转化，AngⅡ作用于瓣膜肌成纤维细胞上表达的血管紧张素 1 受体（AT-1R）。瓣膜肌成纤维细胞的一个子集分化为成骨细胞表型，能够促进钙结节和骨形成。

从上述心血管病理性矿化形成机制的分析可以看出，病理性矿化相对正常的生物矿化，还会涉及到细胞的多功能转化，因此在研究中更为复杂。在目前的研究报道中，相关的报道较少。

9.3　牙　结　石

牙结石又称牙石，当牙菌斑在口腔中形成时，它会变成一个更大的牙石，这种结构，也称为牙垢。牙垢是一种附着在牙齿上的钙化块，通常存在于唾液腺开口处的牙齿表面。牙结石对口腔而言是一种异物体，它会不断刺激牙周组织，并会压迫牙龈，影响血液循环，造成牙周组织的病菌感染，引起牙龈发炎萎缩，形成牙周袋。当牙周袋形成后，更易使食物残渣、牙菌斑和牙结石等堆积，这种新的堆积又更进一步地破坏更深的牙周膜，如此不断的恶性循环，终至牙周支持组织全部破坏殆尽，而使牙齿最终拔除。

牙结石分为两大类：龈上牙石和龈下牙石。龈上牙石位于牙龈边缘以上，是最常见且危害较小的类型，因为它是可见的，并且很容易被检测到。龈下牙石更为危险，因为它在牙齿和牙龈之间形成牙周袋，在牙龈边缘下隐藏牙菌斑，很难被刷掉。

9.3.1　牙结石的形成机制

菌斑的形成往往早于牙石的形成。最初，细菌生物膜形成在牙齿表面或不规则的根面牙骨质上。当它开始钙化时晶体牢固地结合于受影响的表面，尤其是在牙骨质上存在穿通纤维（沙比纤维）的部位。

菌斑的堆积成为后来矿化沉积的有机基质。微小晶体位于细菌间的微生物基质中；首先基质钙化，而后细菌也矿化。12 天就可形成一定规模并光滑的龈上牙石，同时形成 80%的无机物。然后，晶体的发展和成熟可能需要很长一段时间。

生物矿化要求晶体形成晶核然后才开始生长。形成龈上牙石的离子是由唾液中分离出来的。即使是短暂的离子过饱和，菌斑也可为钙离子异相成核和磷酸晶体形成提供环境。pH 和唾液流动率的增加可影响唾液的过饱和状态，从而有助于牙石的形成。其他的离子根据情况也可能加入到其中。细胞中的磷酸酯和特异脂蛋白具有微生物矿化的作用。龈沟液产生的钙离子、磷酸根离子和蛋白质可形成龈下牙石。一些唾液蛋白或牙膏中的成核抑制剂和晶体生成抑制剂会影响牙石的形成。

纳米细菌被证实与多种人类结石性疾病相关。目前，在牙结石、牙髓石、口腔内腺体的结石中都被证实存在纳米细菌，正常人的血液中，也检测到有纳米细菌的存在[27]。但其致病机理尚未完全明确，也存在一些争议。针对纳米细菌在牙结石形成中的作用，有研究提出以下钙化机制[28]：①钙化纳米微粒具有强大的矿化能力，近年来发现钙化纳米微粒能够利用人体内环境中生理浓度下的钙磷无机成分合成分泌 HAP，即牙结石的主要成分，形成结石。生物矿化过程可以一直进行到周围环境中钙磷成分接近于零。此外，纳米细菌在矿化过程中能升高 pH，在中性偏碱的口腔环境中，有利于牙菌斑的矿化并形成结石[29]。因此，这种强大的矿化作用让纳米细菌有能力在牙结石形成过程中起到矿化中心的作用。②纳米细菌具有细胞毒性。现有的研究认为纳米细菌分泌的一些细胞毒素及细胞因子具有细胞毒性，能感染细胞和组织，分泌钙化多糖生物膜，使细胞内外发生钙化，引起感染组织的炎症反应，最终导致细胞的空泡样变性、溶解或凋亡[30]。

9.3.2 牙结石晶体类型

磷酸钙具有 4 种不同的晶体类型，它们以不同的比例存在于龈上和龈下牙石中（表 9.2）[31]：主要的矿化物有 OCP 和 HAP，还存在镁取代的磷酸三钙 β-$(Ca, Mg)_3(PO_4)_2$ 和二水磷酸氢钙（$CaHPO_4 \cdot 2H_2O$）[32]。存在其他可取代 Ca^{2+}的阳离子：Sr^{2+}、Pb^{2+}、K^+、Na^+；碳酸根和磷酸氢根可取代磷酸根离子；氯化物和氟化物可取代羟基。

表 9.2 龈上牙石和龈下牙石的区别

	龈上牙石	龈下牙石
位置	牙龈缘的冠方	牙龈缘的根尖方、龈沟或牙周袋内
分布	临近唾液腺导管开口处：下颌切牙舌侧下颌第二磨牙的颊侧	在口腔中无特定好发部位，邻面和舌侧较颊侧好发
外观	黄色或白色，可能因吸烟着色而呈深色	黑褐色，来自于龈沟液的出血因素和厌氧杆菌钙化产生的黑色素
形态	无形态差别，无定形的沉积物	突出或环绕于牙面，尤其在牙釉质和牙骨质界面的牙面部位，尖刺状的、结节状堆积、薄贴面、犬齿交错

续表

	龈上牙石	龈下牙石
检测	临床肉眼可直视 空气干燥后检测能力提高，牙石呈现白垩色	通过探查，使用末端呈球状的 WHO621 探针可提高触感。沉积物局限在牙周袋口，可见黑色阴影；用三用枪将牙龈缘吹开，可能会使牙龈收缩，同时看见沉积物。随着牙龈的退缩，龈下沉积物可能位于龈上并可直视。在 X 射线影像中，邻面有时可见牙石的翼状不透射影像
形成	成核和晶体生长方式是多种多样的，钙化方式是多种多样的，层间的多种矿化成分按层建立沉积物	成核和晶体生长方式是多种多样的，钙化方式较龈上牙石更统一，沉积物按层建立，每层间为相似高矿化密度
矿化程度及来源	平均 37%（不同层的分布范围在 16%～51%），来自于唾液	平均 58%（不同层的分布范围在 32%～78%），来自龈沟液
组成	70%～80%无机盐，主要成分为钙、碳酸盐和氟化物，氟化物分布整齐，含其他微量元素。 有机物占净重的 15%～20%，其中蛋白质 55%，脂类 10%和约 35%碳水化合物	镁、钠和氟化物较龈上牙石更密集，比龈上牙石更高的磷酸盐钙化率，氟化物的分布不整齐
晶体类型	多半为磷酸八钙和 HAP，一些白磷钙矿，少量的磷酸氢钙；新形成的牙石 pH 低，磷酸盐高度钙化，最早出现磷酸氢钙；但当它成熟时会转化为 HAP 或白磷钙，但少见	主要成分为白磷钙，它在厌氧、碱性、镁、锌、碳酸盐参与的条件下生长，并包含少量的镁（3%）；也存在 HAP，OCP 位于龈下牙石的环形结构上，通常发现其正好位于牙龈缘的下方，无磷酸氢钙

9.4　乳腺组织矿化

乳腺组织矿化被认为是组织坏死、损伤或一系列疾病的后果，如慢性肾脏病和高血压等。在乳房中发现的显微矿物质沉积（称为微钙化，microcalcification）组织是乳腺癌诊断的关键组成部分[33]。微钙化也经常用作鉴别良恶性的乳腺 X 线特征疾病。

通过电子显微镜和光学显微镜、X 射线衍射和微探针分析，两种化学性质不同的矿物质与乳腺癌有关：草酸钙和磷灰石。草酸钙主要是在良性疾病中被发现的；磷灰石在良性和恶性病例中都有。最近还有研究发现 Mg 取代磷灰石出现在恶性病例中[34]。使用傅里叶变换红外光谱和拉曼光谱的研究发现，矿物中碳酸盐浓度的降低伴随着进一步恶化[35]。

矿物质在乳腺癌中的物理化学性质有可能提示疾病的发展。据报道，小矿化颗粒的乳腺癌病人生存率比没有小颗粒的病人低，在乳腺导管内出现矿化物会导致癌症的复发[36]。细胞实验发现，乳腺癌细胞中的磷灰石会促进癌细胞的有丝分裂和迁移[2]。但乳腺中这些磷灰石的来源目前还不清楚，推测可能是细胞死亡的副产品。

体外实验表明，与非肿瘤性细胞相比，正常细胞的生理过程不会产生磷灰石，肿瘤性乳腺细胞却能够产生磷灰石。乳腺肿瘤细胞形成独特矿物质的能力归因于这些细胞表达骨相关蛋白。因此，有人认为，类成骨过程可能导致乳腺组织中磷灰石的形成[7]，但矿物质的存在是以何种方式影响乳腺癌的进程，目前尚不明晰。

在过去，乳腺钙化被认为是一种被动的终末期过程，与细胞退化有关，没有明显的生物学意义。然而，其他细胞体系的研究表明，调节病理性矿化的机制可能与参与骨生理矿化的机制相似。乳腺癌活组织检查显示几种骨基质蛋白过度表达，包括骨涎蛋白、骨桥蛋白和骨粘连蛋白[37]。此外，它们的表达与乳腺病变中大量出现的微钙化沉积有关。目前的推测，乳腺组织矿化可能有两条途径：①乳腺细胞以及内皮间充质转录分化为成骨细胞，在乳腺部位分泌骨基质蛋白和基质囊泡，导致 HAP 成核。细胞的凋亡也会募集巨噬细胞，释放囊泡。②炎症引起 VSMC 和内皮间充质转录分化为成骨细胞。

Morgan 等的体外实验表明[2]，小鼠转移性 4T1 细胞系使用 OCN 处理时，该细胞在第 11 天矿化。拉曼光谱用于鉴定 4T1 细胞沉积的矿物为 HAP。这是首次在体外研究中证实乳腺细胞可以矿化。他们提出了乳腺矿化的新机制，认为矿化的增强剂和抑制剂之间的平衡被破坏，即碱性磷酸酶和磷酸盐转运被抑制，就可以阻止矿化，表明矿化是一个活跃的细胞介导过程，而不是一个细胞死亡的副产品。

9.5 小　结

本章重点介绍了三种病理性矿化：心血管系统矿化、口腔中的牙石矿化以及乳腺组织的矿化，所涉及的疾病是常见病、多发病。所涉及的矿化物以磷灰石体系为主，所以形成机制多涉及骨相关的细胞或因子。除上述病理性矿化外，还有肾结石、眼矿化、脑矿化、胎盘矿化等，除脑矿化中有铁盐外，其他基本上以钙盐为主。因此，大脑矿化与铁和多巴胺代谢异常有关[38]。这些病理性矿化研究还很薄弱，也有可能和骨形成的相关性不强。

总体而言，从常见疾病（如牙结石）中矿物质的化学成分、结晶度和外观特征所获得的知识可以推动相关研究和实践，以找到更好的治疗方法。对于心血管疾病，因为矿物质本身是病理学的基本组成部分，阻止矿物质的形成或发展可以导致相关疾病治疗的突破。乳腺癌是另一个例子，对矿物质的进一步分析将获得不同矿物质与不同乳腺癌类型、分级和分期之间的关系，最终形成更精确的乳腺癌诊断数据。对于其他疾病，包括脑和胎盘矿化等，无机成分与潜在病理学之间的关联（如果有）尚不清楚。对体内发现的矿物质进行深入分析，将有助于理解所观察到矿物质的实际意义。

此外，体外模型也是研究病理性矿化及其治疗方案的有力手段。将这些模型中产生的矿物质性质与健康和患病组织中在体内观察到的矿物质性质进行比较，将有助于目前理解不同系统中矿物质形成的机制。体外模型相对稳定，可以开展多因素多水平的分析和检测，包括药物的筛选。

参考文献

[1] Cox R F，Hernandez-Santana A，Ramdass S，et al. Microcalcifications in breast cancer：Novel insights into the molecular mechanism and functional consequence of mammary mineralisation[J]. British Journal of Cancer，2012，106（3）：525-537.

[2] Morgan M P，Cooke M M，Christopherson P A，et al. Calcium hydroxyapatite promotes mitogenesis and matrix metalloproteinase expression in human breast cancer cell lines[J]. Molecular Carcinogenesis，2001，32（3）：111-117.

[3] Hutcheson J D，Goettsch C，Bertazzo S，et al. Genesis and growth of extracellular-vesicle-derived microcalcification in atherosclerotic plaques[J]. Nature Materials，2016，15（3）：335-343.

[4] Kapustin A N，Chatrou M L L，Drozdoc I，et al. Vascular smooth muscle cell calcification is mediated by regulated exosome secretion[J]. Circulation Research，2015，116（8）：1312-1323.

[5] Bertazzao S，Gentleman E，Cloyd K L，et al. Nano-analytical electron microscopy reveals fundamental insights into human cardiovascular tissue calcification[J]. Nature Materials，2013，12（6）：576-583.

[6] Baker R N，Schweitzer D，Fitzmanutice M，et al. Analysis of breast tissue calcifications using FTIR spectroscopy[J]. SPIE，2007，6628：66280I-I-8.

[7] TsoLaki E，Bertazzo S. Pathological mineralization：The potential of mineralomics[J]. Materials，2019，12（19）：3126-3148.

[8] Hisar I，Ileri M，Yetkin E，et al. Aortic valve calcification：Its significance and limitation as a marker for coronary artery disease[J]. Angiology，2002，53（2）：165.

[9] Morsi Y S，Birchall I E，Roseenfeld F L. Artificial aortic valves：An overview[J]. The International Journal of Artificial Organs，2004，27（6）：445-451.

[10] Johnson R C，Leopold J A，Loscalzo J. Vascular calcification：Pathobiological mechanisms and clinical implications[J]. Circulation Research，2006，99（10）：1044-1059.

[11] Mohler E R，Gannon F，Reynolds C，et al. Bone formation and inflammation in cardiac valves[J]. Circulation，2001，103（11）：1522-1528.

[12] Dhore C R，Cleutjens J P M，Lutgens E，et al. Differential expression of bone matrix regulatory proteins in human atherosclerotic plaques[J]. Arteriosclerosis，Thrombosis，and Vascular Biology，2001，21（12）：1998-2003.

[13] Stary H C. Natural history of calcium deposits in atherosclerosis progression and regression[J]. Zeitschrift Für Kardiologie，2000，89（2 suppl）：S028-S35.

[14] Schinke T，Mckee M，Kiviranta R，et al. Molecular determinants of arterial calcification[J]. Annals of Medicine，1998，30（6）：538-541.

[15] Vattikuti R, Towler D A. Osteogenic regulation of vascular calcification: An early perspective[J]. American Journal of Physiology Endocrinology and Metabolism，2004，286（5）：E686.

[16] Rajanannan，N M. Human aortic valve calcification is associated with an osteoblast phenotype[J]. Circulation，2003，107（17）：2181-2184.

[17] Garg V，Muth A N，Ransom J F，et al. Mutations in NOTCH1 cause aortic valve disease[J]. Nature，2005，437（7056）：270-274.

[18] Giliskaya L G，Rudina N A，Okuneva G N，et al. Pathogenic mineralization on human heart valves. Ⅲ. Electron microscopy[J]. Journal of Structural Chemistry，2003，44（6）：1038-1045.

[19] Elhajj I I，Haydar A A，Hujairi N M，et al. The role of inflammation in acute coronary syndromes：Review of the literature[J]. Le Journal Medical Libanais the Lebanese Medical Journal，2004，52（2）：96-102.

[20] 宋琳，徐隽. 冠状动脉钙化：病理生理机制、影像学评价及临床意义[J]. 国际医学（临床放射学分册），2000，（5）：268-273.

[21] Bigi A，Foresti E，Incerti A，et al. Structural and chemical characterization of the inorganic deposits in calcified human aortic wall[J]. Inorganica Chimica Acta，1981，55（3）：81-85.

[22] Tomazic B B，Brown W E，Queral L A，et al. Physiochemical characterization of cardiovascular calcified deposits. I. Isolation，purification and instrumental analysis[J]. Atherosclerosis，1988，69（1）：5-19.

[23] Richards J M，Kunitake J A M R，Hunt H B，et al. Crystallinity of hydroxyapatite drives myofibroblastic activation and calcification in aortic valves[J]. Acta Biomaterialia，2018，71：24-36.

[24] 高佳斌，徐志云. 主动脉瓣钙化发病机制的研究进展[J]. 国际心血管病杂志，2016，43（4）：210-212，216.

[25] Chen J H，Simmons C A. Cell-matrix interactions in the pathobiology of calcific aortic valve disease：critical roles for matricellular，matricrine，and matrix mechanics cues[J]. Circulation Research，2011，108（12）：1510-1524.

[26] Salas M J，Santana O，Escolar E，et al. Medical therapy for calcific aortic stenosis[J]. Journal of Cardiovascular Pharmacology and Therapeutics，2011，17（2）：133-138.

[27] 王学军，刘威，杨竹林，等. 部分健康成年人群血清中纳米细菌感染的调查[J]. 中华流行病学杂志，2004，25（6）：492-494.

[28] 王宋庆，张志民. 纳米细菌及其与口腔结石性疾病的关系[J]. 口腔医学研究，2019，35（9）：827-829.

[29] 韩耀伦，陈红莉，李庆福. 人类唾液和牙结石中纳米细菌的分离培养及形态观察[J]. 中国继续医学教育，2015，（24）：213-214.

[30] 王斯玮，杨岚，刘建国. “纳米细菌”与牙周病[J]. 牙体牙髓牙周病学杂志，2014，（7）：424-427，414.

[31] 瓦莱丽·克拉里修，阿拉德纳·图奈特，罗伯特·丁·金柯，等. 牙周病诊疗指南[M]. 潘亚萍，译. 沈阳：辽宁科学技术出版社，2015.

[32] 赵玮，汪说之，陈智. 口腔生物磷酸钙的晶体特性及其生物学意义[J]. 国际口腔医学杂志，28（1）：51-53.

[33] Wilkinson L，Thomas V，Sharma N. Microcalcification on mammography：Approaches to interpretation and biopsy[J]. The British Journal of Radiology，2017，90（1069）：20160594.

[34] Kunitake A J，Choi S，Nguyen X K，et al. Correlative imaging reveals physiochemical heterogeneity of microcalcifications in human breast carcinomas[J]. Journal of Structural Biology，2018，202（1）：25-34.

[35] Baker R，Rogers K D，Shepherd N，et al. New relationships between breast microcalcifications and cancer[J]. British Journal of Cancer，2010，103（7）：1034-1039.

[36] Haka A. Identifying microcalcifications in benign and malignant breast lesions by probing differences in their chemical composition using Raman spectroscopy[J]. Cancer Research，2002，62（18）：5375.

[37] Bellahc N E A，Castronovo V. Increased expression of osteonectin and osteopontin，two bone matrix proteins，in human breast cancer[J]. Amjpathol，1995，146（1）：95-100.

[38] Casanova M F，Araque J M. Mineralization of the basal ganglia：Implications for neuropsychiatry，pathology and neuroimaging[J]. Psychiatry Research，2003，121（1）：59-87.

彩　　图

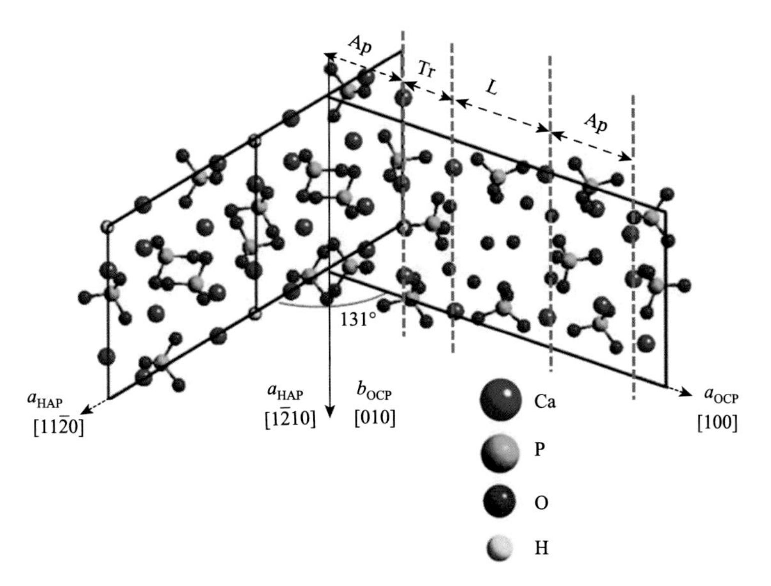

图 1.7　HAP 和 OCP 晶体在[010]方向原子排列相同；OCP 沿[100]方向按 Ap-Tr-L 的结构层次序列排布

Ap：类 HAP 层，Tr：过渡层，L：HPO_4-OH 层。

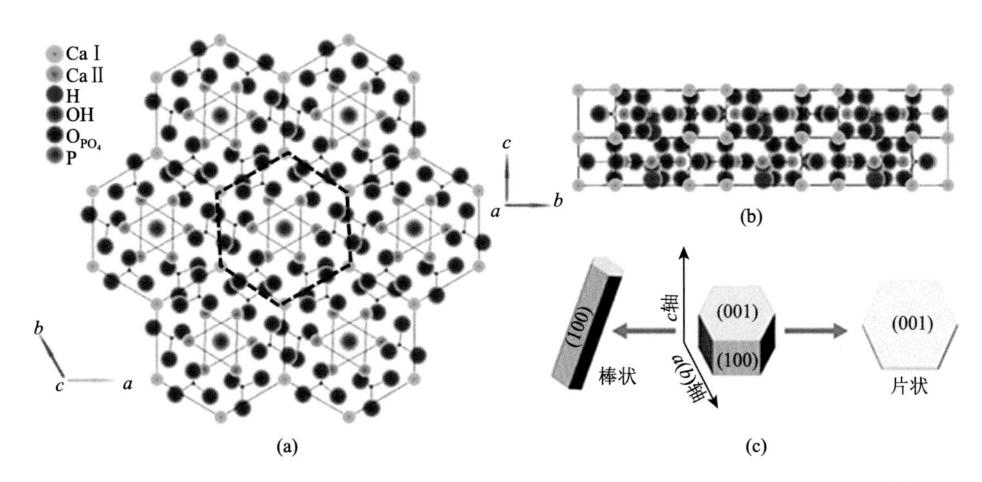

图 2.4　HAP 晶体结构（a）和晶粒的形态（b）以及 HAP 理想结晶形态（c）[50]

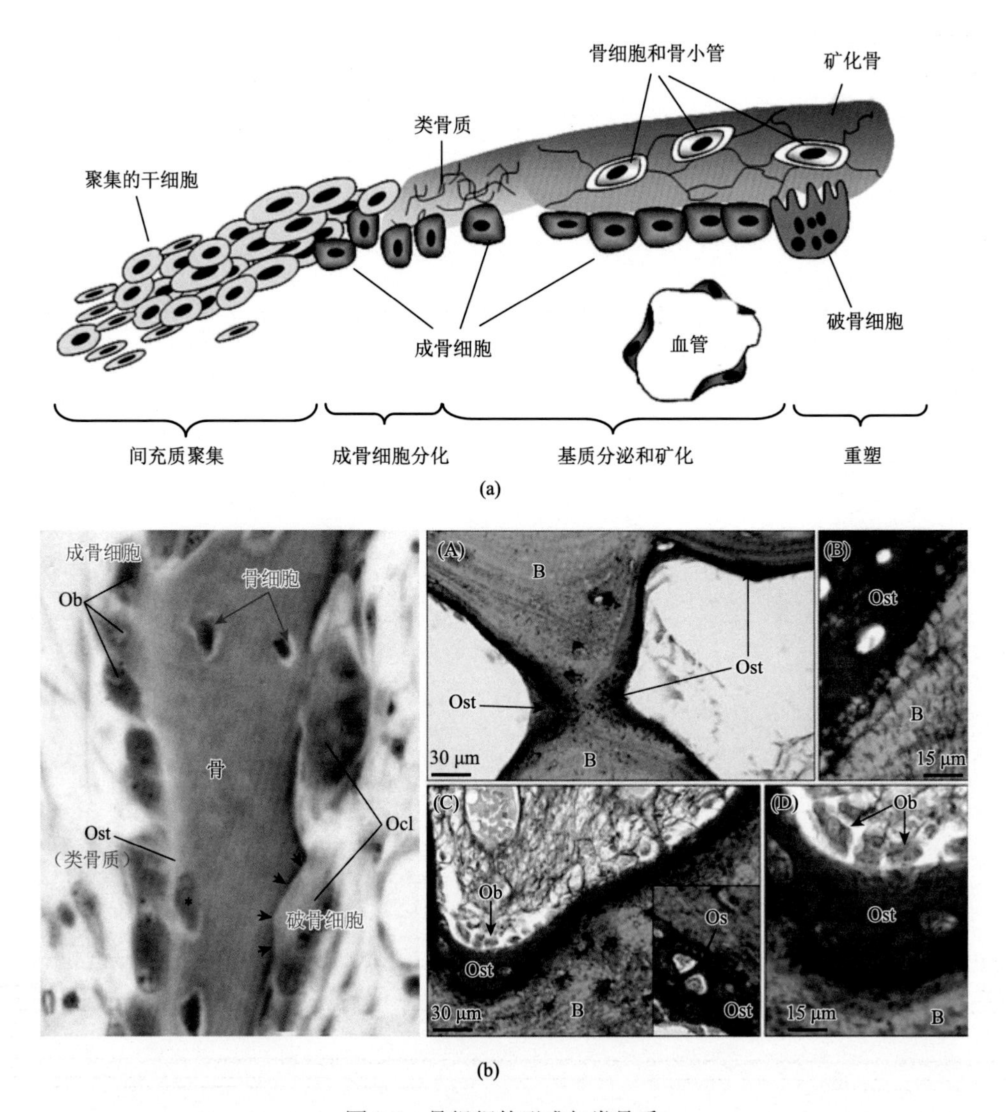

图 2.6　骨组织的形成与类骨质

（a）骨形成的过程[60]；（b）HE 染色观察到的类骨质（Ost），位于成骨细胞（Ob）和新生骨（B）之间；（A）、（B）、（C）和（D）为 RGB-trichrome 染色，红色为类骨质层[61]；Ocl：osteoclast，破骨细胞；Os：osteocyte，骨细胞。

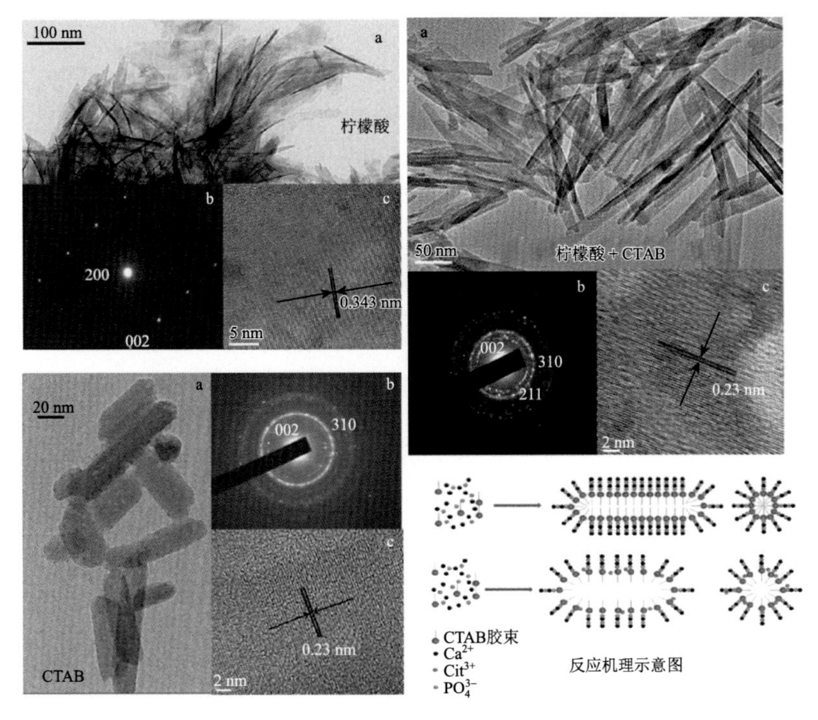

图 3.7　大分子 CTAB 和小分子柠檬酸以及二者协同作用下 HAP 的结构与形貌

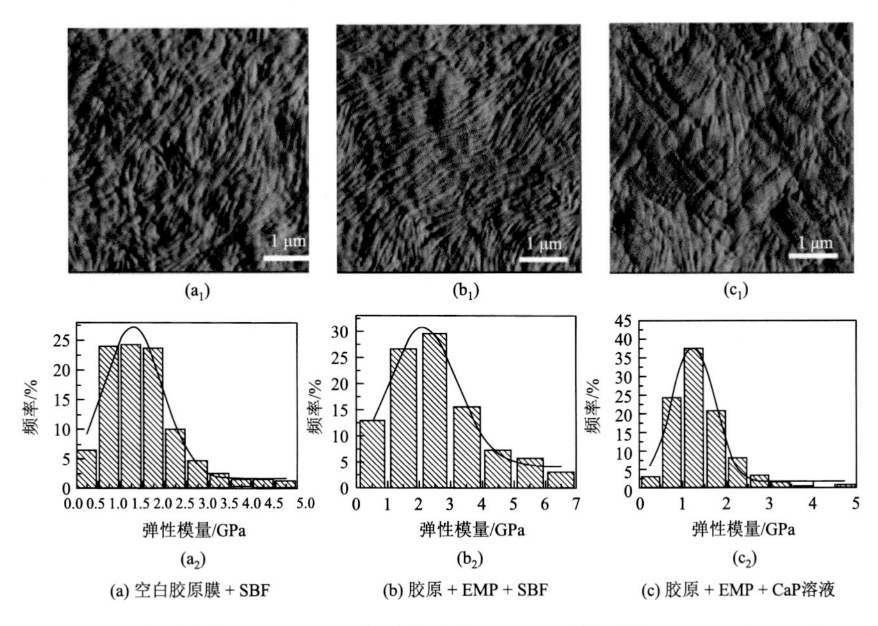

图 4.5　胶原膜在含 EMP 不同介质中矿化 30 min 后的形貌（a_1，b_1 和 c_1）和弹性模量（a_2，b_2 和 c_2）

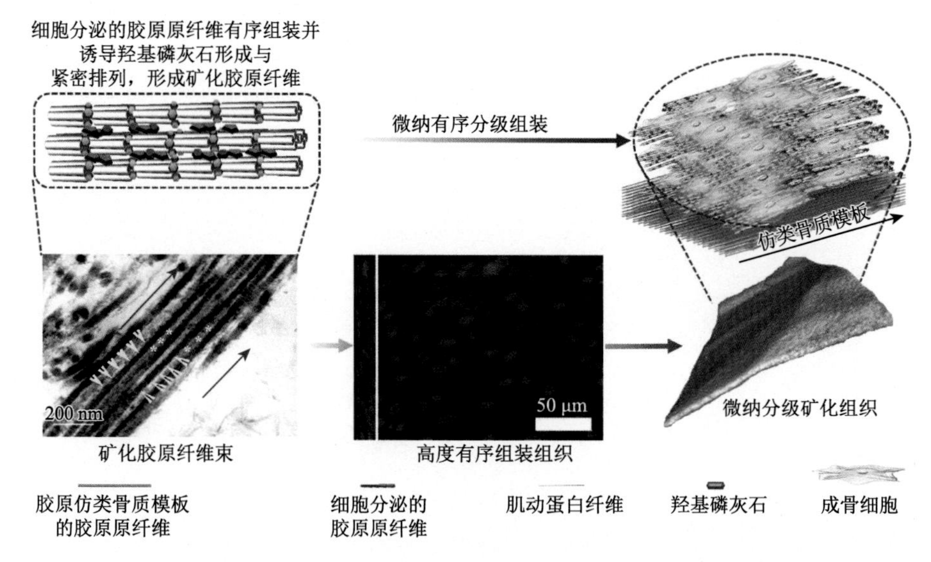

图 5.5 成骨细胞在仿类骨质模板调控下形成多级有序矿化类骨结构

成骨细胞在 Os-template 上取向生长，调控生成多级有序的矿化类骨结构。

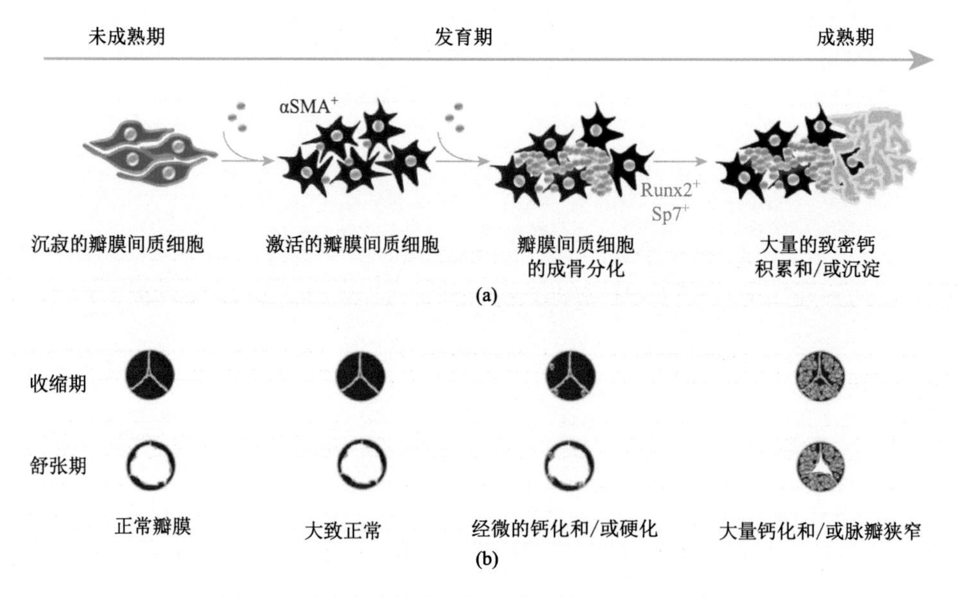

图 9.2 导致心脏瓣膜钙化和狭窄的细胞和分子机理